计算机基础与实训教材系列

Authorware 7多媒体制作实用教程

刘军 编著

清华大学出版社
北京

内容简介

本书由浅入深、循序渐进地介绍了多媒体程序制作软件——Authorware 7 的操作方法和使用技巧。全书共分 14 章，分别介绍了 Authorware 7 入门基础，绘制图形和使用图像，创建和使用文本，应用多媒体素材，使用和控制素材，创建动画效果，交互控制，创建响应，创建决策结构，创建导航结构，结构化程序设计，使用库、模块和知识对象，程序的调试、打包和发布。最后一章安排了 5 个综合实例，用于提高和拓宽读者对 Authorware 7 操作的掌握与应用。

本书内容丰富，结构清晰，语言简练，图文并茂，具有很强的实用性和可操作性，是一本适合于大中专院校、职业院校及各类社会培训学校的优秀教材，也是广大初、中级电脑用户的自学参考书。

本书对应的电子教案、实例源文件和习题答案可以到 http://www.tupwk.com.cn/edu 网站下载。

图书在版编目(CIP)数据

Authorware 7 多媒体制作实用教程/刘军 编著. —北京：清华大学出版社，2009.1

(计算机基础与实训教材系列)

ISBN 978-7-302-18932-9

Ⅰ. A…　Ⅱ. 刘…　Ⅲ. 多媒体—软件工具，Authorware 7—教材　Ⅳ. TP311.56

中国版本图书馆 CIP 数据核字(2008)第 180384 号

责任编辑：胡辰浩(huchenhao@263. net)　袁建华
装帧设计：孔祥丰
责任校对：成凤进
责任印制：李红英
出版发行：清华大学出版社　　**地　址**：北京清华大学学研大厦 A 座
http://www. tup. com. cn　　**邮　编**：100084
社　总　机：010-62770175　　**邮　购**：010-62786544
投稿与读者服务：010-62776969，c-service@tup. tsinghua. edu. cn
质　量　反　馈：010-62772015，zhiliang@tup. tsinghua. edu. cn
印 刷 者：清华大学印刷厂
装 订 者：三河市李旗庄少明装订厂
经　销：全国新华书店
开　本：190×260　**印　张**：19.5　**字　数**：512 千字
版　次：2009 年 1 月第 1 版　**印　次**：2009 年 1 月第 1 次印刷
印　数：1～5000
定　价：30.00 元

本书如存在文字不清、漏印、缺页、倒页、脱页等印装质量问题，请与清华大学出版社出版部联系调换。联系电话：(010)62770177 转 3103　　产品编号：030695-01

编审委员会

计算机基础与实训教材系列

丛 书 序

计算机已经广泛应用于现代社会的各个领域，熟练使用计算机已经成为人们必备的技能之一。因此，如何快速地掌握计算机知识和使用技术，并应用于现实生活和实际工作中，已成为新世纪人才迫切需要解决的问题。

为适应这种需求，各类高等院校、高职高专、中职中专、培训学校都开设了计算机专业的课程，同时也将非计算机专业学生的计算机知识和技能教育纳入教学计划，并陆续出台了相应的教学大纲。基于以上因素，清华大学出版社组织一线教学精英编写了这套“计算机基础与实训教材系列”丛书，以满足大中专院校、职业院校及各类社会培训学校的教学需要。

一、丛书书目

本套教材涵盖了计算机各个应用领域，包括计算机硬件知识、操作系统、数据库、编程语言、文字录入和排版、办公软件、计算机网络、图形图像、三维动画、网页制作以及多媒体制作等。众多的图书品种，可以满足各类院校相关课程设置的需要。

◉ 第一批出版的图书书目

《计算机基础实用教程》	《中文版 AutoCAD 2009 实用教程》
《计算机组装与维护实用教程》	《AutoCAD 机械制图实用教程(2009 版)》
《五笔打字与文档处理实用教程》	《中文版 Flash CS3 动画制作实用教程》
《电脑办公自动化实用教程》	《中文版 Dreamweaver CS3 网页制作实用教程》
《中文版 Photoshop CS3 图像处理实用教程》	《中文版 3ds Max 9 三维动画创作实用教程》
《Authorware 7 多媒体制作实用教程》	《中文版 SQL Server 2005 数据库应用实用教程》

◉ 即将出版的图书书目

《中文版 Word 2003 文档处理实用教程》	《中文版 3ds Max 2009 三维动画创作实用教程》
《中文版 PowerPoint 2003 幻灯片制作实用教程》	《中文版 Indesign CS3 实用教程》
《中文版 Excel 2003 电子表格实用教程》	《中文版 CorelDRAW X3 平面设计实用教程》
《中文版 Access 2003 数据库应用实用教程》	《中文版 Windows Vista 实用教程》
《中文版 Project 2003 实用教程》	《电脑入门实用教程》
《中文版 Office 2003 实用教程》	《Java 程序设计实用教程》
《Oracle Database 11g 实用教程》	《JSP 动态网站开发实用教程》
《Director 11 多媒体开发实用教程》	《Visual C#程序设计实用教程》
《中文版 Premiere Pro CS3 多媒体制作实用教程》	《网络组建与管理实用教程》
《中文版 Pro/ENGINEER Wildfire 5.0 实用教程》	《Mastercam X3 实用教程》
《ASP.NET 3.5 动态网站开发实用教程》	《AutoCAD 建筑制图实用教程(2009 版)》

二、丛书特色

1、选题新颖，策划周全——为计算机教学量身打造

本套丛书注重理论知识与实践操作的紧密结合，同时突出上机操作环节。丛书作者均为各大院校的教学专家和业界精英，他们熟悉教学内容的编排，深谙学生的需求和接受能力，并将这种教学理念充分融入本套教材的编写中。

本套丛书全面贯彻“理论→实例→上机→习题”4 阶段教学模式，在内容选择、结构安排上更加符合读者的认知习惯，从而达到老师易教、学生易学的目的。

2、教学结构科学合理，循序渐进——完全掌握“教学”与“自学”两种模式

本套丛书完全以大中专院校、职业院校及各类社会培训学校的教学需要为出发点，紧密结合学科的教学特点，由浅入深地安排章节内容，循序渐进地完成各种复杂知识的讲解，使学生能够一学就会、即学即用。

对教师而言，本套丛书根据实际教学情况安排好课时，提前组织好课前备课内容，使课堂教学过程更加条理化，同时方便学生学习，让学生在学习完后有例可学、有题可练；对自学者而言，可以按照本书的章节安排逐步学习。

3、内容丰富、学习目标明确——全面提升“知识”与“能力”

本套丛书内容丰富，信息量大，章节结构完全按照教学大纲的要求来安排，并细化了每一章内容，符合教学需要和计算机用户的学习习惯。在每章的开始，列出了学习目标和本章重点，便于教师和学生提纲挈领地掌握本章知识点，每章的最后还附带有上机练习和习题两部分内容，教师可以参照上机练习，实时指导学生进行上机操作，使学生及时巩固所学的知识。自学者也可以按照上机练习内容进行自我训练，快速掌握相关知识。

4、实例精彩实用，讲解细致透彻——全方位解决实际遇到的问题

本套丛书精心安排了大量实例讲解，每个实例解决一个问题或是介绍一项技巧，以便读者在最短的时间内掌握计算机应用的操作方法，从而能够顺利解决实践工作中的问题。

范例讲解语言通俗易懂，通过添加大量的“提示”和“知识点”的方式突出重要知识点，以便加深读者对关键技术和理论知识的印象，使读者轻松领悟每一个范例的精髓所在，提高读者的思考能力和分析能力，同时也加强了读者的综合应用能力。

5、版式简洁大方，排版紧凑，标注清晰明确——打造一个轻松阅读的环境

本套丛书的版式简洁、大方，合理安排图与文字的占用空间，对于标题、正文、提示和知识点等都设计了醒目的字体符号，读者阅读起来会感到轻松愉快。

三、读者定位

本丛书为所有从事计算机教学的老师和自学人员而编写，是一套适合于大中专院校、职业院校及各类社会培训学校的优秀教材，也可作为计算机初、中级用户和计算机爱好者的学习计算机知识的自学参考书。

四、周到体贴的售后服务

为了方便教学，本套丛书提供精心制作的 PowerPoint 教学课件(即电子教案)、素材、源文件、习题答案等相关内容，可在网站上免费下载，也可发送电子邮件至 wkservice@vip.163.com 索取。

此外，如果读者在使用本系列图书的过程中遇到疑惑或困难，可以在丛书支持网站(http://www.tupwk.com.cn/edu)的互动论坛上留言，本丛书的作者或技术编辑会及时提供相应的技术支持。咨询电话：010-62796045。

前言

Authorware 7 是 Macromedia 公司推出的多媒体程序制作软件，是一种可视化的基于程序设计流程的工具软件。利用 Authorware 创作多媒体作品的基本思想是：建立程序流程线，添加图标。流程线和图标是创作多媒体作品的基本元素，前者反映了程序走向，后者则是程序中的基本功能模块，对应于一系列的指令集。正是基于这些设计特点，Authorware 得到越来越多的多媒体程序设计人员的青睐。使用 Authorware 制作的交互性强、富有表现力的多媒体程序也广泛应用于产品演示、CAI 教学和商业活动等诸多领域。

本书从教学实际需求出发，合理安排知识结构，从零开始、由浅入深、循序渐进地讲解 Authorware 7 的基本知识和使用方法，本书共分为 14 章，主要内容如下：

第 1 章介绍了 Authorware 7 入门基础知识。

第 2 章介绍了在 Authorware 中创建和使用文本的方法。

第 3 章介绍了绘制图形和使用图像的方法。

第 4 章介绍了在 Authorware 中应用多媒体素材的方法。

第 5 章介绍了使用和控制素材的方法。

第 6 章介绍了在 Authorware 中创建动画效果。

第 7~8 章介绍了 Authorware 的多种交互控制使用方法。

第 9 章介绍了创建决策结构的方法。

第 10 章介绍了创建导航结构的方法。

第 11 章介绍了结构化程序设计的基本语法和实例应用。

第 12 章介绍了使用库、模块和知识对象的方法。

第 13 章介绍了程序的调试、打包和发布的方法。

第 14 章介绍了 Authorware 在综合实例方面的应用。

本书图文并茂，条理清晰，通俗易懂，内容丰富，在讲解每个知识点时都配有相应的实例，方便读者上机实践。同时在难于理解和掌握的部分内容上给出相关提示，让读者能够快速地提高操作技能。此外，本书配有大量综合实例和练习，让读者在不断的实际操作中更加牢固地掌握书中讲解的内容。

本书是集体智慧的结晶，参加本书编写和制作的人员还有陈笑、方峻、何亚军、王通、高娟妮、李亮辉、杜思明、张立浩、曹小震、蒋晓冬、洪妍、孔祥亮、王维、牛静敏、牛艳敏、葛剑雄等人。由于作者水平有限，本书不足之处在所难免，欢迎广大读者批评指正。我们的邮箱是：huchenhao@263.net，电话：010-62796045。

作　者
2008 年 10 月

推荐课时安排

章　　名	重点掌握内容	教学课时
第 1 章 Authorware 7 入门基础	1. Authorware 7 的工作界面 2. Authorware 7 的基本操作 3. 文件的操作与设置	2 学时
第 2 章 显示图标和文本	1. 【显示】图标 2. 创建文本 3. 编辑文本 4. 在文本中插入变量	3 学时
第 3 章 绘制图形和使用图像	1. 绘制图形 2. 设置图形属性 3. 编辑图形 4. 显示网格	3 学时
第 4 章 应用多媒体素材	1. 使用【声音】图标 2. 使用【数字电影】图标 3. 使用 DVD 图标 4. 使用 GIF 动画和 Flash 动画	3 学时
第 5 章 使用和控制素材	1. 设置显示对象的过渡效果 2. 应用【擦除】图标 3. 应用【等待】图标 4. 【群组】图标	3 学时
第 6 章 创建动画效果	1. 【移动】图标 2. 指向固定点动画 3. 指向直线上某点动画 4. 指向固定区域内某点的动画 5. 指向固定路径终点的动画 6. 指向固定路径任意点的动画	3 学时
第 7 章 交互结构(1)	1. 交互功能的简介 2. 创建按钮响应 3. 创建热区域响应 4. 创建热对象响应	3 学时

(续表)

章　名	重点掌握内容	教学课时
第 8 章　交互结构(2)	1. 目标区响应 2. 下拉菜单响应 3. 条件响应 4. 文本输入响应 5. 按键响应 6. 重试限制响应 7. 时间限制响应	4 学时
第 9 章　创建决策结构	1. 判断分支结构 2. 设置判断分支属性	2 学时
第 10 章　创建导航结构	1. 框架结构的概述 2. 使用控制按钮浏览页 3. 使用框架管理超文本 4. 创建导航结构	3 学时
第 11 章　结构化程序设计	1. 变量 2. 函数 3. Authorware 语言简介 4. 语句	3 学时
第 12 章　使用库、模块和知识对象	1. 库的概述 2. 模块 3. 知识对象	2 学时
第 13 章　程序的调试、打包和发布	1. 程序的调试 2. 程序的打包 3. 程序的发布	2 学时
第 14 章　Authorware 综合实例应用	1. 使用鼠标控制对象移动 2. 制作模拟打字效果 3. 制作解析几何说明程序 4. 蒸腾作用课件 5. 个性 Web 浏览器	4 学时

注：1. 教学课时安排仅供参考，授课教师可根据情况作调整。

2. 建议每章安排与教学课时相同时间的上机练习。

目录 CONTENTS

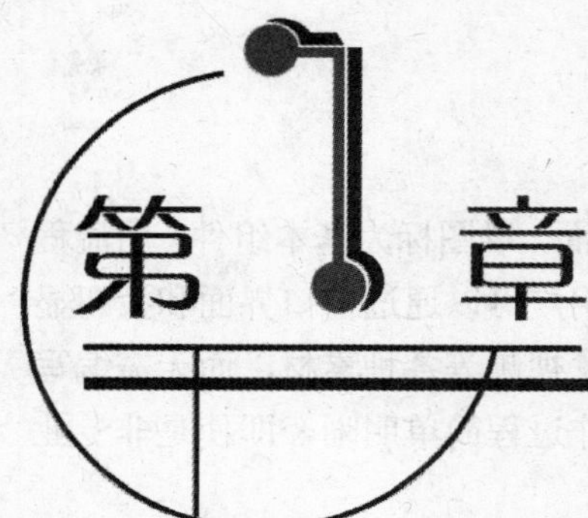

第1章 Authorware 7 入门基础

学习目标

Authorware 是美国 Macromedia 公司开发的多媒体制作软件，它与其他编程工具的不同之处在于，它采用基于设计图标和流程的程序设计方法，具有可以不写程序的特色，即使是非专业人员也能够用它创作交互式多媒体程序。Authorware 7 做了很大程度的更新改进，功能更为强大，使用更加方便。本章首先对多媒体制作进行简要介绍，然后带领用户认识 Authorware 7，了解它的特点和功能。通过本章的学习，用户能够熟悉 Authorware 7 的工作界面，并能够自行设置个性化的工作环境。

本章重点

- Authorware 7 简介
- Authorware 7 的工作界面
- Authorware 7 的基本操作
- 文件的操作与设置

1.1 Authorware 7 简介

多媒体的制作非常复杂，如果依靠编程实现，并非每一个人都能轻松掌握那些复杂的编程语言。Authorware 正是在这样的背景下孕育而生的一套多媒体开发工具。自问世以来，它采用的面向对象、基于图标和流程线的制作环境，具有可以不写程序的特色，从而大大降低了开发难度，使得多媒体开发人员不再局限于计算机专业人士。

目前，Authorware 已成为世界公认领先的多媒体创作工具，被誉为“多媒体大师”。随着版本的不断更新，其功能也在逐步增强与完善。

1.1.1 Authorware 7 功能概述

Authorware 采用面向对象的设计思想和直观易用的开发界面，以图标为基本组件，用流程线连接图标的方式组织程序流程，符合人们安排事件的习惯。用户可以通过窗口界面和按钮显示方式控制程序，直观地引入和编辑文本、图像、声音、动画、视频等各种素材，而无需编写程序代码。整个程序的结构和设计意图在屏幕上一目了然，制作过程简单明晰，即使是非专业人员，也可以轻松创作出高质量的多媒体程序。

1. 面向对象的可视化编程

面向对象的可视化编程是 Authorware 的一大特色，它提供直观的图标流程控制界面，通过对各种图标逻辑结构的布局，实现整个应用系统的制作。

从原理上讲，创作多媒体程序就相当于用某种编程语言编写程序，但是在 Authorware 中，用户面对的是直观、形象的图标，而不是枯燥艰深的编程语言。多媒体程序的创作主要是通过图标的创建与设置来完成的，一个经过设置的图标就相当于传统编程中的一系列语句，它告诉计算机应如何工作以作出相应的响应。

2. 强大的人机交互能力

信息形式的多样性和传递过程的交互性是多媒体的两个基本属性。Authorware 7 提供了强有力的交互控制功能，它将按钮响应、热区响应等十多种类型的响应方式制作成交互图标，几乎涵盖了所有的交互类型。每种交互响应类型对用户的输入可作出若干种不同的反馈，可使用菜单、按钮、一个图像或一片区域等与用户进行交互。

在多媒体程序制作中，最常使用的交互方式是按钮、下拉菜单等，这些元素不但使用简单，而且制作也很方便，有助于提高开发效率。

3. 丰富的多媒体素材的使用方法

虽然 Authorware 7 不能制作音乐、数字电影，它的字处理和图形图像处理功能也远远比不上 Word、Photoshop、Fireworks 等专业软件，但 Authorware 所具有的对图、文、动画的直接创作和处理能力已经足够，能够实现如绘制简单图形、通过缩放图像或控制对象的移动方式以制作动画效果等功能。

为了更快更好地进行创作，Authorware 提供了一个可以引用各种多媒体素材的集成环境。借助于这种环境，用户可以在 Authorware 中直接使用由其他软件制作的文字、图形、图像、声音和数字电影等多媒体信息。

Authorware 对多媒体素材文件的保存采用了 3 种方式。

◎ 保存在 Authorware 内部文件中。

- 保存在库文件中。当需要使用这些外部文件时，可以随时引用而不占用系统资源；同时，Authorware 允许将以前的开发成果以库或模块的形式保存下来，需要用到相同的素材时，可到库中反复提取，不仅避免了重复性工作，也大大减少了系统资源的占用。
- 保存在外部文件中。以链接或直接调用的方式使用，还可以按照指定的 URL 地址进行访问。

1.1.2 Authorware 的特点

作为一款优秀的多媒体程序制作软件，Authorware 具有以下特点。

1. 开发界面直观、简洁

Authorware 7 提供了 14 种形象的设计图标，并采用流程线将它们组织起来，这使得整个程序在结构和设计思想上一目了然，初学者非常容易上手。此外，还可以将多媒体文件直接从资源管理器中拖放到流程线、设计图标或库文件中，实现了可视化操作。

2. 扩展能力强大

Authorware 7 中定义了数百种变量和函数，使用这些系统变量和系统函数可以进行复杂的运算，大大地扩展了图标功能的不足，使多媒体应用程序的功能更加强大。同时，它还支持自定义变量和函数。当自带的图标及函数仍无法满足需要时，用户可以用高级程序语言编写代码，以实现特殊的功能。Authorware 7 中的代码窗口可与专业代码编辑器相媲美，为编写代码提供了极大的方便。此外，Authorware 7 还支持 ODBC(开放式数据链接)、OLE 和 ActiveX 技术。利用这些技术，可方便地访问和处理外部文件和数据库，开发出具有专业水准的应用程序。

3. 支持网络应用

Authorware 可跟踪和记录用户最常使用的内容，智能化地预测和下载程序片断，从而节省大量的下载时间，提高程序下载效率。在线执行的程序内部可以整合高压缩率及低带宽的 MP3 流式音频，以增强声音的表现效果。Authorware 支持向程序导入基于 XML 的内容，并且兼容新的 XML 语法。通过增强与 ActiveX 控件的通信手段，使多媒体程序可以利用大量 ActiveX 控件的全部功能。此外，利用 Authorware 强大的发行功能，可将程序的打包发布和网络发布整合到一起，只需一步操作即可保存项目，并将项目发送到 Web、光盘、本地硬盘或局域网。

1.1.3 Authorware 的启动和退出

当安装好 Authorware 7 以后，可以运行桌面的快捷方式图标，或者在【开始】|【程序】菜单中找到 Macromedia 选项，在下级菜单中执行 Macromedia Authorware 7 命令，这样 Authorware 7 便启动了，启动后可以看到如图 1-1 所示的欢迎画面。

单击启动画面，或等待 5 秒后启动画面消失，即可进入 Authorware 的应用程序界面，如图 1-2 所示。

图 1-1　欢迎画面

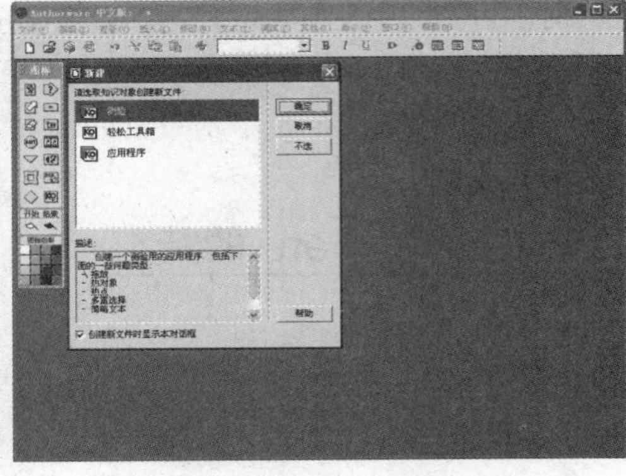

图 1-2　应用程序界面

在如图 1-2 所示的应用程序界面中，可以通过两种方式新建 Authorware 应用程序，即通过知识对象窗口或【新建】菜单。

知识对象是一种编写好的程序模块，提供了交互和策略等功能。用户可以利用知识对象向导逐步地创建所需的程序模块，比如创建多项选择题目、Windows 风格的消息框等。具体内容在后面的章节还将详细介绍。

如果不希望通过知识对象新建 Authorware 应用程序，单击知识对象窗口中的【取消】或【不选】按钮，关闭知识对象窗口即可。

提示

如果希望下次启动 Authorware 时不显示知识对象窗口，可以取消选中知识对象窗口中的【创建新文件时显示本对话框】复选框，然后单击【不选】按钮。

退出 Authorware 时，单击标题栏右侧的【关闭】按钮，或者选择【文件】|【退出】命令即可。另外，也可以使用快捷键 Alt+F4 关闭 Authorware。

1.2　Authorware 7 的工作界面

单击知识对象窗口中的【取消】或【不选】按钮即可进入 Authorware 7 主界面，如图 1-3 所示。

Authorware 中绝大部分功能都集中在工具条上。程序设计窗口是 Authorware 的主窗口，是编写程序的地方，其中的一根竖线叫做流程线，所有的元素诸如声音、图像、交互等都在流程线上进行安排。Authorware 7 的整个开发环境可划分为 4 个区域：标题栏、菜单栏、工具栏、【图标】面板和流程设计窗口。

标题栏
工具栏
【图标】面板
菜单栏
流程设计窗口
Authorware 中文版：[未命名] *
文件(F) 编辑(E) 查看(V) 插入(I) 修改(M) 文本(T) 调试(C) 其他(X) 命令(O) 窗口(W) 帮助(H)
图标
[未命名]
层 1

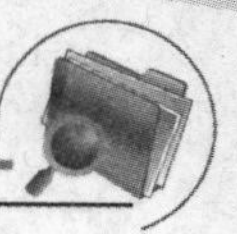

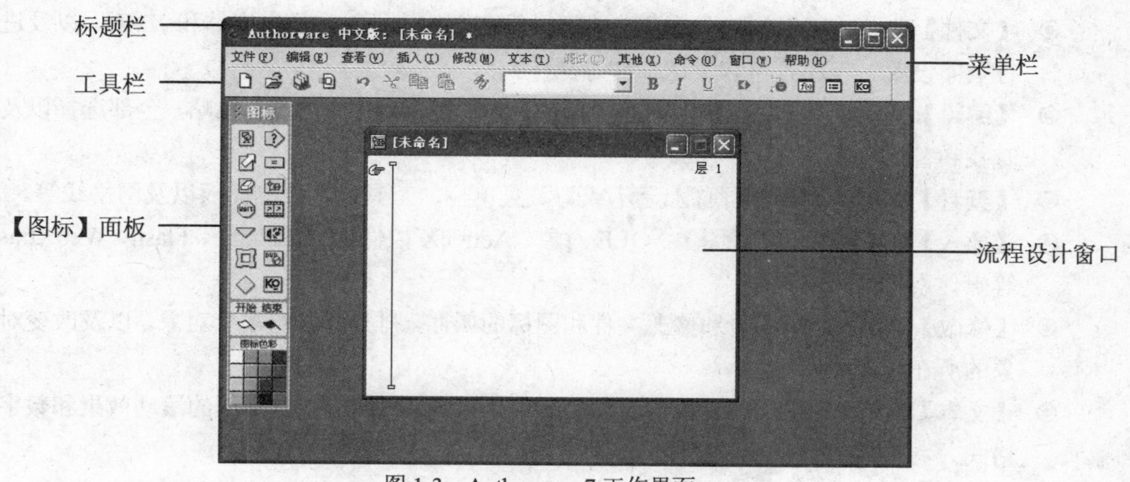

图 1-3 Authorware 7 工作界面

1.2.1 标题栏

Authorware 的标题栏由当前应用软件标志、程序文件名称和窗口控制按钮组成，如图 1-4 所示。标题栏往往是忽略的一点，其实在标题栏中，能很方便地查看当前文件的一些信息。

Authorware 中文版：[未命名] *

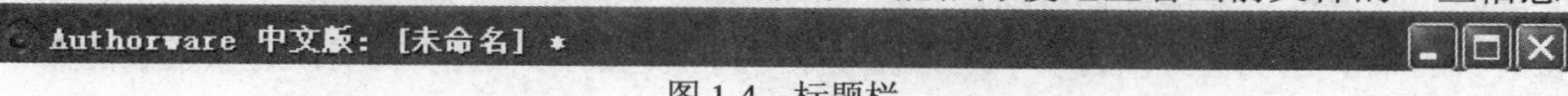

图 1-4 标题栏

在标题栏中，可以执行以下操作。

- 单击 Authorware 7 的软件标志或右击标题栏，将弹出一个窗口控制下拉菜单，该菜单包含了控制窗口的多项命令。
- 程序文件名称后的符号 * 表示当前程序文件还没有保存。
- 窗口控制按钮中的 3 个按钮分别对应窗口控制下拉菜单中的【最小化】、【最大化】、【还原】和【关闭】命令。

1.2.2 菜单栏

Authorware 7 的菜单栏如图 1-5 所示。共包含【文件】、【编辑】、【查看】、【插入】、【修改】、【文本】、【调试】、【其他】、【命令】、【窗口】和【帮助】11 个菜单命令。

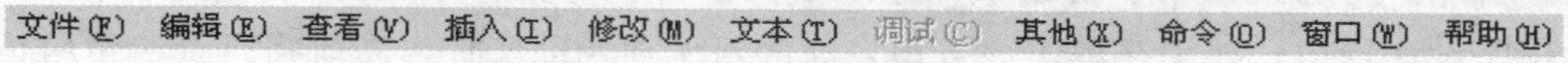

文件(F) 编辑(E) 查看(V) 插入(I) 修改(M) 文本(T) 调试(C) 其他(X) 命令(O) 窗口(W) 帮助(H)

图 1-5 菜单栏

在菜单栏中各个菜单命令的具体作用如下。

- 【文件】菜单：用于创建、打开、关闭、保存文件，导入和导出媒体和 XML，以及进行页面设置、程序打包和发送邮件等操作。
- 【编辑】菜单：用于执行常用的编辑操作，如撤销、剪切、复制、粘贴、全部选择以及查找和替换等。
- 【查看】菜单：用于在屏幕上显示或隐藏菜单栏、工具栏、控制面板以及网格线等。
- 【插入】菜单：用于插入图像、OLE 对象、ActiveX 控件、QuickTime、Flash、WebXtras 等媒体素材。
- 【修改】菜单：用于查看和修改文件和图标的属性，排列和群组多个对象，以及改变对象的所在层。
- 【文本】菜单：用于设置文本的字体、风格、大小等属性以及文本框的滚动效果和数字格式。
- 【调试】菜单：用于实现多媒体程序在编辑区域的播放、停止和测试等控制。
- 【其他】菜单：用于库文件链接、拼写检查、图标信息报告以及声音文件的转换和压缩。
- 【命令】菜单：用于搜索在线资源、打开 RTF 对象编辑器以及查找 Xtras 等。
- 【窗口】菜单：用于打开 Authorware 中的各类窗口、面板及外部媒体浏览器。
- 【帮助】菜单：用于提供联机帮助和版本信息，并提供相关的 Web 地址链接。

当使用鼠标单击菜单名都将弹出一个下拉菜单，如果菜单名后跟有带字母的下划线，表明按 Alt 键的同时再按该字母键也可以打开该菜单。每个下拉菜单中都包含若干个菜单选项。带有向右箭头的菜单选项表明该选项中还有级联菜单；灰色的菜单选项表明该选项代表的命令当前不能使用；带有省略号(…)的菜单选项表明选择该项后将会弹出一个对话框；带有复选标记的菜单选项其实是一个命令开关，每选择一次该选项，它的状态就切换一次，复选标记出现表明菜单选项代表的功能已经打开，复选标记消失表明该功能已经被关闭。

1.2.3 工具栏

Authorware 的菜单栏提供了大部分设计期间用到的命令，而工具栏则提供了其中一些最为常用的命令，用以提高设计工作的效率，如图 1-6 所示。

图 1-6 Authorware 工具栏

在工具栏中，各个按钮的具体作用如下。

- 【新建】按钮：用于创建一个新的程序文件(.a7p)。单击该按钮将打开一个未命名的程序设计窗口。如果在单击该按钮之前尚未保存当前文件，系统将打开一个对话框，询问用户是否保存当前文件。
- 【打开】按钮：用于定位并打开一个已经存在的程序文件。

- 【保存全部】按钮：用于将当前打开的所有文件(包括程序文件、库文件)存盘。如果当前文件未命名，则 Authorware 会逐个提示为未命名的文件命名。
- 【导入】按钮：用于直接向流程线、显示图标或交互图标中导入文本、图形、音频及视频文件等。
- 【撤销】按钮：用于撤销最近一次的操作，或者恢复到撤销之前的状态。快捷键为 Ctrl+Z。
- 【剪切】按钮：用于将当前选中的内容转移到剪贴板上。当前选中的内容可以是设计图标，也可以是文本、图像、声音、数字化电影等。
- 【复制】按钮：用于将当前选中的内容复制到剪贴板上。当前选中的内容可以是设计图标，也可以是文本、图像、声音、数字化电影等。
- 【粘贴】按钮：用于将剪贴板上的内容复制到当前插入点所处位置。
- 【查找】按钮：用于查找和替换指定的对象。
- 【文本风格】列表框(默认风格)：用于选择一种定义过的文本样式，将其应用到当前的文本对象上。
- 【粗体】按钮：用于将选中的文本对象设置为粗体样式。例如，将 Authorware 改变为 **Authorware**。
- 【斜体】按钮：用于将选中的文本对象设置为斜体样式。例如，将 Authorware 改变为 *Authorware*。
- 【下划线】按钮：用于将选中的文本对象设置为带下划线的样式。
- 【运行】按钮：用于运行当前打开的程序，如果在程序中插入了【开始标志】图标，则 Authorware 控制程序从【开始标志】所处的位置开始运行。
- 【控制面板】按钮：用于控制程序的运行，也可以对程序代码进行跟踪调试。
- 【函数】按钮：用于在 Authorware 程序窗口的右侧打开【函数】面板。
- 【变量】按钮：用于在 Authorware 程序窗口的右侧打开【变量】面板，如图 1-7 所示。该面板中列出了所有的系统变量、自定义变量以及对变量的描述。
- 【知识对象】按钮：用于在 Authorware 程序窗口的右侧打开【知识对象】面板，如图 1-8 所示。该面板中列出了 Authorware 提供的所有知识对象。

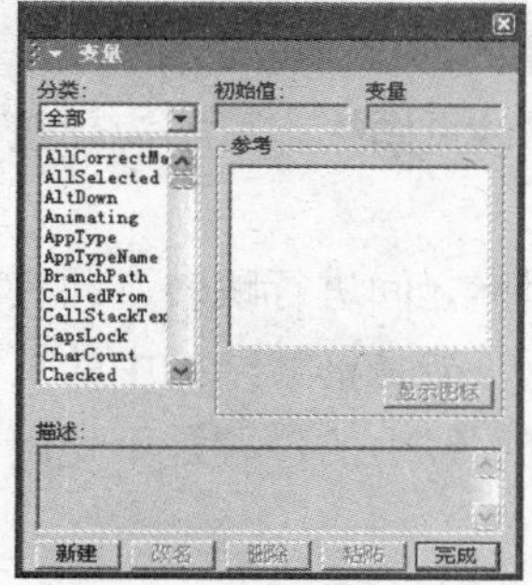

图 1-7　【变量】面板

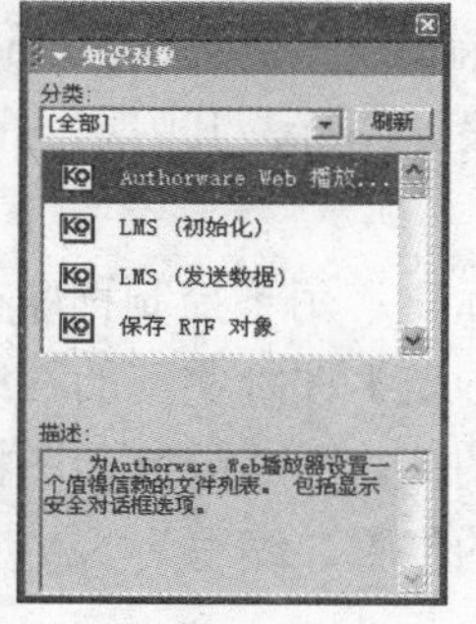

图 1-8　【知识对象】面板

计算机 基础与实训教材系列

1.2.4 【图标】面板

【图标】面板包含了 14 种设计图标、两种标志旗和图标色彩面板，如图 1-9 所示。

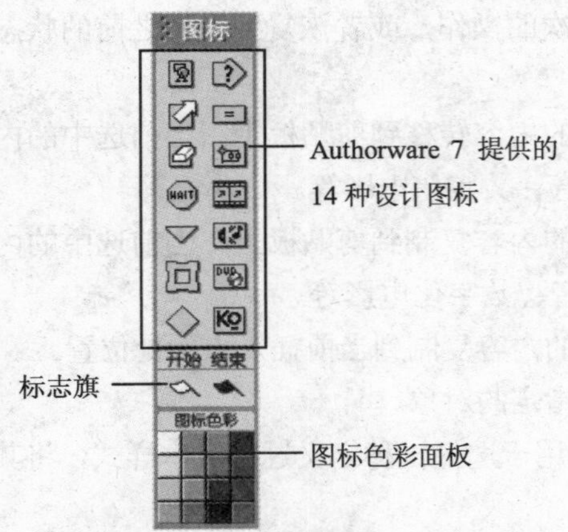

图 1-9 【图标】面板

提示

设计图标可以完成全面的交互式多媒体程序的开发制作，每种设计图标都有独特的工作方式和功能；标志旗可以设置程序执行的起始点和结束点；图标色彩面板可以为各种图标进行上色。

【图标】面板所提供的多种设计图标是构成 Authorware 多媒体应用程序的基本元素，各个图标的具体介绍如下。

- 【显示】图标：用于显示文本、图形和图像，是 Authorware 的基本图标。其内容可以由 Authorware 提供的创作工具生成，也可以是从程序文件外部导入的文本文件和图像文件。缩写为 DIS。
- 【移动】图标：用于移动屏幕中显示的对象。【移动】图标可以控制对象移动的速度、路线和时间，从而生成精彩的动画效果。被移动的对象可以是文本、图形、图像，也可以是一段数字化电影。缩写为 MTN。
- 【擦除】图标：用于擦除屏幕中显示的对象。它的特点在于能够指定对象消失的效果，如逐渐隐去、关闭百叶窗等。缩写为 ERS。
- 【等待】图标：用于设置程序等待的方式，如等待用户按键、等待用户按下按钮或等待一段指定长度的时间。缩写为 WAT。
- 【框架】图标：提供了在 Authorware 程序内部导航的便利手段，它包含了一组默认的【导航】设计图标，其附属的设计图标称做页图标，可作为导航图标的目的地。缩写为 FRM。
- 【导航】图标：用于控制程序在各个页图标之间进行跳转，同页图标共同构成导航结构。由【导航】图标实现的程序跳转目标只能是框架结构中的页，而不能是程序流程中的其他图标。而【导航】图标本身在流程线上的位置是不受限制的，可以处于不是框架结构的位置。缩写为 NAV。

- 【判断】图标◇：用于设置一种逻辑判断结构。附属于【判断】图标的其他设计图标称作分支图标，分支图标所处的分支流程称作分支路径。利用【判断】图标，不仅可以决定分支路径的执行次序，还可以决定分支路径被执行的次数。缩写为 DES。
- 【交互】图标：用于提供交互接口，是最为复杂的一类图标。附属于【交互】图标的其他设计图标称作【响应】图标，【交互】图标和【响应】图标共同构成交互作用分支结构。Authorware 强大的交互能力正源于交互作用分支结构。【交互】图标保证了交互灵活性，并且提供了多种交互方式，包括 Windows 用户熟悉的按钮、下拉菜单、文字输入框，多媒体必需的热区域、热对象，以及 ActiveX 事件等。缩写为 INT。
- 【计算】图标：Authorware 可以只拖放图标而无需编程来进行多媒体制作，也可以编写程序代码来辅助程序的运行。【计算】图标就是用来存放这些程序代码的地方，给变量赋值、调用系统函数等操作都要用到这个图标。缩写为 CLC。
- 【群组】图标：用于容纳多个设计图标，还可以包含自己的逻辑结构。缩写为 MAP。
- 【数字电影】图标：用于导入已经存储的诸如 AVI、FLI、MOV、DIR、FLC 等格式的数字化电影文件，并可以对数字化电影的播放提供控制。缩写为 MOV。
- 【声音】图标：用于导入声音文件，并可以对声音的播放提供控制。缩写为 SND。
- DVD 图标：用于在程序中控制 DVD 视频的播放。缩写为 DVD。
- 【知识对象】图标：用于创建自定义知识对象。缩写为 KNO。

除了上述设计图标之外，【图标】面板还提供了两种用于程序调试的图标。

- 【开始标志】图标：用于设置程序运行的起点。
- 【结束标志】图标：用于设置程序运行的终点。

1.2.5　流程设计窗口

流程设计窗口是 Authorware 的程序设计中心，它是多媒体作品创作的重要平台。设计窗口由标题栏和设计平台两部分组成，如图 1-10 所示。

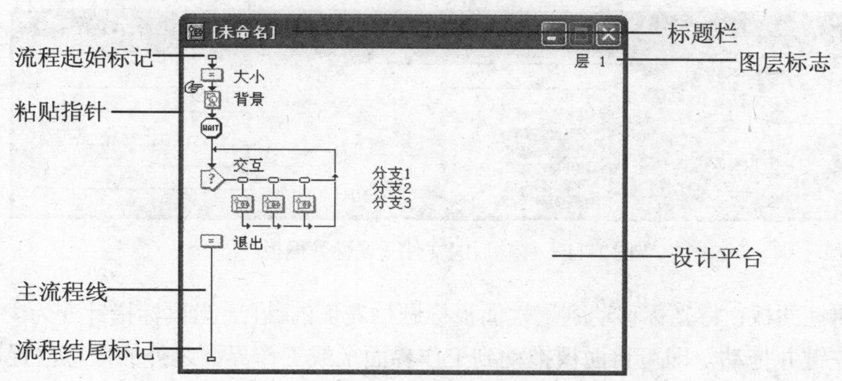

图 1-10　流程设计窗口

设计平台的左侧有一条垂直的线段，该线段称为主流程线。位于主流程线上方的矩形标记用来表示流程的开始，称为流程起始标记；位于下方的矩形标记用来表示流程的结束，称为流程结尾标记。在主流程线的左侧有一个手形标记，通常将其称为【粘贴指针】，它用来表示下一步被粘贴的图标在流程线上的位置。在流程线上的任意位置单击可以改变粘贴指针的位置。

关于流程设计窗口的一些介绍如下。

- 在任何时候，当前设计窗口只能有一个，其标题栏会高亮显示。
- 设计窗口左侧的竖直线段称作主流程线，表示分支路径的线段称作分支流程线，箭头指示流程走向。
- 主流程线的最上方和最下方分别有一个【入口点】标志和【出口点】标志。可以将整个程序看作一个大的逻辑结构，第一层设计窗口的入口点代表整个程序的起点，出口点代表整个程序的终点。以下各层设计窗口的入口点和出口点分别表示一个子结构的入口和出口。设计窗口右上角的数字表示该设计窗口所处的层次。
- 第一层设计窗口的标题是当前打开的程序文件名，以下各层设计窗口分别以各自所属的群组图标的标题命名。
- 手形插入指针指示当前插入点所处的位置。可以向当前插入点导入或粘贴各种设计图标。

1.2.6 【属性】面板

一个没有设置具体内容和属性的文件或图标是没有实际意义的。在 Authorware 中，每一个图标都有自己的属性。利用这些属性，可以给图标添加具体内容或设置各种选项。

【属性】面板位于 Authorware 7 工作界面的下方，也可以拖动到工作界面的任意位置，它用来对文件和图标的属性进行设置。在 Authorware 中，每个设计图标都有自己的属性面板，利用它们可以给图标添加具体内容或设置属性，如图 1-11 所示的是移动过的当前文件【属性】面板。

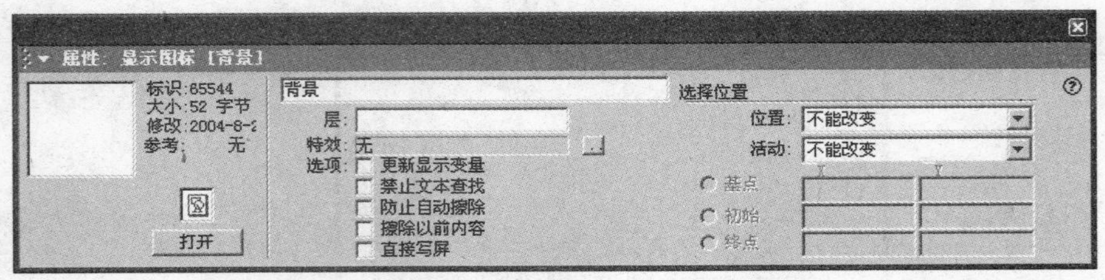

图 1-11 移动后的文件【属性】面板

- 移动属性面板：将光标移动到属性面板标题栏左侧的上，当鼠标指针变为时，按住鼠标左键并拖动，即可将面板拖动到工作界面上或工作界面之外的任意位置。
- 折叠属性面板：要折叠属性面板，直接单击属性面板的标题栏即可，也可以右击属性面板的标题栏，在弹出的快捷菜单中选择【折叠】命令。

◎ 关闭或打开属性面板：右击属性面板的标题栏，在弹出的快捷菜单中选择【关闭】命令即可关闭属性面板。如果要再次打开该文件属性面板，可以选择【修改】|【文件】|【属性】命令；如果要打开被关闭了的其他设计图标的属性面板，则应首先在流程线上选择设计图标，然后选择【修改】|【图标】|【属性】命令。

1.2.7 演示窗口

演示窗口是程序运行结果的输出窗口，也是程序开发期间最重要的设计平台。它就像一张白纸，为开发者提供了一个所见即所得的设计环境。按下 Ctrl+1 快捷键，可以打开演示窗口。

通常在动手设计程序之前，需要先对演示窗口的大小、菜单样式、背景颜色进行必要的设置。如果在完成所有设计之后再改变演示窗口设置，其工作量几乎等于重新设计一个新程序。选择【修改】|【文件】|【属性】命令，打开如图 1-12 所示的【文件】属性面板。演示窗口外观的控制选项都集中在【回放】选项卡中。现将这些控制选项介绍如下。

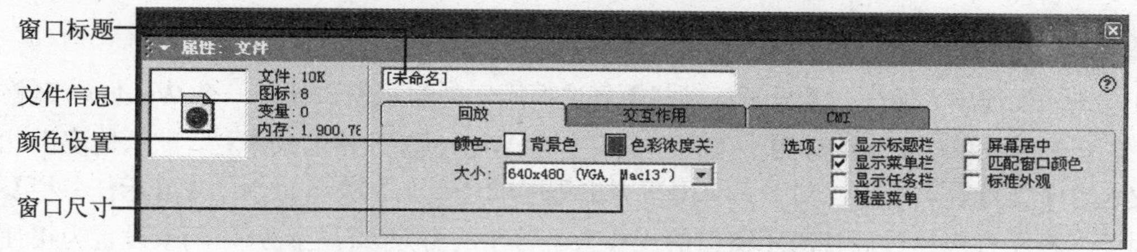

图 1-12 【文件】属性面板中关于演示窗口的设置

1. 窗口标题

窗口标题主要用于输入在程序打包运行后将会作为演示窗口的标题的文字。默认情况下，演示窗口以程序文件名作为窗口标题，但是在程序设计期间，演示窗口的标题总是【演示窗口】。

2. 颜色设置

单击【背景色】按钮，打开【颜色】对话框，在该对话框中可以选取演示窗口背景色，默认的背景色为白色。如果该对话框中提供的 256 种颜色仍然不能满足需要，可以单击【定制】按钮，打开 Windows 系统提供的【颜色】对话框，在 1600 万种颜色中进行选择。

3. 色彩浓度关键色

如果正在使用视频覆盖卡，而且这种视频覆盖卡支持色彩浓度关键色，则可使用色彩浓度关键色。这样，无论将使用色彩浓度关键色格式化的对象放置在何处，Authorware 7 都能在屏幕上正确显示这些对象。色彩浓度关键色是一种用户定义的颜色，Authorware 将用它填充一个区域，该区域可以显示视频图像。用户可以利用色彩浓度关键色创作一些特殊的效果，例如，可使一个视频对象在一个不规则的区域中放映。

4. 窗口尺寸

可在【大小】下拉列表框中设置窗口尺寸，演示窗口的默认大小为640×480(VGA，Mac 13")。其中选择【根据变量】选项，则在程序设计期间，通过拖动演示窗口的边框和4个角，可以对演示窗口的尺寸进行调整，这时窗口的宽度和高度(以像素为单位)会在窗口的左上角显示出来。但是在程序打包运行之后，窗口的尺寸就固定在最后一次调整后的数值，用户不能够改变其大小。在该下拉列表框中，程序设计人员也可以根据实际需要对窗口的大小进行精确调整：选择从512×342 (Mac 9")至1152×870 (Mac 21")中的选项，则演示窗口为固定大小，尺寸从512×342 到 1152×870，以像素为单位；选择【使用全屏】选项，演示窗口将占据整个屏幕，而不管用户的系统当前处于何种显示模式。

提示

如果现在所开发的程序将来要在不同尺寸的屏幕中显示，那么在程序设计期间最好将演示窗口的大小设置为较小的尺寸，并且选中【选项】选项区域中的【屏幕居中】复选框。

5. 【选项】选项区域

在【选项】选项区域中，【显示标题栏】复选框用于使演示窗口具有一个 Windows 风格的标题栏；【显示菜单栏】复选框用于使窗口具有一个 Windows 风格的菜单栏，默认情况下此菜单栏仅包含【文件】菜单组，其下只有用于退出程序的【退出】菜单命令；【显示任务栏】复选框用于当程序打包运行后使演示窗口的尺寸大于等于屏幕尺寸(显示分辨率)或设置为【使用全屏】模式时，允许 Windows 任务栏显示于演示窗口之前，同时必须选中 Windows 任务栏属性中的【将任务栏保持在其他窗口的前端】复选框，并取消选中【自动隐藏】复选框；【覆盖菜单】复选框用于决定菜单栏是否在垂直方向上占用20个像素的窗口空间；【屏幕居中】复选框用于使打开的演示窗口处于屏幕正中间；【匹配窗口颜色】复选框用于使演示窗口的背景色变为用户指定的系统窗口颜色，而不管程序设计期间如何设置背景色；【标准外观】复选框用于使演示窗口中用到的立体对象的颜色采用用户的设置，而不管程序设计期间指定的颜色。

1.3 Authorware 7 的基本操作

在使用 Authorware 7 设计多媒体程序之前，要首先了解 Authorware 文件的相关操作，例如建立一个新文件、保存当前文件以及打开现有文件。

1.3.1 图标的操作

Authorware 制作多媒体应用程序的最基本特点是将图标按照一定的顺序和目的添加到程序流程线上，图标的使用贯穿 Authorware 学习的始终。

1. 创建和命名图标

创建图标就是按照设计需要在设计窗口的流程线上添加图标。单击图标面板中的一个图标并将其拖动到流程线上的适当位置，这时鼠标指针变为该图标的形状，如图 1-13 所示。释放鼠标，即可在流程线上创建一个图标。

默认情况下，Authorware 自动为新创建的图标命名(【等待】图标除外)，默认名称为【未命名】。由于【等待】图标的中央有 Wait 字样，即使没有名字也很容易识别。图标的名称一般位于图标右侧，名称中可以包含空格。可以根据需要对图标重新命名，如图 1-14 所示。

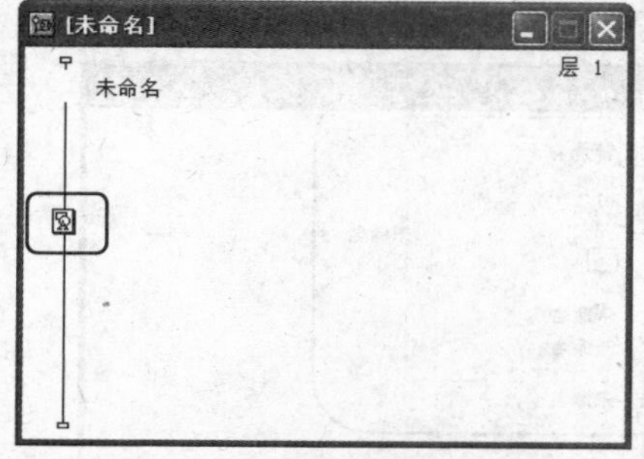

图 1-13　拖动中的图标

图 1-14　为新创建的图标命名

图标的命名非常重要，一个贴切的名称可以帮助理解图标的作用，有助于了解应用程序的逻辑结构和进行程序的调试和修改。单击图标，当图标名称以蓝底白字的形式高亮显示时，直接输入新的名称，即可对图标进行重命名。如果要在原有名称的基础上进行修改，单击图标名称，当出现插入符时，在插入点处直接输入即可。

除了可以通过图标面板创建图标外，还可直接将 Authorware 所支持的一些媒体文件(如 *.bmp、*.gif、*.psd、*.mp3、*.avi 等)从【我的电脑】或【资源管理器】窗口中拖放到流程线上，系统会自动根据媒体文件的类型产生相应的图标(文本文件和图像文件产生显示图标，音乐文件产生声音图标，视频动画文件产生数字电影图标)，如图 1-15 所示。新生成的图标以对应媒体文件的文件名命名。

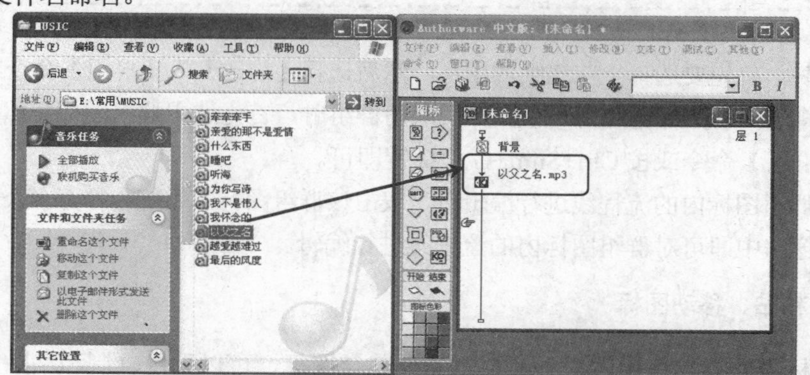

图 1-15　拖动文件到流程线上

第 3 种创建图标的方法是使用【插入】菜单。使用【插入】菜单不仅可以插入图标面板上的所有图标，还可以插入 GIF 动画文件、Flash 动画文件、QuickTime 视频文件、ActiveX 控件以及第三方插件提供支持的文件，同时可以向显示图标和交互图标中插入图像和 OLE 对象。

2. 选择图标

选择单个图标时，单击相应图标即可。

选择多个图标可分两种情况：选择不连续图标时，可以按住 Shift 键，然后逐个单击要选择的图标，如图 1-16 所示；选择连续的图标时，可以采用框选的方式，即在第一个图标旁按下鼠标左键并拖动鼠标，此时在图标的周围出现一个矩形选择框，如图 1-17 所示。释放鼠标，即可选中所有被矩形框包围的图标。

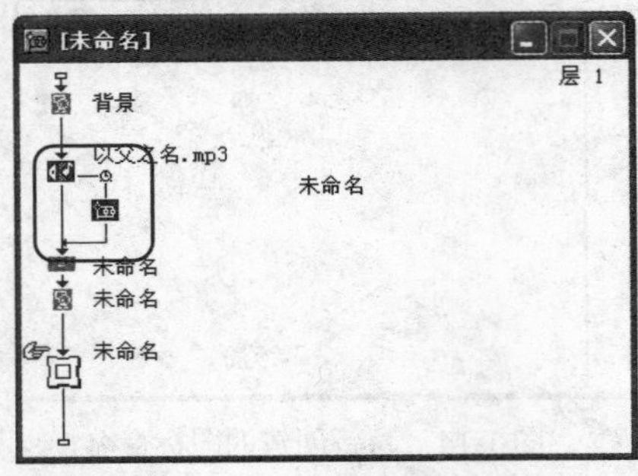

图 1-16 选取多个不连续的图标

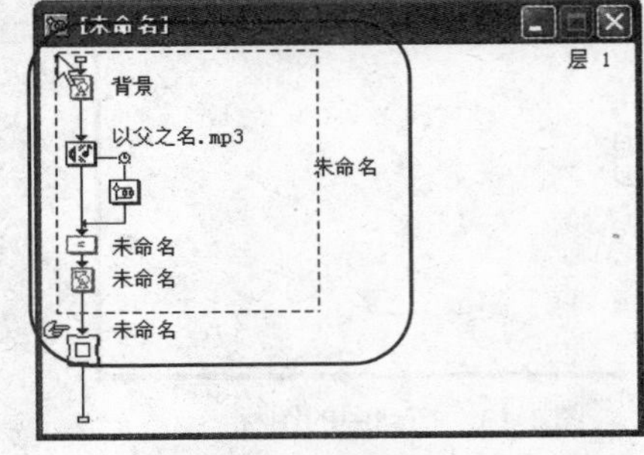

图 1-17 框选图标

使用 Ctrl+A 快捷键或选择【编辑】|【选择全部】命令，可选中设计窗口中的所有图标。

3. 群组或取消群组图标

当流程线非常复杂时，可以将一些功能相关的图标群组，这样可以使流程更加清晰、简洁。可以取消不再需要的群组，也可打开群组图标编辑其内部的流程线。

提示

在执行群组图标操作时，只有连续的图标才能够群组。

群组图标时，首先要选择一些连续的图标，然后选择【修改】|【群组】命令或按 Ctrl+G 快捷键，即可将选择的图标群组为一个图标。取消群组时，首先选中群组图标，然后选择【修改】|【取消群组】命令或按 Ctrl+Shift+G 快捷键即可。

当需要对群组图标内的流程线进行编辑时，双击该群组图标，系统会打开一个新的设计窗口，在该设计窗口中即可对群组图标内的流程线进行编辑。

4. 复制、粘贴、移动图标

当某些图标需要重复使用时，不需要重新创建该图标，可以采用复制和粘贴的方法快速创建。

复制图标时，首先选择要复制的图标，然后单击工具栏上的【复制】按钮，或者选择【编

辑】|【复制】命令或按 Ctrl+C 快捷键，即可将选择的图标复制到剪贴板中。

粘贴图标时，在流程线上需要粘贴图标的位置单击，然后单击工具栏上的【粘贴】按钮，或者选择【编辑】|【粘贴】命令或按 Ctrl+V 快捷键，即可将剪贴板中的图标粘贴到粘贴指针所在的位置。

移动图标时，单击并拖动要移动的图标到流程线上的目标位置，然后释放鼠标即可。也可以选择要移动的图标，然后单击工具栏上的【剪切】按钮或按 Ctrl+X 快捷键，将图标剪切到剪贴板中，最后在目标位置粘贴该图标即可。

5. 删除图标

当流程线上的某个图标不再需要时，应将其删除。首先选择要删除的图标，然后选择【编辑】|【清除】命令或按 Delete 键，即可将其删除。

1.3.2　使用右键快捷菜单

使用右键快捷菜单可以非常方便地选择一项操作。在 Authorware 中，最常用的是设计窗口的右键快捷菜单和图标的右键快捷菜单。

1. 设计窗口的右键快捷菜单

在设计窗口中右击，弹出的快捷菜单如图 1-18 所示。在该快捷菜单中，各项命令的含义如下。

- 【滚动条】命令：当流程线上的图标很多，无法在流程编辑窗口中全部显示时，可以选择该命令，为当前流程编辑窗口添加滚动条。
- 【属性】命令：显示相应文件的属性面板。
- 【打开父群组】命令：打开当前流程编辑窗口的上一层窗口。
- 【关闭父群组】命令：关闭当前流程编辑窗口的上一层窗口。
- 【层叠群组】命令：以层叠的方式排列当前流程编辑窗口。
- 【层叠所有群组】命令：以层叠的方式排列所有流程编辑窗口。
- 【关闭所有群组】命令：除主流程编辑窗口外，关闭所有的流程编辑窗口。
- 【关闭窗口】命令：关闭当前的流程编辑窗口。
- 【粘贴】命令：将剪贴板中的图标粘贴到流程线上插入指针所在的位置。
- 【选择全部】命令：选择当前流程编辑窗口中所有的图标。

2. 图标的右键快捷菜单

右击流程线上的图标，弹出的快捷菜单如图 1-19 所示。在该快捷菜单中，各项命令的含义如下。

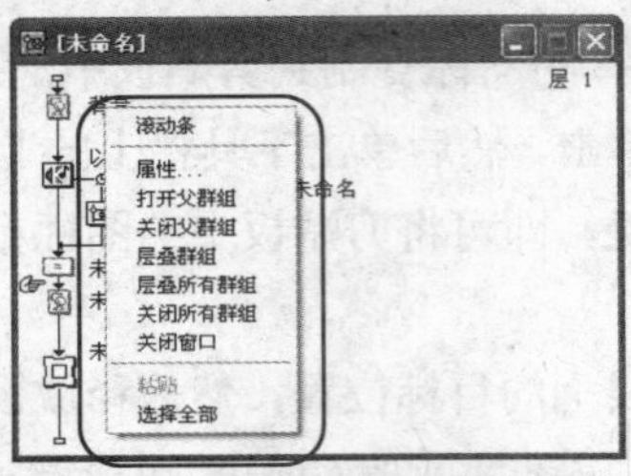

图 1-18 设计窗口的右键快捷菜单

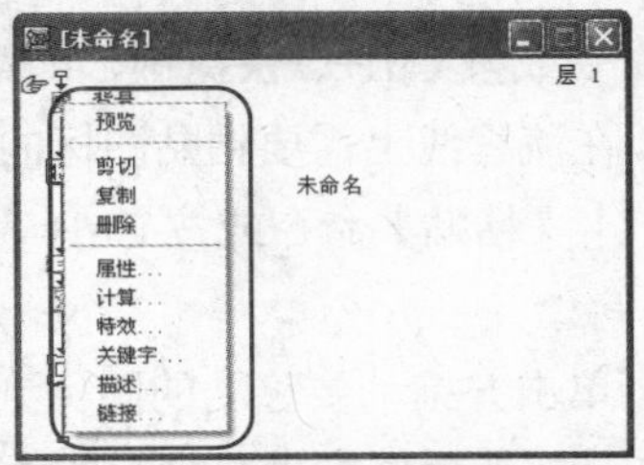

图 1-19 图标的右键快捷菜单

◎ 【预览】命令：只有显示图标、移动图标、擦除图标、交互图标、数字电影图标和声音图标有该命令，可以查看当前图标中的内容，播放数字电影图标内的视频或声音图标内的声音，如图 1-20 所示。

图 1-20 预览图标中的内容

◎ 【剪切】、【复制】和【删除】命令：剪切、复制或删除当前图标。

◎ 【属性】命令：打开当前图标的属性面板。

◎ 【计算】命令：打开当前图标的代码编辑窗口，可以为当前图标添加脚本代码。

◎ 【特效】命令：打开如图 1-21 所示的【特效方式】对话框，可以为当前图标添加过渡特效。只有显示图标、擦除图标、框架图标和交互图标有该命令。

◎ 【关键字】命令：打开如图 1-22 所示的【关键字】对话框，可以为当前图标添加关键字。在使用查找功能时，查找相应的关键字即可快速找到该图标。

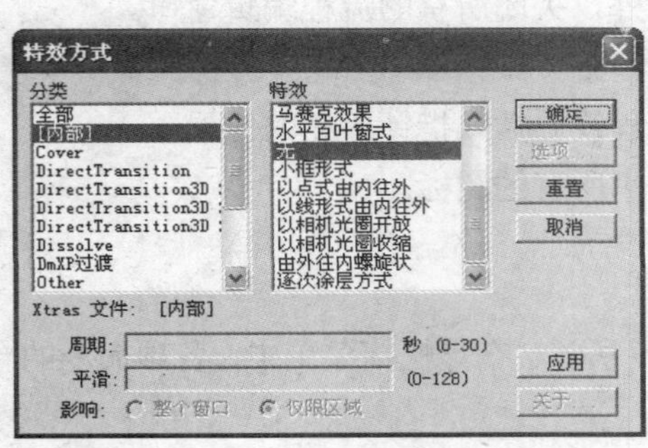

图 1-21 【特效方式】对话框

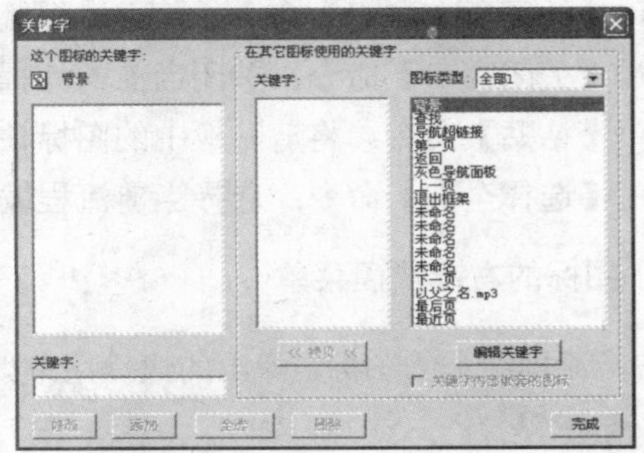

图 1-22 【关键字】对话框

- 【描述】命令：打开如图 1-23 所示的【描述】对话框，可以为该图标添加描述，用于说明该图标的作用。
- 【链接】命令：打开如图 1-24 所示的【链接】对话框，可以查看当前图标和其他图标之间的链接或群组图标内部图标之间的链接。

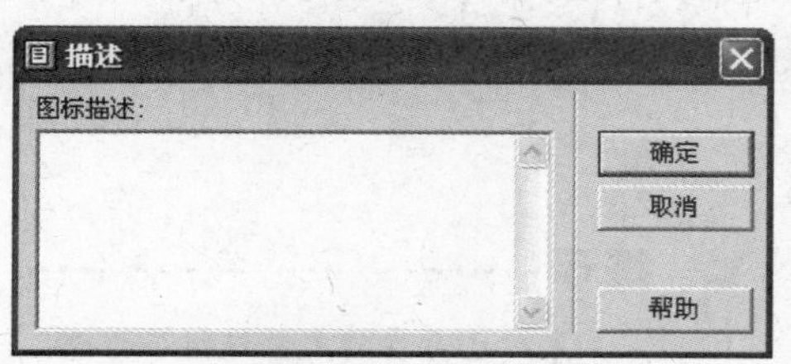

图 1-23　【描述】对话框

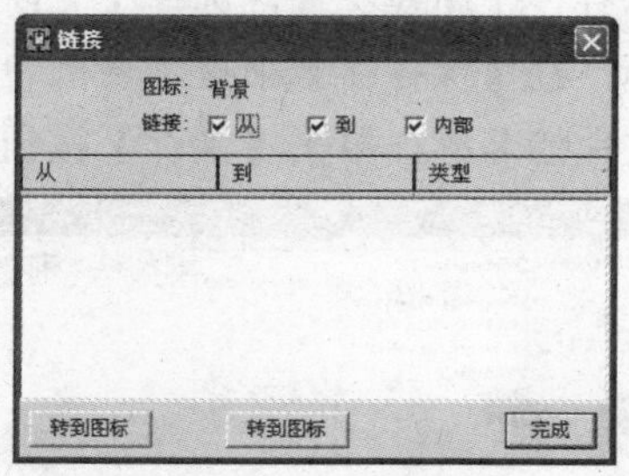

图 1-24　【链接】对话框

1.4　文件的操作与设置

在使用 Authorware 7 设计多媒体程序之前，要首先了解 Authorware 文件的相关操作。文件的基本操作主要包括建立一个新文件、保存当前文件以及打开现有文件，设置文件属性等。

1.4.1　创建、打开和保存文件

在 Authorware7 中创建、打开和保存文件的方法跟其他软件方法类似。

1. 创建新文件

启动 Authorware 7 后，程序将打开一个【新建】对话框，如图 1-25 所示。在【新建】对话框中可以选择【测验】、【轻松工具箱】或【应用程序】3 个选项来启动相应内置模块创建新文件。当不需要使用这些内置模块创建文件时，单击【取消】按钮，此时程序将打开一个新的流程设计窗口，可以在该窗口中自定义放置设计图标。

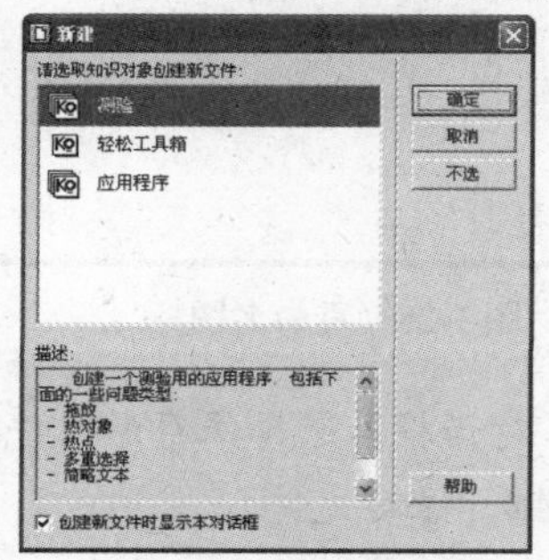

图 1-25　【新建】对话框

提示

如果要在程序设计的过程中创建新文件，则可以选择【文件】|【新建】|【文件】命令，或者直接单击常用工具栏中的新建按钮。

2. 保存文件

在程序设计的过程中或设计完毕后，都需要及时地将文件进行保存。为防止死机、断电或其他意外情况造成文件损失，需要养成及时保存的好习惯。

要保存一个新建文件，选择【文件】|【另存为】命令，打开【保存文件为】对话框，如图1-26 所示。在【保存在】下拉列表框中选择存放该新文件的文件夹，在【文件名】文本框中输入该新文件的名称，单击【保存】按钮，即可保存该文件。

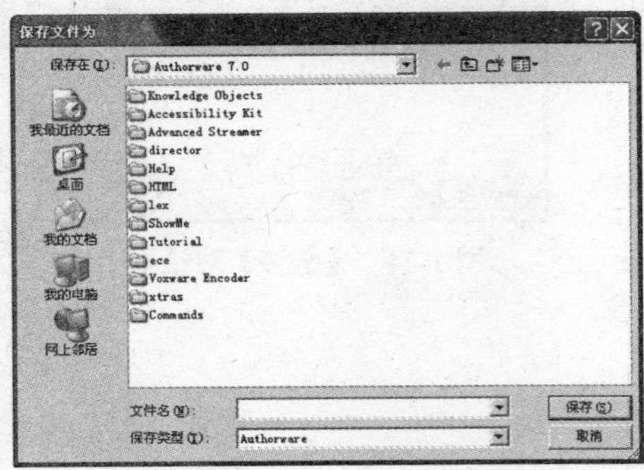

图 1-26　【保存文件为】对话框

提示

如果对已存在的文件进行了修改，那么当需要保存该文件时，选择【文件】|【保存】命令，或者单击工具栏中的【保存】按钮即可。

【例 1-1】 新建一个文件，在流程设计窗口中添加图标，重命名图标，保存文件。

(1) 启动 Authorware 7，选择【文件】|【新建】|【文件】命令，打开【新建文件】对话框，如图 1-25 所示。

(2) 单击【新建文件】对话框中的【取消】按钮，打开一个新的流程设计窗口。

(3) 在【图标】工具栏上拖动【显示】图标到流程设计窗口中，重命名为【背景】，如图 1-27 所示。

(4) 在【图标】工具栏上分别拖动【等待】图标和【显示】图标到流程设计窗口中，重命名为【等待】和【人物】，如图 1-28 所示。

图 1-27　拖动图标

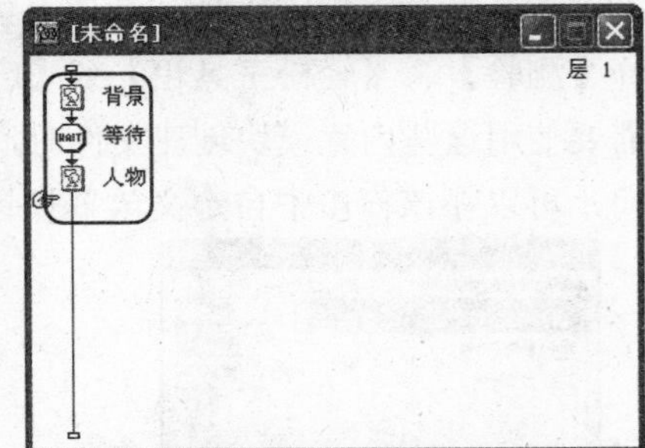

图 1-28　重命名图标

(5) 选择【文件】|【保存】命令，打开【保存文件】对话框，选择保存的文件路径，在【文件名】文本框中输入保存的文件名称，单击【保存】按钮，保存文件。

3. 打开文件

使用 Authorware 的过程中，当需要打开已有的 Authorware 文件时，选择【文件】|【打开】|【文件】命令。这时，系统将打开【选择文件】对话框，如图 1-29 所示。在该对话框中选择文件后，单击【打开】按钮即可将选中的文件打开。

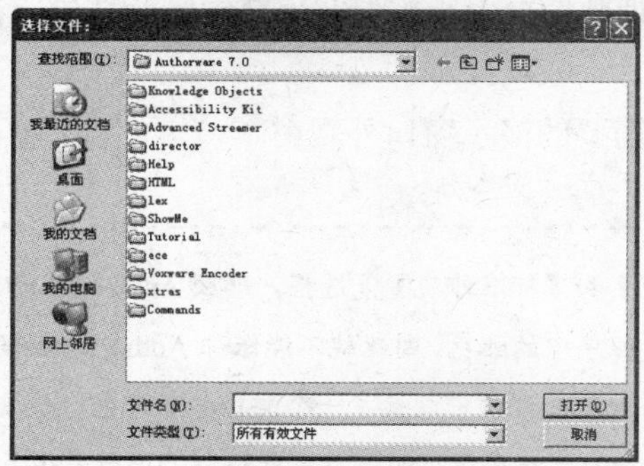

图 1-29　【选择文件】对话框

提示

Authorware 7 不能同时打开两个文件。当一个文件处于打开状态时，如果要打开另一个文件，那么当前文件将自动关闭。如果当前文件未保存，系统将打开一个对话框，询问用户是否保存该文件。

1.4.2　设置文件属性

要使用 Authorware 创建出既美观又有特色的多媒体程序，就需要对文件进行合理的设置。在文件的属性面板中可以设置文件的背景色、演示窗口大小和演示窗口外观等多种属性。

选择【修改】|【文件】|【属性】命令，将打开文件的【属性】面板，如图 1-30 所示。该【属性】面板共包含【回放】、【交互作用】和 CMI 三个选项卡。

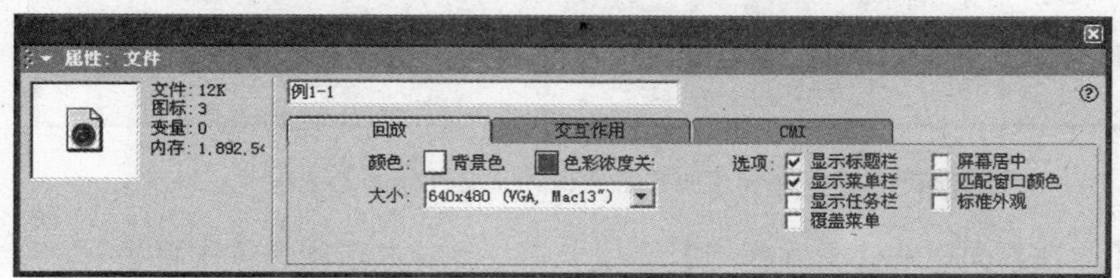

图 1-30　文件的【属性】面板

1. 【回放】选项卡

在打开文件的【属性】面板时，默认打开的是【回放】选项卡。在该选项卡中，主要参数选项具体作用如下。

- 文件标题区：文件的标题区位于选项卡的最上方，可以在该文本框中自定义文件名称。系统在默认情况下将以保存的程序文件名作为该文件标题名。

- 颜色选项组：单击【背景色】颜色框将打开【颜色】对话框，可以选择任意颜色作为演示窗口的背景色；单击【色彩浓度关键色】颜色框，可在打开的【色彩浓度关键色】对话框中选取用于视频叠加卡的色彩浓度关键色。
- 【大小】下拉列表框：在该列表框中选择演示窗口的大小，如果选择【根据变量】选项，则在程序设计期间可以根据实际需要任意调整窗口大小，但在程序完成并打包运行时，窗口的大小就固定不变了。
- 【选项】选项组：选择不同的复选框设置需要的演示窗口外观。

知识点

如果在【选项】选项组中同时选中【匹配窗口颜色】和【标准外观】复选框，那么 Authorware 7 将根据用户在 Windows 中选择的配色方案改变 Authorware 程序中的配色，因此就不能保证 Authorware 程序运行时的效果同程序设计时的效果一样。例如用户在程序设计的过程中设置了一个鲜艳的背景色，而该颜色正好与 Windows 程序中的颜色发生冲突，这时，Authorware 程序运行时就有可能得到一个效果很差的配色方案。

2. 【交互作用】选项卡

单击【属性】面板中的【交互作用】标签，打开【交互作用】选项卡，如图 1-31 所示。该面板主要用来设置实现交互结构运行时的相关效果。

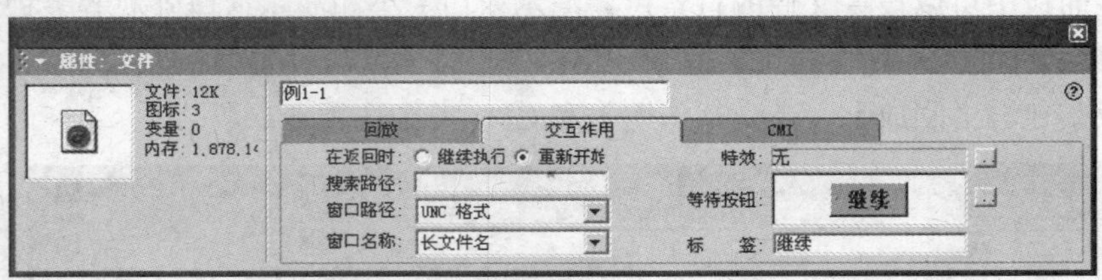

图 1-31　文件【属性】面板的【交互作用】选项卡

在文件【属性】面板的【交互作用】选项卡中，各参数选项具体作用如下。

- 【在返回时】选项组：选中【继续执行】单选按钮，程序将在退出交互结构时继续向下执行；选中【重新开始】单选按钮，程序将在退出交互结构时从头开始运行。
- 【搜索路径】文本框：在该文本框中可以输入搜索的路径。
- 【窗口路径】下拉列表框：该下拉列表框中共包含【UNC 格式】和【DOS 格式】两个选项，一般情况下使用默认选项即可。
- 【窗口名称】下拉列表框：该下拉列表框中共包含 DOS 和【长文件名】两个选项。当采用 DOS 类型时，则在程序设计过程中所命名的名称，其主文件名不能超过 8 个字符，扩展名不能超过 3 个字符，即应选择 DOS 选项；当采用 Windows 类型时，则允许使用 255 个字符的长文件名，即应选择【长文件名】选项。

◎ 【特效】选项：单击【特效】文本框右侧的 按钮，将打开如图 1-32 所示的【返回特效方式】对话框。用户可以在该对话框中选择交互结构返回时的特效方式，如选择【小框形式】、【以点式由内往外】等选项。系统在默认情况下没有设置任何过渡方式。

◎ 【等待按钮】选项：通过该按钮可以设置等待按钮的样式。单击【等待按钮】文本框右侧的 按钮，将打开如图 1-33 所示的【按钮】对话框。在该对话框中除了可以选择系统提供的按钮样式外，还可以添加或编辑已有的按钮。

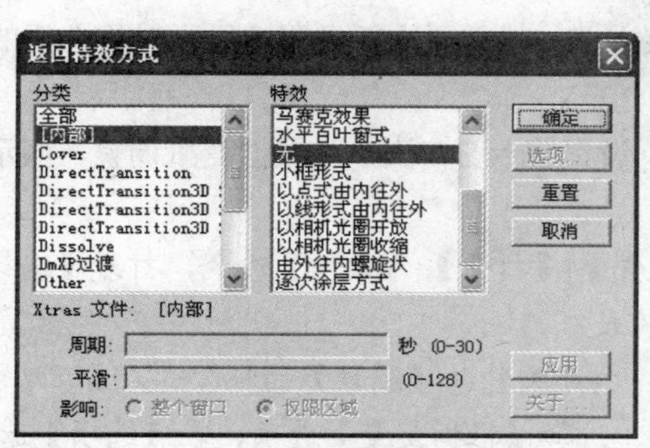

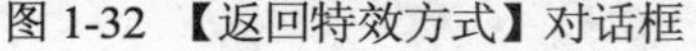

图 1-32 【返回特效方式】对话框

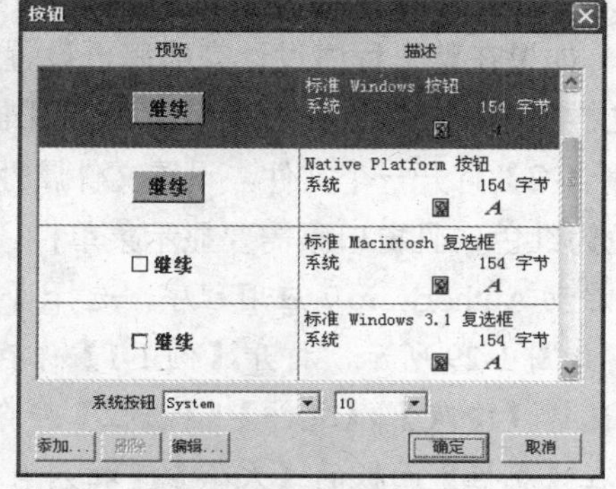

图 1-33 【按钮】对话框

◎ 【标签】文本框：在该文本框中可以输入自定义的按钮名称，以改变等待按钮的默认标签名。

3. CMI 选项卡

单击【属性】面板中的 CMI 标签，打开 CMI 选项卡，如图 1-34 所示。该面板主要用来设置与计算机管理教学有关的内容。

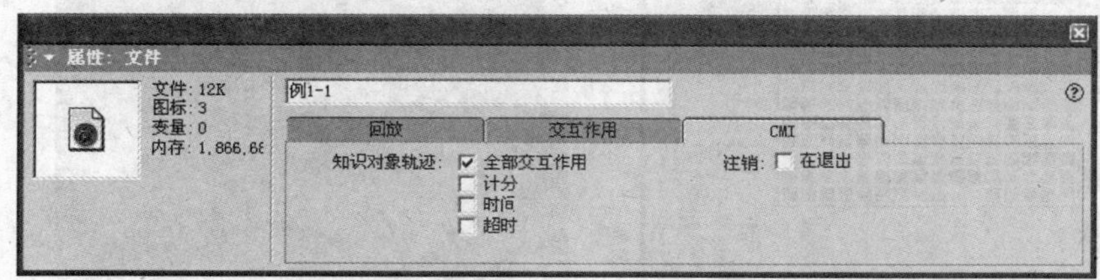

图 1-34　文件【属性】面板的 CMI 选项卡

在文件【属性】面板的 CMI 选项卡中，各参数选项具体作用如下。

◎ 【知识对象轨迹】选项组：在该选项组中选择需要的复选框后，系统将根据不同的要求执行操作。

知识点

选中【全部交互作用】复选框，系统将打开该文件的所有知识通道；选中【计分】复选框，系统可以自动测试学生的学习成绩；选中【时间】复选框，系统将自动记录该学生从进入测试到退出测试所用的时间；选中【超时】复选框，那么如果在某个限定的时间内没有完成相应的测试，系统将关闭知识通道。

◎ 【在退出】复选框：选中该复选框，则当退出正在使用的 CMI 系统时，系统将自动记录当前用户的情况。

1.4.3 自定义演示窗口

在创建一个多媒体程序之前，首先要设置该文件的属性。Authorware 默认的大小是 640×480，如果在整个程序设计完成后再设置该属性，就需要重新设置各显示对象之间的位置关系，这样整个程序的创作过程将会相当困难。

【例 1-2】打开一个文件，设置文件属性，设置演示窗口大小为根据变量调整，演示窗口背景颜色为红色，且窗口不需要显示菜单栏。

(1) 启动 Authorware 7 应用程序，选择【文件】|【打开】|【文件】命令，打开【选择文件】对话框，如图 1-29 所示，打开【例 1-1】保存的文件。

(2) 选择【修改】|【文件】|【属性】命令，打开文件的【属性】面板。

(3) 在【属性】面板的【大小】下拉列表框中选择【根据变量】选项，在【选项】选项组中取消选中【显示菜单栏】复选框。

(4) 在【颜色】选项组中单击【背景色】颜色框，打开【颜色】对话框，在该对话框中选择如图 1-35 所示的【红色】选项，单击【确定】按钮。

(5) 单击工具栏中的【运行】按钮，设置的演示窗口效果如图 1-36 所示。

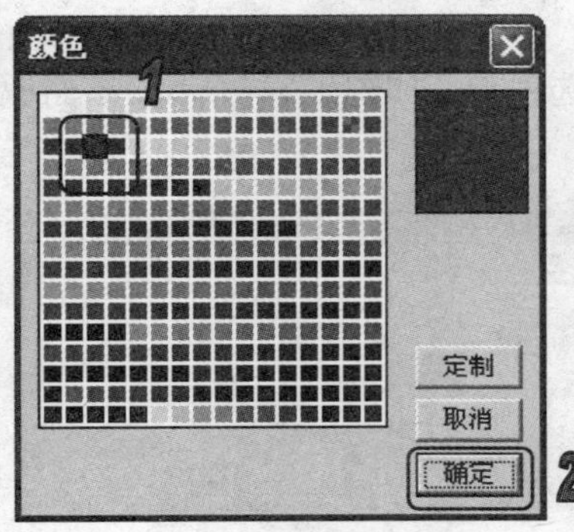

图 1-35　选择背景颜色

图 1-36　设置文件属性后的演示窗口效果

1.5 习题

1. 简单阐述 Authorware 7 的基础知识。
2. Authorware 的工作界面主要包括哪些元素？
3. 简单阐述 Authorware 7 的功能和特点。
4. 新建一个文件，拖动【图标】工具栏中的图标到流程设计窗口中，保存文件。
5. 简单阐述自定义演示窗口(设置大小、背景色和窗口样式)的方法。

第2章 显示图标和文本

学习目标

在 Authorware 7 中，文本素材的创建和使用是最基本的操作。创建文本素材不但可以通过直接输入文本，还有许多巧妙的处理方式，如使用【导入】命令、拖放外部文档、粘贴文本文件、函数导入文本等。文本创建完成后还可以通过多种方式进行美化，如设置对齐方式、文本颜色等。

本章重点

- ⊙ 显示图标
- ⊙ 创建文本
- ⊙ 编辑文本
- ⊙ 在文本中插入变量

2.1 【显示】图标

【显示】图标是 Authorware 中最基本的图标，除了数字电影之外的所有内容都是通过它来实现的。【显示】图标支持多种方式的文本输入，在一个【显示】图标中也可以同时显示位图和矢量图。通过设置【模式】属性，【显示】图标还可以实现特定意义的图像显示。

2.1.1 【工具】面板

在程序设计窗口中双击【显示】图标，将打开一个空白的演示窗口，同时打开【工具】面板。Authorware 的【工具】面板中包含了【绘图】工具、【色彩】工具、【线型】工具、【模式】工具和【填充】工具，如图 2-1 所示。

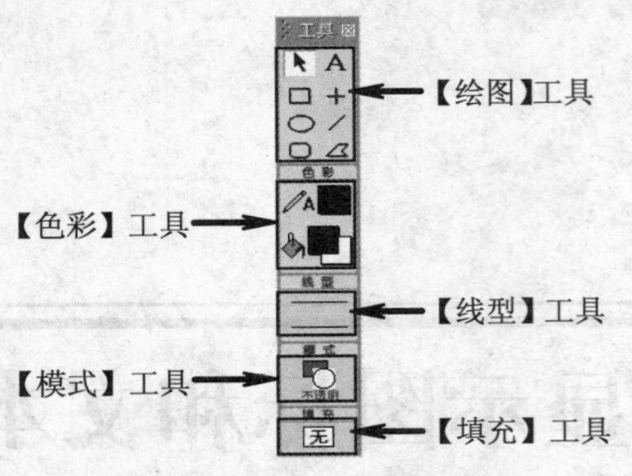

图 2-1　显示图标的工具面板

知识点

在【工具】面板中，【色彩】工具、【线型】工具和【 填充】工具用来对封闭型图形进行设置，对于文本设置没有任何意义。

1. 使用【绘图】工具绘制图形

【绘图】工具共包含 8 个工具，它们能够帮助用户在演示窗口中选中对象、输入文本和绘制图形，具体名称和功能如下。

- 【选择/移动】工具：用于选择对象、移动对象和调整对象的大小。使用该工具在演示窗口中单击，即可选中某个对象，如果要一次选中多个对象，则可以在按住 Shift 键的同时依次选择单个对象。
- 【文本】工具：用于输入和编辑文字。选中该工具后，鼠标指针变为I字型，此时可在演示窗口中添加或修改文本内容和显示风格。
- 【矩形】工具：用于绘制长方形和正方形。选中该工具后，鼠标指针变为十字形，此时在演示窗口中拖动鼠标即可绘制长方形或正方形。
- 【直线】工具：用于绘制水平线、垂直线和 45° 直线。
- 【椭圆】工具：用于绘制椭圆和正圆形图形。
- 【斜线】工具：用于绘制各种角度的斜线。
- 【圆角矩形】工具：用于绘制圆角矩形或圆角正方形。
- 【多边形】工具：用于绘制任意多边形。选中该工具后，鼠标指针变为十字形，此时在演示窗口中单击一个起始点，然后单击另一点绘制一条线段，再次单击一点绘制一条折线，直到双击鼠标左键结束操作。

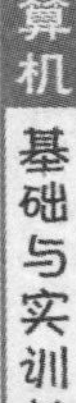

2. 使用【色彩】工具填充颜色

【色彩】工具共包含两个工具，使用它们可以设置图形的线条颜色、内部填充颜色、填充样式的前景色和背景色，如图 2-2 所示。

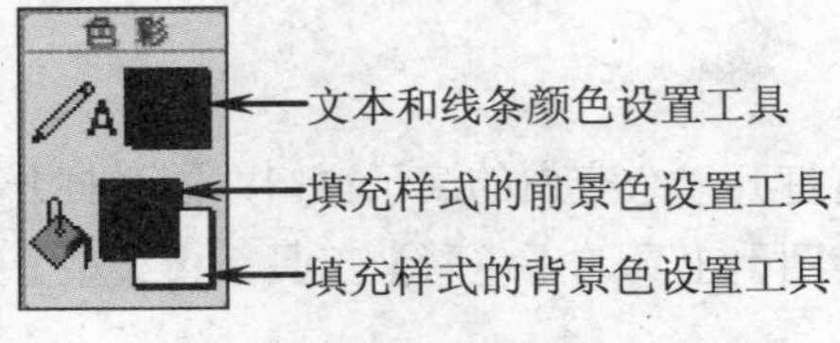

图 2-2　【色彩】工具的功能

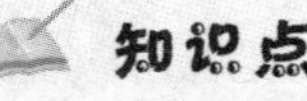

知识点

单击【色彩】工具中的两个工具，都可以打开【颜色】面板，选择颜色。

【例 2-1】在演示窗口中绘制一个圆角矩形，使用弯度控制点来改变圆角矩形的形状，填充圆角矩形。

(1) 新建一个文件，拖动 1 个【显示】图标到程序流程线上，双击该显示图标，打开演示窗口。

(2) 单击【工具】面板中的【圆角矩形】工具，当光标显示为十字形时，在演示窗口中拖动鼠标绘制一个圆角矩形图形，释放鼠标，图形内部将显示一个弯度控制点，如图 2-3 所示。

(3) 向内拖动该控制点，当释放鼠标后，圆角矩形将变为如图 2-4 所示的椭圆形图形。

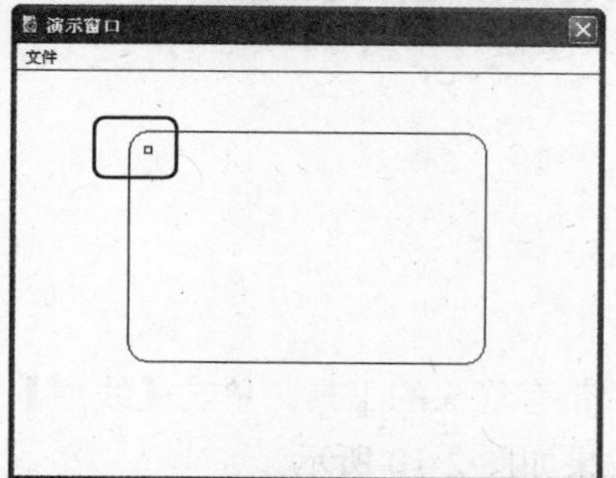

图 2-3 显示弯度控制点

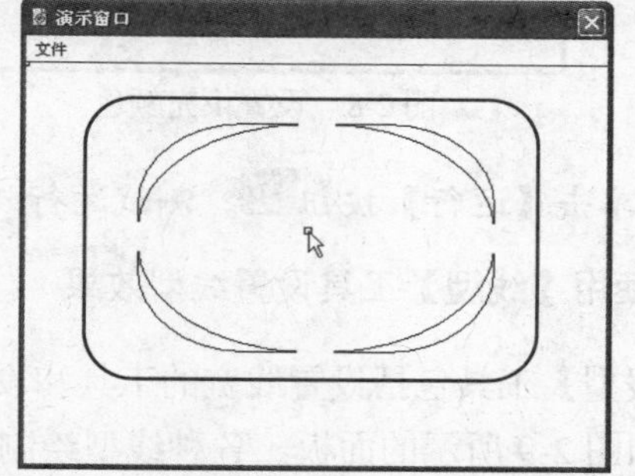

图 2-4 向内拖动弯度控制点后的效果

(4) 向外拖动该控制点，当释放鼠标后，圆角矩形将变为如图 2-5 所示的长方形图形。

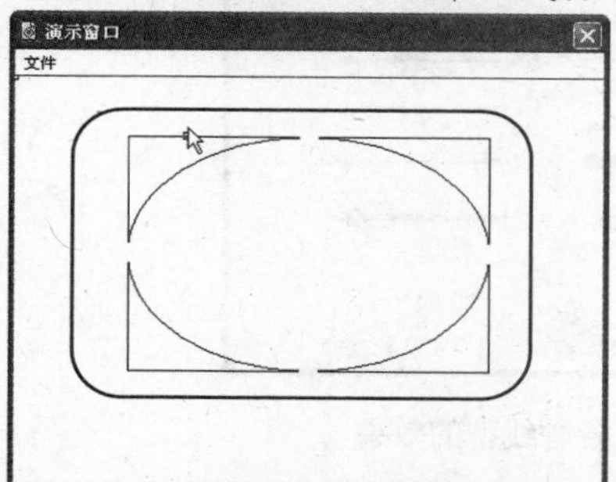

图 2-5 向外拖动弯度控制点后的效果

提示

还可以将弯度控制点横向或纵向拖动，观察释放鼠标后的图形形状。当用户需要绘制圆角正方形时，只需在绘制圆角矩形的同时按住 Shift 键即可。

(5) 单击【工具】面板上的【选择/移动】工具，选中矩形图形。

(6) 单击【工具】面板上的【文本和线条颜色】工具，打开【颜色】面板。在该面板中选择如图 2-6 所示的【红色】选项，设置矩形边框线颜色为红色，如图 2-7 所示。

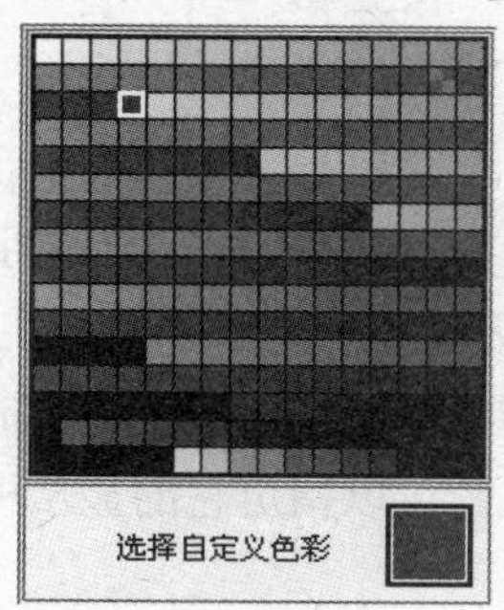

图 2-6 【颜色】面板

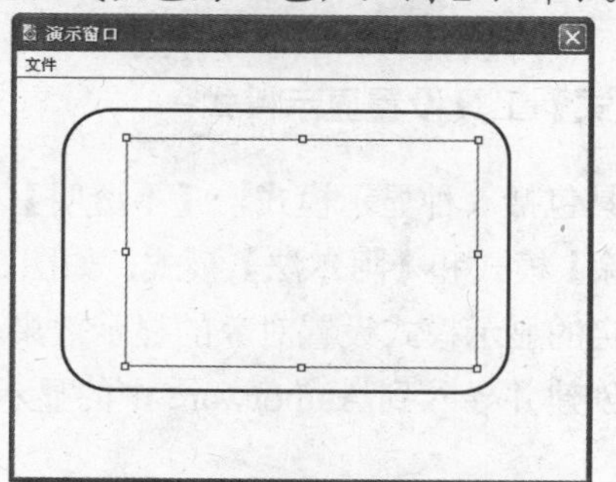

图 2-7 设置边框线颜色

(7) 单击【工具】面板上的【填充样式前景色】工具设置填充色为黄色，如图 2-8 所示。

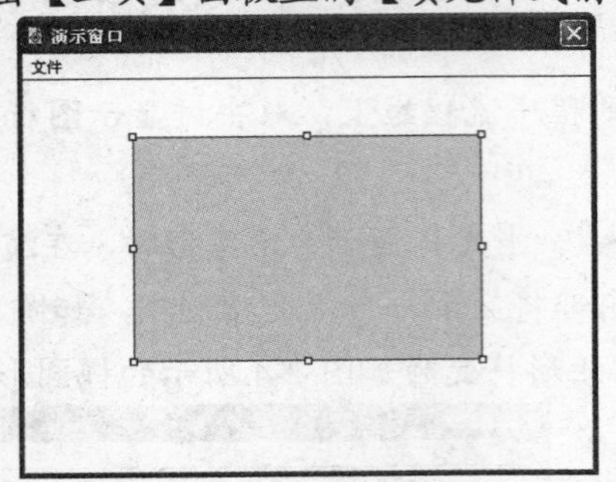

图 2-8　设置填充颜色

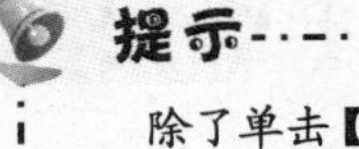

提示

除了单击【色彩】工具中的工具打开【颜色】面板外，双击【椭圆】工具同样可以打开该面板。

(8) 单击【运行】按钮，测试运行效果。

3. 使用【线型】工具设置线型效果

【线型】工具包括设置线宽的工具和设置线段是否带有箭头的工具。单击【线型】工具，将打开如图 2-9 所示的面板，各种线型绘制出的线段效果如图 2-10 所示。

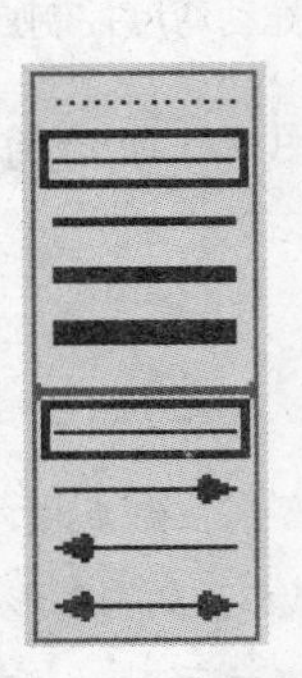

图 2-9　【线型】工具面板

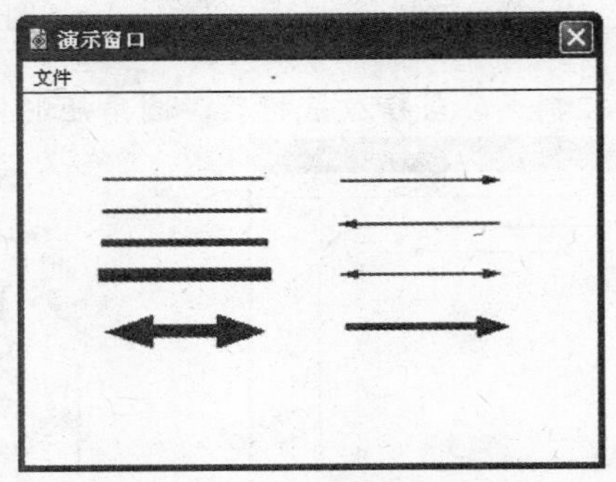

图 2-10　各种线型的效果

知识点

除了单击【线型】工具打开【线型】面板外，双击【直线】工具和【斜线】工具同样也可以打开该面板。【线型】工具只对使用 Authorware 工具绘制的图形有效，对导入的其他绘图软件绘制的图形无效。

4. 使用【模式】工具设置显示模式

【模式】工具包括 6 种显示模式，【不透明】模式、【遮隐】模式、【透明】模式、【反转】模式、【擦除】模式和【阿尔法】模式，如图 2-11 所示。当一个对象覆盖在另一个对象上时，可以通过指定的显示模式设置对象的显示效果。无论是在 Authorware 中绘制的显示对象，还是由其他程序创建并导入到 Authorware 中的显示对象，都可以指定它的显示模式。

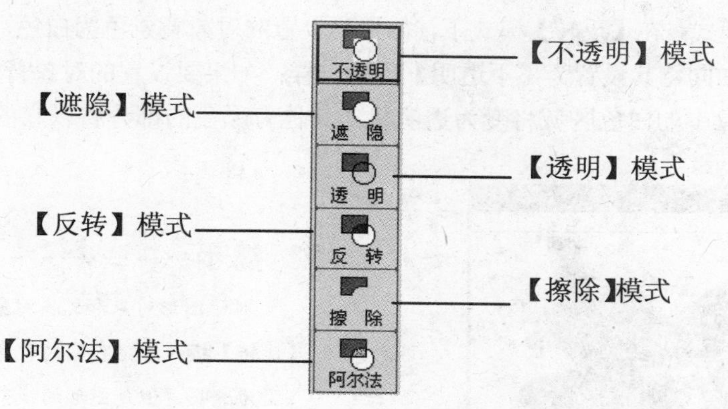

图 2-11　【模式】工具面板

- 【不透明】模式：【不透明】模式是对象默认的显示模式。在这种模式下，显示在前面的对象将会完全遮盖其后面的内容，如图 2-12 所示。
- 【遮隐】模式：对于文本对象来说，使用【遮隐】模式和使用【不透明】模式的显示效果是相同的。而对于图像来说，使用【遮隐】模式将会使图像的白色背景区域变为透明，露出被其覆盖的相应背景内容，而图像内部的白色区域仍将保持不透明状。
- 【透明】模式：当将一个对象设置为【透明】模式时，该对象中的所有白色部分都将变为透明，显示其下方被遮盖的内容，而对象中其他颜色的部分仍将保持不透明状，如图 2-13 所示。

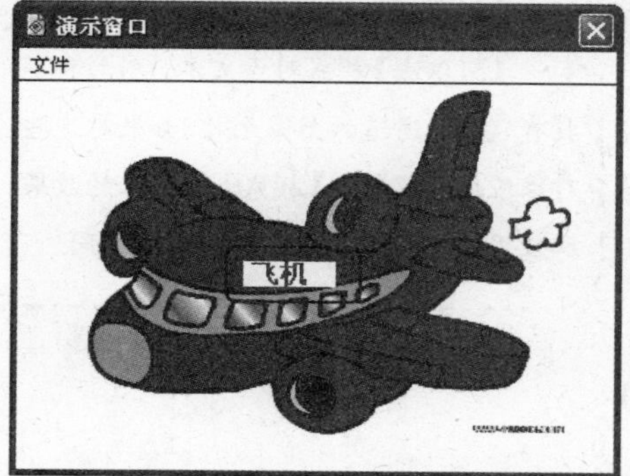

图 2-12　【不透明】模式显示效果

图 2-13　【透明】模式显示效果

提示

对于在 Authorware 中绘制的图形来说，只有当图形的背景色设置为白色时，使用【透明】模式才可以使背景透明，从而显示其下方被遮盖的内容。但是该图形的线条及前景色还是为不透明。如果图形的背景色为白色以外的其他颜色，那么使用【透明】模式时的显示效果与使用【不透明】模式的显示效果相同。

◎ 【反转】模式：在【反转】模式下，如果要设置的对象背景色为白色，那么该对象将正常显示，如同将其设置为【不透明】模式一样；如果要设置的对象背景色为其他颜色，那么该对象中的白色区域将变为透明状，其他有颜色的部分将以它的互补色显示，如图 2-14 所示。

图 2-14 【反转】模式效果

> **提示**
>
> 对于图形对象和文本对象来说，使用【反转】模式后，它们的背景色和前景色将变为透明，但是图形的线条、填充图案和文本的颜色将以相反的颜色显示。

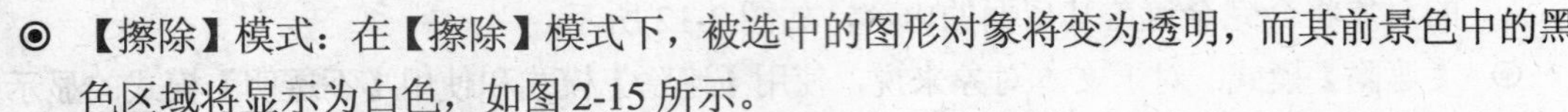

◎ 【擦除】模式：在【擦除】模式下，被选中的图形对象将变为透明，而其前景色中的黑色区域将显示为白色，如图 2-15 所示。

◎ 【阿尔法】模式：【阿尔法】模式主要是针对具有 Alpha 通道的图像，利用 Alpha 通道为图像产生半透明的效果。只有在专门的图像处理软件(如 Photoshop)中为图像制作一个 Alpha 通道后，才能在 Authorware 中为该图像应用【阿尔法】模式。

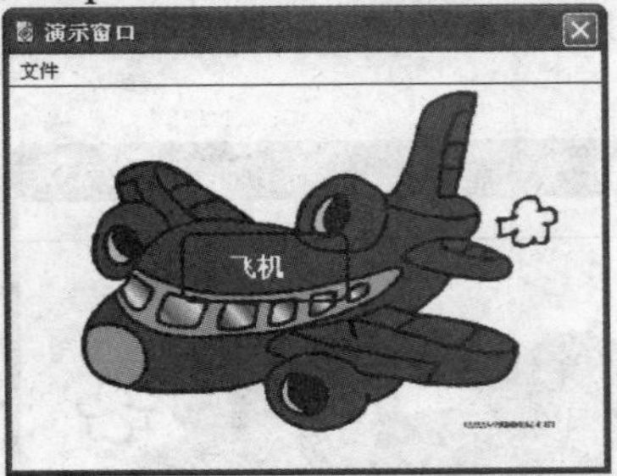

图 2-15 【擦除】模式效果

> **提示**
>
> 【阿尔法】模式对于文本、图形和不具有 Alpha 通道的图像无效，如果对这些对象应用【阿尔法】模式，其显示的效果和应用【不透明】模式时的效果相同。

5. 使用【填充】工具填充底纹

【填充】工具主要是为椭圆、矩形和多边形的底纹填充样式。单击【填充】工具，将打开如图 2-16 所示的面板，使用各种填充样式绘制的图形效果如图 2-17 所示。

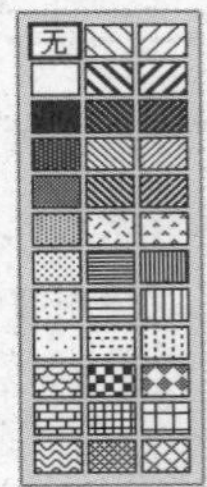

图 2-16 【填充】工具面板

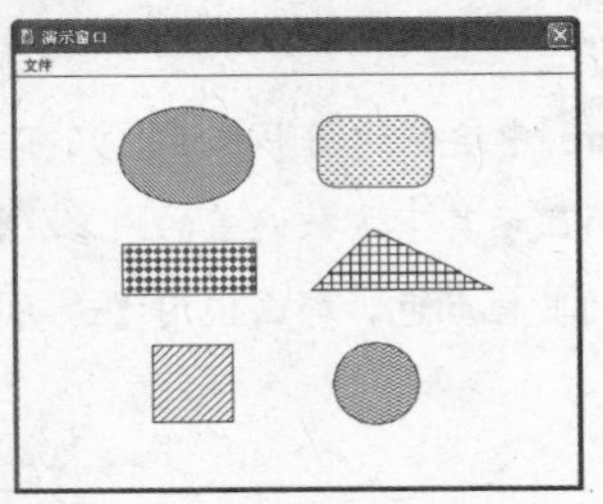

图 2-17 应用填充样式后的图形效果

提示

除了单击【填充】工具中的工具打开【填充】面板外，双击【矩形】工具、【圆角矩形】工具和【多边形】工具同样可以打开该面板。

2.1.2　【显示】图标的【属性】面板

利用【显示】图标的【属性】面板可以设置对象的层属性、擦除属性、可移动属性等多种属性。在流程线上选中【显示】图标，选择【修改】|【图标】|【属性】命令，打开【显示】图标的【属性】面板，如图 2-18 所示。

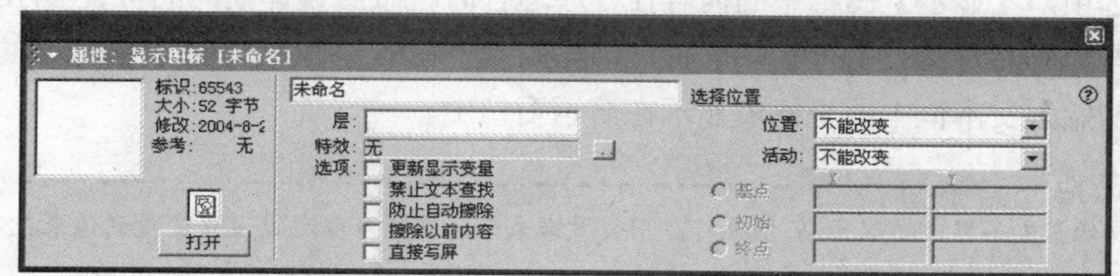

图 2-18　【显示】图标的【属性】面板

在【显示】图标的【属性】面板中，各个参数选项的具体作用如下。

- 图标内容预览框：该预览框位于【属性】面板的最左侧，通过它可以大致浏览图标内容，它的右侧是一些图标本身的数据。【标识】栏显示一个图标的 ID 号，一个图标可以和其他图标重名，但每个图标都有唯一的一个标识号，Authorware 实际上是通过标识号来区别每一个图标的；【大小】栏显示的是当前图标的大小，这和图标中的内容有关；【修改】栏显示出最近一次修改该图标属性或内容的时间；【参考】栏显示出程序中是否有其他地方通过图标名称引用该图标，【无】指的是不存在引用。

知识点

在对程序文件进行编辑时，要注意图标的【参考】属性，以确保在删除图标时不会对其他图标造成影响。

- 图标预览框：该预览框表示当前图标的种类，单击【打开】按钮就可以打开该图标的演示窗口。
- 图标名称文本框：该文本框用于显示当前设计图标的名称。用户可以在这里输入新名称给设计图标重命名。
- 【层】文本框：该文本框用于设置图标所处的层数。【显示】图标中文本对象的层数越高，该对象就将放置在层数比其低的【显示】图标内容之前。
- 【特效】文本框：该文本框用于指定图标内容的过渡效果。单击其右侧的按钮，将打开【特效方式】对话框，在该对话框中可以为当前的设计图标选择一种过渡效果。

- 【更新显示变量】复选框：选中该复选框，则程序在运行时会不断地更新嵌入到文本对象中的变量值并刷新显示结果。
- 【禁止文本查找】复选框：选中该复选框，则无法在程序中用关键字或短语来查找该【显示】图标中所包含的文本内容。
- 【防止自动擦除】复选框：选中该复选框，可以避免具有自动擦除属性的图标自动擦除。
- 【擦除以前内容】复选框：选中该复选框，则当程序运行到该【显示】图标时，会将前面【显示】图标中的内容自动擦除，但只能擦除比该图标层数低的【显示】图标内容。
- 【直接写屏】复选框：选中该复选框，则该【显示】图标中的内容将放置在演示窗口的最前面，而不管它的层数是如何设置的。这种情况下，大多数过渡显示效果不可用。
- 【位置】下拉列表框中的【不能改变】选项：该选项是 Authorware 7 的默认选项。选择该选项，【显示】图标中的内容在程序运行时将按照设计期间的位置显示。
- 【位置】下拉列表框中的【在屏幕上】选项：选择该选项，【显示】图标中的内容将按照【初始】文本框中的坐标值显示在演示窗口中。

知识点

【初始】文本框中的 X 和 Y 值也可以用变量来表示，这样可以通过设置变量的值来控制程序运行时显示图标的内容在演示窗口中的显示位置。

- 【位置】下拉列表框中的【在路径上】选项：选择该选项，用户需要在演示窗口中拖放对象内容来形成一个路径。每拖放一次就形成一条直线路径，多次拖放可以形成一条由一系列三角形拐点组成的折线路径，双击三角形拐点可以使其变为圆形，从而与相邻的两个拐点形成曲线路径。

知识点

拖动对象形成路径后，就可以设置【显示】图标中的内容在该路径上的位置了，即设置【基点】、【初始】和【终点】这 3 个参数的数值。这些参数的值可以根据实际需要来填写；也可以在演示窗口中直接拖动文本或图形对象，这样数值会随着对象位置的变化而改变。

- 【位置】下拉列表框中的【在区域内】选项：选择该选项后，用户需要首先选中【基点】单选按钮，然后用鼠标将文本或图形对象内容拖动到区域的起始位置；接着选中【终点】单选按钮，用鼠标将对象拖动到区域结束的位置，此时演示窗口中出现一个用方框包围的矩形区域。这时就可以选中【初始】单选按钮，并在其后的文本框中输入坐标值，以确定图标内容的初始显示位置。
- 【活动】下拉列表框中的【不能改变】选项：该选项是 Authorware 7 的默认选项。选择该选项，表示程序打包后最终用户将不能在演示窗口移动显示对象。
- 【活动】下拉列表框中的【在屏幕上】选项：选择该选项，表示在程序设计期间，图标中的内容可以在演示窗口范围内移动；程序打包运行之后，图标的内容可以在程序窗口的范围内移动。

- 【活动】下拉列表框中的【在区域内】选项：该选项只有在【位置】下拉列表框中选择【在区域内】选项时才会出现。选择该选项，图标中的内容可以在定义过的区域内移动。
- 【活动】下拉列表框中的【任意位置】选项：选择该选项，图标中的内容可以任意移动，甚至可以将其拖动到窗口的可视区域之外。

2.1.3　编辑多个【显示】图标

当使用 Authorware 制作大型多媒体程序时，流程线上会出现大量的【显示】图标，为了提高工作效率，可以对多个【显示】图标同时进行编辑。

1. 在流程设计窗口中预览图标内容

除了双击【显示】图标，打开其演示窗口观看显示内容外，还可以更为方便地预览【显示】图标中的内容。按住 Ctrl 键，在流程设计窗口中用鼠标右键单击流程线上的【显示】图标，此时该图标中的内容就会出现在该图标的右下方，如图 2-19 所示。

2. 同时显示多个【显示】图标中的内容

在程序创建的过程中，有时需要在一个演示窗口中同时显示多个【显示】图标中的内容。要同时显示多个【显示】图标中的内容，只需按住 Shift 键，然后依次双击要打开的【显示】图标即可，如图 2-20 所示。

图 2-19　预览单个【显示】图标中的内容

图 2-20　预览多个【显示】图标中的内容

知识点

在预览多个【显示】图标中的内容时，只可以对最后双击的【显示】图标中的内容进行编辑，等编辑完成后，按 Shift 键，双击要打开的【显示】图标即可。

3. 同时编辑多个【显示】图标中的显示属性

当需要的【显示】图标内容全部出现在演示窗口之后，就可以对它们进行编辑，具体的操作方法为：双击一个显示对象，打开它所属的【显示】图标，同时图标中的其他内容仍然显示在演示窗口中。随后就可以参照其他显示对象的位置和大小，对该图标中的所有对象进行缩放、移动等操作。

按 Ctrl+Shift 键的同时，用鼠标单击演示窗口中的显示对象，可以同时选中处于不同【显示】图标中的显示对象。这时，当前图标中的对象周围会出现白色控制点，非当前图标中的对象周围出现灰色控制点。在这种状态下，可以用鼠标拖动当前图标中显示对象的控制点进行缩放操作，同时非当前图标中的显示对象也会随之移动，以保持各对象间的相对位置。

2.2 创建文本

文本是 Authorware 中最基本的元素，对文本素材的处理更是常见，掌握好 Authorware 中文本的创建方法将有助于节省创作时间，提高工作效率。输入文本不仅仅是用【显示】图标里的文本工具来写入，还有其他更巧妙的处理方式，如在程序中引入文本文件、从其他应用程序的文本中复制等。

2.2.1 直接输入文本

对于比较简单、少量，尤其是经常需要变动的文本，可以直接在 Authorware 的编辑窗口中创建。

启动 Authorware 7 应用程序，新建一个文件，在程序流程线上添加一个【显示】图标并命名。双击该图标，打开演示窗口，同时打开【工具】面板。单击【工具】面板中的【文本】按钮A，将鼠标指针移动到到演示窗口中，这时鼠标指针变为 I 形状。

在演示窗口中单击要放置文本对象的位置，当出现包括文本标尺和文本插入光标在内的文本编辑框时，即可进行文本的输入。

输入完毕后，单击【工具】面板中的【选择/移动】按钮，退出文本编辑状态。这时文本对象处于选中状态，文本对象的周围有 8 个控制点，可以通过这些控制点对文本对象的位置和大小进行调整。

单击文本对象以外的任何位置，可以取消文本对象的选中状态。

如果在文本输入完毕后直接单击演示窗口中当前文本对象以外的任何位置，也可以退出文本编辑状态，但是在单击的地方将重新打开一个新的文本编辑框。如果要创建分栏的文本对象，可以在文本标尺上设置制表位。Authorware 提供了两种制表位：文字制表位和小数点制表位。在编辑状态下，单击(或双击)文本标尺，即可显示文字(或小数点)制表位，如图 2-21 所示。

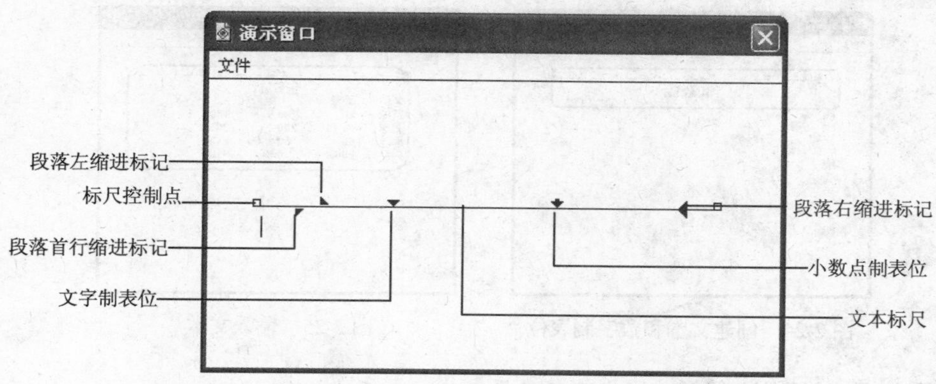

图 2-21　文本编辑框

文字制表位用于设置一个文字左对齐的分栏，小数点制表位用于设置将所有数据以小数点对齐的分栏。输入分栏文本时，每输完一栏后，按下 Tab 键，光标会自动跳到下一制表位。单击制表位符号，可实现文字制表位与小数点制表位之间的切换。在制表位上拖动鼠标，可以任意设置制表位的位置。删除制表位时，在制表位上按下鼠标左键，将其横向拖动出文本标尺即可。

【例 2-2】在演示窗口中输入文本，设置文本标尺，实现表格效果。

(1) 新建一个文件，按快捷键 Ctrl+I，选择【窗口】|【面板】|【属性】命令，打开【属性】面板，在【大小】下拉列表框中选择【根据变量】选项。

(2) 拖动一个【显示】图标到流程线上，重命名为【销量统计】，如图 2-22 所示。

(3) 双击【显示】图标，打开演示窗口，同时打开【工具】面板，单击【工具】面板上的【文本】按钮 A，将光标移至演示窗口中的合适位置，单击鼠标，在显示的文本编辑框中输入文本内容【销量统计】，如图 2-23 所示。

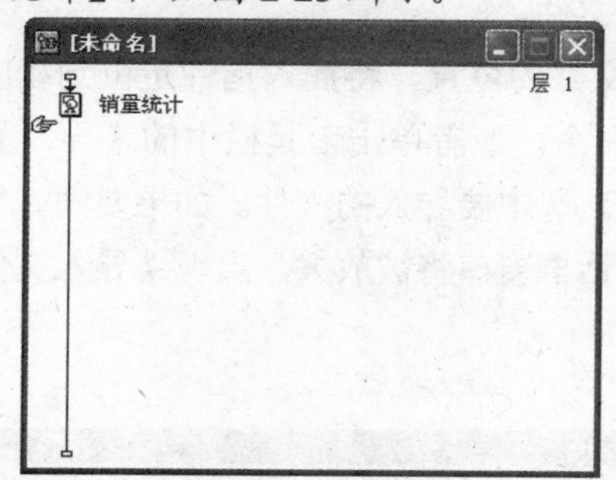

图 2-22　拖动【显示】图标

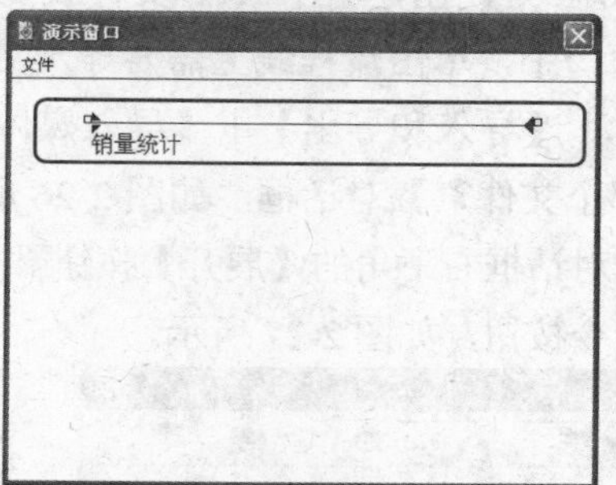

图 2-23　输入文本内容

(4) 选中文本内容，选择【文本】|【对齐】|【居中】命令，文本居中显示。

(5) 在文本标尺上方单击，创建 3 个文本制表位。在创建的后两个文本制表位上单击，将它们转换为小数点制表位，如图 2-24 所示。

(6) 按 Enter 键，选择【文本】|【对齐】|【左齐】命令，将正文内容设置为左对齐，开始输入文本。进行输入时，每输完一项，按下 Tab 键，进入下一项输入。每输完一行，按下 Enter 键，进行下一行输入。输入完成后的效果如图 2-25 所示。

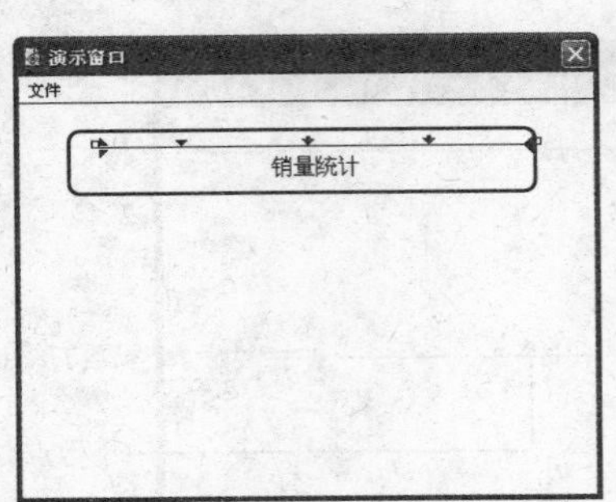

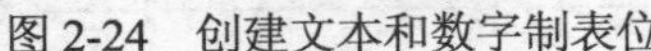

图 2-24　创建文本和数字制表位

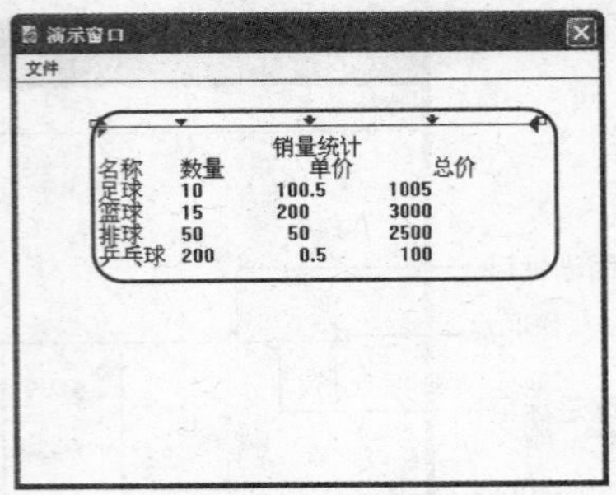

图 2-25　输入文本

(7) 单击【运行】按钮，测试运行效果。

2.2.2　导入外部文本

Authorware 中直接创建文本的方法只适用于少量的文本，而对于篇幅较大的文本，可以先利用专门的文本编辑软件进行输入并保存，然后再导入到 Authorware 中。Authorware 7 所能接受的文件格式为 RTF 文件或 TXT 文件，所以从外部导入文本文件之前，要先转换文件格式。下面介绍几种向 Authorware 中导入外部文本的方法。

1. 使用【导入】命令

使用【导入】命令，可以直接在程序流程线上创建一个【显示】图标并将文本文件导入到该图标中。但要注意的是，在导入文本之前，首先需要使用外部文本处理软件，例如 Microsoft Word、Notebook 等，创建一个 RTF 文件或 TXT 文件。

在设计窗口中，单击流程线上需要导入文本文件的位置，将插入指针定位到相应的位置。选择【文件】|【导入和导出】|【导入媒体】命令，或者单击工具栏中的【导入】按钮，打开【导入哪个文件？】对话框，如图 2-26 所示。选中要导入的文件。如果要同时导入多个文件，可以单击对话框右下角的【展开】按钮，对话框窗口将被放大，出现【导入文件列表】列表框和几个命令按钮，如图 2-27 所示。

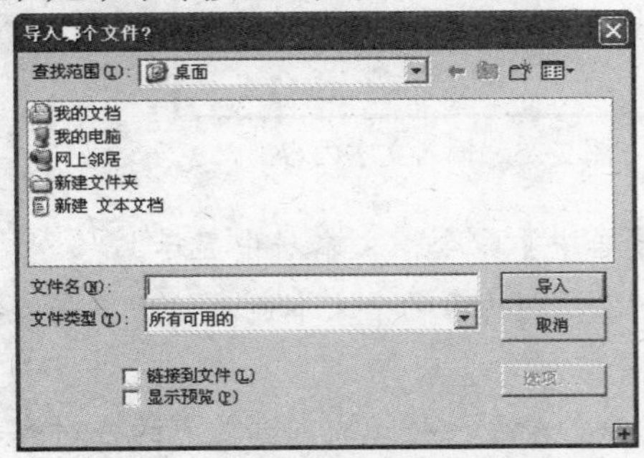

图 2-26　【导入哪个文件？】对话框

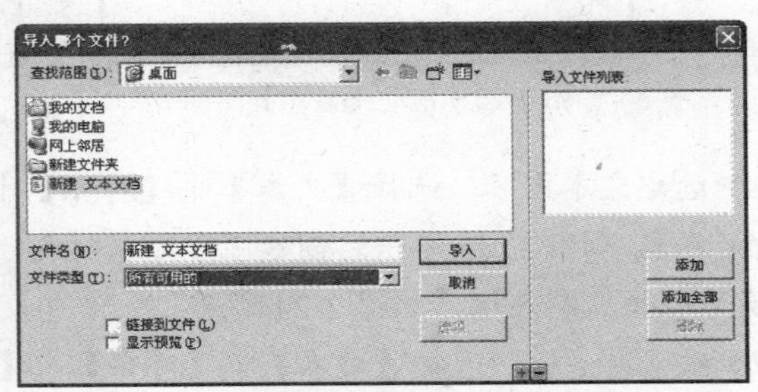

图 2-27　展开【导入哪个文件？】对话框

选中要导入的文件后，单击【添加】按钮，即可将选中的文件添加到文件列表中。相反，选

中文件列表中的文件，单击【删除】按钮，可将文件从列表中删除。单击【导入】按钮，打开【RTF 导入】对话框，如图 2-28 所示。

在【RTF 导入】对话框中，各参数选项的具体作用如下。

- 【忽略】单选按钮：忽略 RTF 文件中的强制分页。
- 【创建新的显示图标】单选按钮：RTF 文件中的每一页都会产生一个新的显示图标。
- 【标准】单选按钮：导入的文件将创建标准的文本对象。
- 【滚动条】单选按钮：创建出带有垂直方向滚动条的文本对象。

选择合适的导入选项后，单击【确定】按钮，即完成了文本文件的导入，导入的文本在流程设计窗口中的显示如图 2-29 所示。

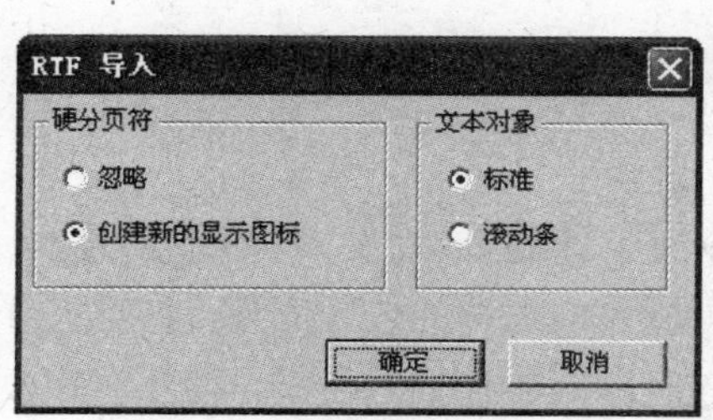

图 2-28　【RTF 导入】对话框

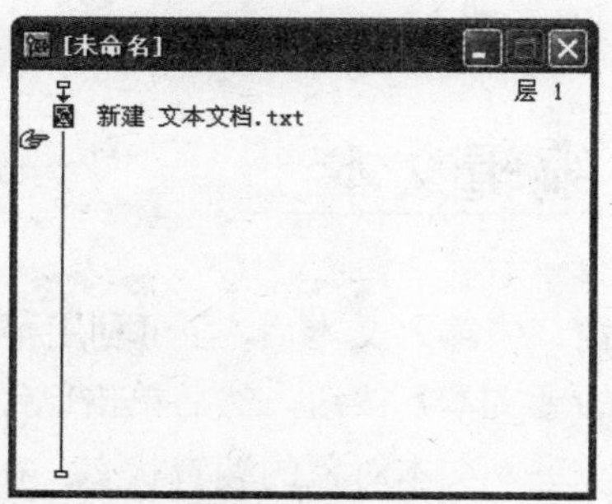

图 2-29　导入文本

双击图标，可以打开文本，如图 2-30 所示。

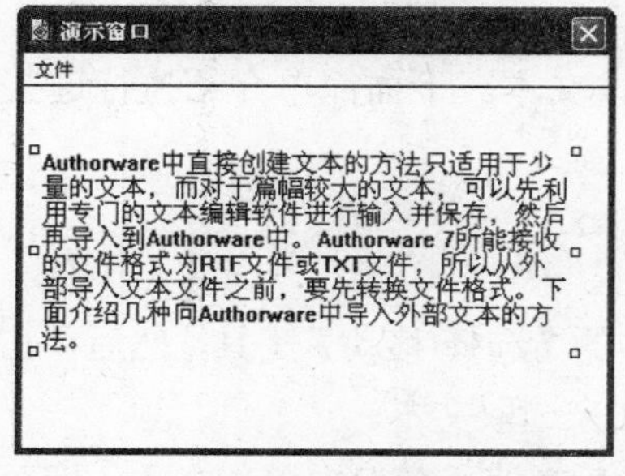

图 2-30　打开导入的文本

提示

导入的文本可以使用【文本】工具在演示窗口中进行修改。

2. 拖放外部文档

除了使用【导入】命令导入外部文本外，可以直接拖动外部文本到流程设计窗口中。使用这种方法比较简便，能有效地提高工作效率。

选择要导入的文本文件，将该文本文件拖动到程序流程线上，此时鼠标指针显示为形状，如图 2-31 所示。释放鼠标，在流程线上将自动创建一个以该文件命名的显示图标，并显示一个蓝色的加载条，意味着将文件中的内容加载到该显示图标。

如果在 Windows 的记事本程序中打开所需文件，选择要复制的文本。将选中的文本拖动到设计窗口的主流程线上即可，如图 2-32 所示。

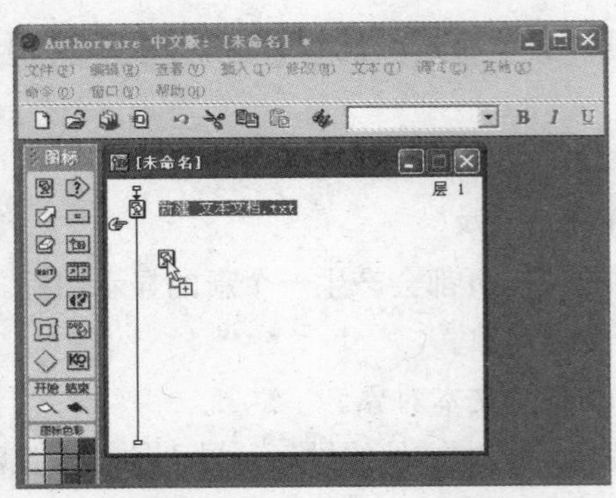

图 2-31　拖动方式导入文本文件的鼠标显示

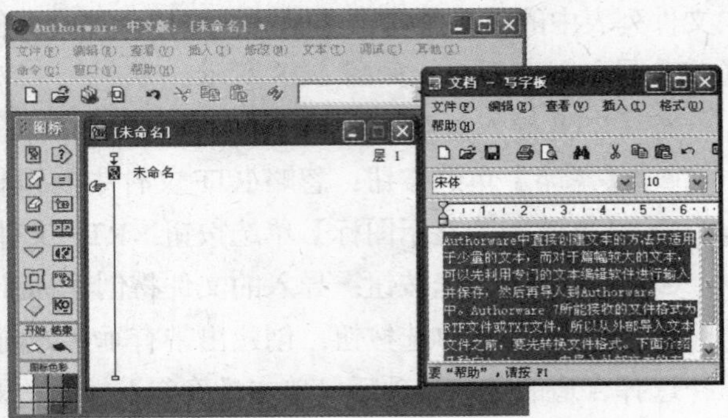

图 2-32　拖动记事本文本到流程设计窗口中

2.3　编辑文本

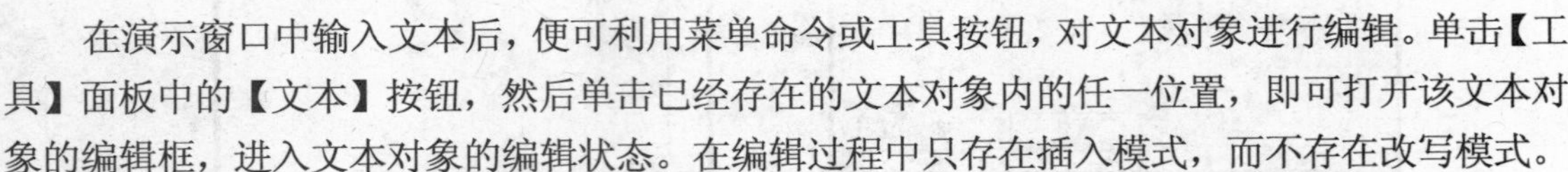

在演示窗口中输入文本后，便可利用菜单命令或工具按钮，对文本对象进行编辑。单击【工具】面板中的【文本】按钮，然后单击已经存在的文本对象内的任一位置，即可打开该文本对象的编辑框，进入文本对象的编辑状态。在编辑过程中只存在插入模式，而不存在改写模式。

2.3.1　文本的基本操作

文本的基本操作主要包括移动、复制、删除或修改文本。下面简单介绍执行这些操作的方法。

1. 选取文本

要选择文本对象中的文本，应首先选择工具面板中的【选择/移动】工具，然后单击演示窗口中的文本对象。在演示窗口中，可以用以下几种方法来选取文本。

- 选取一个文本：选择【选择/移动】工具，然后在演示窗口中单击文本，即可将其选取。当一个文本被选取后，该文本块四周将出现白色控制点，拖动控制点就可以改变文本的宽度和高度。
- 选取多个文本：按住 Shift 键的同时，使用【选择/移动】工具，然后依次单击需要的每个文本，即可选中多个文本。用户还可以在选择了【选择/移动】工具后，单击并拖动鼠标，创建一个矩形的选择框，此时，该选择框内的所有显示对象都将同时被选中，如图 2-33 所示。
- 选取全部文本：要选取当前显示图标内的所有文本，选择【编辑】|【选择全部】命令，或者按 Ctrl+A 组合键即可，如图 2-34 所示。

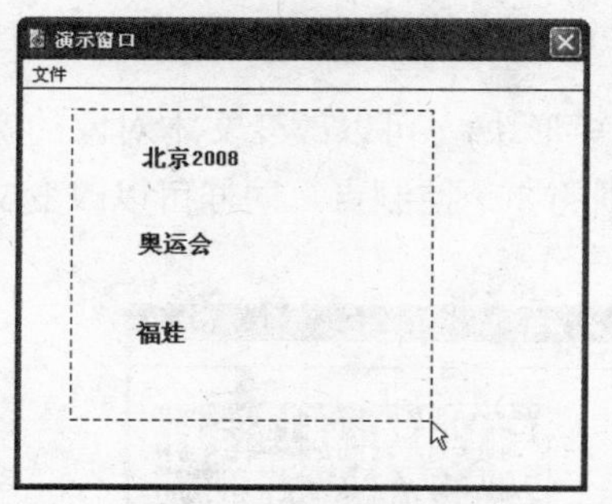

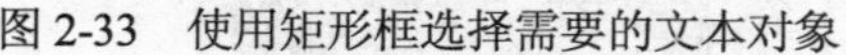

图 2-33　使用矩形框选择需要的文本对象

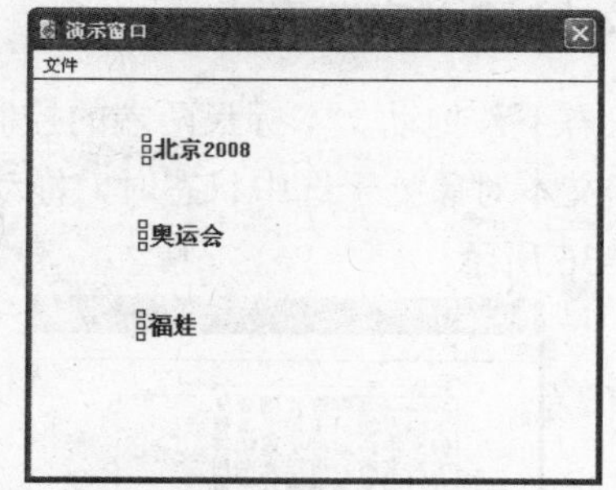

图 2-34　选择所有文本

2. 取消选中的文本

如果要取消选中的对象，可以按键盘上的空格键，或者单击演示窗口中的空白区域。如果要从一组被选取的文本中取消某一个文本，可以在按 Shift 键的同时，单击要取消选中的文本。

3. 移动文本

要移动文本，可以在选取文本之后，单击并拖动鼠标左键，即可将该对象拖动到需要的位置。另外，用户也可以在选择对象后，利用键盘上的方向键来移动文本。

4. 复制文本

要复制文本，可以在选取文本之后，选择【编辑】|【复制】命令，然后在演示窗口中需要复制文本的位置单击，选择【编辑】|【粘贴】命令。

5. 删除文本

要删除文本，可以在选取文本之后，选择【编辑】|【剪切】或【编辑】|【清除】命令，也可以按键盘上的 Delete 键。当选择【编辑】|【剪切】命令删除文本时，这些文本将会一直保存在系统的剪切板上，直到执行下一次【剪切】命令时才被覆盖。

6. 修改文本

要修改文本，可以在工具面板中选择【文本】工具，然后在需要修改的文本对象上单击，此时该文本上方会出现文本缩排线，文本中会出现插入点光标。此时就可以像编辑 Word 文档一样随意修改文本内容了。

2.3.2　设置文本属性

设置文本的属性主要包括改变文本对象的宽度，设置文本字体、字号和字型，调整行间距，设置文本对齐方式，设置文本颜色以及设置滚动显示文本等操作。

1. 改变文本对象的宽度

在编辑状态下，拖动文本标尺两端的控制点(小矩形块)，可以改变文本对象的宽度，如图 2-35 所示；当文本对象处于选中状态时，拖动其周围的 8 个控制点，同样可以改变文本对象的宽度，如图 2-36 所示。

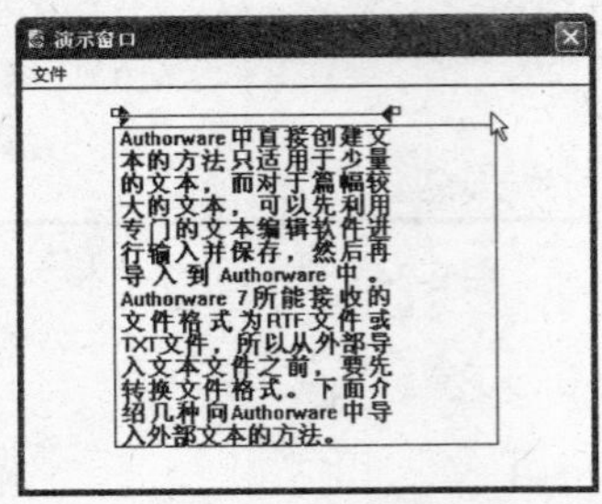

图 2-35　通过文本标尺调整文本宽度

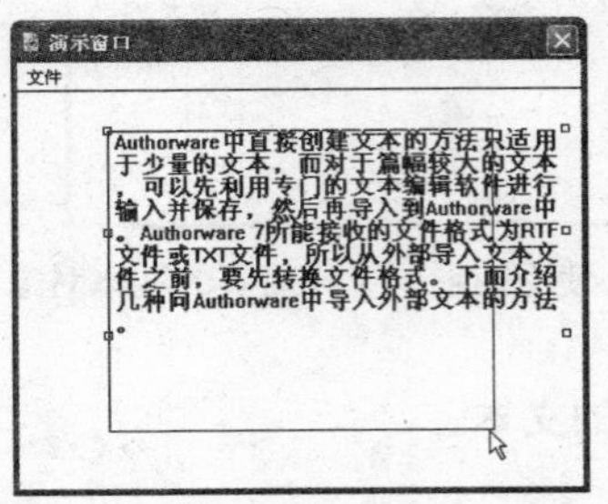

图 2-36　通过控制点调整文本宽度

在文本编辑框中，拖动段落左缩进标记，可以调整段落的左缩进量。此时段落首行缩进标记也会随之移动，以保持该段首行与其余各行的相对缩进量。按 Shift 键并拖动段落左缩进标记，可单独调整左缩进。拖动段落首行缩进标记，可以调整段落的首行缩进。

提示

Authorware 在不同的计算机上使用时，其多媒体作品中的文本可能会重新被格式化，导致每行文本的长度发生改变。选择【文本】|【保护原始分行】 命令，可以强制文本保持最初程序设计时的文本宽度。

2. 设置字体、字号和字型

选中要设置字体格式的文字，选择【文本】|【字体】命令，已经在程序中使用过的字体会出现在相应的子菜单中，从中选择一种字体，或者选择【其他】命令，打开【字体】对话框，从【字体】下拉列表框中选择一种字体，然后单击【确定】按钮即可完成设置，如图 2-37 所示。

设置字号的方法与设置字体的方法类似，选择【文本】|【大小】命令，已经在程序中使用过的字号会出现在相应的子菜单中，从中选择一种字号，就可以设置文本字号了。或者选择【其他】命令，打开【字体大小】对话框，从【字体大小】文本框中输入字号，单击【确定】按钮即可完成设置，如图 2-38 所示。

图 2-37　【字体】对话框

图 2-38　【字体大小】对话框

文本对象的字号增大后，文字边沿会出现明显的锯齿现象，影响文本显示的效果。这时可以选中文本对象，然后选择【文本】|【消除锯齿】命令，即可得到平滑处理过的文字效果，如图 2-39 所示。

图 2-39　消除文本锯齿

提示

选中文本对象后，可以使用快捷键 Ctrl+↑ 或 Ctrl+↓ 逐渐增大或减小文本对象的字号。

3. 调整行间距

Authorware 不能在演示窗口中调整行间距。对于少量文字，可以采用分行输入的办法来解决行间距的问题。如果遇到文字数量比较多且对排版要求比较高的文本，可以采取插入 OLE 对象的方法，利用 Word 来排版，这样就弥补了 Authorware 排版能力不足的问题。

在演示窗口中，选择【插入】|【OLE 对象】命令，打开【插入对象】对话框，如图 2-40 所示。选中该对话框中的【新建】单选按钮，在【对象类型】列表框中选中【Microsoft Word 文档】选项，单击【确定】按钮，即可打开【Microsoft Word 文档】窗口，在该文档窗口中输入文本。选中输入的文本，选择【格式】|【段落】命令，打开【段落】对话框，如图 2-41 所示。

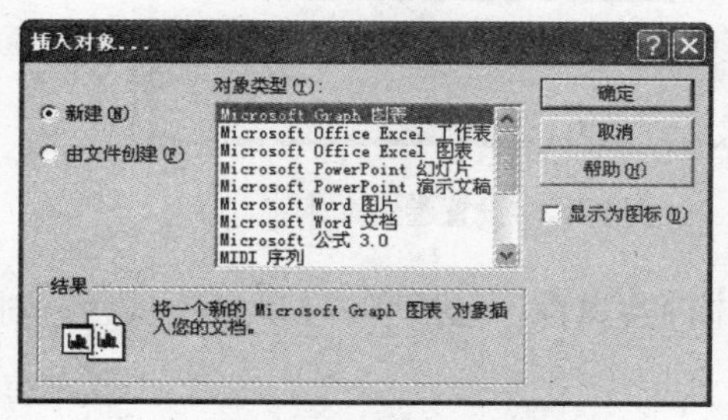

图 2-40　【插入对象】对话框

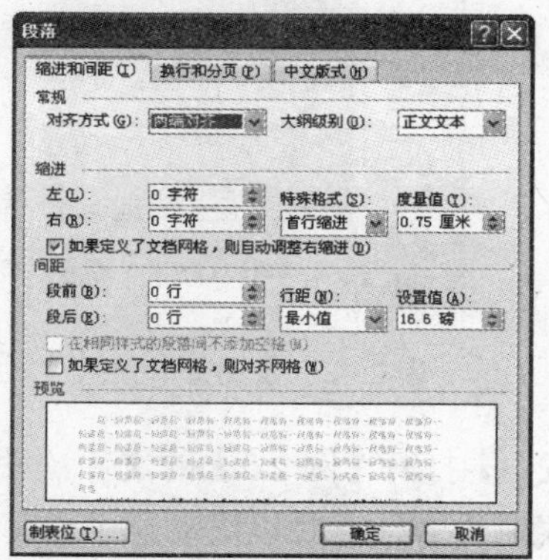

图 2-41　【段落】对话框

单击【缩进和间距】选项卡，打开该选项卡，设置【缩进】、【间距】、【特殊格式】、【对齐方式】等属性。返回 Authorware 演示窗口，演示窗口中的文本已经进行了调整设置。

4. 调整文本的对齐方式

默认情况下，文本对象采用两端对齐方式。在编辑状态下，将插入点移到需要设置对齐方式的段落中，然后选择如下命令来调整文本的对齐方式。

- 选择【文本】|【对齐】|【左齐】命令或按 Ctrl+[快捷键，可以设置左对齐。
- 选择【文本】|【对齐】|【居中】命令或按 Ctrl+\快捷键，可以设置居中对齐。
- 选择【文本】|【对齐】|【右齐】命令或按 Ctrl+]快捷键，可以设置右对齐。
- 选择【文本】|【对齐】|【正常】命令或按 Ctrl+Shift+\快捷键，可以设置两端对齐。

5. 设置文本颜色

为了使文本中的某些部分突出显示，可以为文本设置颜色。首先选中文本，然后单击【工具】面板中的【色彩】按钮 色彩 ，在弹出的颜色列表中选择一种颜色，如图 2-42 所示。如果系统颜色不能满足需求，可以单击【选择自定义色彩】按钮，打开【颜色】对话框，选择自定义颜色。

6. 设置滚动显示

如果文本对象中的文字内容超出了演示窗口的范围，可以将文本对象设定为滚动显示，即卷帘文本。首先选中文本，然后选择【文本】|【卷帘文本】命令，即可为选中文本设置滚动显示效果，如图 2-43 所示。

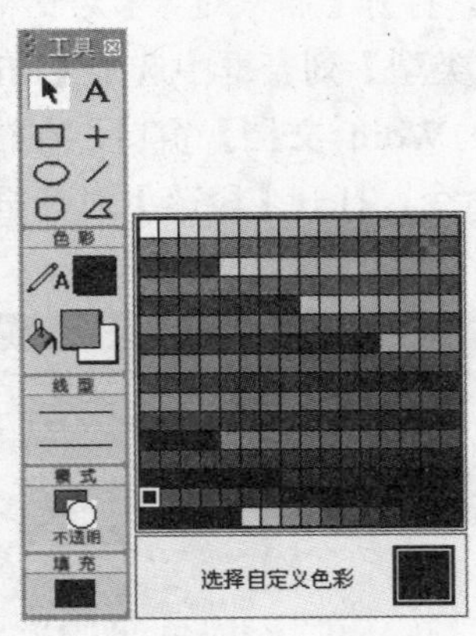

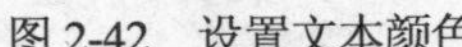

图 2-42　设置文本颜色

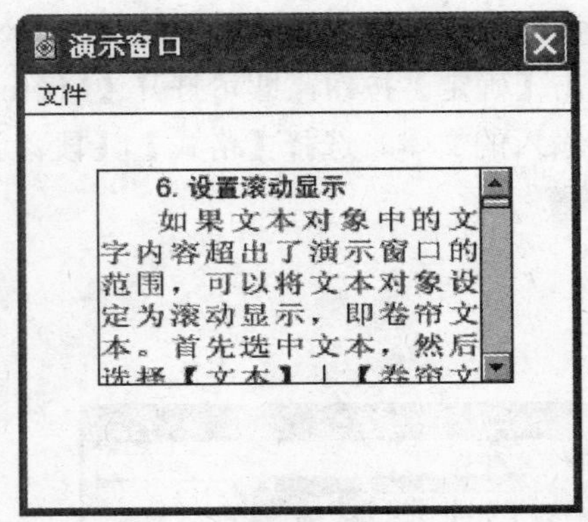

图 2-43　设置卷帘文本

【例 2-3】打开【例 2-2】的文件，设置文本内容属性，包括字体、大小、颜色、对齐方式等。添加说明内容，并且以滚动显示说明内容。

(1) 打开【例 2-2】的文件，如图 2-44 所示。

(2) 双击【销量统计】图标，打开演示窗口，在演示窗口中的显示如图 2-45 所示。

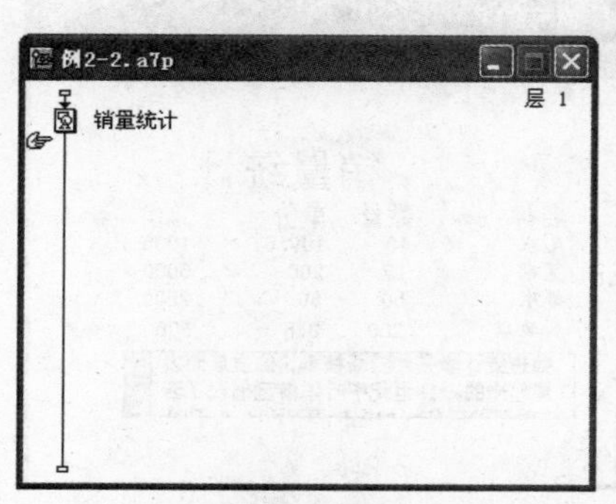

图2-44 打开【例2-2】文件

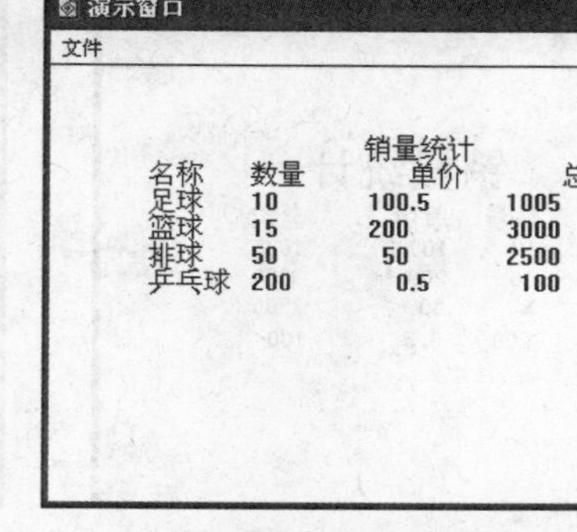

图2-45 打开演示窗口

(3) 双击文本，打开【工具】面板，单击【工具】面板上的【文本】按钮A，选中“销量统计”文本内容，选中【文本】|【字体】|【其他】命令，打开【字体】对话框。

(4) 在【字体】下拉列表中选择【黑体】选项，单击【确定】按钮，设置字体为黑体，如图2-46所示。

(5) 参照步骤(4)，设置所有标题文本的字体为宋体，【名称】标题栏下的文本内容为楷体，设置数字为宋体。

(6) 选中所有标题文本，选择【文本】|【大小】|【其他】命令，打开【字体大小】对话框，在【字体大小】文本框中输入字体大小数值为12。

(7) 分别将光标移至各个段落中，选择【文本】|【对齐】|【左齐】命令，设置文本左对齐，如图2-47所示。

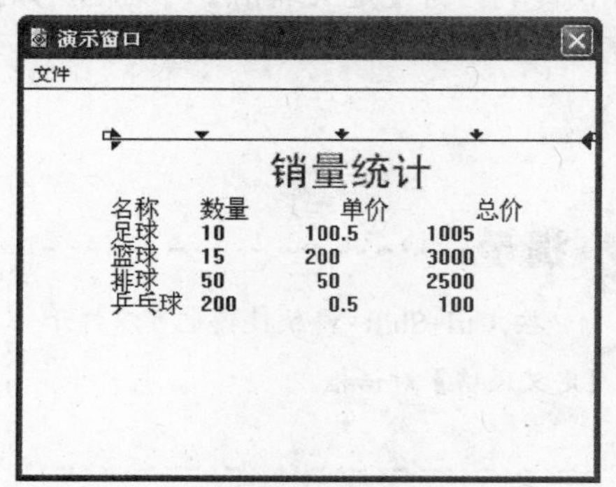

图2-46 设置字体

图2-47 设置其他属性

(8) 选中文本中除数值以外的文本，单击【工具】面板中的【色彩】按钮 色彩 ，在弹出的颜色列表中选择蓝色，设置文本颜色为蓝色，如图2-48所示。

(9) 单击【工具】面板上的【文本】工具按钮A，在文档合适位置输入文本内容。

(10) 选中输入的文本内容，设置字体大小为8号字体，选中【文本】|【卷帘文本】命令，设置文本滚动显示效果。最后设置的文本如图2-49所示。

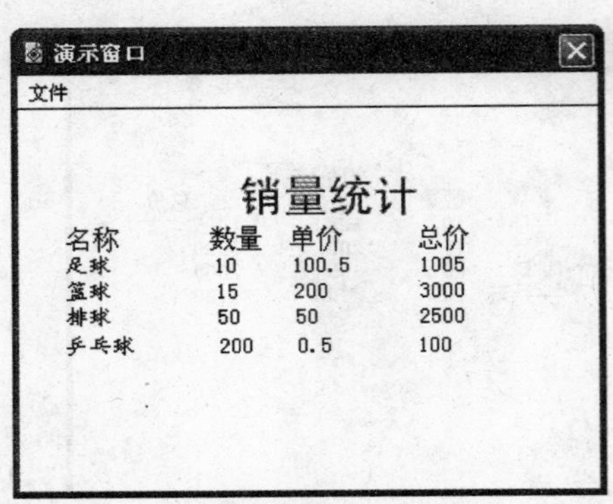

图 2-48　设置文本颜色

图 2-49　设置文本滚动显示

2.3.3　应用文本样式

在制作课件或多媒体程序时，一些相同类型的文本可能会应用相同的文本样式，如标题、正文、注释等。如果事先设定好某种文本样式，以后在遇到这类文本时就可以直接套用，而不必每次都重复定义相同的文本样式。Authorware 中的【定义风格】对话框中包含了字体、字号、字型、文本颜色以及数字格式等多种信息，可以很方便地定义各种文本样式。

1. 定义文本样式

要定义文本样式，选择【文本】|【定义样式】命令，打开【定义风格】对话框，如图 2-50 所示。

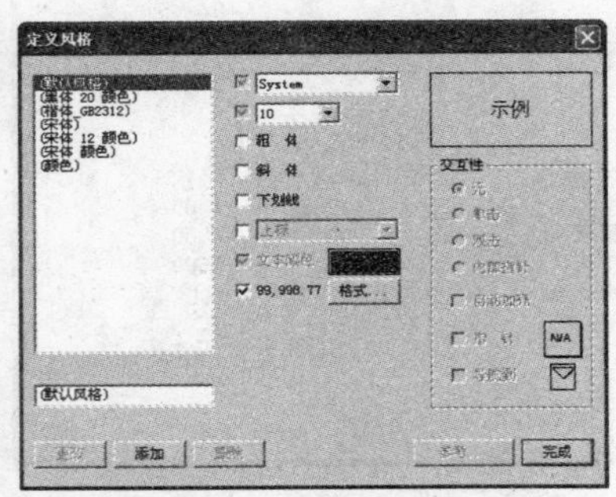

图 2-50　【定义风格】对话框

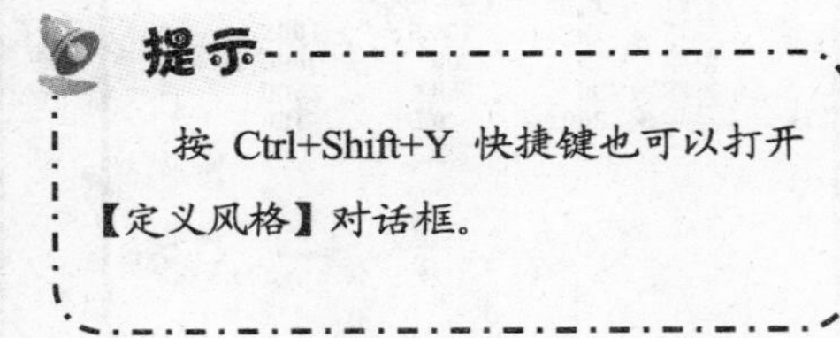
提示

按 Ctrl+Shift+Y 快捷键也可以打开【定义风格】对话框。

单击【添加】按钮，即可在【文本样式列表】中添加一种新的文本样式，这时在【样式文本框】和【文本样式列表】中同时以蓝底白字显示新添加的文本样式，默认名称是【新样式】。可以在【样式文本框】中为新添加的样式重命名，比如可以命名为【标题 1】。为新的文本样式命名后，就可以设置样式的具体内容，可以自定义设置的内容如下。

- 选中【字体】、【字号】复选框，在后面的文本框中选择要设置的字体和字号。
- 根据需要选择是否选中【粗体】、【斜体】、【下划线】等复选框，将文本设置为相应的样式。

- ⊙ 选中【文本颜色】复选框，单击其右边的颜色块，在打开的【文本颜色】对话框中选择一种文本颜色。
- ⊙ 【交互性】选项区域：用来设置文本的交互属性，也就是在后面将要介绍的超文本。

设置全部完成后，单击【完成】按钮即可完成文本样式的设置。

2. 应用文本样式

应用文本样式是将已经定义好的某种样式直接套用到选定的文本上。选中要应用样式的文本对象，选择【文本】|【应用样式】命令，或按 Ctrl+Shift+Y 快捷键，打开【应用样式】对话框，如图 2-51 所示。选择一种文本样式，则当前选中的文本对象即可应用所选的样式。也可在工具栏的【文本风格】下拉列表框中选择要应用的样式，如图 2-52 所示。

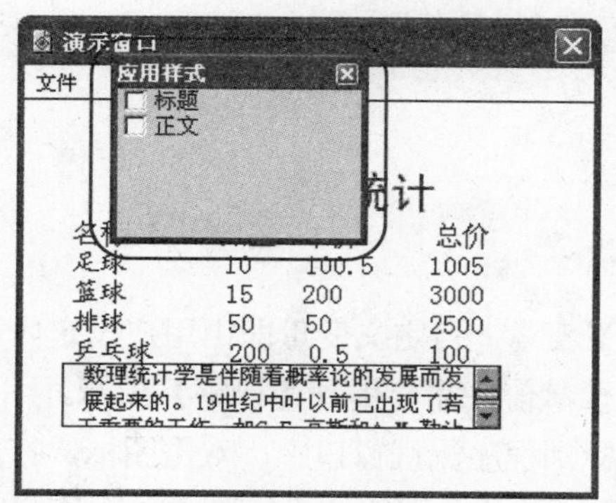

图 2-51　【应用样式】对话框

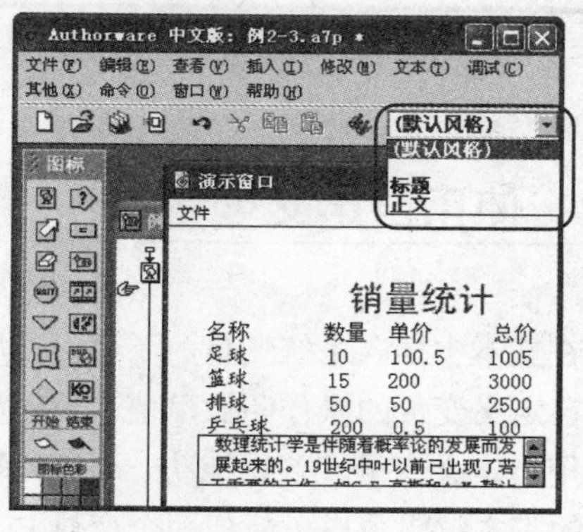

图 2-52　选择应用的样式

2.4　在文本中插入变量

在文本对象中输入的内容一般是固定不变的。例如，在一个文本对象中输入“今年是 2008 年”，那么无论在何时何地以何种方式显示这个文本对象，它总是显示“今年是 2008 年”。使用 Authorware 的变量功能，可以改变显示的内容。

2.4.1　使用系统变量

Authorware 提供了丰富的系统变量，其中 FullDate 和 FullTime 两个变量分别以年、月、日和时、分、秒的形式保存了当前的系统日期和时间。利用它们，可以使固定不变的时间和日期随时改变。

新建一个文件，拖动一个【显示】图标到程序流程窗口中。双击图标，打开演示窗口，单击【工具】面板上的【文本】按钮 A，将光标移至演示窗口中，输入“今天是{FullDate}，现在时间是{FullTime}”，如图 2-53 所示。

单击【运行】按钮，Authorware 将会自动调用系统中的日期和时间替换系统变量，结果如图 2-54 所示。

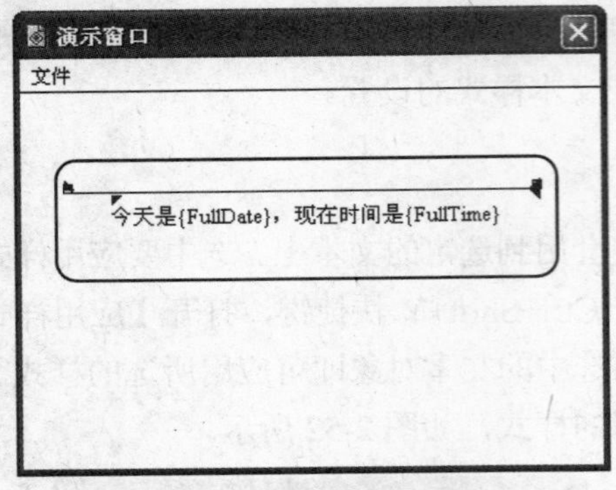

图 2-53 输入变量

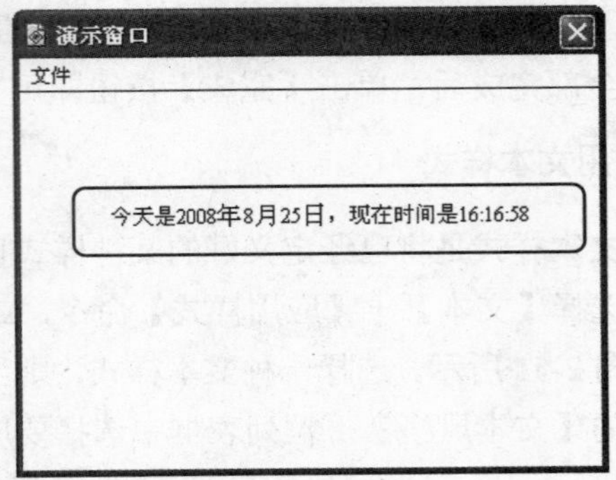

图 2-54 显示结果

2.4.2 使用自定义变量

可以在文本中插入系统变量，还可以使用自定义变量。自定义变量即由用户设定内容的变量。使用自定义变量的操作叫做赋值。要对变量进行赋值，需要用到【计算】图标。

要使用自定义变量，首先拖动一个【计算】图标到程序流程窗口中，双击图标，打开【计算】图标的脚本编辑窗口。新建两个变量 Event 和 Action，分别给 Event 和 Action 变量赋值，如图 2-55 所示。

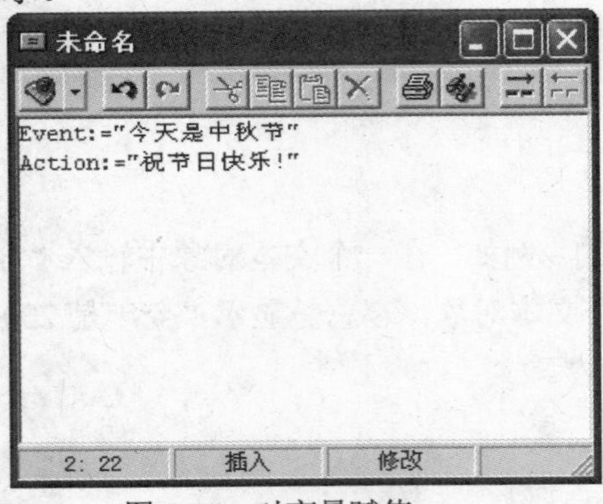

图 2-55 对变量赋值

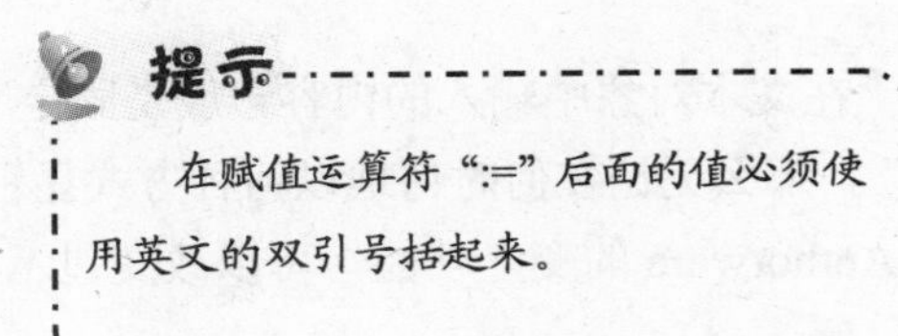

在赋值运算符":="后面的值必须使用英文的双引号括起来。

选择【文件】|【保存】命令，保存变量，这时系统将打开【新建变量】对话框，如图 2-56 所示，可以在对话框中的【名字】、【初始值】和【描述】文本框中对变量的名称、初始值和属性等进行设置和描述，然后单击【确定】按钮。

拖动一个【显示】图标到程序设计窗口中，双击图标，打开演示窗口，在演示窗口中输入{Event}和{Action}，单击【运行】按钮，即可显示变量，如图 2-57 所示。

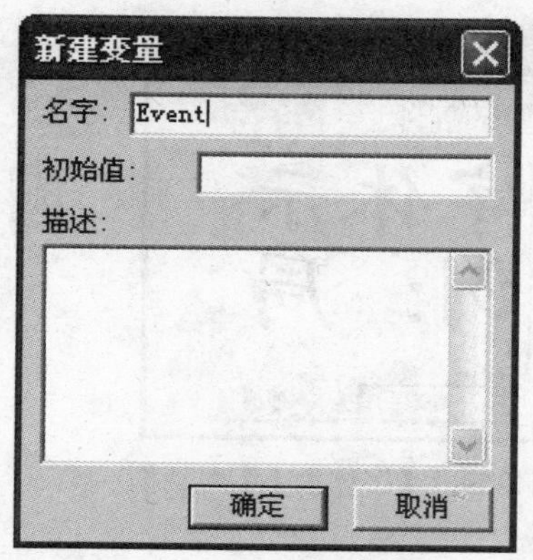

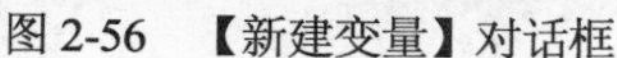

图 2-56　【新建变量】对话框

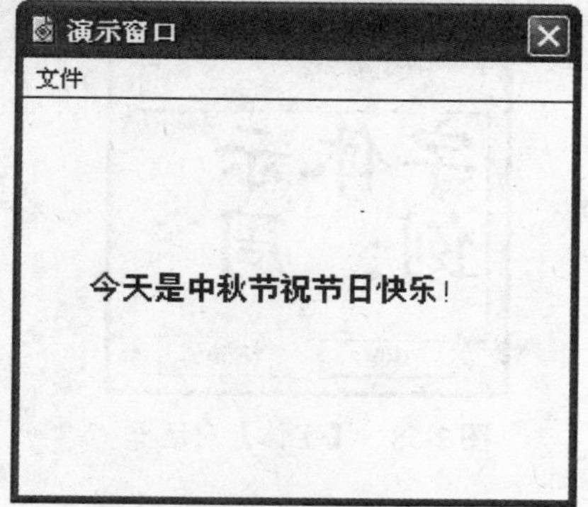

图 2-57　运行结果

知识点

利用画图工具制作文字图片时，要将文字设置为【透明】模式，这样在除白色以外的背景上才能看到镂空的文字。

2.5　上机练习

本章上机实验主要介绍了在 Authorware 7 中创建文本，设置文本属性，制作文字效果以及制作一个简单的多媒体程序。对于本章中的其他内容，例如【显示】图标的使用方法等，可以根据相应的章节进行练习。

2.5.1　制作文字效果

制作特效字时，首先想到的可能是 Photoshop 等图像处理软件，其实使用 Authorware 也可以轻松制作出漂亮的特效文字。

(1) 新建一个文件，选择【窗口】|【面板】|【属性】命令，打开【属性】面板，在【大小】下拉列表中选择【根据变量】选项。

(2) 拖动一个【显示】图标到程序设计窗口中，重命名为【阴影文字】。双击图标，打开演示窗口。

(3) 单击【文本】工具按钮A，在演示窗口中输入文本内容“阴影文字”。

(4) 选中输入的文本内容，选择【文本】|【字体】|【其他】命令，打开【字体】对话框，在【字体】下拉列表中选择【楷体】选项，如图 2-58 所示，单击【确定】按钮，设置文本字体。

(5) 选择【文本】|【字号】|【其他】命令，在【字体大小】文本框中输入数值 36，设置字号为 36，如图 2-59 所示，单击【确定】按钮。

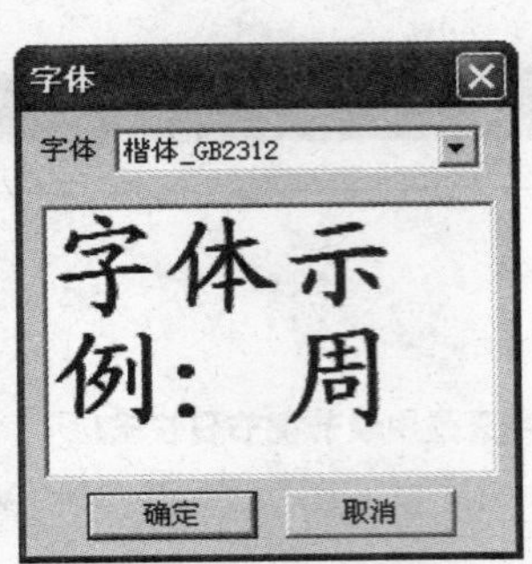

图 2-58 【字体】对话框

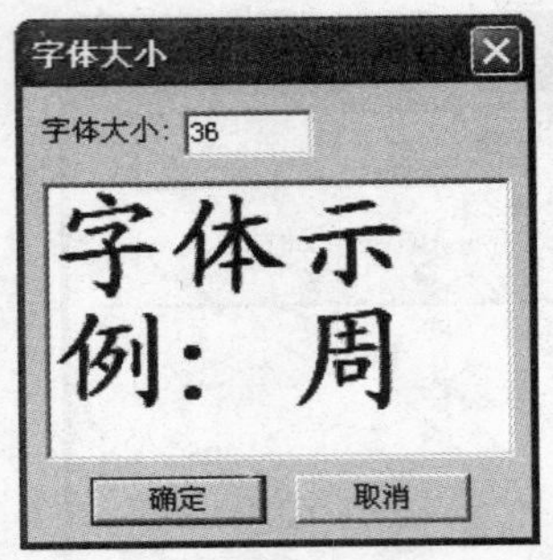

图 2-59 【字体大小】对话框

(6) 设置文本属性后的文本字体如图 2-60 所示。

(7) 单击【工具】面板上的【选择/移动】按钮，选中文本内容，选择【文本】|【消除锯齿】命令，消除文本边缘的锯齿。

(8) 选中文本内容，按 Ctrl+C 键复制文本，然后按 Ctrl+V 键粘贴文本。

(9) 双击【工具】面板中的【椭圆】按钮，打开颜色面板。将【阴影文字】及其副本分别设置为灰色和蓝色，如图 2-61 所示。

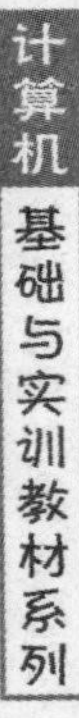

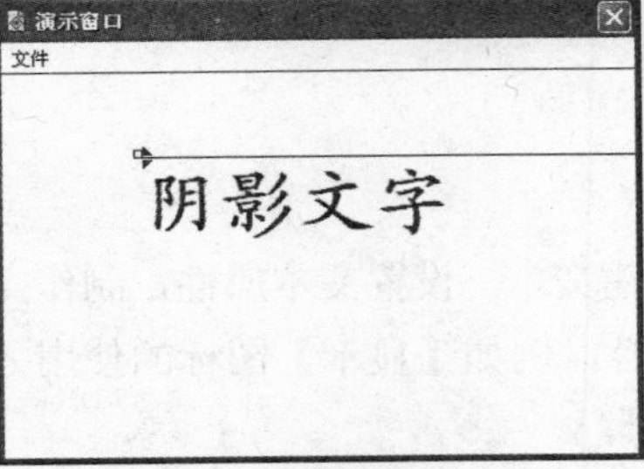

图 2-60 设置文本属性

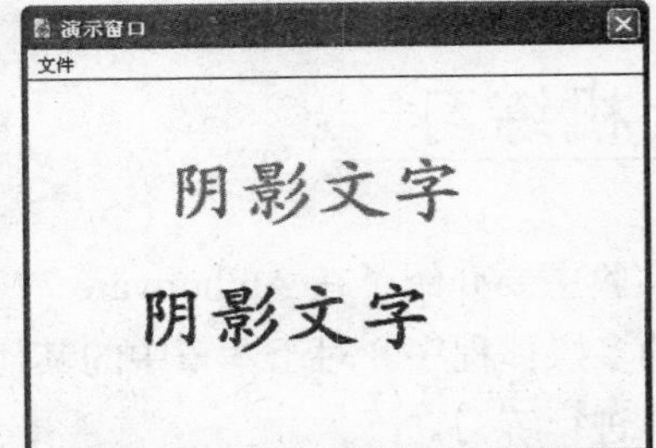

图 2-61 设置文本字体颜色

(10) 调整两个文本的位置，将蓝色【阴影文字】放在灰色【阴影文字】的上方。双击【工具】面板上的【选择/移动】工具，打开【覆盖模式】面板。将蓝色【阴影文字】设置为【透明】模式，如图 2-62 所示。

(11) 选中两个文本，按 Ctrl+G 快捷键将它们组合在一起。制作的阴影文字效果如图 2-63 所示。

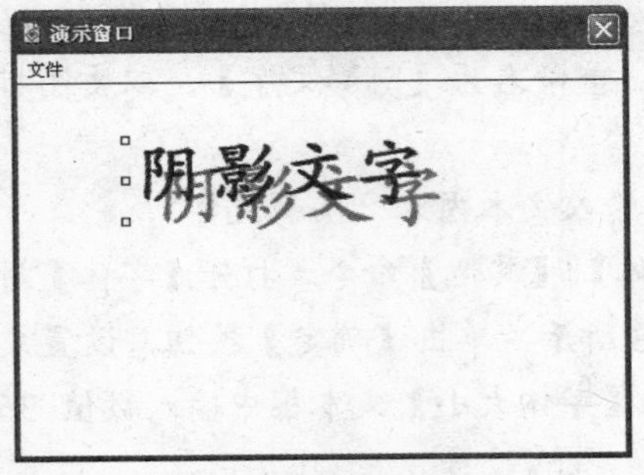

图 2-62 设置覆盖模式

图 2-63 阴影文字效果

2.5.2　制作简单多媒体程序

在了解 Authorware 显示图标属性和编辑文本的方法后，就可以根据设想制作一个简单的多媒体程序。

(1) 新建一个文件，选择【窗口】|【面板】|【属性】命令，打开【属性】面板，在【大小】下拉列表中选择【根据变量】选项。

(2) 拖动 3 个【显示】图标和 1 个【等待】图标到程序设计窗口中，并分别为它们重命名，如图 2-64 所示。

(3) 双击【文本 1】显示图标，打开演示窗口，在窗口中输入文本内容“望岳”。

(4) 选中输入的文本内容，设置字体为【华文行楷】、字体大小为 36、字体颜色为墨绿色，如图 2-65 所示。

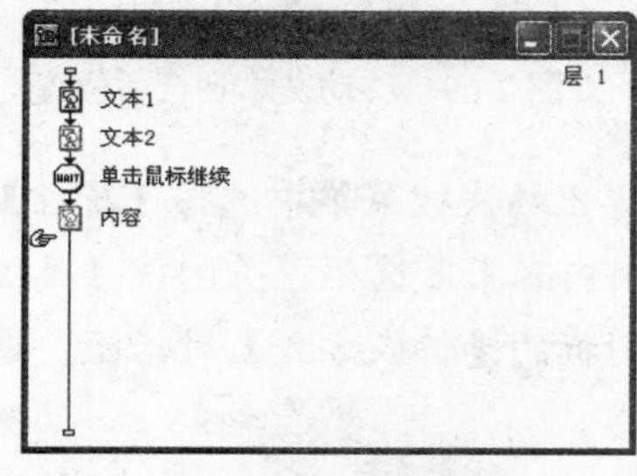

图 2-64　重命名图标

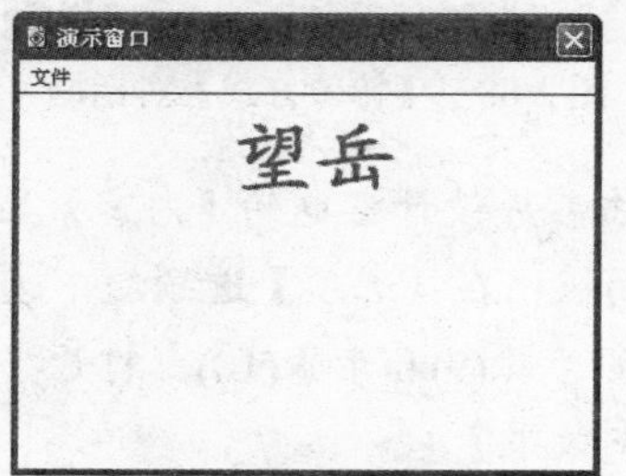

图 2-65　设置文本属性

(5) 双击【文本】显示图标，在打开的演示窗口中输入文本内容“——杜甫”，设置文字字体为【宋体】，字体大小为 24，字体颜色为黑色。

(6) 按住 Shift 键，依次双击【文本 1】和【文本 2】显示图标，两个显示图标中的文字将出现在同一个演示窗口。

(7) 按住 Shift 键继续双击【文本 2】显示图标，在演示窗口将文字“——杜甫”移动到如图 2-66 所示的位置。

(8) 双击【单击鼠标继续】等待图标，打开【等待】图标的属性面板。在【属性】面板的【事件】选项组中选择【单击鼠标】复选框，并取消其他选项中所有选中的复选框，如图 2-67 所示，设置完成后关闭该【属性】面板。

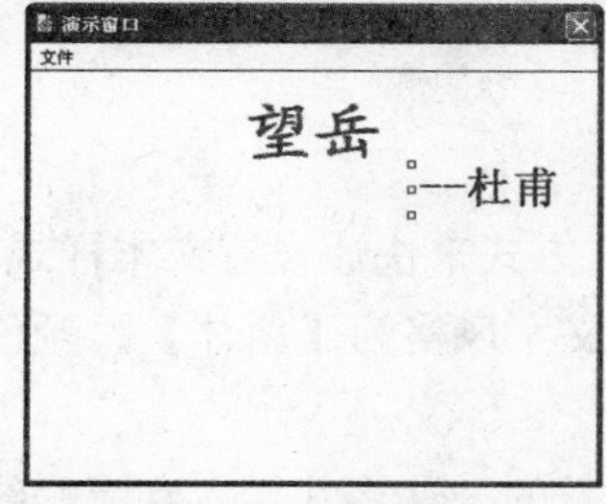

图 2-66　调整文本显示位置

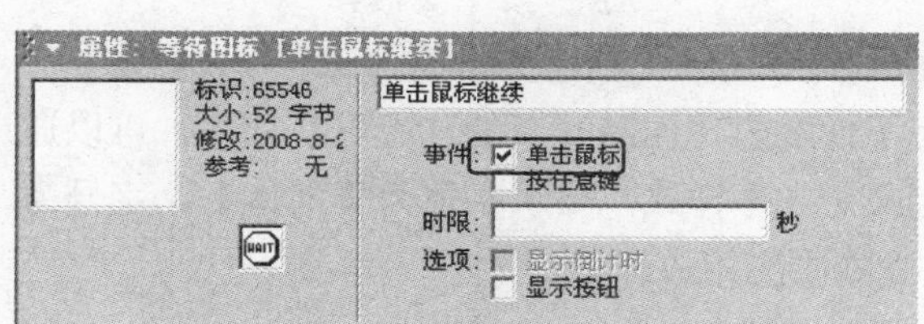

图 2-67　设置【属性】面板

(9) 在流程线上右击【文本 2】显示图标，在弹出的快捷菜单中选择【特效】命令，打开【特效方式】对话框。

(10) 在【特效方式】对话框中的【分类】列表框中选择【淡入淡出】选项，在【特效】列表框中选择【向左】选项，单击【确定】按钮，如图 2-68 所示。

(11) 双击【内容】显示图标，打开演示窗口。在演示窗口中输入词文本内容，并且设置文本字体颜色为黑色，字体为楷体，字号为 16，移动文本到合适位置，如图 2-69 所示。

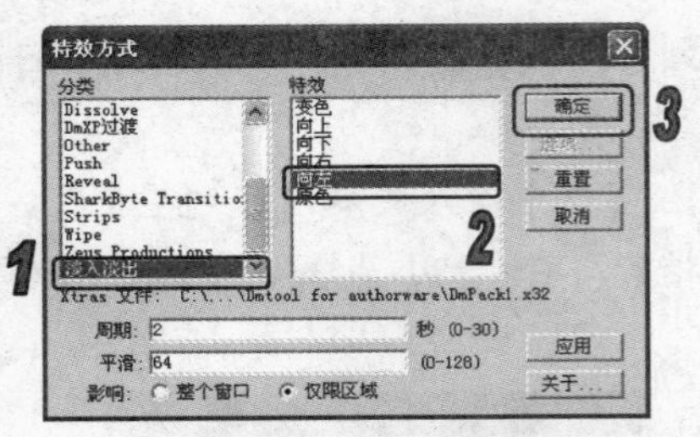

图 2-68 【特效方式】对话框

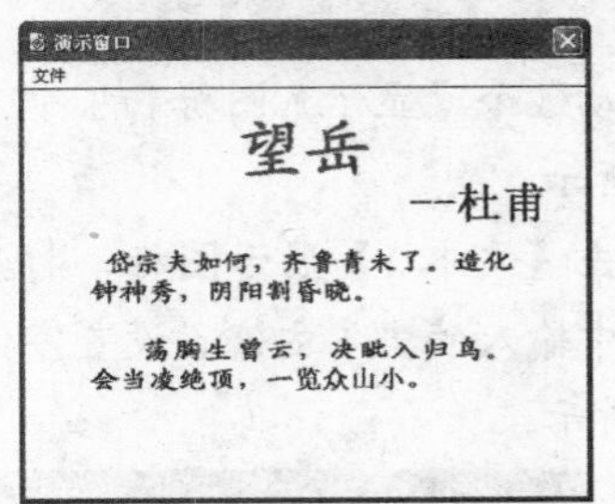

图 2-69 移动文本到合适位置

(12) 右击程序设计窗口的【内容】显示图标，在弹出的快捷菜单中选择【属性】命令，打开【属性】面板。在【选项】选项组中选中【擦除以前内容】复选框，关闭该【属性】面板。

(13) 参照步骤(9)和步骤(10)，打开【内容】显示图标的【特效方式】对话框，设置过渡方式为【马赛克效果】。

(14) 单击工具栏中的【运行】按钮，观看程序运行时的效果，如图 2-70 所示。

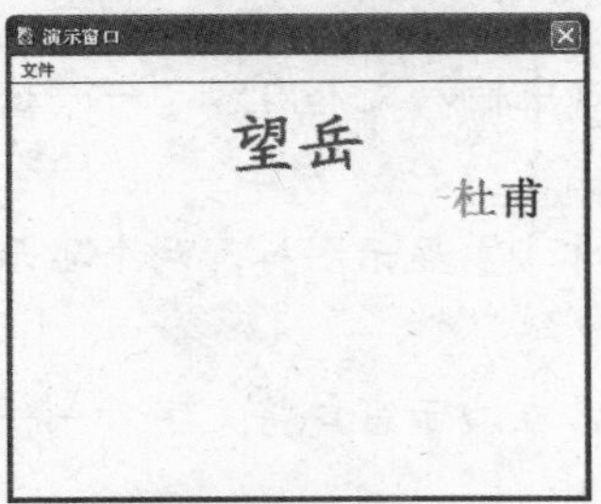

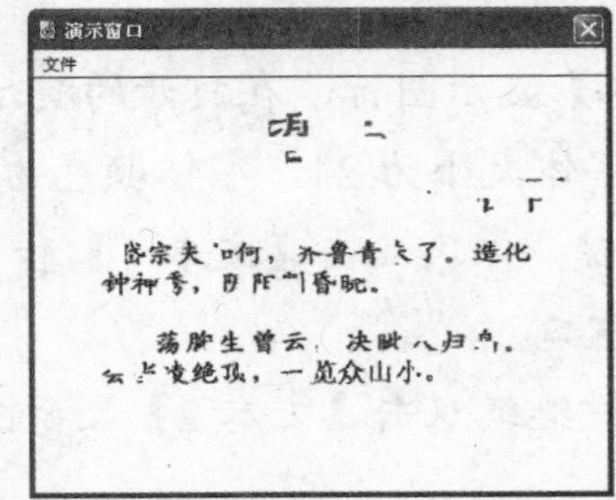

图 2-70 程序运行效果

2.6 习题

1. 在 Authorware 中创建文本的方法有哪 3 种？

2. 为了使多媒体作品开发的过程更有效率，可以通过什么方式来快速设置文本样式？

3. 定义一文本样式，要求字体为【楷体】，字号为 16，文字风格为【斜体】，颜色为蓝色，并在文本中应用该样式。

4. 在【资源管理器】窗口中创建一个文本文件，试通过函数的方法将其导入到流程线上的【显示】图标中。

第3章 绘制图形和使用图像

学习目标

制作一个优秀的多媒体程序，图文并茂是最基本的要求。文字可以详细说明某个多媒体程序的主题、概括要表达的宗旨和阐述主要内容等，而图形和图像的使用能使其内容更为直观、画面效果更加引人注目。本章主要讲述使用 Authorware 自带的绘图工具绘制和设置图形的方法，以及从外部导入图像的方法。

本章重点

- 使用绘图工具绘制各种图形
- 设置图形属性
- 编辑图形
- 使用外部图像

3.1 绘制图形

Authorware 提供了一系列的图形绘制工具，使用这些工具可以方便快捷地在【显示】图标中绘制各种图形。双击程序流程线上的【显示】图标，同时打开其演示窗口和工具面板即可进行绘制。

3.1.1 绘制直线和任意角度斜线

绘制直线和斜线的工具分别是＋和／，它们的区别是：直线工具只能绘制出 0°、45°、90° 的直线，而斜线工具可以绘制任意角度的直线。在 Authorware 7 中无法绘制指定长度的线段。

1. 绘制直线

在工具面板中选择【直线】工具，将鼠标移动至演示窗口时，光标将从箭头形变为十字形。此时在演示窗口中准备绘制直线的地方按住鼠标左键并拖动，到结束点位置释放鼠标，即可按需要绘制直线。需要注意的是，当水平方向拖动鼠标时，可以绘制水平直线，也就是 0°直线；当垂直方向拖动鼠标时，可以绘制垂直直线，也就是 90° 直线；当向斜上或斜下方向拖动鼠标时，可以绘制 45° 直线，如图 3-1 所示。

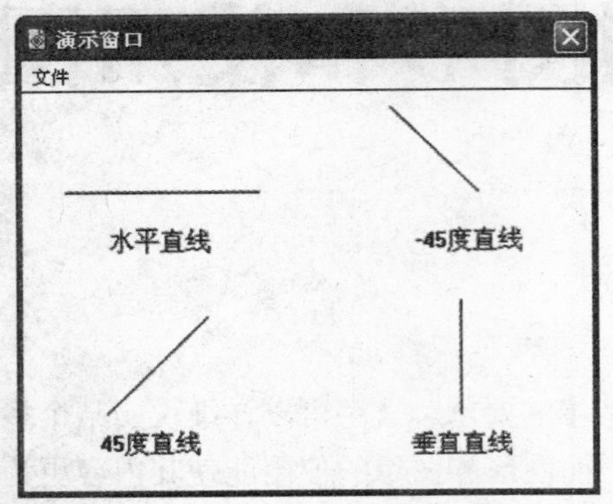

图 3-1　绘制直线

> **知识点**
>
> 绘制好的直线和斜线两端都将出现控制柄。当将十字形光标移动到所绘制的对象位置时，光标将变为箭头形状，这时可以拖动该斜线的控制柄来调整线段的长短和位置。

2. 绘制任意角度斜线

使用斜线工具绘制直线的方法与直线工具相同，只是不受角度限制，可以绘制任意方向的直线。若在绘制斜线时按住 Shift 键，只能绘制出 0° 、45° 、90° 的斜线。

3.1.2　绘制椭圆和矩形

使用绘图工具，在 Authorware 中，可以绘制基本椭圆图形和正圆形图形，如果绘制矩形图形，可以绘制矩形、正方形以及圆角矩形和圆角正方形图形。

1. 绘制椭圆和正圆

要绘制椭圆，可以选择工具面板中的【椭圆】工具。在演示窗口中按住鼠标左键拖动，此时一个椭圆形图形就在演示窗口中绘制好了。如果要绘制正圆的话，那么只需要在拖动鼠标的同时，按下 Shift 键即可，如图 3-2 所示。

对于绘制好的图形四周会显示 8 个控制点，在这种状态下可以进行以下编辑。

- 用鼠标拖动任意一个控制点，就可以调整图形对象的大小及形状。
- 按 Shift 键的同时用鼠标拖动位于四角的控制点，可以在改变图形大小的同时保持其形状(长、宽比例)不变，如图 3-3 所示。
- 将鼠标指针移到图形上的任意位置(但不是图形之内)时，按住鼠标左键拖动鼠标可以改变图形的位置。

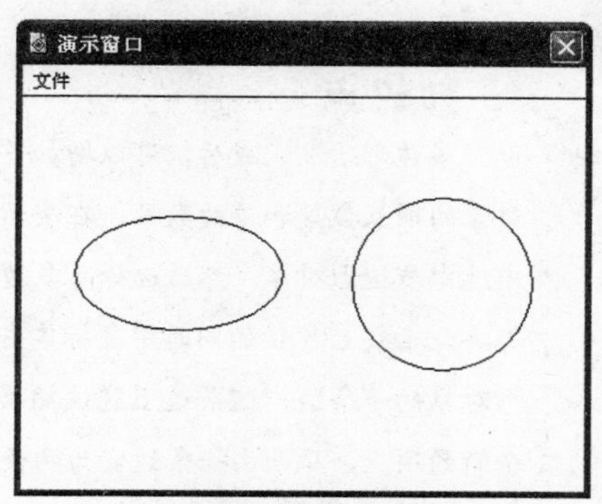

图 3-2　绘制椭圆和正圆形图形

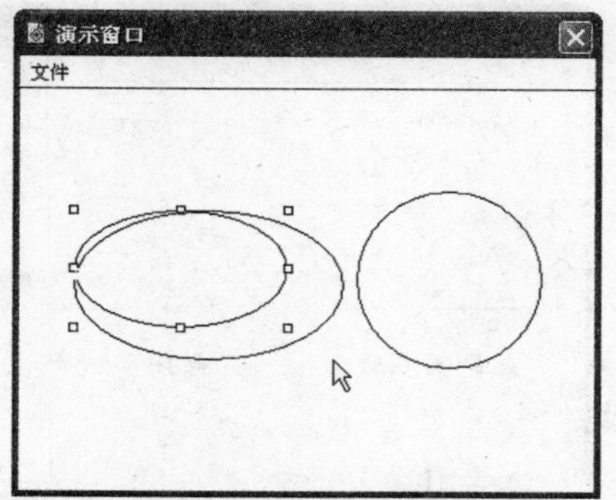

图 3-3　按住 Shift 键调整图形大小

2. 绘制矩形和圆角矩形

绘制矩形和圆角矩形的工具分别是和。如果在按住 Shift 键的同时使用【矩形】工具，则可以绘制出正方形；在按住 Shift 键的同时使用【圆角矩形】工具，则可以绘制出圆角正方形，如图 3-4 所示。

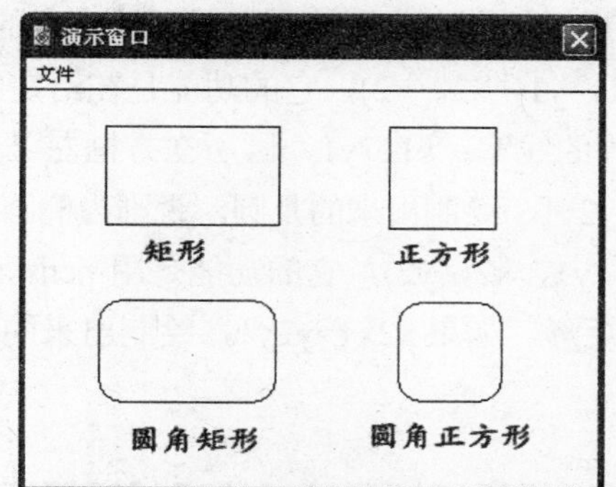

图 3-4　绘制矩形和圆角矩形

知识点

同椭圆图形一样，绘制完矩形和圆角矩形后，图形四周也将出现 8 个控制点。用鼠标拖动任意一个控制点，即可改变图形的大小和形状。按 Shift 键的同时，拖动四角的控制点，可以在改变图形大小的同时保持图形形状不变。

3.1.3　绘制多边形

要绘制多边形图形，首先在【工具】面板中选择【多边形】工具，然后将鼠标移动到演示窗口中单击，此次单击确定了要绘制的多边形对象的第一个顶点，这时拖动鼠标时会有一条直线随着鼠标指针移动，在另一需要的位置单击鼠标就确定了第二个顶点，同时形成对象的第一条边。重复上述操作直到绘制最后一个顶点，需要注意的是：在最后一个顶点处应双击鼠标。

绘制多边形时，如果在拖动鼠标的同时按住 Shift 键，则可以沿着 0°、45° 和 90° 绘制对象的边。当绘制的最后一个顶点和第一个顶点重合时，就完成了一个封闭的多边形，如图 3-5 所示。

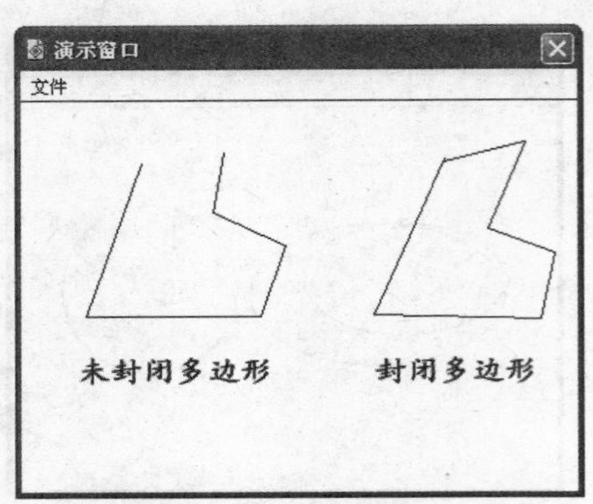

图 3-5　绘制多边形图形

知识点

多边形绘制完成后，可以增加多边形对象的顶点数目和边的数目。在演示窗口中选中多边形对象，然后选择【多边形】工具，在按 Ctrl 键的同时用鼠标单击多边形对象的一条边，这条边上就被插入了一个新的顶点，从而由一条边变为两条边。

3.1.4　使用函数绘制图形

在 Authorware 中，除了可以使用【工具】面板中的绘图工具绘制图形外，还可以使用函数绘制一些基本图形。使用函数绘制图形，主要是用于绘制一些用绘图工具无法实现的复杂图形。

用于绘制椭圆的函数是：Circle(pensize，x1，y1，x2，y2)，它的功能是在给定的矩形框内画一个圆。其中各参数含义如下：pensize，圆周的线宽；x1、y1，圆所在方框左上角的坐标；x2、y2，圆所在方框右下角的坐标。如果 x2x1=y2y1，绘制出来的是圆，否则为椭圆。

用于绘制矩形的函数是：Box(pensize，x1，y1，x2，y2)，它的功能是用 pensize 所指定的线宽在屏幕上从(x1，y1)点到(x2，y2)点画一个矩形。如果 x2x1=y2y1，绘制出来的是正方形，否则为矩形。

知识点

在 Authorware 中没有专门用于画点的工具，可以利用椭圆工具绘制一个小圆，然后加上填充色，但要求所画的圆必须足够小。第二种方法是用文字工具输入一个点字符，如“。”，然后设置其字体的大小。第三种方法是在计算图标中用绘制圆的函数 Circle(pensize，x1，y1，x2，y2)绘制一个小圆，然后加上填充色，这种方法比较容易控制大小和位置。

【例 3-1】使用函数绘制一个直角坐标系和一条正弦曲线。

(1) 新建一个文件，拖动一个【计算】图标到程序设计窗口中。

(2) 双击该【计算】图标，打开该图标的脚本编辑窗口，在其中输入函数 SetLIne(2)。

知识点

函数 SetLine(type)用来设置直线风格，其风格由参数 type 确定：type=0，无箭头；type=1，起始箭头；type=2，终止箭头；type=3，双箭头。这里参数值为 2，表示直线的终点有箭头。

(3) 按 Enter 键，换行输入函数 SetFrame(2,RGB(255,0,0))。

知识点

函数 SetFrame(flag，color)的作用是设置绘图时框架的风格。参数 flag 值为真(大于 0 的正整数)时填充，为假(值为 0)时不填充。参数 color 设置框架的颜色，这里用 RGB(R,G,B)确定使用的颜色。在 RGB(R,G,B)函数中，R 确定红色的分量，G 确定绿色的分量，B 确定蓝色的分量，RGB 函数返回的颜色是这 3 种颜色相加的颜色，也就是它们的混合色。SetFrame(2,RGB(255,0,0))的作用是设置坐标线颜色为红色。

(4) 按 Enter 键，继续输入如图 3-6 所示的函数。

(5) 单击【运行】按钮，程序运行效果如图 3-7 所示。

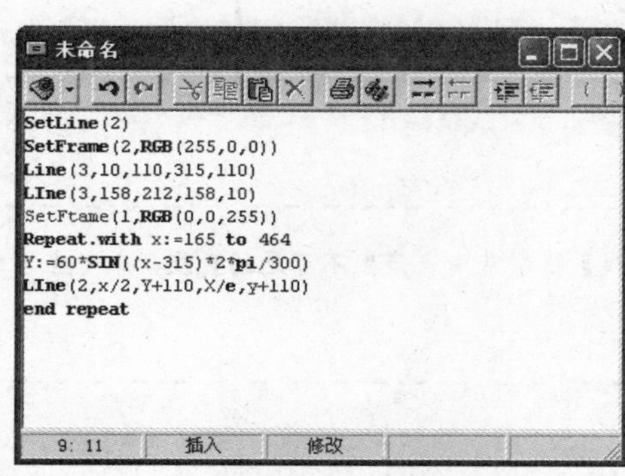

图 3-6 输入函数

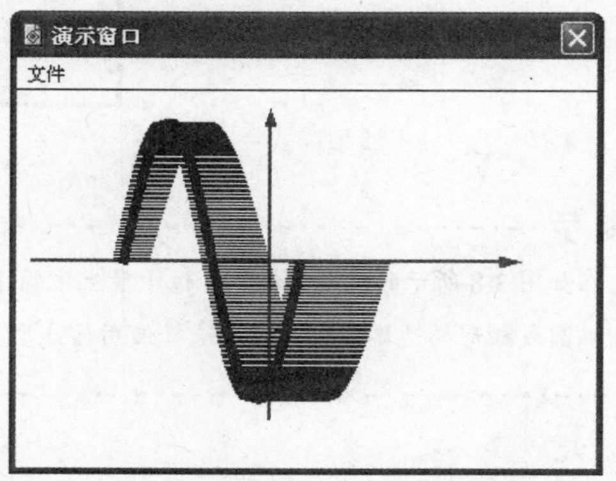

图 3-7 程序运行效果

知识点

函数 repeat with…end repeat 之间的 4 段代码用来绘制以点(82，110)为起点，点(232，110)为终点，振幅为 60 的正弦曲线。repeat with…end repeat 结构的意义和作用将在后面进行介绍。

3.2 设置图形属性

图形绘制完成后，有时需要对图形的相关属性进行设置，如设置线型、为图形填充颜色和样式、设置覆盖模式等。为图形添加属性后，绘制的图形效果将会更加生动。

3.2.1 设置线型属性

使用 Authorware 工具面板中的【线型】工具，就可以对绘制的图形设置线型。需要注意的是，线型的设置仅对在 Authorware 中绘制的图形有效，而对于由其他绘图软件绘制的图形无效，

即使那个图形已经被粘贴或导入到 Authorware 中。

要设置线型属性，首先选中需要设置属性的线条，单击【工具】面板中的【线型】工具按钮，在弹出的【线型】面板中选择如图 3-8 所示的线型样式，应用到图形上即可。各种线型效果如图 3-9 所示。

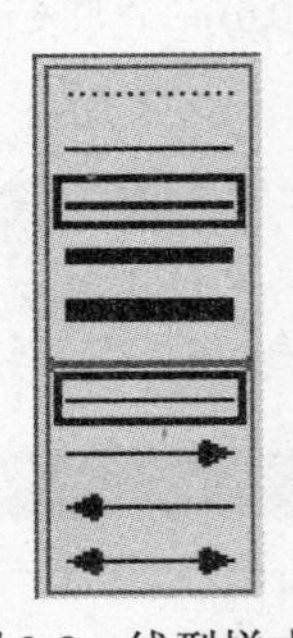

图 3-8　线型样式

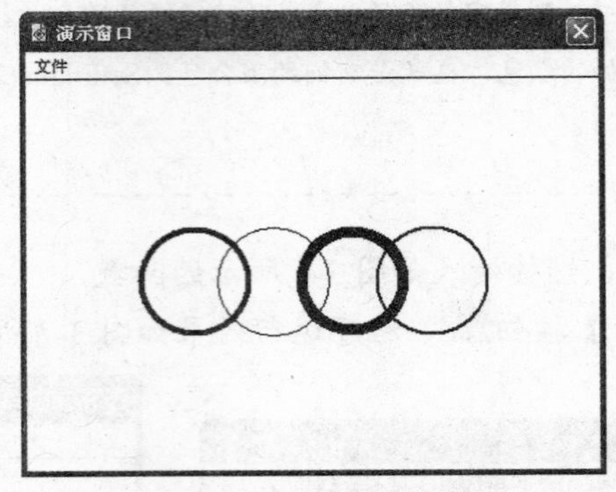

图 3-9　设置线型样式

提示

在如图 3-8 所示的线型面板中，位于最上方的【虚线】线型常用来产生不可见的直线，或者当不想要一个椭圆或矩形的边界线时，可以选择使用该线型。

3.2.2　设置填充样式

填充样式主要是指对椭圆、矩形、多边形等图形的底纹填充样式。

要设置图形的填充样式，首先在演示窗口中选中图形，然后在【工具】面板中单击【填充】按钮，在弹出的【填充】面板中选择所需填充的样式，如图 3-10 所示，即可将填充样式应用到所选图形中，如图 3-11 所示。

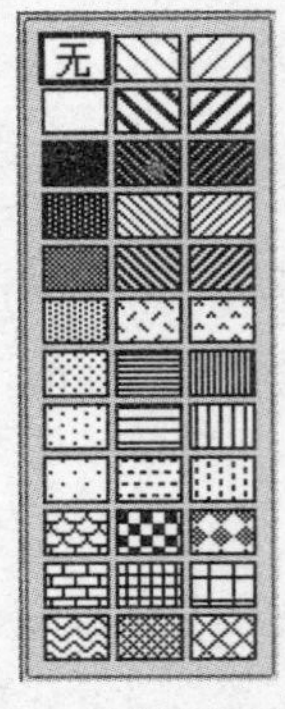

图 3-10　【填充】面板

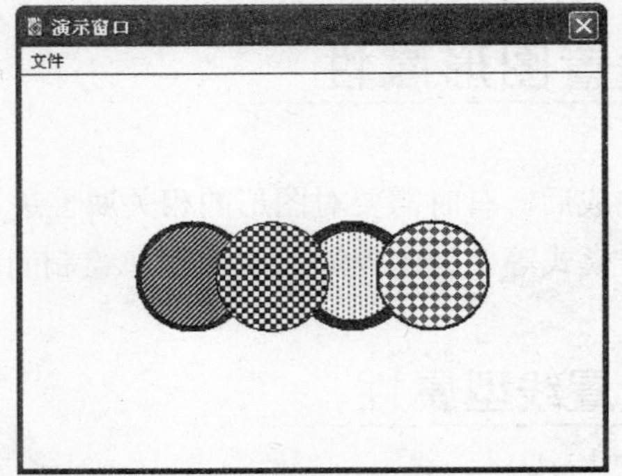

图 3-11　设置图形的填充样式

3.2.3　设置图形颜色

使用工具面板中的【色彩】按钮组，可以设置图形的线条颜色、内部填充颜色、填充样式的前景色和背景色等。

设置图形颜色的具体操作方法如下。

- 设置线条颜色：在演示窗口中选中需要设置颜色的线条，然后从【颜色】面板中选择需要的颜色即可。
- 设置图形前景色：在演示窗口中选中需要设置前景色的图形，单击按钮左上角的颜色按钮，然后从【颜色】面板中选择需要的颜色即可。
- 设置图形背景色：在演示窗口中选中需要设置背景色的图形，单击按钮右下角的颜色按钮，然后从【颜色】面板中选择需要的颜色即可。

【例 3-2】打开一个文件，设置文件的线型样式和填充样式，并且给图形添加颜色。

(1) 打开一个文件，双击程序设计窗口中的【显示】图标，打开演示窗口，如图 3-12 所示。

(2) 选中【雪人】图形的【眼睛】，单击【工具】面板上的按钮，打开【颜色】面板，选择橘黄色，设置线型颜色；单击按钮左上角的颜色按钮，然后从【颜色】面板中选择橘黄色，设置填充颜色，如图 3-13 所示。

图 3-12　打开文件

图 3-13　设置线型和填充色

(3) 参照步骤(2)，设置其他图形的线条和填充颜色，如图 3-14 所示。

(4) 选中【雪人】图形的【帽子】，单击【工具】面板中的【填充】按钮，在弹出的【填充】面板中选择合适的填充的样式，设置图形填充样式。使用同样的方法，设置【扣子】图形的填充样式，最后设置的图形如图 3-15 所示。

图 3-14　设置线型和填充颜色

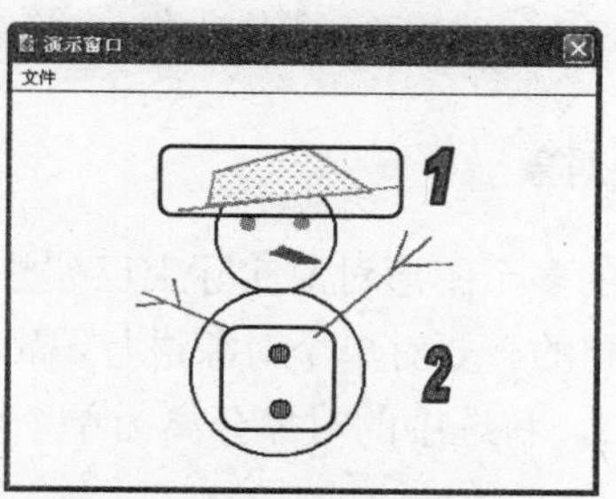

图 3-15　设置的图形效果

3.3 编辑图形

在对图形对象执行任何编辑操作之前，必须先选中它。单击【工具】面板中的【选择/移动】按钮，然后单击演示窗口中的图形对象，即可选中该对象。在所选中的图形以外的空白区域单击或直接按空格键，可取消图形的选中状态。

3.3.1 编辑多个图形对象

选中多个对象时，可以同时对它们进行移动、复制、删除等操作，以减少重复工作，大大提高编辑工作效率。

1. 群组对象

当选中全部对象进行改变大小或形状的操作时，对象的相对位置会发生错乱，如图 3-16 所示。为避免这种情况的发生，可以将多个对象组合成一个群组对象。

对群组对象进行任何操作时，每个对象之间的关系将维持不变。利用这个方法，可以同时调整多个图形对象的大小或形状。

首先选中要进行群组的所有基本图形对象，可以看到每个对象都有自己的控制点，选择【修改】|【群组】命令或按快捷键 Ctrl+G，则所有选中的对象组合成了一个对象，这时整个对象只有 8 个控制点。拖动群组对象四周的控制点改变其大小和形状，如图 3-17 所示。

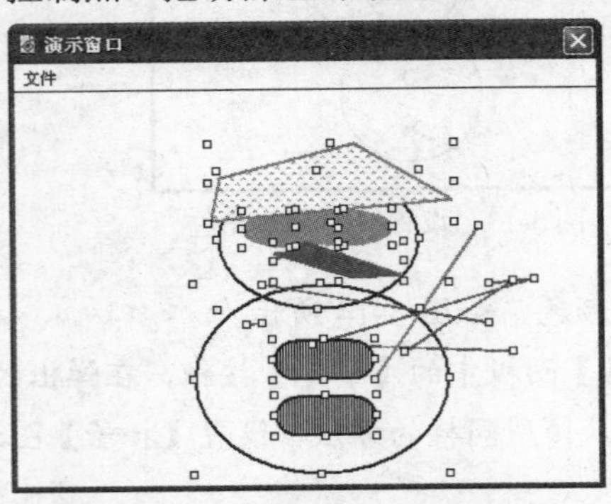

图 3-16　选中要群组的对象

图 3-17　拖动群组对象

2. 取消群组对象

设置为群组的多个图形对象实际上已被整合为一个对象，这时对群组对象中的单个对象是无法进行单独调整的。要对单个对象进行编辑，可选择【修改】|【取消群组】命令或使用快捷键 Ctrl+Shift+G，将选中的对象分离为单个对象，再进行相关的操作。

3.3.2　改变图形先后次序

当图形绘制完成后，它们就会按照绘制的先后次序放置在演示窗口中。当需要调整叠放次序时，就需要用到 Authorware 的【置于上层】和【置于下层】命令。在演示窗口中选中需要移动位置的对象，选择【修改】|【置于上层】命令或者【修改】|【置于下层】命令即可。

【置于上层】命令可以把选取的对象移动到演示窗口中层叠在一起的图形对象的顶部；【置于下层】命令可以把选取的对象移动到演示窗口中层叠在一起的图形对象的底部。如果同时选中多个图形对象，那么当它们移动到顶部或底部时其相对位置不变。如图 3-18 所示的是原始图形，而如图 3-19 所示的是改变了图形间先后次序后的位置效果。

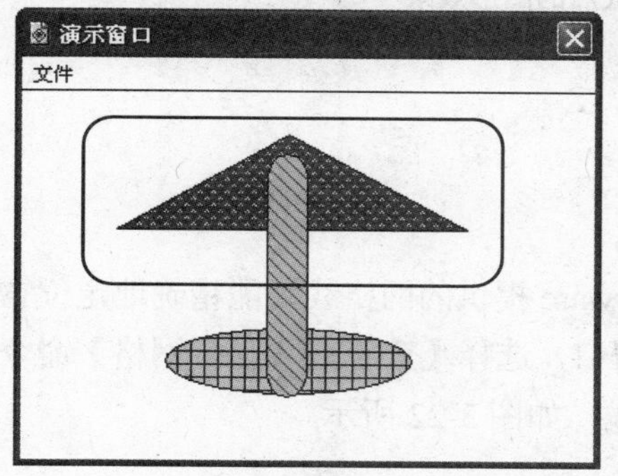

图 3-18　原始图形

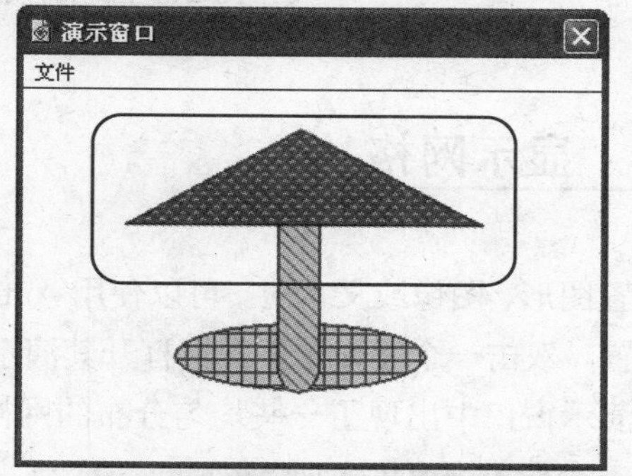

图 3-19　调整图形间的相对位置

3.3.3　使用【对齐方式】面板排列对象

在 Authorware 中，除了可以设置文字的对齐方式，同样可以对图形对象设置对齐方式，例如如左对齐、水平居中等。只需要选择【修改】|【排列】命令，打开【对齐方式】选择面板，如图 3-20 所示。选择相应的对齐方式即可对图形的对齐方式进行设置。

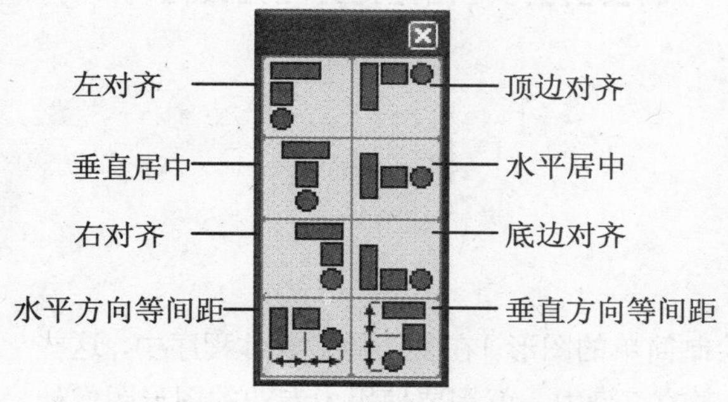

图 3-20　【对齐方式】面板

> **提示**
>
> 在【对齐方式】选择面板中，“水平方向等间距”和“垂直方向等间距”分别表示在水平和垂直方向上等距对齐对象，是排列对象操作中常用的对齐方式。

用户可以首先选中要设置对齐方式的图形对象，然后在【对齐方式】面板中选择需要的工具按钮，应用排列方式后的图形效果如图 3-21 所示。

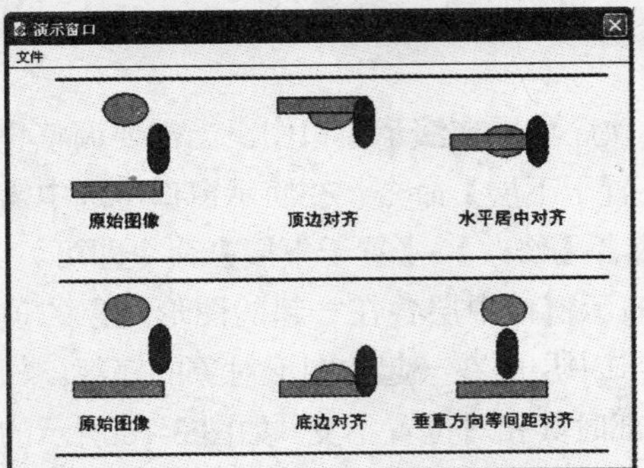

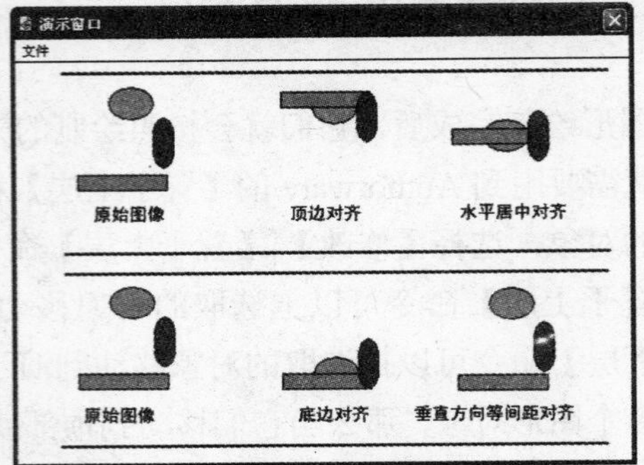

图 3-21　应用排列方式后的图形效果

3.3.4　显示网格

在放置图形、图像或文本时，可以使用 Authorware 提供的网格线功能精确地定位它们在窗口中的位置。双击一个【显示】图标打开其演示窗口，选择【查看】|【显示网格】命令，此时可以看到演示窗口中出现了一些均匀分布的网格线，如图 3-22 所示。

图 3-22　演示窗口中显示网格线

提示

网格线只是在程序设计的过程中可见，在程序打包运行之后将不再出现。如果要取消演示窗口中的网格线，可再次选择【查看】|【显示网格】命令。

3.4　使用外部图像

使用 Authorware 提供的基本绘图工具只能绘制简单的图形。在复杂的多媒体程序中，这些图形是远远不能满足需求的。为了增强多媒体程序的感染力，就需要使用由专业的图形图像处理软件绘制的图形，以及通过各种数码设备获得的图像。

3.4.1　导入外部图像

利用 Authorware 提供的导入外部对象功能，可以在多媒体程序中直接调用外部图像，使素材来源变得更加丰富。Authorware 支持几乎所有格式的图像文件，如 TIFF、LRG、GIF、PNG、BMP、RLE、DIB、JPEG、PSD、TGA、WMF、EMF 等。

要导入外部图像，在演示窗口中选择【文件】|【导入和导出】|【导入媒体】命令，打开【导入哪个文件？】对话框，如图 3-23 所示。选择所需导入的图片文件，单击【导入】按钮，即可导入到演示窗口中，如图 3-24 所示。

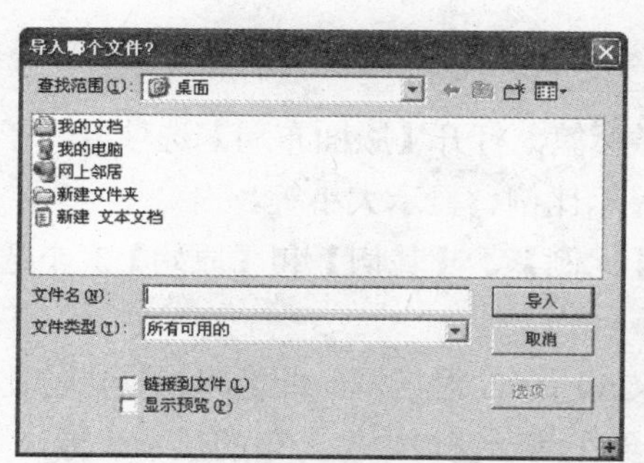

图 3-23　【导入哪个文件？】对话框

图 3-24　导入外部图像到演示窗口中

知识点

在 Authorware 中使用外部图像，还可以使用另外 4 种方法：将图像文件直接拖入演示窗口中；使用复制粘贴命令；使用【插入】|【图像】命令；将外部应用程序中的图像拖入到 Authorware 中。

3.4.2　设置导入图像的属性

在演示窗口中导入图像之后，就可以对其进行设置。双击图像对象，打开图像的【属性】面板，如图 3-25 所示。

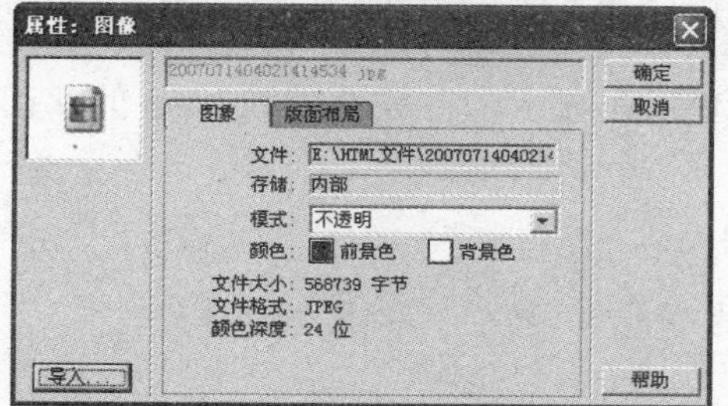

图 3-25　图像属性面板

提示

在图像的【属性】面板中，可以对图像进行一系列的调整，主要包括图像的来源、图像的存储方式、图像的覆盖方式、图像的前景色和背景色、图像文件的大小、图像文件的格式等。

1. 【图像】选项卡

在图像的【属性】面板中，单击【图像】标签，打开【图像】选项卡。在该选项卡中，各参数选项具体作用如下。

- ◉ 【文件】文本框：用来显示图像文件的路径。
- ◉ 【存储】文本框：用来显示图像的引入方式，分为【外部】和【内部】两种。
- ◉ 【模式】下拉列表框：用来设置图像的覆盖模式，有【不透明】、【遮隐】、【反转】等 6 种选项可供选择。
- ◉ 【颜色】选项组：该选项组中包括【前景色】和【背景色】两个颜色框，用来设置图像的前景色和背景色。

2. 【版面布局】选项卡

在图像的【属性】面板中，单击【版面布局】标签，打开【版面布局】选项卡。在该选项卡中，主要可以设置导入图像的显示方式，例如显示比例、显示大小等。

单击【显示】下拉列表框，在该列表框中有【比例】、【裁切】和【原始】3 个选项，这些选项的具体作用如下。

- ◉ 【比例】选项：选择该选项，打开如图 3-26 所示的对话框。图像将以指定的比例缩小或放大显示。【位置】文本框用来显示对象在演示窗口中左上角的显示坐标，【大小】文本框显示了图像的原始大小，可以在【比例】文本框中输入自定义的值，来设置图像的显示比例。
- ◉ 【裁切】选项：选择该选项，打开如图 3-27 所示的对话框。不对图像进行缩放，可以指定图像的显示区域，而显示区域以外的部分图像将被裁剪，【大小】文本框用来设置显示区域的大小；【放置】选项用来指定显示图像的哪一部分。

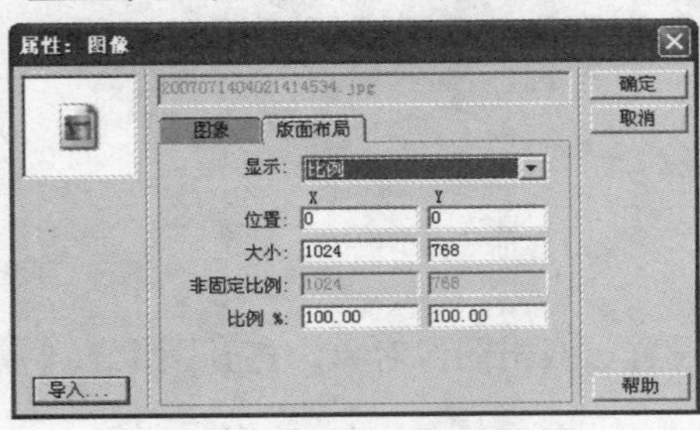

图 3-26 【比例】选项对话框

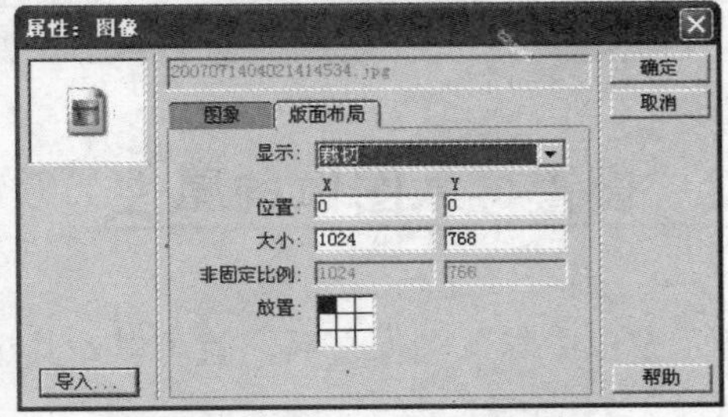

图 3-27 【裁切】选项对话框

- ◉ 【原始】选项：选择该选项，图像将按原始大小显示，它是 Authorware 的默认显示方式。

3.4.3 设置【小框形式】过渡效果

在演示窗口中导入或者绘制的图像，可以设置过渡效果，使演示窗口的画面更为生动、更富表现力。

拖动一个【显示】图标到程序设计窗口中，双击【显示】图标，打开演示窗口。在演示窗口中导入一个外部图像。右击【显示】图标，在弹出的快捷菜单中选择【属性】命令，打开该【属性】面板，如图 3-28 所示。

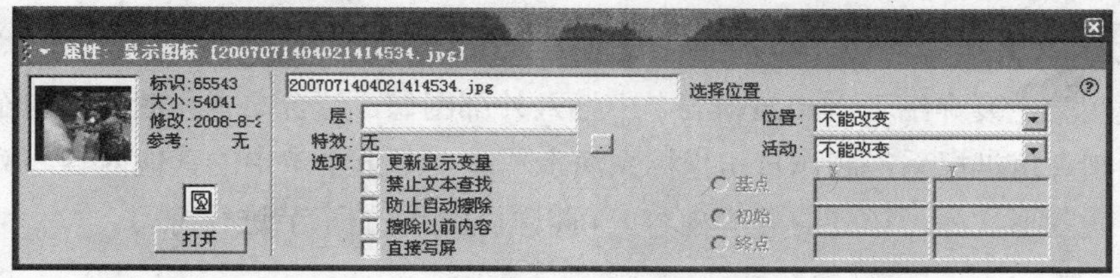

图 3-28　【显示】图标的【属性】面板

单击【属性】面板上的【特效】文本框右侧的按钮，打开【特效方式】对话框，如图 3-29 所示，在【特效】列表框中选择【小框形式】选项，单击【确定】按钮，返回【属性】面板。关闭【属性】面板，单击工具栏中的【运行】按钮，观看演示窗口中显示对象的过渡效果，如图 3-30 所示。

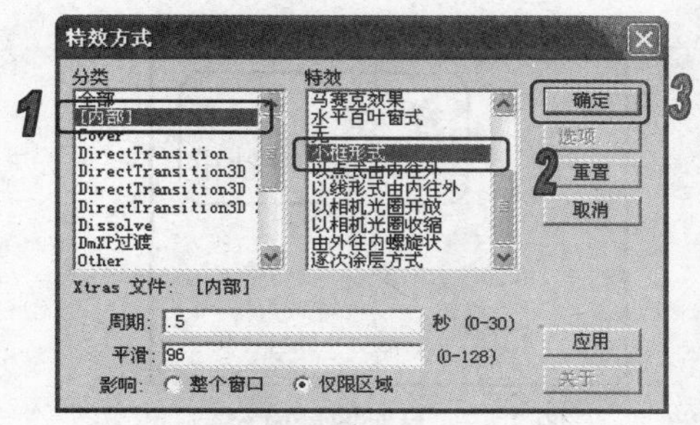

图 3-29　【特效方式】对话框

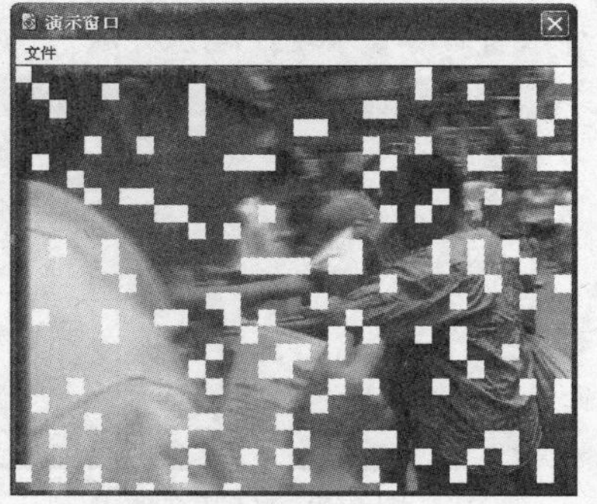

图 3-30　运行显示对象的过渡效果

在【特效】对话框中，各选项参数的具体作用如下。

- 【分类】列表框：该列表框列出了过渡效果的种类。
- 【特效】列表框：该列表框列出了当前效果种类中包含的过渡效果。
- 【Xtras 文件】文本框：该文本框指出当前过渡效果包含在哪个 Xtras 文件中。【内部】种类的过渡效果是 Authorware 7 内置的效果，其他种类效果都包含在 Authorware 7 系统目录下的 Xtras 文件的.X32 文件中。Authorware 7 已经不再支持老式的.X16 过渡效果。
- 【周期】文本框：设置过渡效果的持续时间，以秒为单位。
- 【平滑】文本框：设置过渡效果进行的平滑程度，设置范围可在 0~128 之间。
- 【影响】单选按钮组：如果选择【整个窗口】单选按钮，则过渡效果将影响到整个窗口；如果选择【仅限区域】单选按钮，则过渡效果仅影响使用该方式的设计图标内容所在的区域。
- 【选项】按钮：当该按钮为可用状态时，可以对过渡效果进行更多的设置。

◎ 【重置】按钮：用于将当前过渡效果的【周期】和【平滑】参数设为默认值。

◎ 【应用】按钮：单击该按钮可以预览当前设置的过渡效果。

3.5 上机练习

本章上机实验主要介绍了 Authorware 7 中插入外部图像，结合文本和图形，制作一个诗词演示界面，绘制直角坐标系，制作直角坐标系演示程序。对于本章中的其他内容，例如图形的基本操作，改变图形次序，排列对象等内容，可以根据相应的章节进行练习。

3.5.1 制作诗歌演示界面

打开一个文件，在演示窗口中导入外部图像文件，制作诗歌演示界面。

(1) 打开一个文件，如图 3-31 所示。

(2) 按住 Shift 键，依次双击【文本 1】和【文本 2】2 个显示图标，使这 2 个图标中的内容同时显示在演示窗口中，如图 3-32 所示。

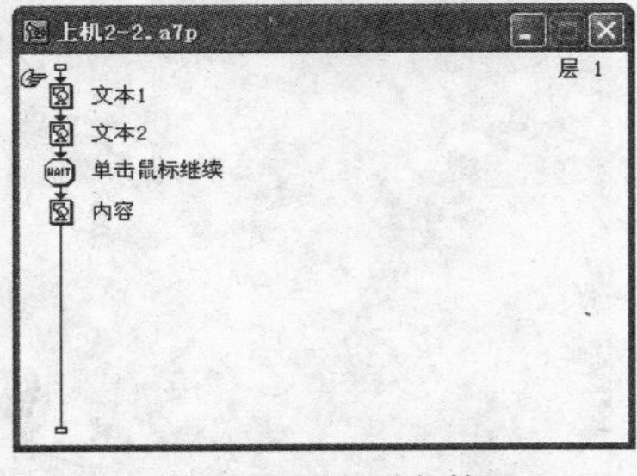

图 3-31　打开文件

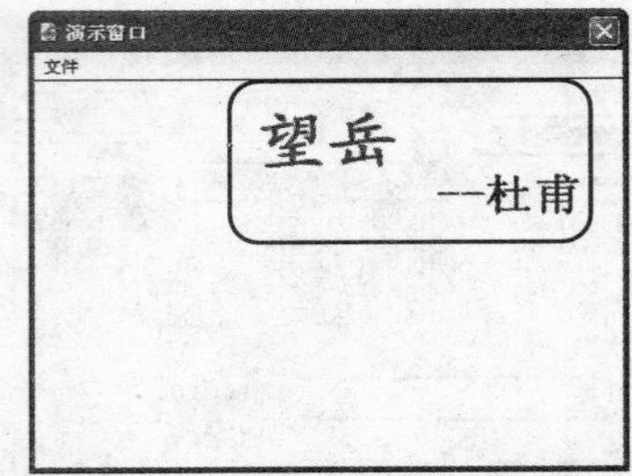

图 3-32　显示图标内容

(3) 选择【插入】|【图像】命令，打开【属性：图像】对话框，单击【导入】按钮，打开【导入哪个文件？】对话框，如图 3-33 所示。选择所需导入的文件，单击【导入】按钮。返回【属性：图像】对话框，如图 3-34 所示，然后单击【确定】按钮，即可在演示窗口中插入图像。

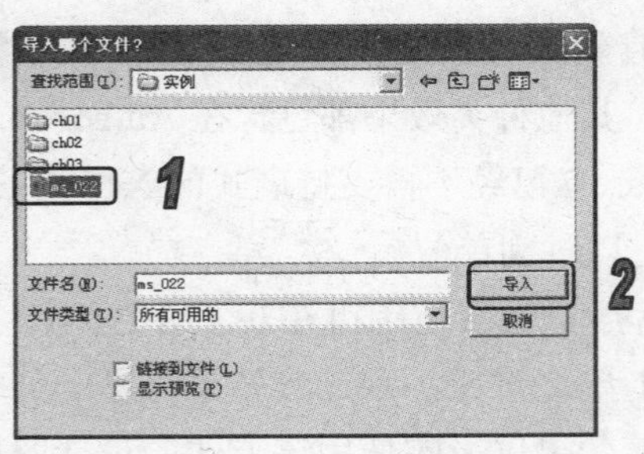

图 3-33　【导入哪个文件？】对话框

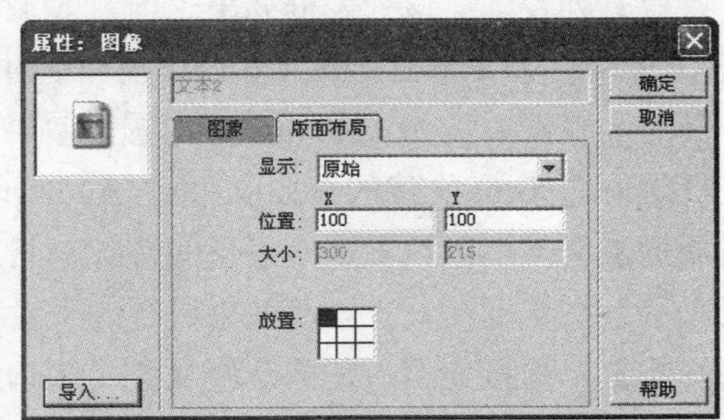

图 3-34　【属性：图像】对话框

(4) 选中插入的图像，拖动图像周围的控制柄，调整图像到合适大小并移至演示窗口的合适

位置，如图 3-35 所示。

(5) 双击【内容】显示图标，参照步骤(3)，在演示窗口中插入图像。

(6) 双击插入的图像，打开图像的【属性】面板，在【模式】下拉列表框中选择【反转】选项，如图 3-36 所示。

图 3-35　调整图像

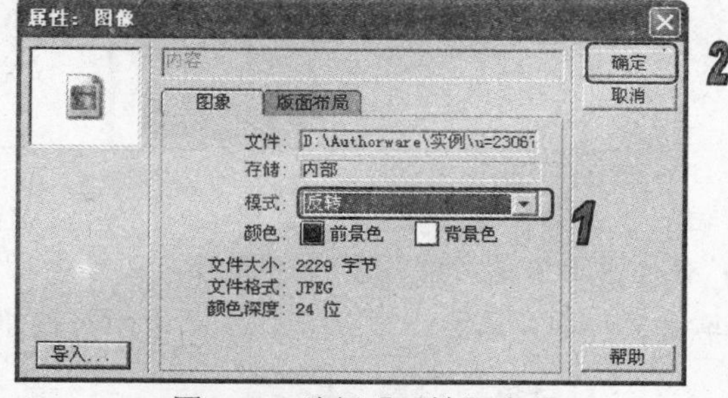

图 3-36　选择【反转】选项

(7) 设置图像反转后，图像就在文本内容下方，拖动图像周围控制柄，调整图像到合适大小，如图 3-37 所示。

(8) 单击【运行】按钮，程序演示效果如图 3-38 所示。

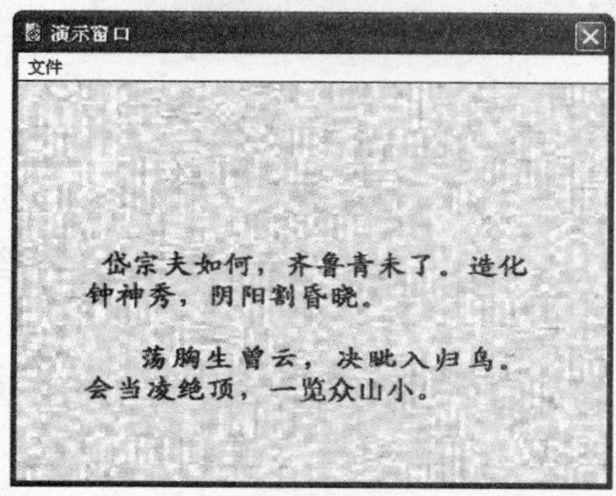

图 3-37　调整图像

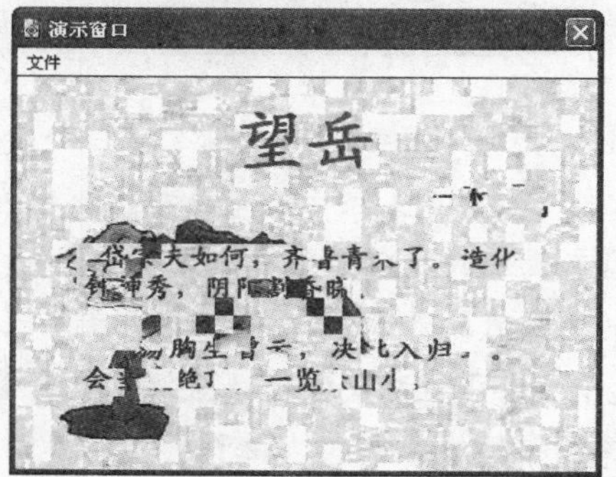

图 3-38　演示效果

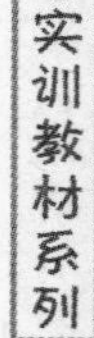

3.5.2　制作直角坐标系演示程序

绘制一个直角坐标系，制作一个程序文件——直角坐标系。

(1) 新建一个文件。拖动 2 个显示图标到和 1 个等待图标到程序设计窗口中，分别重命名这些图标，如图 3-39 所示。

(2) 双击【坐标】显示图标，打开演示窗口。在演示窗口中输入文本内容，然后设置文本字体合适属性，如图 3-40 所示。

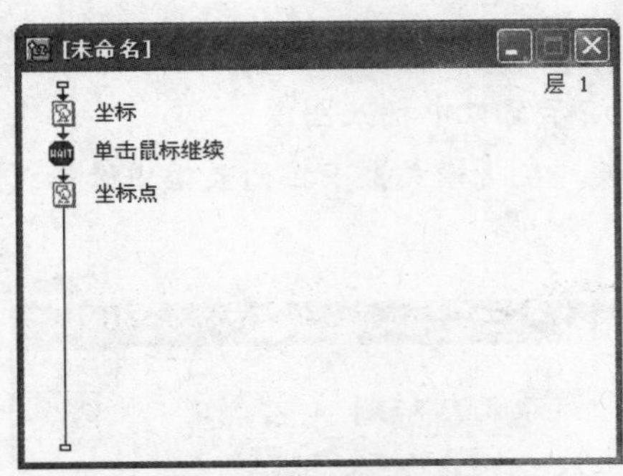

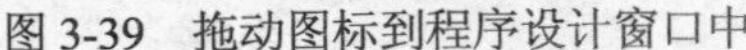

图 3-39　拖动图标到程序设计窗口中

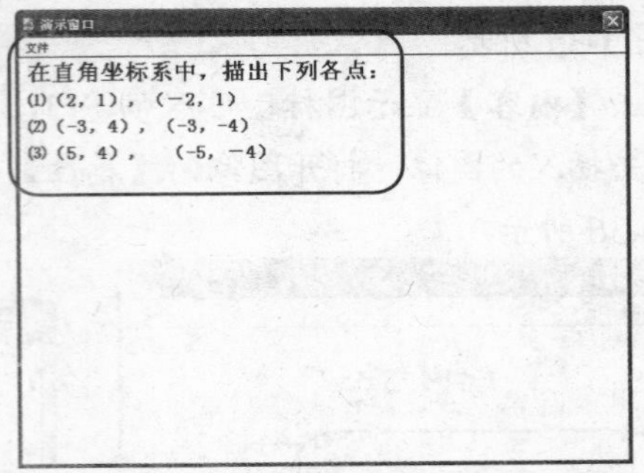

图 3-40　输入并设置文本属性

(3) 双击【单击鼠标继续】等待图标，打开等待图标的【属性】面板。在【事件】选项组中选择【单击鼠标】复选框，取消其他选项中所有选中的复选框，如图 3-41 所示。关闭【属性】面板。

图 3-41　设置【属性】面板

(4) 双击【坐标点】显示图标，打开演示窗口。单击【工具】面板中的【线型】工具，在弹出的【线型】面板中选择右箭头，然后选择【直线】工具，在演示窗口中拖动鼠标绘制两条垂直相交的箭头直线。

(5) 选中两条垂直相交的箭头直线，单击【工具】面板中的【线型】工具，在弹出的【线型】面板中选择稍粗的线条样式，设置的线条如图 3-42 所示。

(6) 在【线型】面板中选择【直线】线型，在演示窗口中绘制一条垂直方向的短直线作为刻度线，然后在窗口中复制、粘贴多条该短直线。

(7) 在工具面板中选择【选择/移动】工具，框选绘制出的多条短直线，然后选择【修改】|【排列】命令，打开【对齐方式】面板，单击【顶边对齐】选项，如图 3-43 所示。

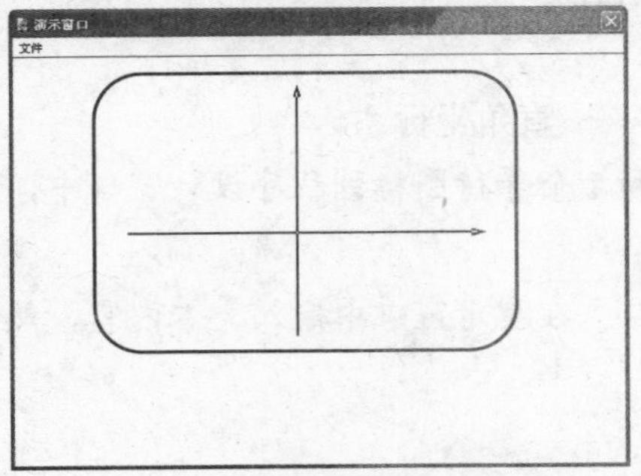

图 3-42　设置线条样式

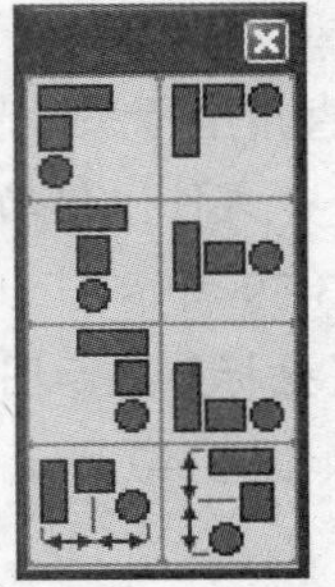

图 3-43　【对齐方式】面板

(8) 将选中的刻度线排列成一行，然后使用鼠标或者方向键将其拖动到水平箭头(X 轴)上，如图 3-44 所示。

(9) 参照步骤(6)~步骤(8)，绘制并选中多条水平方向的短直线，在【对齐方式】面板中选择【左对齐】选项，拖动到垂直箭头(Y 轴)上。

(10) 分别选中坐标系中横、纵坐标的正轴上刻度线，使用复制粘贴的方法为横、纵坐标的负轴添加刻度线，如图 3-45 所示。

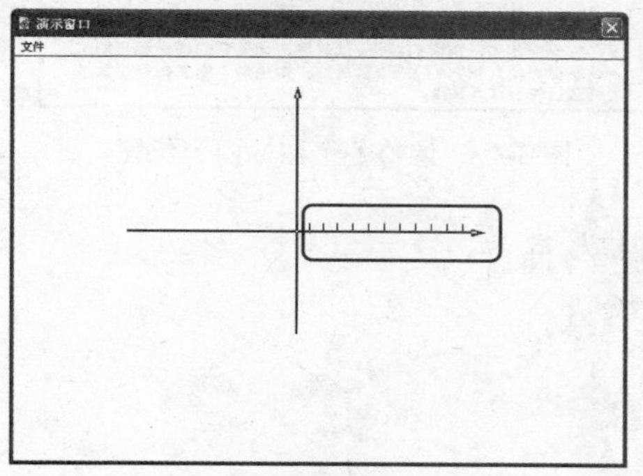

图 3-44　排列横坐标上刻度线

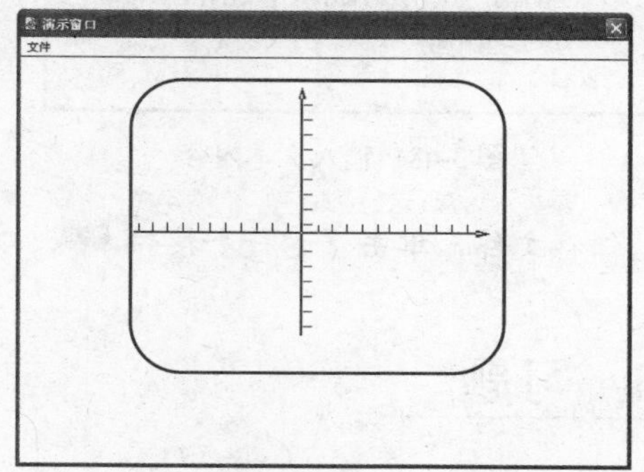

图 3-45　复制刻度线

计算机　基础与实训教材系列

(11) 按照题目所示的要求绘制坐标点，并输入相应文本内容，如图 3-46 所示。

(12) 拖动一个【等待】图标和一个【显示】图标到程序设计窗口中，重命名图标，如图 3-47 所示。

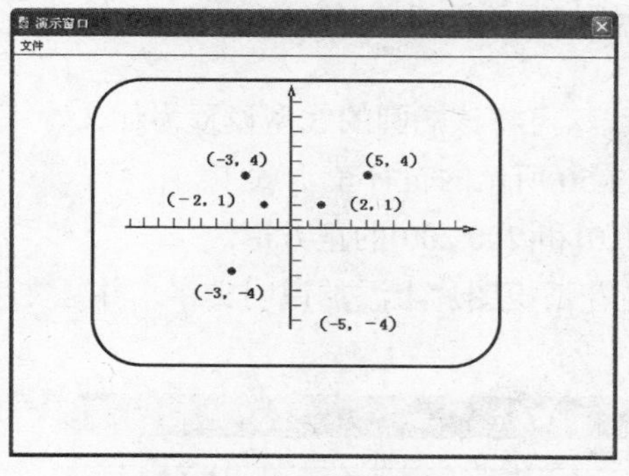

图 3-46　绘制坐标点

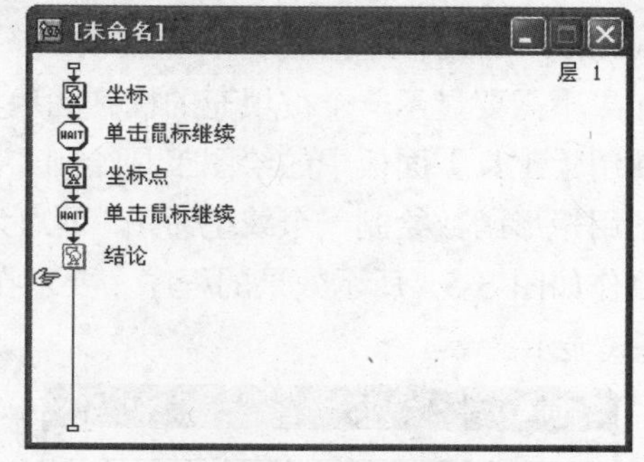

图 3-47　添加图标

(13) 双击新插入的【等待】图标，打开该图标的【属性】面板。在【事件】选项组中选择【单击鼠标】复选框，取消其他选项中所有选中的复选框。关闭【属性】面板。

(14) 双击【结论】显示图标，使用【工具】面板上的【文本】工具 A，在演示窗口中输入文本内容，如图 3-48 所示。

(15) 双击其他图标，显示所有内容，分别调整各个图标内容的合适位置，调整后效果如图 3-49 所示。

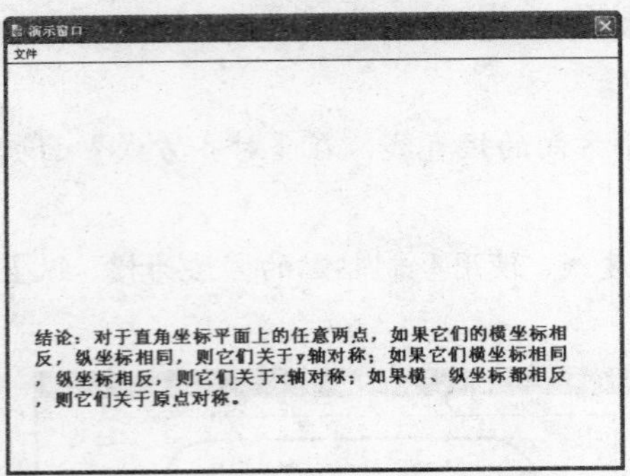

图 3-48　输入文本内容

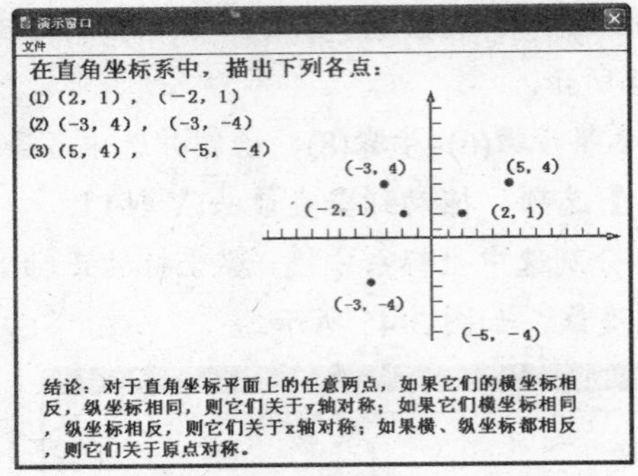

图 3-49　调整各个图标内容位置

(16) 保存文件，单击【运行】按钮，观看程序效果。

3.6 习题

1. 在工具面板中，直线工具能绘制哪些度数的直线？

2. 显示图标中对象周围的小矩形被称为控制点，一个从外部图形文件引入的对象有几个控制点？

3. Authorware 共提供了哪 6 种绘图工具？

4. Authorware 支持哪 2 种图像对象的存储方式？

5. Authorware 提供了哪 6 种覆盖模式？

6. 如果不需要显示一个被填充的椭圆的边界线，可将该椭圆的线型设置为什么？

7. 使用【工具】面板中的绘图工具绘制如图 3-50 所示的自行车示意图。

8. 使用矩形函数绘制一个线型为 1，顶点为(0,0)和(200,200)的正方形。

9. 制作如图 3-51 所示效果的程序。要求在荷花蜻蜓图片上添加说明文字，并且文字对象以透明模式显示。

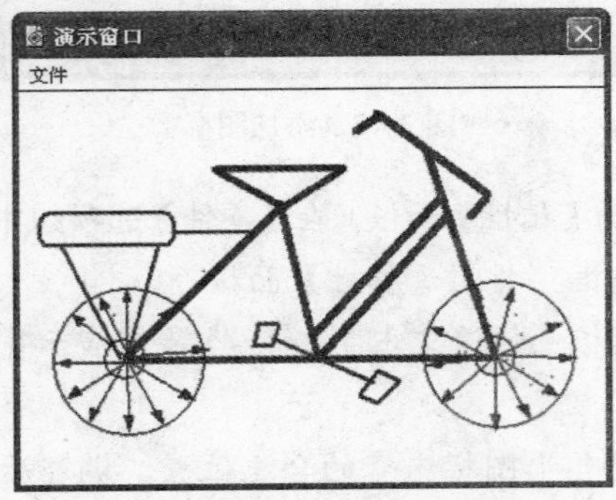

图 3-50　自行车示意图

图 3-51　程序效果

第4章 应用多媒体素材

学习目标

Authorware 7 中可以直接使用的多媒体素材包括声音、数字电影、动画等。声音制作是多媒体编程不可缺少的要素之一，添加声效可以使用 Authorware 7 提供的【声音】图标，而添加数字电影则可以使用【数字电影】图标。这些图标可以添加在流程线的任何位置。Authorware 7 同时提供了装载多媒体文件的灵活方法，可以将多媒体文件导入到程序中，以内部形式存储，也可以将多媒体文件与程序链接，以外部形式存储。

本章重点

- 使用【声音】图标
- 导入声音文件
- 使用【数字电影】图标
- 导入数字电影文件
- 使用 DVD 图标
- 媒体同步
- 使用 Gif 动画
- 使用 Flash 动画

4.1 使用【声音】图标

Authorware 中的声音是通过【声音】图标导入的。在多媒体程序中使用声音的一个重要用途就是为其他媒体信息伴音，或者具体讲解演示窗口中的其他内容。Authorware 支持多种格式的音频文件，并能够将 WAV 格式的文件转换为 SWA 格式。

4.1.1 Authorware 中支持的声音格式

在导入声音文件之前，首先需要了解一下在 Authorware 中，可以导入哪些格式的声音文件。Authorware 中可以播放的声音格式有 AIFF、PCM、SWA、VOX、WAV、MIDI 以及 MP3 等。其中 MP3 是目前非常流行的一种音乐格式。

在编辑声音时，如果需要选定声音中的一个片段，必须使用 Authorware 函数指定片断的起始点和结束点。Authorware 对声音的编辑方法和对数字电影的编辑方法是不同的。编辑数字电影时，可对其中的帧随意进行选取。为了使声音编辑更加容易，可以将声音片断转换成只有声音的数字电影。

知识点

MP3 是大家都耳熟能详的一种声音格式，但真正了解其中意思的并不多。MP3 是 Internet 上最流行的音乐格式，最早起源于 1987 年德国一家公司的 EU147 数字传输计划，它利用 MPEGAudioLayer3 的技术，将声音文件用 1:12 左右的压缩率压缩，变成容量较小的音乐文件，使传输和储存更为便捷。

4.1.2 导入声音文件

使用【声音】图标可以在程序流程线中添加声音信息，从而使整个程序更加生动有趣。在设计过程中，可以在程序流程线上的任意位置放置【声音】图标，并可以调整播放选项以适应用户要求。对于声音文件，既可以直接引入多媒体程序中，也可以以外部形式存储，通过链接方式引入到多媒体程序中。

加载声音片段时，首先将一个【声音】图标拖动程序设计窗口中，双击图标，打开该图标的【属性】面板，如图 4-1 所示。通过对该面板的设置，可以控制声音的播放，具体就是指定播放声音文件的方式和时间。

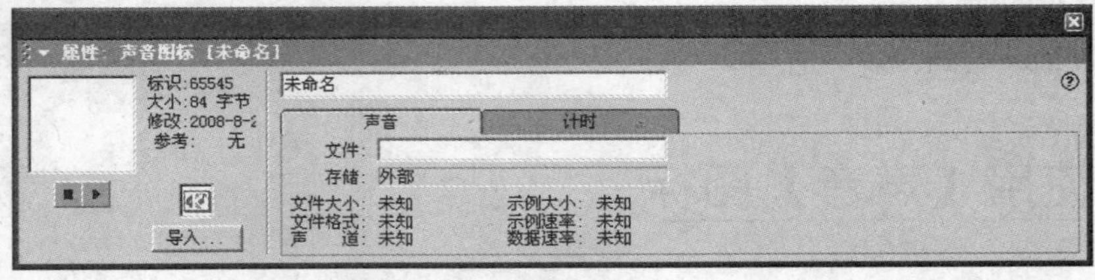

图 4-1　【声音】图标的【属性】面板

单击【声音】标签，打开【声音】选项卡，如图 4-1 所示，在该选项卡中各选项参数的具体作用如下。

- ◎ 【文件】文本框：指定声音文件的路径和文件名，也可以单击面板中的【导入】按钮，为声音图标中引入声音文件。单击【导入】按钮后，将打开【导入哪个文件？】对话框。由于声音文件通常都比较大，因此在导入声音文件时通常用链接到文件的方法来调用声音文件。在该对话框中选择【链接到文件】复选框，声音文件就成为外部的链接文件，而不是装载到 Authorware 文件内部。当程序运行到该声音图标时，会自动根据链接路径来播放该声音文件。这种方法可以大大缩小 Authorware 文件的体积。
- ◎ 【存储】文本框：说明声音文件是 Authorware 程序的内部文件还是外部文件。当导入文件时选中【链接到文件】复选框，则声音文件将是外部文件；否则为内部文件。
- ◎ 【声音】选项卡下面还显示了导入声音文件的其他信息，如声音文件的大小、格式、声道、示例大小等，这些信息由系统完成，用户不能更改。

单击【计时】标签，打开【计时】选项卡，如图 4-2 所示，在该选项卡中各选项参数的具体作用如下。

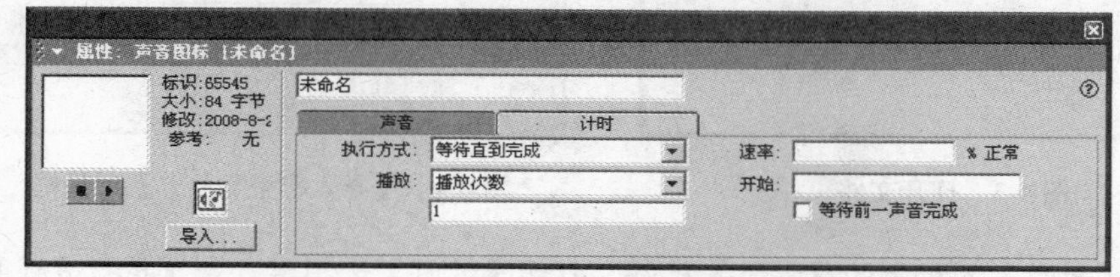

图 4-2 【计时】选项卡

- ◎ 【执行方式】下拉列表框：在该下拉列表框中，【等待直到完成】选项为默认选项，它表示将声音文件播放到流程线上的下一个图标开始执行；【同时】选项表示当前的声音文件从一开始就播放，而流程线上的下一个图标也同时执行；【永久】选项表示当描述表达式为【真】时，声音图标将开始播放。
- ◎ 【播放】下拉列表框：在该下拉列表框中，【播放次数】选项用于设置声音文件的播放次数，可以在下面的文本框输入要播放的次数；【直到为真】选项用于设置声音文件的可播放条件，在下面的文本框输入变量或表达式。当变量或表达式为【真】时，声音文件开始播放，否则不播放。
- ◎ 【速度】文本框：可以在该文本框内输入用于控制声音文件播放速度的数值、变量或表达式。用 100%表示声音文件播放的原始速度，如果输入的数值大于 100%，将使播放速度加快；反之，播放速度会变慢。
- ◎ 【开始】文本框：在该文本框中输入一个数值、变量或表达式，用来控制声音文件开始播放的片段。
- ◎ 【等待前一个声音完成】复选框：用于控制当声音图标被设置成【同步】或【永久】时，等待前一个声音图标执行完后再执行当前声音图标。

由于声音具有丰富的表达方式，所以在多媒体程序的设计中，声音是开发人员首选的媒体形式。在多媒体软件中，声音的一般用途通常是作为背景音乐、画面内容叙述、交互时的特殊

音响效果等。下面通过一个实例练习添加和设置声音文件的方法。

【例 4-1】打开一个文件，在合适位置添加【声音】图标，插入声音文件。

(1) 打开一个文件，如图 4-3 所示。拖动一个【声音】图标到程序设计窗口中，重命名为【鼠标音效】。

(2) 双击【声音】图标，打开该图标的【属性】面板。单击【导入】按钮，打开【导入哪个文件？】对话框，在该对话框中选择要导入的音乐文件，单击【导入】按钮，如图 4-4 所示。将自动打开一个对话框，显示正在导入文件。导入完成后返回到【声音】图标的【属性】面板中。

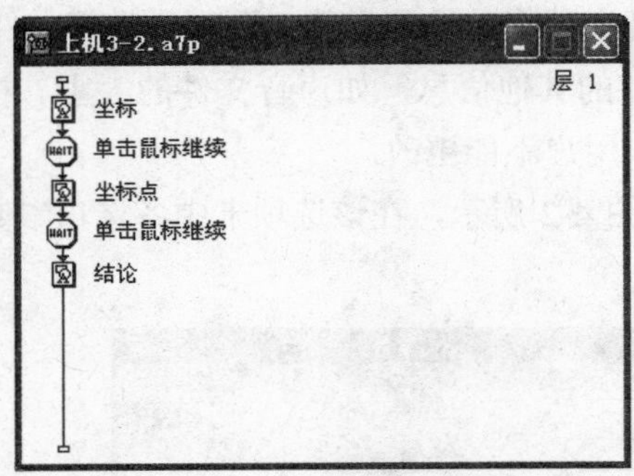

图 4-3 打开文件

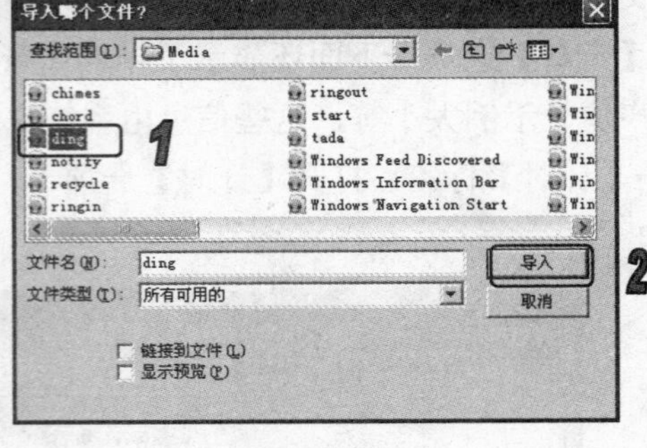

图 4-4 【导入哪个文件？】对话框

(3) 单击【属性】面板上的【计时】标签，打开【计时】选项卡，在【执行方式】下拉列表框中选择【同时】选项，如图 4-5 所示。

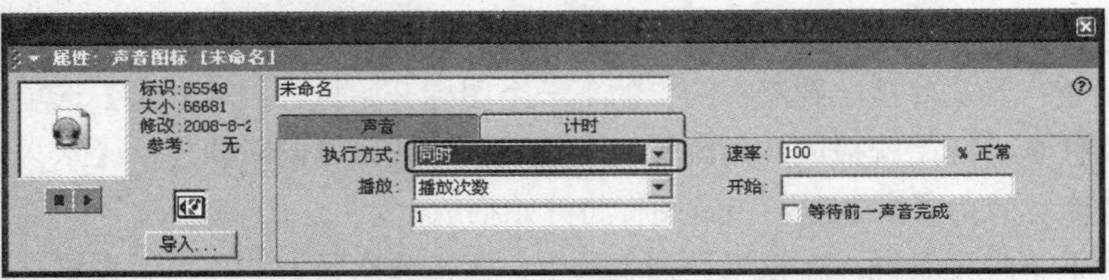

图 4-5 选中【同时】选项

(4) 参照以上步骤，在【等待】图标和【结论】显示图标之间添加【声音】图标，导入声音，设置【执行方式】。

(5) 单击【运行】按钮，即可在欣赏图片的同时播放导入的音乐。

4.1.3 调整声音效果

在 Authorware 所支持的声音文件中，有必要重点介绍 SWA 格式的文件。SWA 是一种效率高、功能强大的音频格式，它对声音进行了压缩，这样大大方便了声音在企业内部网和互联网中的传输。设计人员可以从大范围的压缩设置中选择一种，将 WAV 格式的文件转换为 SWA 格式的文件，以满足设计环境所要求的文件质量和大小。Authorware 中的声音压缩采用

Shockwave Audio 技术，这种技术对声音文件的压缩比能达到 176:1。

在 Authorware 中，可以将 WAV 格式的声音文件转换为 SWA 格式。选择【其他】|【其他】| Convert WAV to SWA 命令，打开【转换.WAV 文件到.SWA 文件】对话框，如图 4-6 所示。单击【添加文件】按钮，打开【选择要转换为.SWA 的.WAV】对话框，如图 4-7 所示。

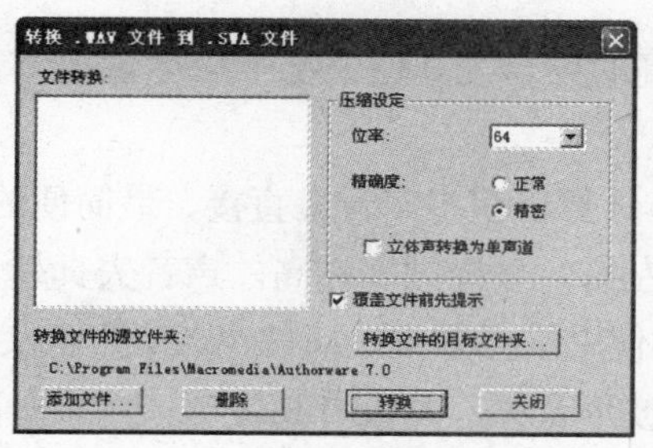

图 4-6　【转换.WAV 文件到.SWA 文件】对话框

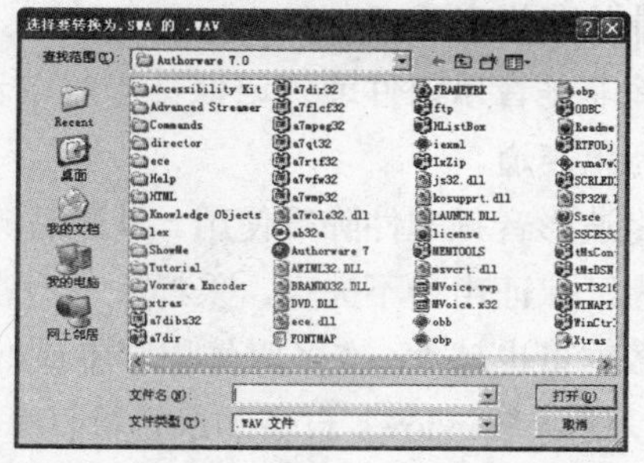

图 4-7　【选择要转换为.SWA 的.WAV】对话框

选择一个或多个要转换的 WAV 格式的声音文件，单击【打开】按钮，所要转换的文件即出现在【文件转换】列表框中，如图 4-8 所示。单击【转换文件的目标文件夹】按钮，打开如图 4-9 所示的【选择输出.SWA 文件的文件夹】对话框，在该对话框中指定转换后.SWA 文件要保存的文件夹。

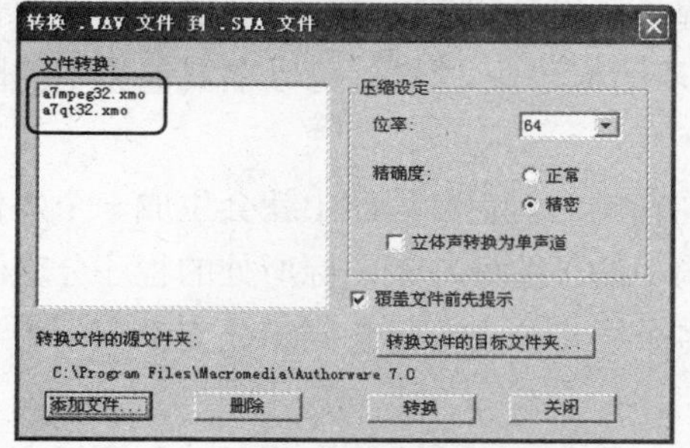

图 4-8　添加需要转换的文件

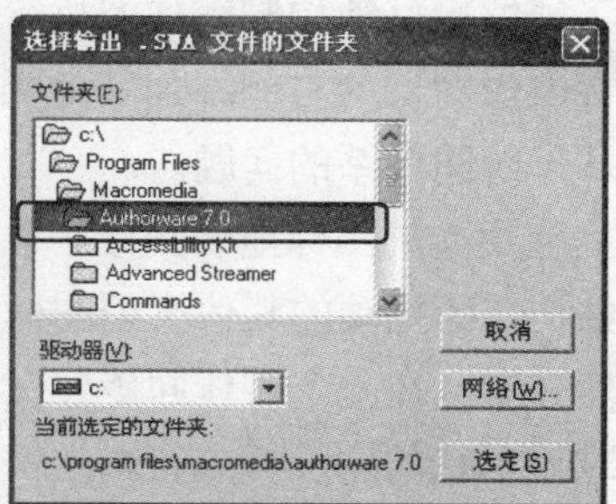

图 4-9　【选择输出.SWA 文件的文件夹】对话框

单击【选定】按钮，关闭该对话框。此时，所选择的路径显示在【转换.WAV 文件到.SWA 文件】对话框的下方。然后，需要在【压缩设定】选项区域中设置压缩选项。其中各参数选项的具体作用如下。

- 【位率】下拉列表框：用于设置采样频率，即比特率，默认值为 64。该值越小，声音质量越好，压缩比越低。
- 【精确度】单选按钮：用于设置声音转换质量。选择【正常】选项为普通精度；选择【精密】选项可保证声音不失真，但转换后形成的 SWA 声音文件尺寸较大。
- 【立体声转换为单声道】复选框：用于将双声道声音文件转换为单声道声音文件。

设置完毕，单击【转换】按钮，即可开始声音的转换，同时打开一个对话框，显示转换进度。转换结束后，SWA 文件就会出现在指定的存储文件夹中。将 SWA 文件导入到声音图标中就可以进行播放。

除了上面介绍的方法外，还可以使用下面的几种方法来减小声音文件占用的磁盘空间。

- 将 CD 或 WAV 格式的声音文件用 MP3 压缩工具转换成 MP3 格式的文件。
- 采用 MIDI 格式的声音文件代替 WAV 文件作为背景音乐。MIDI 音乐由于优美动听、乐感丰富，并且与 WAV 文件相比可以大大节省磁盘占用空间，所以广泛用作多媒体课件的背景音乐。
- 除非是音乐课件或外语课件等对语音要求较高的场合，其他情况下应尽量把声音转换为单声道。
- 将波形音频文件降频使用。波形音频是多媒体计算机获得声音最直接、最简便的方式。为了保证声音不失真，采样频率应在 40kHz 左右。采样频率越高，声音失真越小，但数据量也越大。在多媒体程序中最好不要直接使用采样频率过高的 WAV 声音文件。可以使用 Windows 自带的录音机打开要采用的波形音频，并查看其属性。如果是高频率的声音，就需要进行音频格式转换。一般来讲，22kHz 频率和 8 位量化位数得到的音质已经足够满足一般需求。

4.1.4 同步声音

为了能够更好地控制媒体的执行，Authorware 提供了媒体同步功能。该功能允许在声音图标或数字电影图标的右侧添加其他类型的图标(如显示图标等)。这样就可以在其他类型的图标中处理基于时间关系的问题。

将其他类型的图标拖动到数字电影图标或声音图标的右侧后，程序中就会生成一个媒体同步分支结构，所拖动的其他类型图标作为该分支结构中的子图标，子图标所处的程序分支流程称作同步分支。在一个媒体同步分支结构中可以有多个同步分支，每条同步分支都有一个与之相连的时钟形状的同步标志符。

拖动一个【声音】图标和一个【显示】图标到程序设计窗口中。选中【显示】图标，拖动到【声音】图标的右侧，【显示】图标自动成为声音图标的一个分支，如图 4-10 所示。双击同步标志符，打开媒体同步【属性】面板，在【同步于】下拉列表框中选择【秒】选项，并在下面的文本框中输入 10，在【擦除条件】下拉列表框中选择【不擦除】选项，如图 4-11 所示。

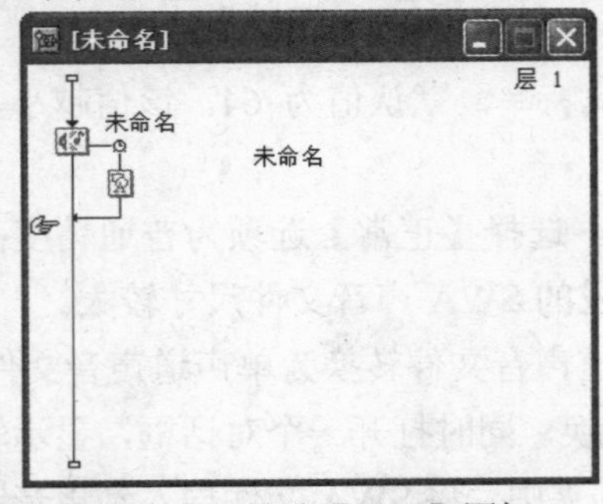

图 4-10　拖动【显示】图标

图 4-11　设置【属性】面板

单击【运行】按钮，则在音乐播放 10 秒钟后响起歌声时显示图片。

在媒体同步属性面板的【擦除】下拉列表框中有 4 个选项，用于设置何时擦除子图标中的内容。各选项的含义如下所述。

- 【在下一事件后】选项：在执行下一个子图标中的事件后擦除。
- 【在下一事件前】选项：在执行下一个子图标中的事件前擦除。
- 【在退出前】选项：在退出媒体同步分支结构后，执行主流程线上的第一个图标前擦除。
- 【不擦除】选项：直到使用擦除图标擦除。

4.1.5　压缩声音文件

在多媒体程序创建的过程中经常会使用 WAV 格式的音频文件，这种格式的文件通用性较好，在各种平台上都能正常播放。但是它所占的空间较大，可以使用【VCT 编码器】和 Convert WAV to SWA 两种方法来压缩声音文件。

1. 使用【VCT 编码器】压缩

可以在 Authorware 7 安装目录的 Voxware Encoder 文件夹中找到该程序图标，名为 VCTEncod.exe，双击图标，打开【VCT 编码器】对话框，如图 4-12 所示。单击【WAV 文件】选项组中文本框右侧的 ... 按钮，打开【打开】对话框，如图 4-13 所示，选择要压缩的 WAV 文件，单击【打开】按钮。

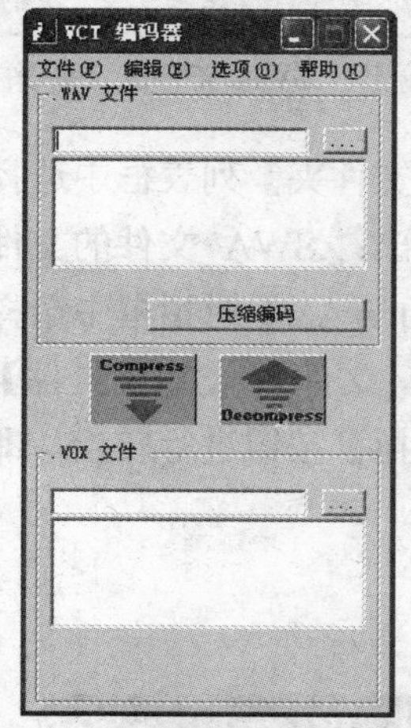

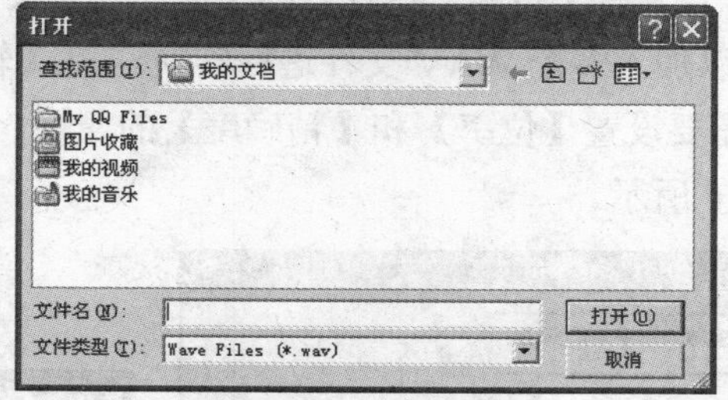

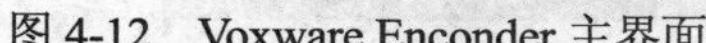

图 4-12　Voxware Enconder 主界面　　　图 4-13　【打开】对话框

单击【VOX 文件】选项组中文本框右侧的 ... 按钮，在打开的【打开】对话框中设置转换成 VOX 格式的文件名称及保存位置。

完成上述设置后单击压缩按钮进行压缩，压缩进程将以百分数形式显示。完毕后将显示压缩后文件的名称、大小、路径及时间等信息。【VCT 编辑器】也可以将 VOX 格式的文件

转换为 WAV 文件，只需单击按钮即可，使用非常方便。

2. 使用 Convert WAV to SWA 菜单命令压缩

在 Authorware 中可以通过转换声音格式来达到压缩声音的目的，如将 WAV 音频文件转换为 SWA 格式的文件。使用该方法的优点是不需要启动另外的程序，而且可以压缩立体声音频文件，弥补了【VCT 编辑器】的不足。

选择【其他】|【其他】|Convert WAV to SWA 命令，打开【转换 .WAV 文件到 .SWA 文件】对话框，如图 4-14 所示。

知识点

在【压缩设定】选项组中可以设置压缩的格式，如果选中【立体声转换为单声道】复选框，则可以将立体声转换为单声道，使音质下降，同时使文件体积大大减小。

单击【转换文件的目标文件夹】按钮，打开【选择输出：.SWA 文件的文件夹】对话框，如图 4-15 所示。

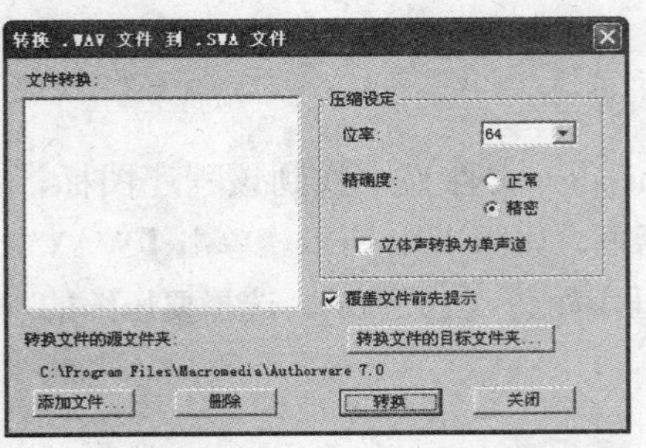

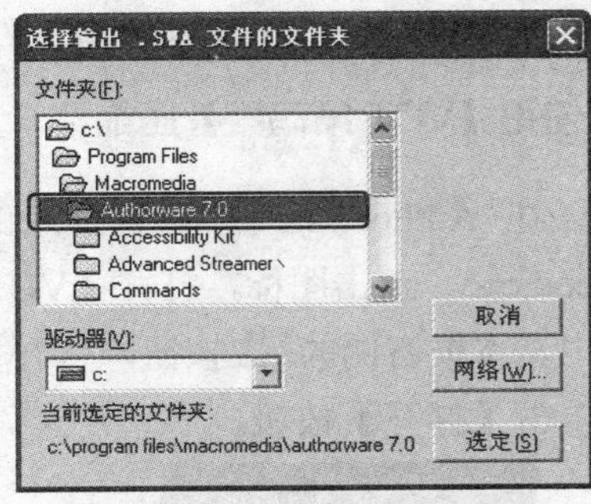

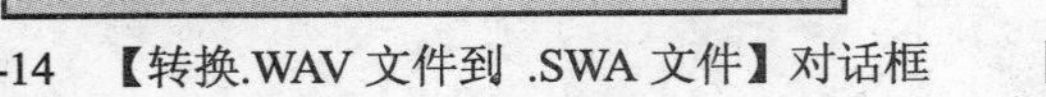
图 4-14　【转换.WAV 文件到 .SWA 文件】对话框　　图 4-15　【选择输出：.SWA 文件的文件夹】对话框

在【驱动器】下拉列表框中选择保存文件的驱动器名，在【文件夹】列表框中选择保存文件的文件夹，然后单击【选定】按钮进行保存。返回到【选择输出：.SWA 文件的文件夹】对话框，单击【添加文件】按钮，在打开的【选择要转换为.SWA 的.WAV】对话框中选择要压缩的声音文件(可以加入多个 WAV 文件进行转换)。在【转换 .WAV 文件到 .SWA 文件】对话框中还可以根据需要设置【位率】和【精确度】的属性。单击【转换】按钮进行转换，即可进行转换，如图 4-16 所示。

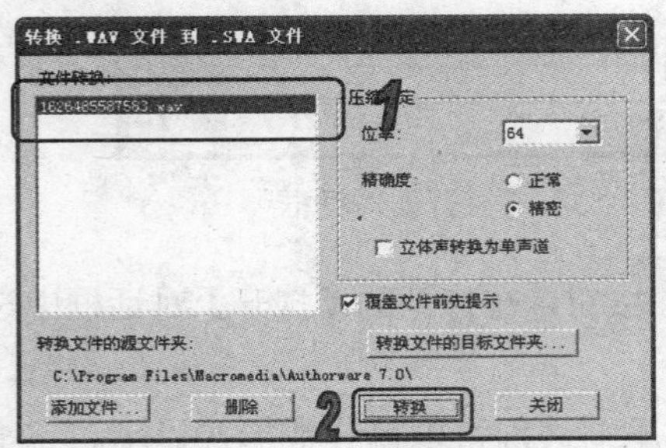

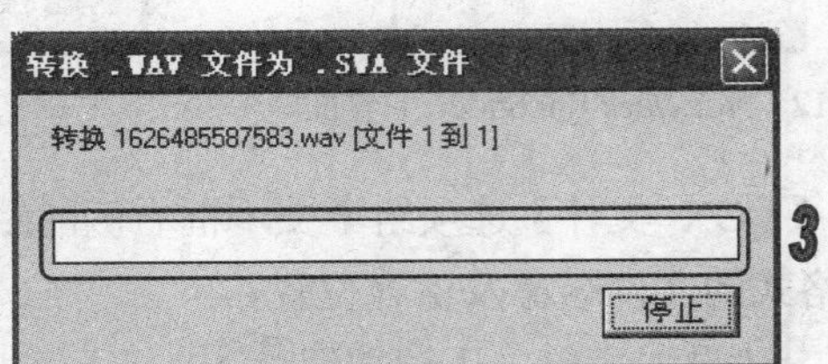

图 4-16　将 WAV 文件转换为 SWA 文件

4.2 使用【数字电影】图标

在多媒体作品中，数字化电影是一种常用的多媒体素材，它可以提供丰富的动画效果及同步音效。数字化电影的使用可以达到文字、图像等多媒体素材所不能达到的效果。利用 Authorware 7 提供的【数字电影】图标，就可以很方便地向程序中添加数字化电影。

4.2.1 数字电影类型和存储方式

在 Authorware 中可以加入的数字电影有很多，每一种均有各自独特的性质。多媒体程序中使用到的数字电影片断一般都有 2 种方式保存在 Authorware 程序中。

1. 数字电影类型

在 Authorware 中可以加入的数字电影主要有以下几种类型。

- 位图序列文件：位图序列(Bitmap Sequence)文件是由一系列数量有限且文件名顺序排列的 BMP 文件组成，Authorware 将以文件名为依据将在线文件顺序播放出来。
- Macromedia Director 影像：Macromedia Director 是制作交互式动画的工具，使用其可以制作出 Authorware 支持的三维动画。
- FLC 和 FLI 影像：由 Autodesk 公司研制而成，FLC 和 FLI 统称为 FLIC。FLI 是最初的基于 320×200 分辨率的动画文件格式，而 FLC 则采用了更高效的数据压缩技术，所以具有比 FLI 更高的压缩比，其分辨率也有了不少提高。
- MPEG 影像：MPEG 是一项用于数字影像和同步音频的技术，以外部形式存储，只有 Windows 操作系统支持。
- Video for Windows 影像：即 AVI 格式的数字电影，也是以外部形式存储。如果使用 Authorware 调用 AVI 格式文件，需要开发系统中必须同时包含支持 Video for Windows 的软件。
- Windows Media Player 影像：Windows Media Player 是捆绑于 Microsoft Windows 操作系统内部的媒体播放软件，Authorware 可以兼容 Windows Media Player 支持的所有数字电影格式。

2. 数字电影存储方式

数字电影片断有内部存储方式和外部存储方式 2 种存储方式。影响存储方式的是数字电影片断的来源格式。

内部存储方式是指数字电影片段保存在 Authorware 程序内部，这种方式的结果是程序文件本身比较大，不利于传播。但是，这种方式的数字电影可以被擦除图标擦除，并且可以设置多种擦除效果。

外部存储方式是指数字电影片段保存在 Authorware 程序之外，这种存储格式的优点是程序文件比较小，缺点是处理可能会比较繁琐。此外，还必须保证数字电影片段保存位置的始终有效，也就是说当程序执行到此处时，应保证数字电影片段保存的位置和设计时完全一致。当然，最好的办法是将所有的外部文件保存在同一个位置。

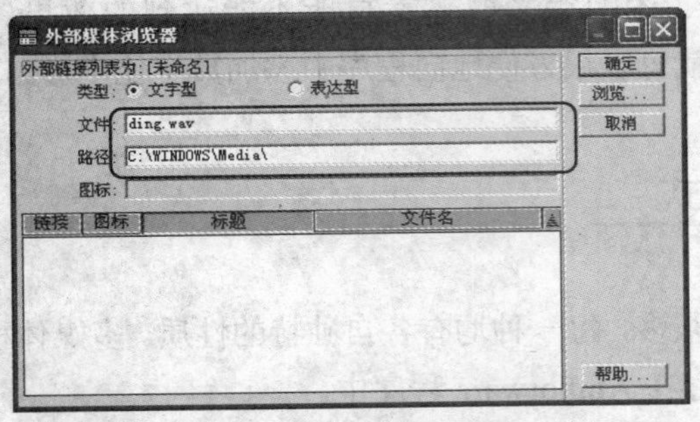

图 4-17 【外部媒体浏览器】对话框

提示

对于程序中使用的所有外部文件，均可选择【窗口】|【外部媒体浏览器】命令，在打开的如图 4-17 所示的【外部媒体浏览器】对话框进行管理。

4.2.2 导入数字电影文件

在 Authorware 7 中导入数字电影文件，可以通过【数字电影】图标直接导入，或者将数字电影文件拖放到程序设计窗口中。

【例 4-2】使用数字电影图标将数字化电影导入多媒体程序中。

(1) 新建一个文件。从【图标】面板中拖动一个【数字电影】图标到程序设计窗口中。双击图标，打开该图标的【属性】面板，如图 4-18 所示。

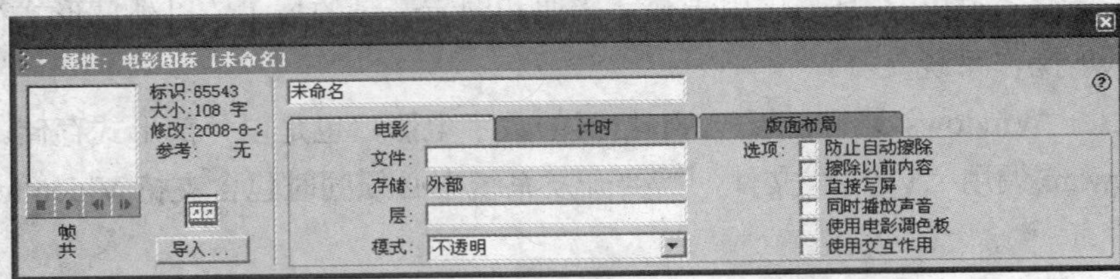

图 4-18 【数字电影】图标的【属性】面板

(2) 单击【导入】按钮，打开【导入哪个文件？】对话框，在该对话框中选择需要导入的文件，单击【导入】按钮。

(3) 返回到【数字电影】图标的【属性】面板，关闭该面板。

(4) 在工具栏中单击【运行】按钮，即可浏览插入的数字电影的运行效果。

提示

将数字电影文件直接拖入流程线的方法和将音频文件直接拖入流程线的方法相同。当将数字电影文件直接拖入流程线时，程序将自动生成一个【数字电影】图标来加载该文件。

4.2.3　设置【数字电影】图标属性

在流程线上导入了数字电影之后，就可以根据需要设置其属性了。在【数字电影】图标的【属性】面板中，用户可以方便地设置其播放属性，如执行方式、播放次数、播放速率、开始片段等。该面板中除了左侧的预览窗口外，还包含了【电影】、【计时】和【版面布局】三个选项卡。

1. 预览窗口

预览窗口中的播放控制按钮组：按钮组中的 4 个按钮功能与一般的播放按钮功能相同。其中【播放】按钮可以在演示窗口中播放已经导入的数字电影；【停止】按钮可以停止数字电影的播放；【逐帧向前】按钮可以按顺序逐帧地播放数字电影；【逐帧向后】按钮可以逐帧地倒放数字电影。

2. 【电影】选项卡

单击【数字电影】图标的【属性】面板中的【电影】标签，打开【电影】选项卡，如图 4-18 所示。在该选项卡中，各参数选项的具体作用如下。

- 【文件】文本框：显示数字电影文件的存储位置。在该文本框中可以直接输入数字电影文件的名称和存储路径，也可以通过表达式来指定外部存储类型数字电影文件的名称和存储路径。
- 【存储】文本框：显示数字电影的存储方式。同【声音】图标的类似，它包括【外部】和【内容】两种方式。
- 【层】文本框：使用数值或变量来设置数字电影的层数。数字电影也是一个显示对象，其层数决定了它与演示窗口中其他显示对象的前后关系，文本框中的数值越大，则数字电影越显示在前方。
- 【模式】下拉列表框：用于设置数字电影的覆盖显示模式，可以选择【不透明】、【遮隐】、【透明】和【反转】4 个选项。【不透明】选项，数字电影可以得到较快的播放速度，外部存储类型的数字电影只能设置为该模式；【遮隐】选项，将使数字电影显示区下方的不可见对象转换成透明颜色显示；【透明】选项，这种模式使得数字电影边沿部分的透明色起作用，而内部的黑色(或白色)内容仍然保留；当选择此模式时，Authorware 7 会花费一段时间为每一帧图像创建一个遮罩(遮罩是根据图像的内容创建的，决定图像中哪一部分是透明的)；【反转】选项，数字电影在播放时将以反色显示，而其他显示对象也能透过数字电影显示出来(但是它们的颜色也会发生变化)。
- 【防止自动擦除】复选框：选中该复选框，可以阻止其他图标所设置的自动擦除选项擦除数字电影播放区，如果要擦除该数字电影，必须使用【擦除】图标。
- 【擦除以前内容】复选框：选中该复选框，在显示当前图标内容之前，Authorware 将擦除所有前面的图标中的显示内容。

- 【直接写屏】复选框：选中该复选框，则数字电影会直接显示在演示窗口的其他显示对象之上。
- 【同时播放声音】复选框：如果一个数字电影中包含动画和声音，那么选中该选项，将在播放动画的同时播放声音。当导入的数字电影不包含声音时，该复选框不可用。
- 【使用电影调色板】复选框：选中此复选框，则将使用数字电影自带的调色板代替 Authorware 7 默认的调色板。但是该复选框不是对所有格式的数字电影都适用。
- 【使用交互作用】复选框：选中此复选框，则允许用户与具有交互作用的 Director 数字化电影通过鼠标或键盘等进行交互操作。

3.【计时】选项卡

单击【数字电影】图标的【属性】面板中的【计时】标签，打开【计时】选项卡，如图 4-19 所示。

图 4-19 【数字电影】图标的【计时】选项卡

在该选项卡中，各参数选项的具体作用如下。

- 【执行方式】下拉列表框：该列表框用来设置【数字电影】图标与其他设计图标执行过程的同步方式，共有 3 个选项。它们的意义同【声音】图标的相应选项相似，这里就不重复叙述了。
- 【播放】下拉列表框：用于控制数字电影的播放过程。
- 【速率】文本框：在该文本框中输入数值、变量或表达式可以控制数字电影的播放速度，其单位为 fps(帧/秒)。
- 【播放所有帧】复选框：选中该复选框，则 Authorware 将以尽可能快的速度播放数字电影的每一帧，但其速度不会超过【速率】文本框中设置的速度。该复选框只对内部存储类型的数字电影有效。而且选中该复选框将导致同一数字电影在不同系统中以不同的速度播放。
- 【开始帧】和【结束帧】文本框：在这两个文本框中输入数值、变量或表达式可以控制数字电影的播放范围。默认情况下，【开始帧】文本框中的值总是被设置为 1，表示从起始帧开始播放。如果在【结束帧】文本框中设置的帧的值小于【开始帧】文本框中的值，则程序运行时，数字电影将倒放。

4. 【版面布局】选项卡

单击【数字电影】图标的【属性】面板中的【版面布局】标签，打开【版面布局】选项卡，

如图 4-20 所示。该选项卡中各参数选项的意义与【显示】图标的【属性】面板中的【版面布局】选项卡相同，可以参考第 2 章中的 2.1.2 节中的内容。

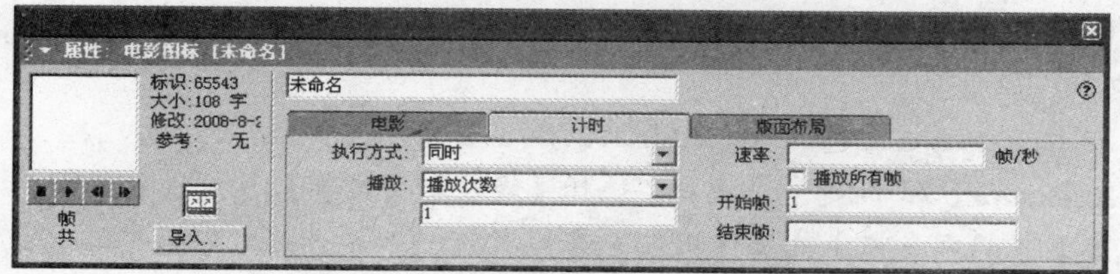

图 4-20　【数字电影】图标的【属性】面板的【版面布局】选项卡

4.2.4　使用位图序列制作数字电影

使用位图序列，用户可以方便地制作数字电影的片头。使用位图序列的原因在于：一是位图的制作比较简单，利用 Windows 的画图程序就可以实现；二是由位图序列构成的数字电影可以设置成透明模式，容易和背景画面融合到一起。

导入到【数字电影】图标中的位图序列必须是未经压缩的 8 位(256 色)位图文件，这些位图文件存储在同一文件夹下并具有连续编号的文件名(从 Name0001 到 Namennnn，文件名的前半部分相同，后半部分必须为 4 位数字)。在选择了第一个位图文件作为起始帧后，Authorware 会自动将其余的位图文件加载进来，构成一个完整的数字电影。

【例 4-3】使用位图序列，制作一段数字电影。

(1) 选择【开始】|【程序】|【附件】|【画图】命令，打开 Windows 系统自带的画图程序。

(2) 在画图程序中制作如图 4-21 所示的 4 张位图图片，保存为 8 位(即 256 色模式)的位图(尽量保证图片大小相同)，并分别命名为 pic0001.bmp、pic0002.bmp、pic0003.bmp 和 pic0004.bmp。

吸烟有害健康　　吸烟有害健康

吸烟有害健康　　吸烟有害健康

图 4-21　绘制序列位图

知识点

Authorware 7 只支持 8 位未经压缩的位图，文件名格式为*0000。其中【*】部分可以作为文件的名称，也可不要。0000 代表 4 位数字，且必须是从 0000 或 0001 开始的连续数字，如本例中的 0001、0002、0003 和 0004。

(3) 启动 Authorware 7，新建一个文件。选择【修改】|【文件】|【属性】命令，打开【属性】面板，在【大小】下拉列表框中选择【根据变量】选项。

(4) 从【图标】面板中拖动一个【显示】图标到程序设计窗口中，双击图标，打开演示窗口。选择【插入】|【图像】命令，打开【属性：图像】对话框，单击【导入】按钮，打开【导入哪个文件？】对话框，选择要导入的图像，单击【导入】按钮，然后单击【属性：图像】对话框中的【确定】按钮，插入图像，如图 4-22 所示。

(5) 拖动一个【数字电影】图标到【显示】图标的下方，双击该图标，打开【属性】面板。单击【导入】按钮，导入文件名为 pic0001.bmp 的图片。

(6) 切换到【计时】选项卡，在【播放】下拉列表框中选择【播放次数】选项，并在其下方的文本框中输入数字 2，然后在【速率】文本框中输入数字 10。

(7) 在工具栏中单击【运行】按钮，运行程序。此时演示窗口效果如图 4-23 所示。

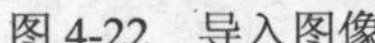
图 4-22　导入图像

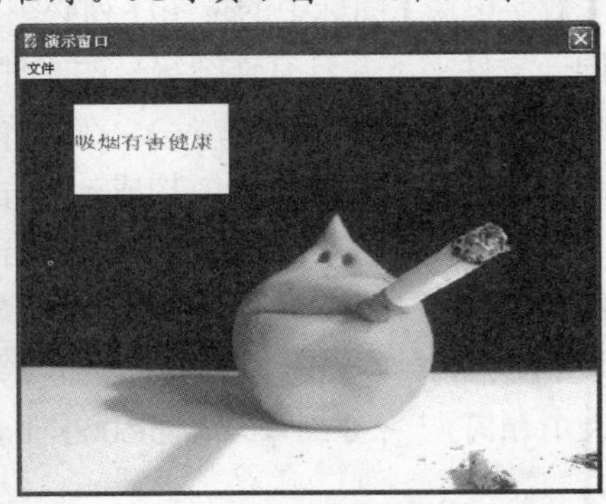

图 4-23　演示效果

4.3　使用 DVD 图标

一般而言，声音、动画和数字电影素材已经完全可以满足普通程序的需要。但是在一些大型的展示场合中，还需要使用大量的 DVD 视频信息以增加真实感。要在 Authorware 中使用 DVD 视频信息，必须满足以下 3 个条件。

- 有 DVD 光盘。
- 有与计算机相连的 DVD 光驱和显示器。
- 在系统中安装 Microsoft DirectX 8.1 或更高版本。

4.3.1　设置 DVD 图标属性

单击并拖动【图标】面板中的 DVD 图标到程序流程线上，释放鼠标，即可在流程线上添加一个 DVD 图标。双击该 DVD 图标，打开 DVD 图标的【属性】面板，如图 4-24 所示，其中【视频】选项卡中提供了主要的 DVD 电影播放控制功能。

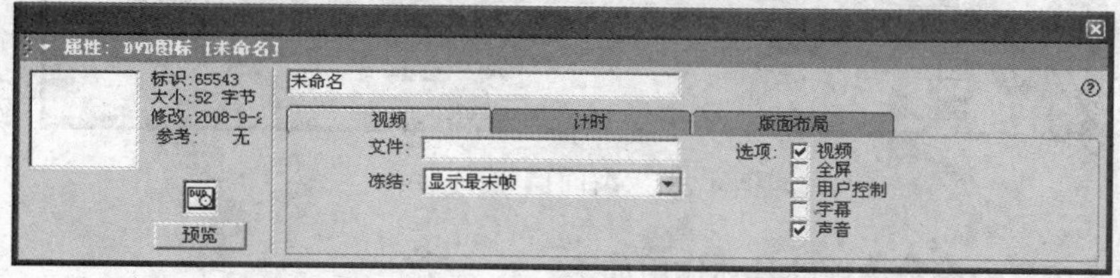

图 4-24　DVD 图标的【属性】面板

1.　【视频】选项卡

单击 DVD 图标【属性】面板上的【视频】标签，打开【视频】选项卡，如图 4-24 所示，在该选项卡中，各参数选项的具体作用如下。

- 【文件】文本框：用于设置 DVD 电影的存储路径。如果【文件】文本框保持为空，那么当程序执行到 DVD 图标时，Authorware 会依次查找每个驱动器，直到发现 VIDEO_TS 文件夹，然后打开该文件夹下的 VIDEO_TS.IFO 文件开始播放。为了避免这种搜索过程给 DVD 电影的播放带来的延迟，可以在该文本框中明确地指出 VIDEO_TS.IFO 文件的位置。例如，输入路径 D:\表示指示 Authorware 直接到 D: 驱动器的 VIDEO_TS 文件夹下打开 VIDEO_TS.IFO 文件开始播放。指定 DVD 电影路径时，确保该文件夹下存在 VIDEO_TS.IFO 文件。可以使用非默认的文件夹名称，例如 C:\Movie。如果 Authorware 在指定的路径中没有发现 DVD 电影文件，就会自动在系统中的各驱动器根目录下查找 VIDEO_TS 文件夹。
- 【冻结】下拉列表框：用于设置当 DVD 电影片段播放完毕时，是否将最后一帧画面保留在屏幕中。该下拉列表框中的 2 个选项：【显示最末帧】和【从不】，分别表示保留最后一帧和不保留电影画面。
- 【选项】选项区域：在该选项区域中，【视频】复选框用于设置是否在演示窗口中显示电影画面，如果仅需要播放 DVD 电影的声音，可以取消选中该复选框；【全屏】复选框用于设置是否以全屏幕方式播放 DVD 电影，取消选中该复选框，则 DVD 电影在演示窗口中进行播放；【用户控制】复选框用于设置是否提供播放控制器；【字幕】复选框用于设置是否显示 DVD 电影字幕；【声音】复选框用于设置是否播放 DVD 电影中的声音。

2. 【计时】选项卡

单击 DVD 图标【属性】面板上的【计时】标签，打开【计时】选项卡，该选项卡主要用于控制 DVD 电影的同步播放方式和播放区间，如图 4-25 所示。

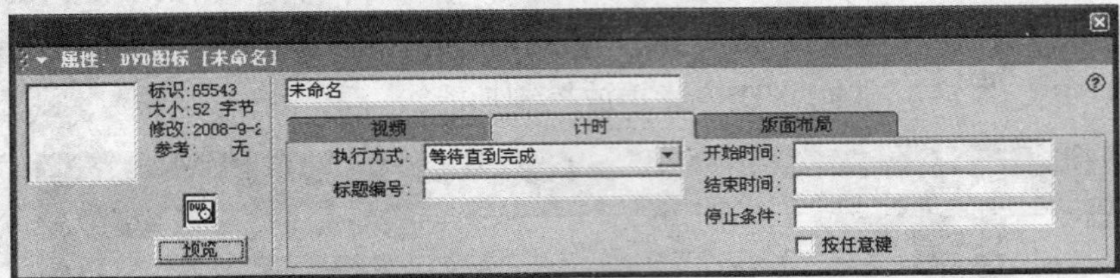

图 4-25 【计时】选项卡

在该选项卡中，各参数选项的具体作用如下。

- 【执行方式】下拉列表框：用于设置 DVD 电影的播放过程是否与程序中其他图标的执行过程同步，其中的选项与前面介绍的【数字电影】图标中相应选项的用法相同。
- 【标题编号】文本框：用于设置播放的标题号。DVD 电影以标题和章节的方式组织内容，一部 DVD 电影最多可以分为 99 个标题，而一个标题中最多可以包含 999 个章节。设置标题编号后，在 DVD 图标的【属性】面板中单击【预览】按钮，就可以直接预览指定标题下的内容。
- 【开始时间】文本框：用于设置 DVD 电影的播放起点时间，以分钟为单位。
- 【结束时间】文本框：用于设置 DVD 电影的播放终点时间，以分钟为单位。
- 【停止条件】文本框：用于设置结束 DVD 电影播放的条件。
- 【按任意键】复选框：用于设置在用户按下键盘中的任意键时，终止 DVD 电影的播放。

3. 【版面布局】选项卡

单击 DVD 图标【属性】面板上的【版面布局】标签，打开【版面布局】选项卡，如图 4-26 所示。该选项卡用于控制 DVD 电影播放窗口的位置和大小。默认情况下，DVD 电影的画面将占据整个演示窗口。如果在播放 DVD 电影的同时还需要安排其他显示内容，就可以在【版面布局】选项卡中改变 DVD 电影播放窗口的左上角坐标和窗口大小。

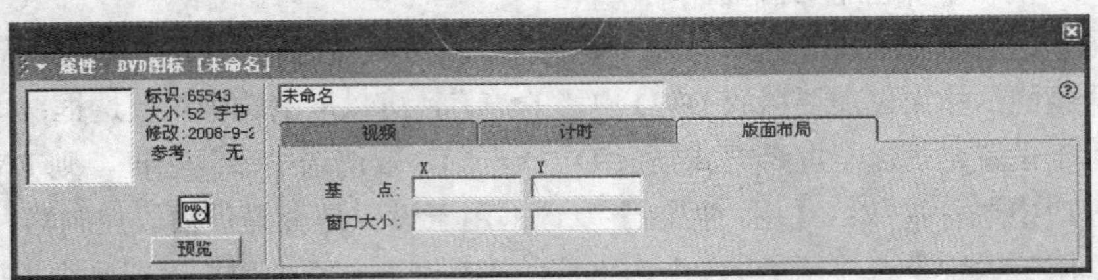

图 4-26 【版面布局】选项卡

在该选项卡中，各参数选项的具体作用如下。

- 【基点】文本框：用于设置 DVD 电影播放窗口的左上角坐标。X 代表播放窗口左上角横坐标，Y 代表播放窗口左上角纵坐标，可以通过数值或数值型表达式进行设置。
- 【窗口大小】文本框：用于设置 DVD 电影播放窗口的大小。X 代表播放窗口的宽度，Y 代表播放窗口的高度，可以通过数值或数值型表达式进行设置。

4.3.2　在程序中使用 DVD 图标

在使用 DVD 图标之前，需要正确安装 DVD 视频播放设备和相应的驱动程序。安装完成并经过调试无误，就可以在 Authorware 程序中使用 DVD 图标向程序中导入 DVD 视频。首先正确安装 DVD 视频播放设备和相应的驱动程序，并进行调试。

从【图标】面板中拖动 DVD 图标到程序流程线上适当的位置。双击 DVD 图标，打开演示窗口和该图标的【属性】面板。接着根据播放需要在属性面板中设置相应选项。完成设置后，单击 DVD 图标【属性】面板中的【预览】按钮，在演示窗口中预览 DVD 视频的播放。最后，如果对播放效果满意，单击【运行】按钮，即可观看视频的播放，如图 4-27 所示。

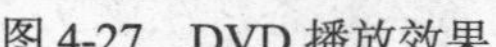

图 4-27　DVD 播放效果

> **提示**
>
> DVD 图标可以被【擦除】图标擦除，但是不能通过在演示窗口中单击 DVD 电影画面的方法选择擦除对象，只能在设计窗口中拖放操作，即将 DVD 图标拖放到【擦除】图标之上才能进行擦除。同一时刻程序中只能播放一部 DVD 电影。

对窗口大小进行设置之后，单击【预览】按钮可以预览到以小窗口方式播放 DVD 电影的效果，因为播放窗口的宽度和高度比例恰当(即符合 DVD 电影画面的原始比例)，所以可以避免画面四周出现黑色边框。

4.4　使用 GIF 动画和 Flash 动画

GIF 动画是目前网页中较为流行的动画格式，在使用 Authorware 7 进行多媒体程序创作时，也可以使用这种格式的动画。Flash 系列产品是现在最流行的矢量动画制作软件，它和 Authorware 都是 Macromedia 公司的优秀产品。Authorware 从 5.2 版开始就能很好地支持 Flash 的 SWF 和 SWT 文件格式，这两种格式的动画文件具有数据量小、图像质量高，可以实现无限

放大而不会降低图像质量的特点。此外，Flash 动画还可以包含交互图标，并引入图像和声音等更多的媒体形式，

正是基于这样的优秀特性，Flash 动画在网页制作和多媒体技术领域得到了广泛应用。

4.4.1 导入 GIF 动画

选择【插入】|【媒体】|Animated…命令，打开【Animated GIF Asset 属性】对话框，如图 4-28 所示。

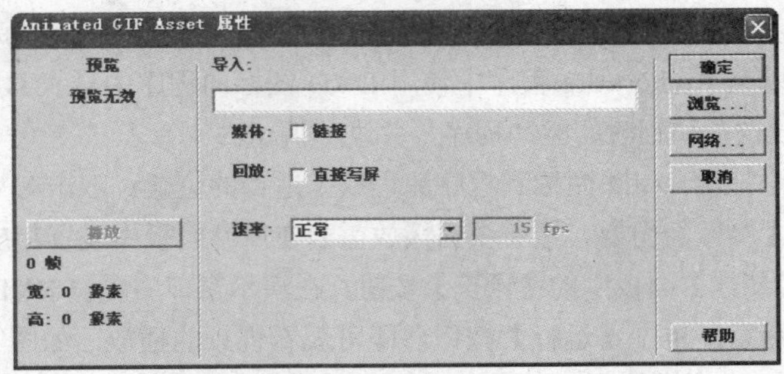

图 4-28 【Animated GIF Asset 属性】面板

在【Animated GIF Asset 属性】对话框中，各选项参数的具体作用如下。

- 【媒体】选项：选择该选项右侧的【链接】复选框，则导入的 GIF 动画将连接到打包后的文件中。
- 【回放】选项：选择该选项右侧的【直接写屏】复选框，则导入的 GIF 动画将始终显示在窗口的最前端。
- 【速率】下拉列表框：该下拉列表框用来设置 GIF 动画的播放速度，可以选择【正常】、【固定】、【锁步】3 个选项。选择【正常】选项，则导入的 GIF 动画将以原始速率播放；选择【固定】选项，则其右侧的文本框将变为可输入状态，在该文本框中输入数值即可设置导入的 GIF 动画的播放速率；选择【锁步】选项，则导入的 GIF 动画的播放速率和文件的整体播放速率相同。
- 【浏览】按钮：单击该按钮将打开【打开 Animated GIF 文件】对话框，在该对话框中选择要导入的 GIF 文件，然后单击【确定】按钮。
- 【网络】按钮：单击该按钮系统将打开如图 4-29 所示的 Open URL 对话框。在该对话框中输入要导入的 GIF 动画的 URL 地址，即可从 Internet 上直接加载 GIF 动画。

图 4-29 Open URL 对话框

4.4.2 设置 GIF 动画属性

在 Authorware 中导入 GIF 动画后，双击程序设计窗口中的图标，打开【属性】面板，如图 4-30 所示。

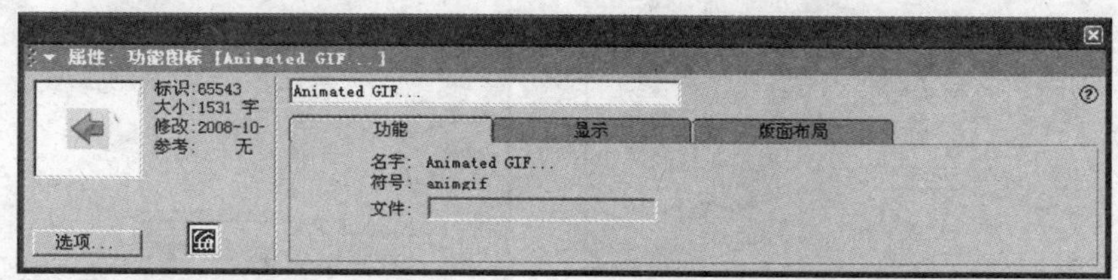

图 4-30　GIF 动画的【属性】面板

该面板中，各选项参数的具体作用如下。

- 预览窗口：该窗口位于面板的左侧，显示了导入的 GIF 动画的信息。单击其中的【选项】按钮，将打开 Animated GIF Asset【属性】面板，在该面板中可以对导入的 GIF 动画进行设置，或者重新导入新的 GIF 动画。
- 【功能】选项卡：该选项卡中包含 3 个选项，分别显示导入 GIF 动画的名称、格式。
- 【显示】选项卡：该选项卡的【属性】面板中的各选项参数的含义和前面介绍的其他图标【属性】面板中的各相应选项相同。
- 【版面布局】选项卡：该选项卡的【属性】面板中的各选项参数的含义与其他图标相同。

4.4.3 加载 Flash 动画

Flash 系列产品是现在最流行的矢量动画制作软件，它和 Authorware 都是 Macromedia 公司的优秀产品。Authorware 从 5.2 版开始就能很好地支持 Flash 的 SWF 和 SWT 文件格式，这两种格式的动画文件具有数据量小、图像质量高，可以实现无限放大而不会降低图像质量的特点。此外，Flash 动画还可以包含交互图标，并引入图像和声音等更多的媒体形式。正是基于这样的优秀特性，Flash 动画在网页制作和多媒体技术领域得到了广泛应用。

1. 导入 Flash 动画

在 Authorware 程序中加载动画的方法很多，有直接导入法、利用控件导入和通过模板或知识对象导入。使用后面 2 种方法时，可以不受 Authorware 的版本限制。由于后面 2 种方法相对直接导入的方法来说比较复杂(要将 Flash 中的变量传递给 Authorware，就要使用 Shockwave Flash Object Active 控件)，所以在这里不作详细描述，仅以直接导入法为例进行讲解。

在设计流程线上选择合适位置，选择【插入】|【媒体】| Flash Movie 命令，打开【Flash Asset 属性】对话框，同时在程序设计窗口中会自动添加一个 Flash 动画图标，如图 4-31 所示。

单击【Flash Asset 属性】对话框上的【浏览】按钮，打开【打开 Shockwave Flash 影片】对话框，如图 4-32 所示，选择要导入的 Flash 动画文件，单击【打开】按钮。

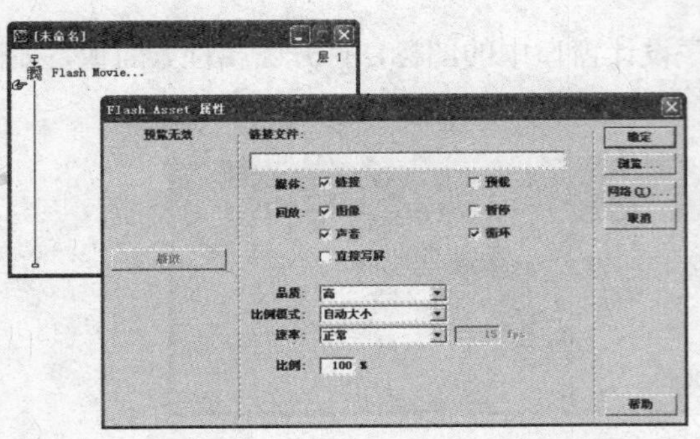

图 4-31 【Flash Asset 属性】对话框和 Flash 动画图标

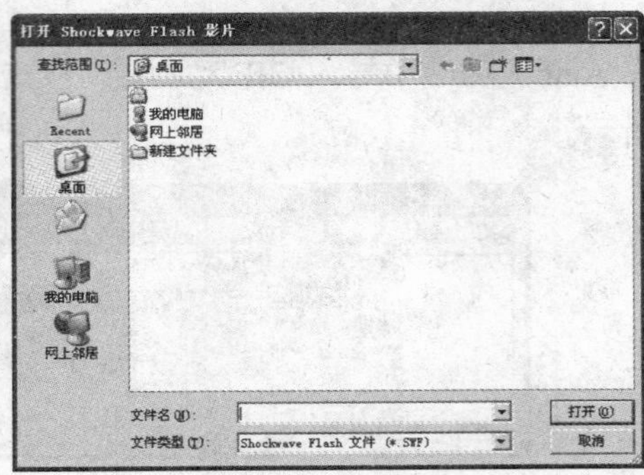

图 4-32 【打开 Shockwave Flash 影片】对话框

返回【Flash Asset 属性】对话框，该对话框中显示要打开的 Flash 动画文件的信息。例如，在对话框的左下方显示所打开的动画的总帧数、播放速度、幅面大小和容量大小等信息，如图 4-33 所示。单击【确定】按钮，完成 Flash 文件的导入。单击【运行】按钮，即可在演示窗口中播放导入的 Flash 动画文件，如图 4-34 所示。

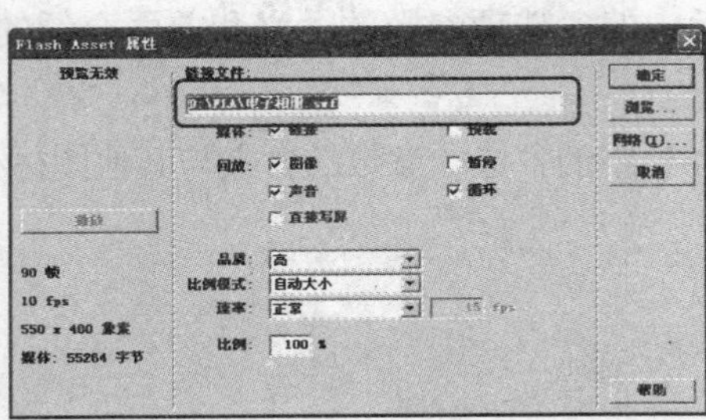

图 4-33 显示 Flash 动画文件信息

图 4-34 在演示窗口中播放动画

2. Flash 动画的属性设置

设置 Flash 动画属性主要是在【Flash Asset 属性】对话框完成的。在该对话框的【媒体】选项区域中，选中【链接】复选框，Flash 动画将以外部文件的形式链接到程序中，否则将会被保存在程序内部。选中【预载】复选框，只有将 Flash 动画全部装载到内存中才可以播放。如果没有选中该复选框，则边载入边播放。

在【回放】选项区域中，各参数选项的具体作用如下。

- 【图像】复选框：选中该复选框时，Flash 动画和其他图片对象同时显示在演示窗口中。
- 【暂停】复选框：选中该复选框后，当程序执行到 Flash 动画图标时，播放完 Flash 动画的第一帧后即暂停，只有通过系统函数 CallSprite(@"IconTitle,#Play")才能继续播放它。默认不选中该复选框，表示可以直接播放。

- ◉ 【声音】复选框：选中该复选框时，表明允许播放 Flash 动画和声音，否则 Flash 动画中的声音元素将被禁止播放。
- ◉ 【循环】复选框：选中该复选框时，表明 Flash 动画可以循环播放。
- ◉ 【直接写屏】复选框：选中该复选框时，系统将以直接写屏的方式来显示动画的播放，作用在于加快 Flash 动画的显示速度。(此时该 Flash 动画始终以【透明】模式显示在屏幕的顶层。如果屏幕上有多个以【直接写屏】方式播放的 Flash 动画，且位置重叠，它们之间会相互影响。)

在【品质】下拉列表框中有 4 个选项，各选项的具体作用如下。

- ◉ 【自动-高】选项：表示 Flash 动画播放时打开【防锯齿方式】功能。如果播放速度低于限定速度，【防锯齿方式】功能将自动关闭。
- ◉ 【自动-低】选项：表示 Flash 动画播放时关闭【防锯齿方式】功能。如果计算机的性能能够满足程序运行的要求，即播放速度可以达到限定速度，则【防锯齿方式】功能将自动打开。
- ◉ 【高】选项：表示总是以【防锯齿方式】播放 Flash 动画。
- ◉ 【低】选项：表示总是不以【防锯齿方式】播放 Flash 动画。

【比例模式】下拉列表框用于设置 Flash 动画在演示窗口中播放时的大小，各选项的具体作用如下。

- ◉ 【显示全部】选项表示用背景色填充空隙。
- ◉ 【无边界】选项表示剪裁空隙。
- ◉ 【自动大小】表示使用默认大小。
- ◉ 【精确适配】选项表示根据 Flash 动画的大小进行缩放，确保不出现多余空间但不保持原窗口长宽比。
- ◉ 【无比例】选项表示系统维持原窗口比例大小，而不受【比例】文本框中值的影响。

【比例】文本框用于设置画面相对于演示窗口的大小(默认为 640×480)。

4.5　上机练习

音频和视频是一个优秀的多媒体程序不可或缺的重要素材。通过一章的学习，对如何在 Authorware 中导入音频和视频有了一定的了解，并对它们的属性设置方法有了初步认识。本章上机练习将介绍在程序中设置和声音同步的字幕滚动，插入 Flash 动画并制作数字电影。对于本章中的其他内容，例如数字电影等制作方法，可以根据相应章节进行练习。

4.5.1　制作产品介绍程序

新建一个文件，插入图像、文本和声音，设置和声音同步的字幕滚动。

(1) 新建一个文件，选择【修改】|【文件】|【属性】命令，在打开的【属性】面板的【大小】下拉列表框中选择【根据变量】选项。

(2) 从【图标】面板中拖动一个【显示】图标和一个【声音】图标到程序设计窗口中，并重新命名，如图 4-35 所示。

(3) 拖动一个【群组】图标到【朗诵】声音图标的右侧，将其命名为【介绍信息】，此时程序流程线效果如图 4-36 所示。

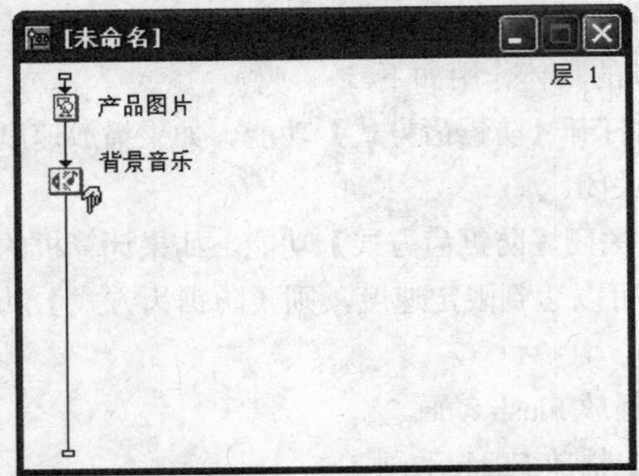

图 4-35 添加图标并命名

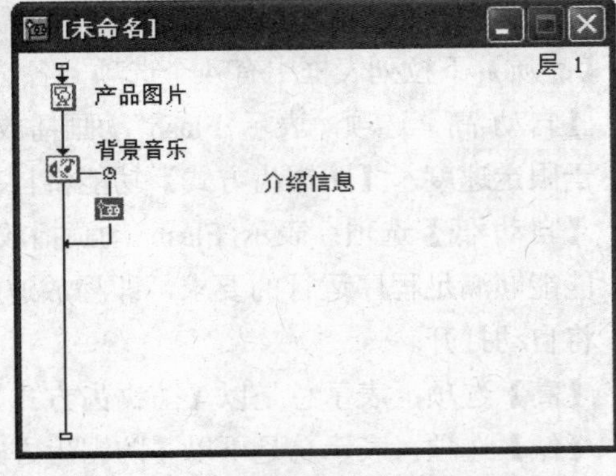

图 4-36 添加【群组】图标

(4) 双击【群组】图标，拖动一个【显示】图标和一个【移动】图标到程序设计窗口中，重命名图标，如图 4-37 所示。

(5) 双击【产品图片】显示图标，打开演示窗口。在演示窗口中导入一个产品图片，并将演示窗口调整到同图片合适的大小，如图 4-38 所示。

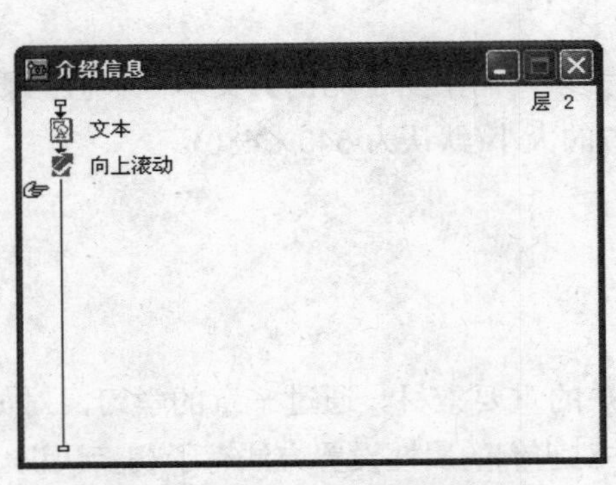

图 4-37 【群组】图标程序设计窗口

图 4-38 导入图片

(6) 双击【背景音乐】声音图标，打开【属性】面板。单击【导入】按钮，打开【导入哪个文件？】对话框，选择要导入的声音文件，如图 4-39 所示，单击【导入】按钮，系统会显示导入进度条，如图 4-40 所示，即可导入音频文件到 Authorware 中。

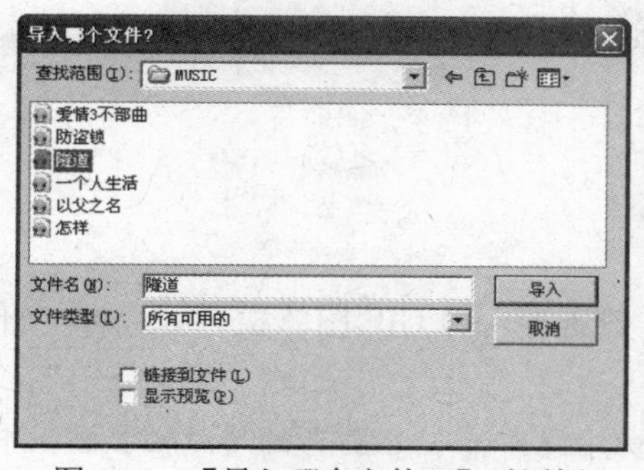

图 4-39　【导入哪个文件？】对话框

图 4-40　导入进度条

(7) 单击【声音】图标的【属性】面板上的【计时】标签，打开【计时】选项卡，在【执行方式】下拉列表框中选择【同时】选项。

(8) 双击【文本】显示图标，打开演示窗口。在该窗口中输入文本内容，将文本内容拖动到窗口下方，设置合适的字体颜色、字体大小并移至合适位置，如图 4-41 所示。

(9) 双击【向上滚动】移动图标，打开【属性】面板。在【类型】下拉列表框中选择【指向固定点】选项，在演示窗口中单击输入的文字，将其作为移动对象。然后在【定时】下拉列表框中选择【时间】选项，并在下方的文本框中输入数值 30，如图 4-42 所示。

图 4-41　输入文本内容

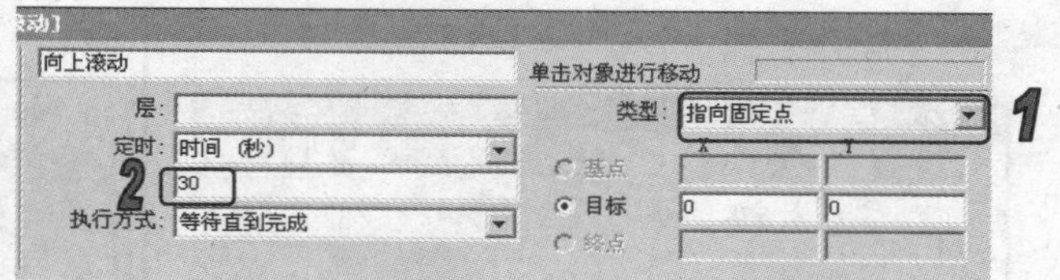

图 4-42　设置【属性】面板

(10) 按住 Shift 键，拖动文字到演示窗口的上方，以创建文字在窗口中的移动路径。

(11) 单击演示窗口中的【运行】按钮，运行程序。可以看到演示窗口中的文字缓缓向上移动，同时与文字对应的声音也将响起，如图 4-43 所示。

图 4-43　运行程序效果

(12) 选择【文件】|【另存为】命令，保存文件。

4.5.2 制作电子相册

新建一个文件，导入 GIF 和 Flash 动画文件，设置导入的 GIF 图像和 Flash 动画文件的属性，制作电子相册程序。

(1) 新建一个文件，选择【修改】|【文件】|【属性】命令，在打开的【属性】面板中的【大小】下拉列表框中选择【根据变量】选项。

(2) 选择【插入】|【媒体】|Flash Movie 命令，打开【Flash Asset 属性】对话框。在程序设计窗口中会自动添加一个 Flash 动画图标。

(3) 单击【Flash Asset 属性】对话框上的【浏览】按钮，打开【打开 Shockwave Flash 影片】对话框，选择要导入的 Flash 动画文件。单击【打开】按钮，关闭该对话框。

(4) 返回【Flash Asset 属性】对话框，在【品质】下拉列表中选择【自动－高】选项，在【速率】列表中选择【固定】选项，然后在右侧的文本框中输入数值 12，如图 4-44 所示，单击【确定】按钮，插入 Flash 动画。

(5) 单击演示窗口中的【运行】按钮，可以打开演示窗口，显示 Flash 动画，调整演示窗口大小，如图 4-45 所示。

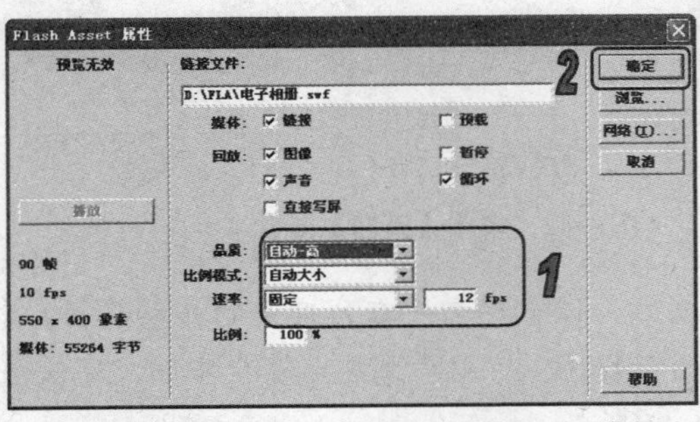

图 4-44 设置【Flash Asset 属性】对话框

图 4-45 调整演示窗口大小

(6) 选择【插入】|【媒体】|Animate 命令，打开【Animated GIF Asset 属性】对话框。单击【浏览】按钮，打开【打开 Animated GIF 文件】对话框，选择要插入的 GIF 动画，单击【打开】按钮。

(7) 返回【Animated GIF Asset 属性】对话框，在【速率】下拉列表中选择【固定】选项，然后在右侧的文本框中输入数值 12，如图 4-46 所示，单击【确定】按钮，插入 GIF 动画。

(8) 双击 Animated GIF...图标，在演示窗口中调整 GIF 动画合适位置，如图 4-47 所示。

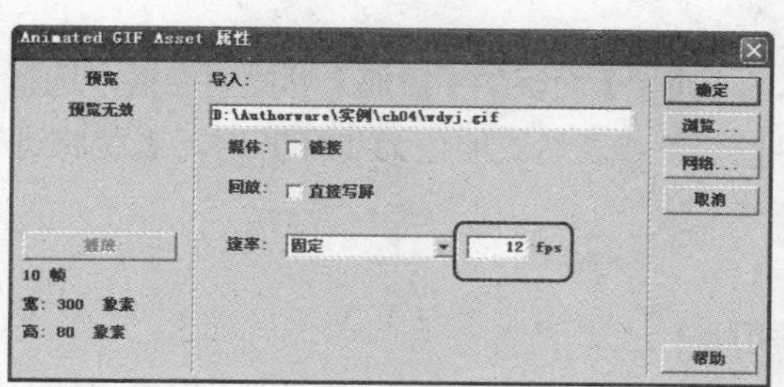

图 4-46 设置【Animated GIF Asset 属性】对话框

图 4-47 调整 GIF 动画位置

(9) 单击演示窗口中的【运行】按钮，运行程序，如图 4-48 所示。

图 4-48 程序运行效果

(10) 选择【文件】|【另存为】命令，保存文件。

4.6 习题

1. 在 Authorware 文件中播放声音，需要哪些条件？

2. 为了能够更好地控制媒体的执行，Authorware 提供了能允许在【声音】图标或【数字电影】图标的右侧添加其他类型的图标(如显示图标等)的功能是什么？

3. 由一系列有限数量且文件名顺序排列的 BMP 文件组成是什么？

4. 设置声音属性时，如果在【声音】图标的【属性】面板中的【播放】下拉列表框中选择【直到为真】选项，可以达到哪种效果？

5. 简述 Authorware 的媒体同步功能。

6. 在使用位图序列制作数字电影时，所制作的位图的颜色数应是多少？

7. 在【数字电影】图标的【属性】面板中，【电影】选项卡中的【模式】下拉列表框用于设置该电影文件播放区与其覆盖住的显示对象之间的重叠效果。这些模式不是对所有格式的数字电影都有效，对哪种格式文件无效？

8. 设置声音属性时，如果在【声音】图标的【属性】面板的【播放】下拉列表框中选择【直到为真】选项，那么当其下方文本框中的逻辑型变量或表达式的值为 TRUE 时，系统将进行哪项操作？

9. 阐述数字电影的概念。

10. 【声音】图标中【速率】文本框的作用是什么？

11. 创建如图 4-49 所示的程序，设置交互图标的交互响应类型为热区域。将热区域范围设置为导入的 GIF 动画的大小，程序运行时，当鼠标指针指向该动画时将变为手形指针，如图 4-50 所示。单击该响应之后，程序将执行【详细信息】群组图标中的内容。

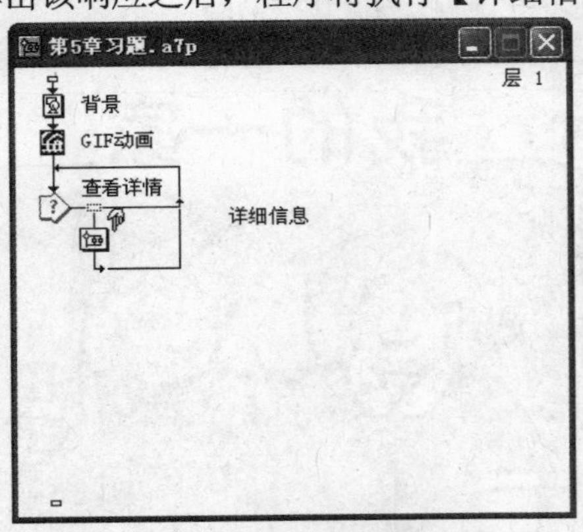

图 4-49　程序流程线

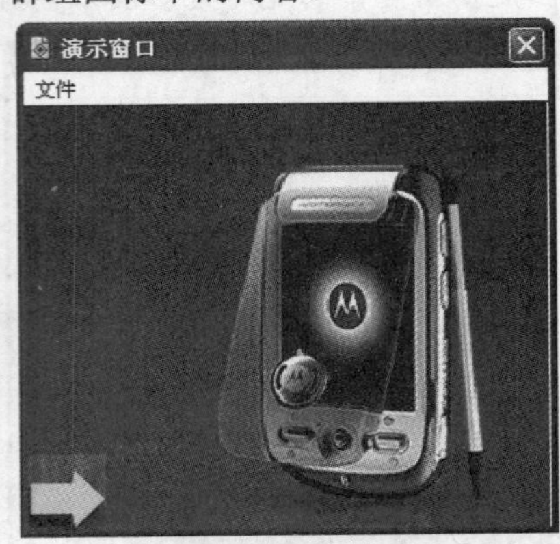

图 4-50　运行程序时的效果

12. 制作一段程序，实现一边欣赏散文一边播放背景音乐，同时为散文设置具有诗意的背景图片。程序流程图如图 4-51 所示，效果如图 4-52 所示。

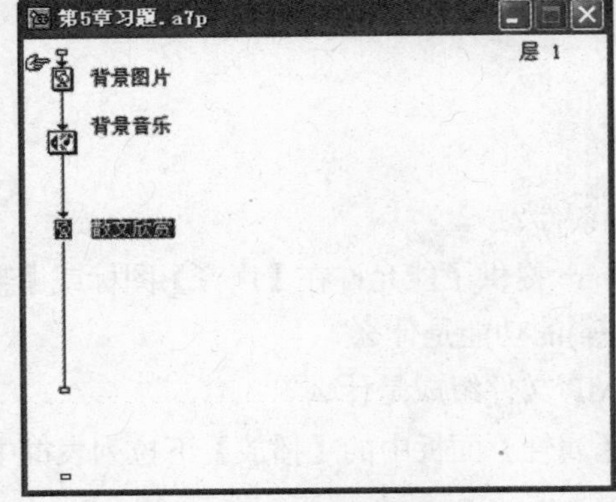

图 4-51　程序设计窗口

图 4-52　演示效果

第5章 使用和控制素材

学习目标

素材是课件的基础，是课件的组成元素。无论多么优秀的设计方案，如果没有素材来表达，那只能是空中楼阁。同样，没有很好的设计方案来组织素材，那各种素材也只能是一盘散沙。使用 Authorware 7 提供的【擦除】图标和【等待】图标可以为多媒体程序设置一些特殊的显示效果，而使用【群组】图标则可以使程序看上去更为清晰、更有条理。本章主要介绍了通过对素材合理的使用和控制，可以制作出各种特效，实现丰富多彩的动画效果。

本章重点

- 设置显示对象的过渡效果
- 应用【擦除】图标
- 应用【等待】图标
- 设计图标的操作

5.1 设置显示对象的过渡效果

为了达到特殊的效果，增强多媒体程序的吸引力，Authorware 为对象的显示和擦除提供了众多的显示效果。

在多媒体程序中，有大量的文本、图形、图像等对象需要显示，Authorware 为这些对象的显示提供了大量的过渡效果。

从【图标】面板中拖动一个【显示】图标到程序设计窗口中，打开【属性】面板，如图 5-1 所示。

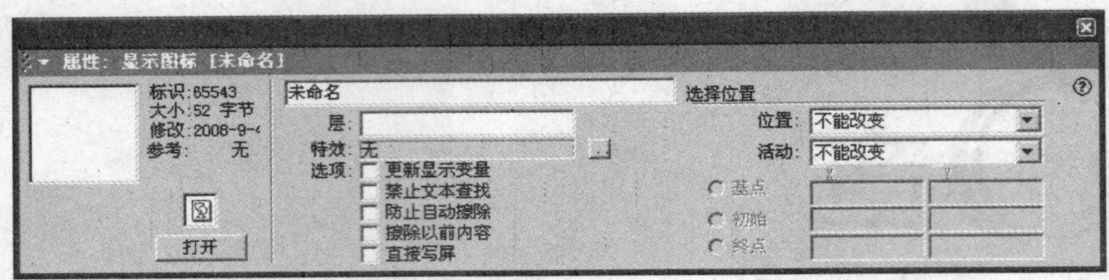

图 5-1 【属性】面板

可以在【特效】文本框中设置显示对象的过渡效果，这是在演示窗口中以渐变方式显示对象的一种方法。不设置过渡效果，【显示】图标中的内容会直接出现在演示窗口中。而设置过渡效果，可以让【显示】图标在一定时间内逐渐地显现出来，不仅使画面效果更加生动，增加了作品的整体美感，也极大地丰富了多媒体程序的表现力。此外，设置过渡效果的另一个优点是可以帮助设计者有效地控制多媒体作品的播放节奏和速度。

提示

在 Authorware 中，同一个【显示】图标中的所有对象只能应用一种过渡效果。

【例 5-1】设置【显示】图标中的对象的过渡效果。

(1) 新建一个文件，拖动 2 个【显示】图标到程序设计窗口中，分别命名为【图片】和【文本】，如图 5-2 所示。

(2) 双击【图片】显示图标，打开演示窗口，导入一幅图片，调整图片到合适大小，如图 5-3 所示。

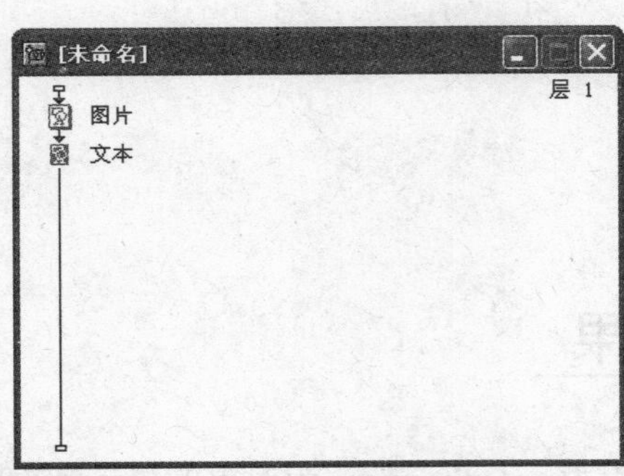

图 5-2 添加图标

图 5-3 导入图像

(3) 按住 Ctrl 键并双击演示窗口中的图片对象，打开【显示】图标的【属性】面板。单击【特效】文本框右侧的按钮，或者选择【修改】|【图标】|【过渡效果】命令，打开【特效方式】对话框。

(4) 在【特效方式】对话框的【分类】列表框中选择【内部】选项，在【特效】列表框中选择【逐次涂层方式】过渡效果，如图 5-4 所示，单击【应用】按钮，可在演示窗口中预览过渡效果，如图 5-5 所示。

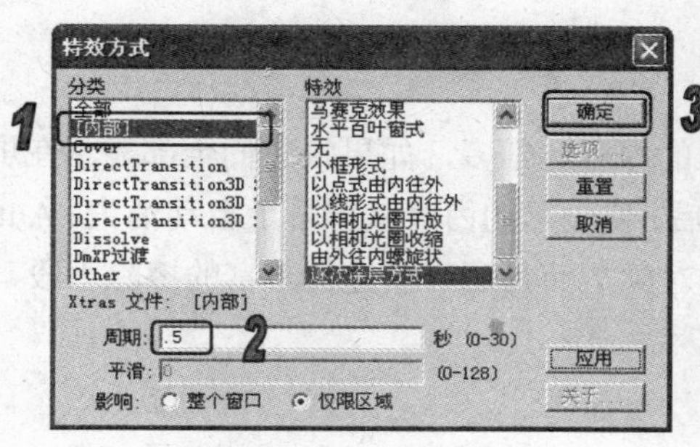

图 5-4　【特效方式】对话框

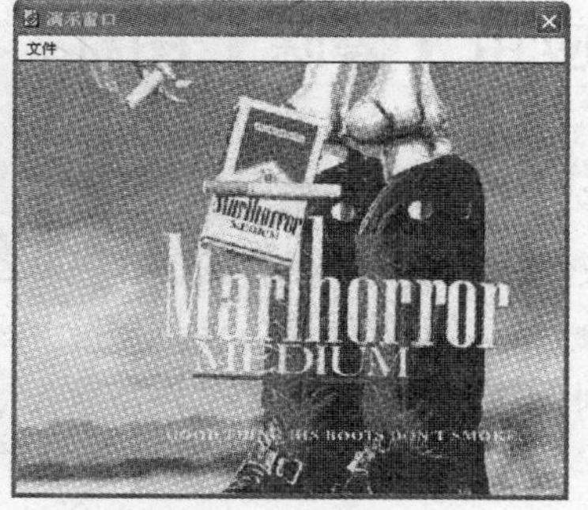

图 5-5　预览过渡效果

提示

在【特效方式】对话框中，【周期】文本框用于输入过渡效果持续的时间，单位是秒；【平滑】文本框用于输入过渡效果的精细度；【影响】选项区域中，选择【整个窗口】单选按钮，则过渡效果将影响整个窗口，选择【仅限区域】单选按钮，则过渡效果只影响窗口中改变的区域。

(5) 双击【文本】显示图标，打开演示窗口，输入文本内容“关爱生命，减少吸烟”，设置文本合适属性并移至合适位置。

(6) 选中文本，单击【工具】栏上的【模式】按钮，在弹出的菜单中选中【透明】模式。

(7) 参照步骤(3)~步骤(4)，设置文本对象为【逐次涂层方式】过渡效果。

(8) 单击【运行】按钮，程序运行效果如图 5-6 所示。

图 5-6　设置特效后的运行效果

在 Authorware 中，【内部】类型中的过渡效果是最常用的，如果要选择【内部】类型以外的过渡效果，那么在程序发布打包时要带上包含该类型过渡效果的 Xtras 文件，关于这一点将在后面详细介绍。过渡效果的种类有很多，显示效果也非常丰富，有些还伴有声音效果，可以自行练习其他过渡效果的设置。

提示

如果一个【显示】图标中包含有多个对象，设置图标的特效将同时应用于该图标中的所有对象。要为多个对象分别设置不同的特效，就要将这些对象分别放置在不同的【显示】图标中。

5.2 应用【擦除】图标

在一个多媒体程序中，需要显示在屏幕上的内容非常多，如果将它们全部显示在屏幕上，那么将会造成混乱。这时就要求在显示结束之后，使显示的内容从屏幕上自动消失。Authorware 提供的【擦除】图标不仅能够方便地擦除显示对象，而且还可以提供丰富的擦除手段，已成为多媒体程序制作过程中必须使用的图标。

5.2.1 设置【擦除】图标属性

在系统默认情况下运行多媒体程序时，多个【显示】图标中的内容将同时显示在演示窗口中，这时就需要及时将上一个图标中的内容擦除掉，要擦除这些内容，可以使用【擦除】图标。

从【图标】面板中拖动一个【擦除】图标到程序流程线上，双击图标，打开【属性】面板，如图 5-7 所示，在该对话框中，可以对【擦除】图标的属性进行设置。

图 5-7　【擦除】图标的【属性】面板

在【擦除】图标的【属性】面板中，各参数选项的具体作用如下。

- 【特效】文本框：用于设置擦除过渡方式，其功能与【显示】图标的过渡方式类似。
- 【防止重叠部分消失】复选框：防止擦除和显示进行交叉。由于【显示】图标既可设置显示的过渡方式，又可设置擦除的过渡方式，因此该复选框的作用就是处理这些效果之间的关系。如果选中该复选框，则在显示下一图标内容之前将选定的图标内容完全擦除；如果取消选中该复选框，则在擦除当前图标内容的同时显示下一图标的内容。
- 【列】单选按钮组：该单选按钮组中包括【被擦除的图标】单选按钮和【不擦除的图标】单选按钮。如果选中【被擦除的图标】单选按钮，则包含在图标列表中的图标内容将被擦除；如果选择【不擦除的图标】单选按钮，则未包含在图标列表中的图标内容将被擦除。
- 图标列表：单击演示窗口中要擦除或要保留的对象，该对象所属的图标就被加入到该列表中。
- 【删除】按钮：单击该按钮，可将图标列表框中选定的图标从列表中删除。
- 【预览】按钮：单击该按钮，可以预览设置完毕的擦除效果。

提示

如果在【显示】图标之后直接使用【擦除】图标，对象在显示之后就会被擦除，可能无法看清【显示】图标中的内容。常用的解决方法是在【显示】图标与【擦除】图标之间添加【等待】图标，将显示对象与【擦除】图标分隔开。

5.2.2　设置擦除效果

在理解了【擦除】图标的基本属性后，就可以使用它来实现擦除效果了。下面通过一个实例，介绍设置擦除效果的方法。

【例 5-2】新建一个文件，设置擦除效果。

(1) 新建一个文件，选择【修改】|【文件】|【属性】命令，打开【属性】面板，在该面板中设置演示窗口的背景色为【蓝色】。

(2) 从图标面板中拖动 1 个【擦除】图标和 2 个【显示】图标到程序设计窗口中，分别重命名图标，如图 5-8 所示。

(3) 双击【封面】显示图标，打开演示窗口，导入一副图像到演示窗口中，调整图像大小，如图 5-9 所示。

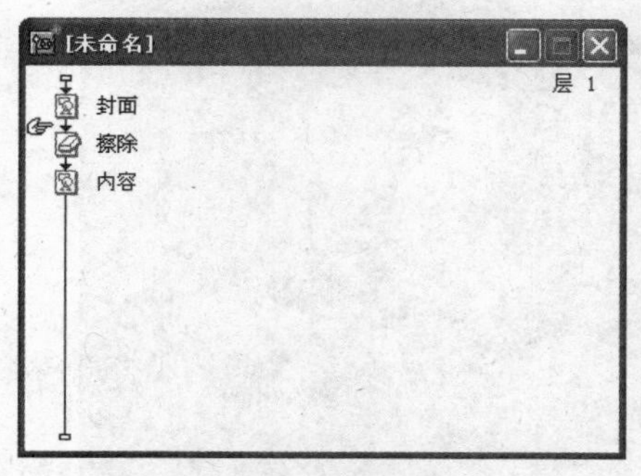

图 5-8　添加图标

图 5-9　导入图像

(4) 双击【内容】显示图标，在演示窗口，输入文本内容，并设置文本内容合适属性，然后设置文本的背景色为黄色，如图 5-10 所示。

(5) 双击【封面】显示图标，使该图标中的内容显示在演示窗口中。双击【擦除】擦除图标，打开【擦除】图标的【属性】面板。

(6) 在演示窗口中单击【封面】显示图标中的内容，此时【封面】显示图标显示在图标列表框中。

(7) 单击【特效】文本框右侧的按钮，打开【擦除模式】对话框。在对话框的【特效】列表框中选择【由外往内螺旋状】选项，如图 5-11 所示。单击【应用】按钮，可以预览演示效果。

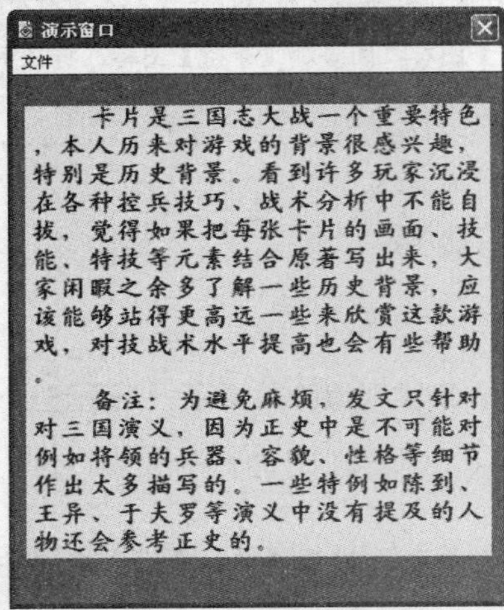

图 5-10　设置文本属性

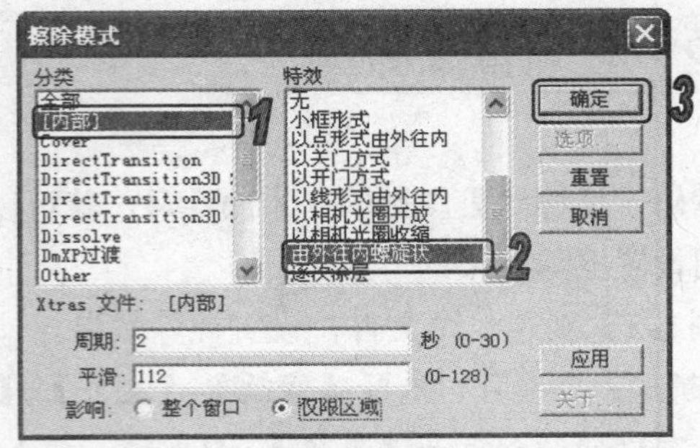

图 5-11　【擦除模式】对话框

(8) 单击【擦除模式】对话框中的【确定】按钮，返回到【擦除】图标的【属性】面板，关闭【属性】面板。

(9) 单击【运行】按钮，程序运行效果如图 5-12 所示。

图 5-12　演示效果

提示

如果在【擦除】图标的【属性】面板中选中【不擦除的图标】单选按钮，那么设置的【由外往内螺旋状】擦除属性将应用在【内容】显示图标中。

5.3 应用【等待】图标

单击【运行】按钮，程序就会依次执行流程线上的图标，直到程序运行结束。不过，在实际应用中，为了暂停某幅画面或镜头，Authorware 提供了【等待】图标，它为控制演示的进度提供了方便。

使用【等待】图标暂停演示后，当需要重新启动演示时，只需单击鼠标左键或按任意键即可。也可以经过一段时间的等待，演示就会自动继续。

5.3.1 设置【等待】图标的属性

【等待】图标的作用是暂停程序的运行。使用【等待】图标不仅可以使多媒体程序中各种媒体对象完美地同步，而且可以实现交互对话，并最终实现控制多媒体程序展示速度的目的。

从【图标】面板中拖动一个【等待】图标到程序设计窗口中，双击图标，打开【属性】面板，如图 5-13 所示。在该对话框中，可以对【等待】图标的属性进行设置，同时实现程序的延时和暂停。

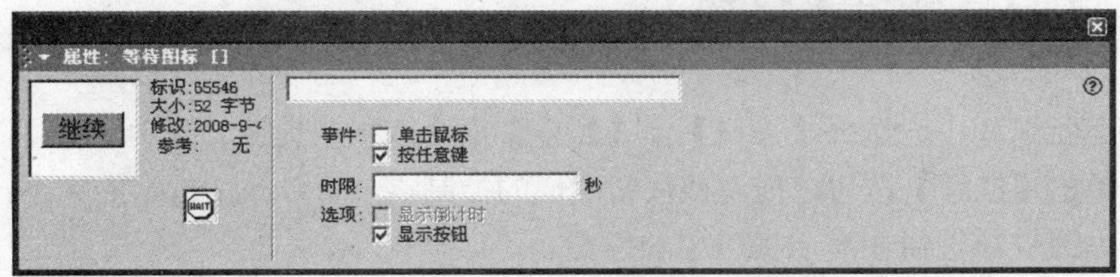

图 5-13 【等待】图标的【属性】面板

在【等待】图标的【属性】面板中，各参数选项的具体作用如下。

- 【事件】复选框组：该复选框组用来指定结束等待状态的事件。其中包括【单击鼠标】复选框和【按任意键】复选框。如果选中【单击鼠标】复选框，则表示单击鼠标左键时结束等待状态；如果选择【按任意键】复选框，则表示按下键盘上的任意键时结束等待状态。
- 【时限】文本框：该文本框用于设置程序的等待时间，单位为秒。输入等待时间后，在程序运行时达到设定的等待时间后，即使用户没有进行任何按键或单击鼠标操作，程序也将自动结束当前的等待状态。
- 【选项】复选框组：该复选框组用于设置【等待】图标的内容，其中包括【显示倒计时】复选框和【显示按钮】复选框。其中【显示倒计时】复选框，只有在【时限】文本框中输入等待时间后才可用，选中该复选框后，演示窗口中会出现一个倒计时钟；选中【显示按钮】复选框，演示窗口中将出现一个等待按钮，该按钮为标准的 Windows 系统按钮，用户可以在文件属性面板的【交互作用】选项卡中指定按钮的样式和名称，默认状态下为【继续】按钮 继续 。

5.3.2 实现程序暂停效果

在了解了【等待】图标的基本属性后，就可以使用它来实现暂停效果了，在前面章节中也略微提到过【等待】图标的使用方法，下面以【例 5-2】的实例为基础，介绍使用【等待】图标的方法，实现程序暂停效果。

打开【例 5-2】的文件，从【图标】面板中拖动一个【等待】图标到程序设计窗口中，重命名为【等待 3 秒】。双击【等待】图标，打开【属性】面板，在【事件】选项组中选中【单击鼠标】复选框，在【时限】文本框中输入数值 3，然后在【选项】选项组中选中【显示倒计时】复选框。

关闭【属性】面板。单击工具面板中的【运行】按钮，此时演示窗口会在显示第一个【显示】图标中的内容后等待 3 秒，继续运行下面的图标内容。

5.3.3 更改【继续】按钮

在程序运行过程中，选择【调试】|【暂停】命令或按快捷键 Ctrl+P，都可以使程序暂停运行。这时单击【继续】按钮，拖动该按钮四周的控制点，可以改变按钮的大小；直接拖动该按钮，则可以改变该按钮在演示窗口中的位置。

在 Authorware 中，可以对按钮进行编辑，甚至增加新的按钮。默认情况下，【继续】按钮的样式为 继续 。当需要对该按钮进行更改时，选择【修改】|【文件】|【属性】命令，打开文件属性面板，然后切换到【交互作用】选项卡，如图 5-14 所示。

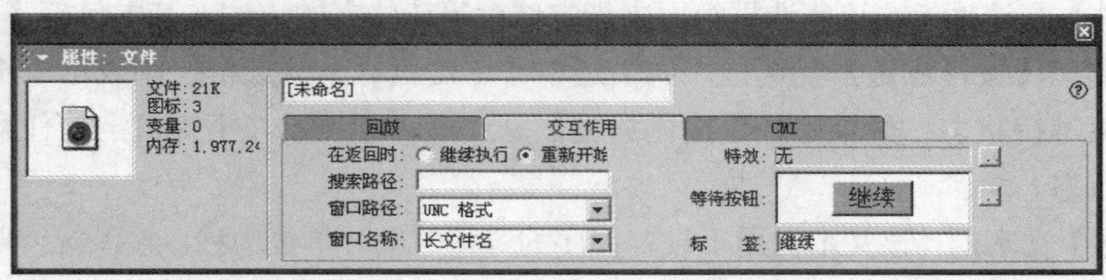

图 5-14　【交互作用】选项卡

单击【等待按钮】预览框右侧的 按钮，即可打开如图 5-15 所示的【按钮】对话框。在该对话框中，当前使用的按钮样式将高亮显示，在列表框中给出的样式中选择一种按钮样式，即可更换当前的【继续】按钮的外观。单击【添加】按钮，可以打开【按钮编辑】对话框，如图 5-16 所示。在该对话框中可以进行按钮的编辑操作。

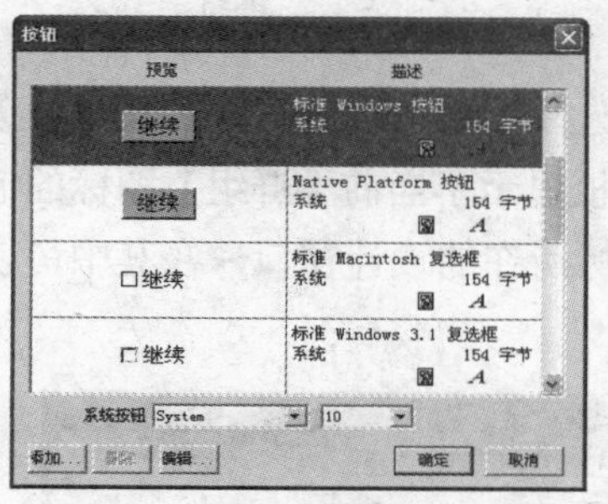

图 5-15　【按钮】对话框

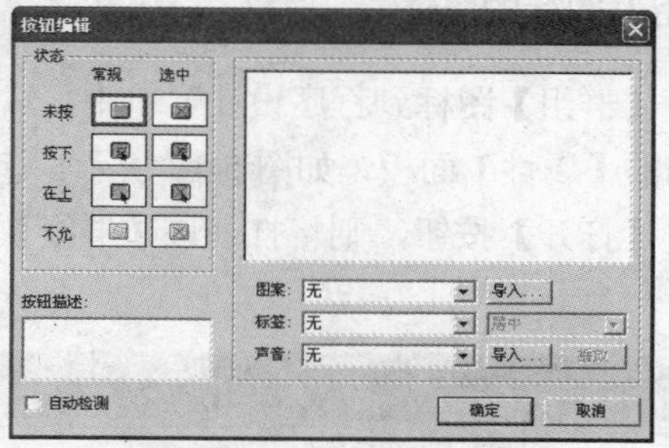

图 5-16　【按钮编辑】对话框

5.4　【群组】图标

在第 1 章中，已经简单地叙述了【群组】图标的概念，在实际应用过程中【群组】图标经常用于比较复杂或者内容较长的程序中。

【群组】图标的功能和使用方法与其他图标有所不同。从功能上讲，【群组】图标不执行任何任务，只是放置其他图标的一个容器；从使用上讲，【群组】图标可以从【图标】面板中拖放到流程线上，也可以把流程线上的多个图标进行组合而得到。

此外，【群组】图标还具有组织全局流程的重要意义。正如将同类型的文件放置在一个文件夹中一样，把完成一个模块功能的群组放置到一个【群组】图标中，可以增强流程组织的逻辑性和可维护性。

5.4.1　【群组】图标的特点和属性

【群组】图标是制作多媒体程序中经常用到的图标，特别是针对之后将介绍到的交互结构中经常用到该图标。下面介绍了【群组】图标的特点和图标属性。

1. 【群组】图标的特点

【群组】图标具有以下特点：

- 双击一个【群组】图标可以为该【群组】图标打开一个新的设计窗口，新的设计窗口以该【群组】图标的名称命名。它具有自己的流程线和程序的入口及出口，其层次低于该【群组】图标所在的设计窗口的层次。
- 【群组】图标可以嵌套，即【群组】图标中还可以包含一个或多个其他【群组】图标。
- 嵌套层次最深的【群组】图标的设计窗口层次最低。

2. 【群组】图标的属性

拖动一个【群组】图标到程序设计窗口中，然后选择【修改】|【文件】|【属性】命令打开【群组】图标的【属性】面板，如图 5-17 所示。该面板显示了当前【群组】图标的嵌套层次结构。如果单击【打开】按钮，则将打开该【群组】图标所在的设计窗口，在其中可以对程序流程进行设计。

图 5-17　【群组】图标的【属性】面板

5.4.2　使用【群组】图标

双击【群组】图标，可以打开第 2 层设计窗口，可以在该窗口中设计局部程序，该窗口中的所有操作都与第 1 层设计窗口中相同，如图 5-18 所示。

如果需要将流程线上的多个图标进行组合而得到的【群组】图标，可以按照如下的方法进行操作。

- 如果要组成【群组】图标的多个图标是连续的，那么可以首先框选它们，然后选择【修改】|【群组】命令，此时程序流程上将只出现一个【群组】图标，并且可以根据需要，对它命名。
- 如果要组成【群组】图标的多个图标是不连续的，那么可以在按住 Shift 键的同时，用鼠标依次选中它们，然后选择【修改】|【群组】命令即可。

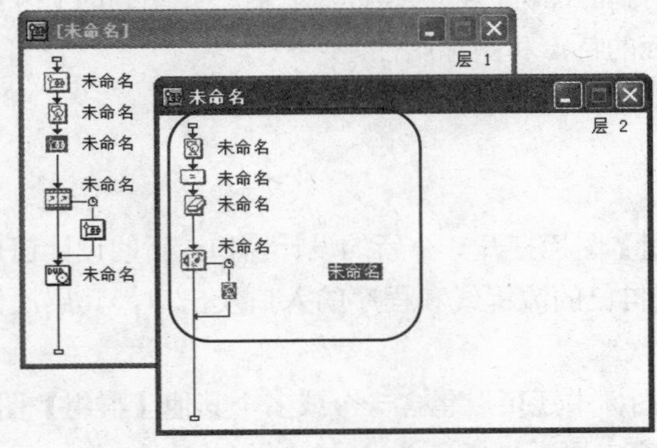

图 5-18　在【群组】图标中设计局部程序

提示

在多个设计图标组合为【群组】图标后，如果要取消其组合状态，可以首先选中该【群组】图标，然后选择【修改】|【取消群组】命令即可。

5.5 上机练习

学习完本章之后，对【擦除】图标、【等待】图标和【群组】图标有了最基本的认识。本小节将综合应用这 3 个设计图标，设计出更加丰富多彩的多媒体程序，其中，还通过一个实例来介绍如何编辑等待按钮。对于本章中的其他内容，可以根据相关的章节进行练习。

5.5.1 自定义等待按钮

新建一个文件，编辑一个等待按钮样式。

(1) 新建一个文件，拖动 2 个【显示】图标和 1 个【等待】图标到程序设计窗口中，并分别重命名图标，如图 5-19 所示。

(2) 选择【修改】|【文件】|【属性】命令，打开【属性】面板，单击【交互作用】标签，打开【交互作用】选项卡，如图 5-14 所示。

(3) 单击【等待按钮】预览框右侧的 按钮，打开【按钮】对话框，单击【添加】按钮，打开【按钮编辑】对话框。

(4) 单击【按钮编辑】对话框中的【导入】按钮，打开【导入哪个文件？】对话框，选择要导入的按钮，单击【导入】按钮，即可添加到【按钮编辑】对话框右侧的按钮样式预览框中，如图 5-20 所示。

图 5-19　添加图标

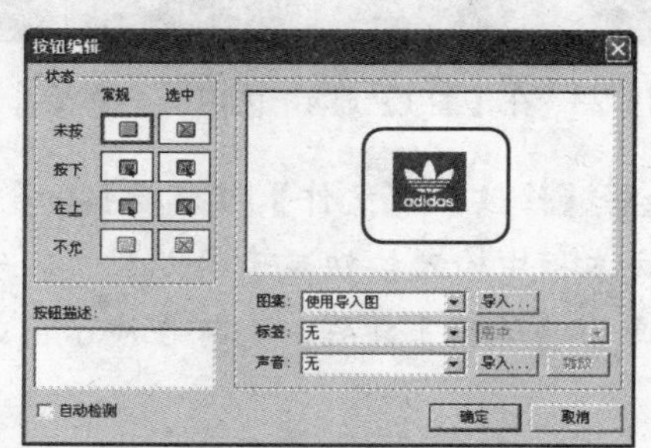

图 5-20　【按钮编辑】对话框

(5) 在【按钮编辑】对话框中，在【标签】下拉列表中选择【显示卷标】选项，即可在按钮上显示文字，可以拖动文字到合适位置，如图 5-21 所示。

(6) 单击【声音】下拉列表右侧的【导入】按钮，打开【导入哪个文件？】对话框，选择要导入的声音文件，单击【导入】按钮，即可为按钮添加声音。

(7) 完成设置后，单击【按钮编辑】对话框中的【确定】按钮，编辑的按钮即可添加到【按钮】对话框中，如图 5-22 所示。

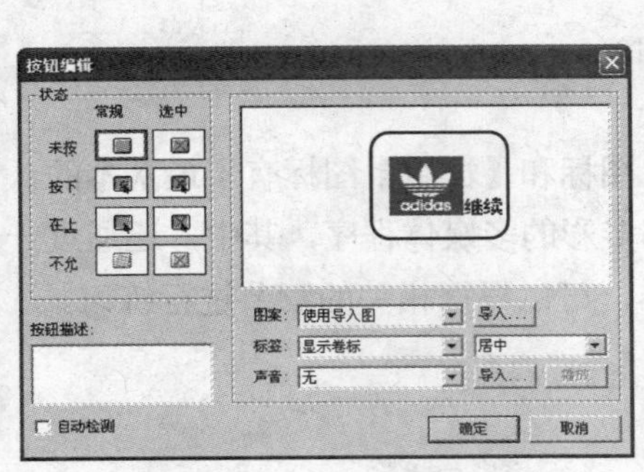

图 5-21　显示文字

图 5-22　【按钮】对话框

(8) 分别双击 2 个【显示】图标，打开演示窗口，导入图像并调整大小，如图 5-23 和图 5-24 所示。

图 5-23　在【图 1】显示图标中导入图像

图 5-24　在【图 2】显示图标中导入图像

(9) 选择【修改】|【文件】|【属性】命令，打开【属性】面板，在【交互作用】选项卡中的【标签】文本框中输入按钮显示的文本“下一页”。

(10) 单击【运行】按钮，即可在演示窗口中预览到添加的自定义按钮。

5.5.2　制作个人简介程序

新建一个文件，综合应用【等待】图标、【擦除】图标和【群组】图标，制作个人简介程序。

(1) 新建一个文件，从【图标】面板中拖动 3 个【群组】图标到程序流程线上，并分别命名，如图 5-25 所示。

(2) 双击【封面】群组图标，打开群组程序设计窗口。

(3) 切换到群组程序设计窗口中，从【图标】面板中拖动一个【显示】图标、一个【等待】图标和一个【擦除】图标到程序设计窗口中，并分别命名，如图 5-26 所示。

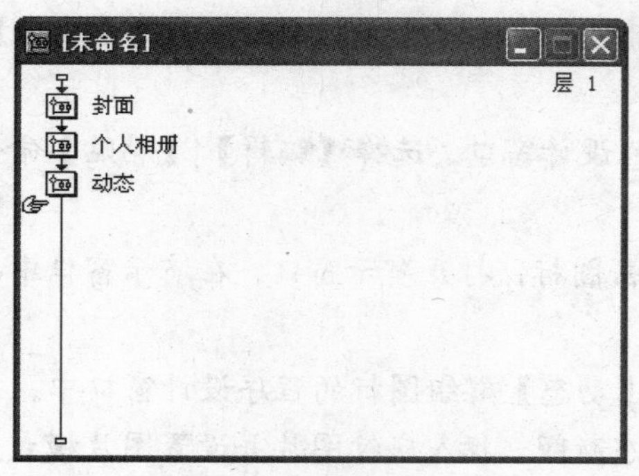

图 5-25　主程序设计窗口

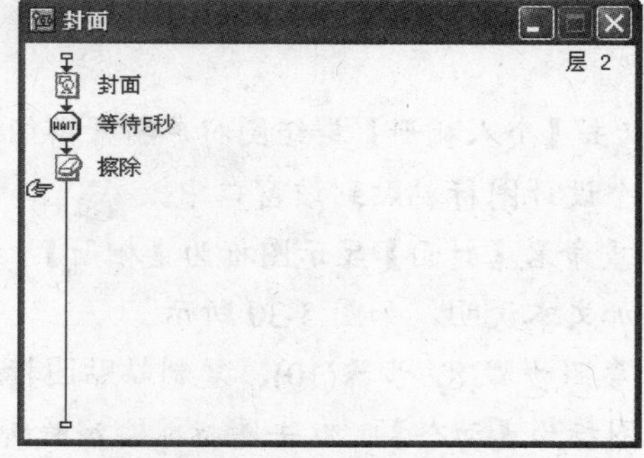

图 5-26　群组程序设计窗口

(4) 双击【等待 5 秒】等待图标，打开【属性】面板。在该属性面板的【事件】选项组中选择【单击鼠标】复选框，在【时限】文本框中输入数字 5，并取消选中【选项】选项组中的复选框，如图 5-27 所示。

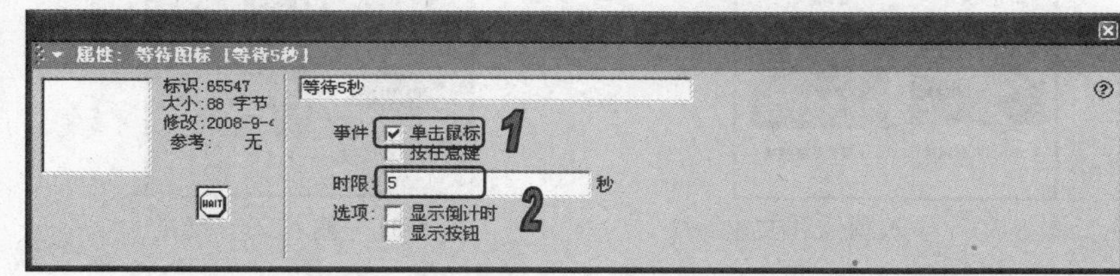

图 5-27　设置【等待】图标属性

(5) 双击【封面】显示图标，打开演示窗口，导入一个封面图像，并设置图像合适的大小，如图 5-28 所示。

(6) 双击【擦除】擦除图标，打开【属性】面板。在演示窗口中单击导入的图片，此时【封面】显示图标显示在图标列表框中。

(7) 单击【特效】文本框右侧的按钮，打开【擦除模式】对话框。在该对话框的【分类】列表框中选择【内部】选项，在【特效】列表框中选择【水平百叶窗方式】选项，然后在【周期】文本框中输入数值 0.5，如图 5-29 所示，单击【确定】按钮。

图 5-28　导入图像

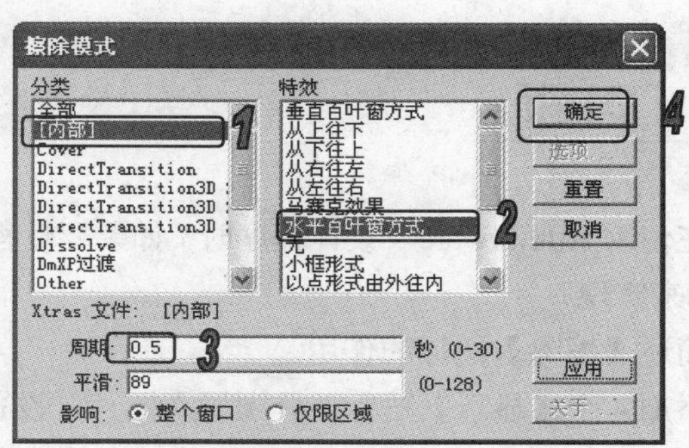

图 5-29　【擦除模式】对话框

(8) 在【封面】群组程序设计窗口中同时选中流程线上的3个设计图标，选择【编辑】|【复制】命令。

(9) 双击【个人相册】群组图标，打开群组流程设计窗口。选择【编辑】|【粘贴】命令，将复制的3个设计图标粘贴到该窗口中。

(10) 重命名【封面】显示图标为【相册】，双击图标，打开演示窗口。在演示窗口中导入图像，并添加文本说明，如图5-30所示。

(11) 参照步骤(8)~步骤(10)，复制粘贴图标到【动态】群组图标的程序设计窗口中。重命名【封面】图标为【动态】，双击图标，输入最新动态新闻，插入底纹图片并设置图片模式为反转模式，如图5-31所示。

图 5-30　导入图像和文本

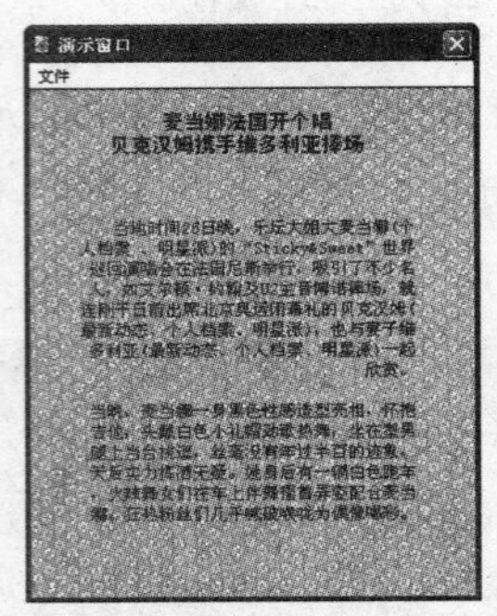

图 5-31　输入文本内容

(12) 单击【运行】按钮，程序运行效果如图5-32所示。

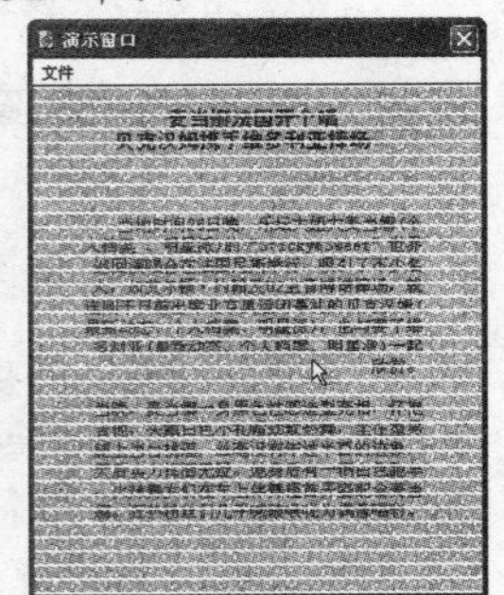

图 5-32　程序运行效果

5.6 习题

1. 在使用 Authorware 7 设计程序时，如果要使程序在运行过程中出现暂停效果，可以使用哪个图标来实现？

2. 简述【擦除】图标的作用。

3. 添加4个【显示】图标并分别导入图片，设置4个【等待】图标的属性为【单击鼠标】继续，设置4个【擦除】图标不同的擦除过渡效果。

第6章 创建动画效果

学习目标

Authorware 具有强大的动画制作能力，在作品中添加动画，可以使多媒体程序更加生动活泼。使用 Authorware 创建的动画主要有两种形式，一种是路径动画，另一种是实际动画。路径动画是指使用【移动】图标将文本、图形等对象在一定时间内沿事先设计好的路径在演示窗口中移动，从而产生动画效果。而实际动画是指其内容本身就是动态的，如在课件中使用的数字电影、GIF 动态图像、Flash 动画等。本章将讲述路径动画的制作方法。

本章重点

- 【移动】图标
- 指向固定点动画
- 指向固定直线上某点动画
- 指向固定区域内某点动画
- 指向固定路径上某点动画
- 指向固定路径上任意点动画

6.1 【移动】图标

要在演示窗口中将显示对象从一个位置移动到另一个位置，就需要使用【移动】图标。【移动】图标本身不含有要移动的对象，它的作用是使【显示】图标中的文本、图形等对象或者数字电影中的视频以指定的方式移动。一旦对某个对象设置了移动方式，则该移动方式将应用于该对象所在的【显示】图标中的所有对象。如果需要移动单个对象，必须保证此对象所在的图标中没有其他对象。移动可以发生在不同时刻，并且移动的类型也可以有所区别。

6.1.1　移动对象

【移动】图标是以屏幕上的对象作为移动目标的。因此要首先双击移动对象所在的设计图标，将其在演示窗口中显示出来，然后双击【移动】图标打开其【属性】面板，再单击演示窗口中的移动对象进行设置。

需要注意的是，【移动】图标要移动的是整个设计图标内的对象，而不是其中的某一个或几个对象，因此要移动单个对象时，就需要将它单独地放置在一个设计图标中。另外，【移动】图标应该创建在要移动对象所在的设计图标的下方。

6.1.2　创建移动操作

Authorware 7 提供功能强大的移动功能，它是实现多媒体动画的前提与基础。目前，Authorware 7 支持以下 5 种移动功能，其中前 3 种是直接将对象移动到目的位置，后 2 种是沿着路径移动对象。

- 指向固定点：将对象从它的当前位置移动到一条直线上通过计算得到的点。
- 指向固定直线上的某点：将对象沿着一条直线从它的当前位置移动到目的位置。
- 指向固定区域内的某点：将对象从当前位置移动到通过计算得到的网格上。
- 指向固定路径的终点：将对象沿着一条路径从当前位置移动到路径的终点。路径可以是直线，也可以是曲线。
- 指向固定路径上的任意点：将对象沿着路径从当前位置移动到通过计算得到的路径上某点。路径可以是直线，也可以是曲线。

为了使用 Authorware 提供的移动功能，应该在程序设计窗口中需要移动的显示对象之后放置一个【移动】图标，然后建立显示对象与【移动】图标之间的关联，指定移动的目标、路径、速度、对象层数以及并发性等。创建移动操作的基本步骤为：在移动对象之后，添加一个【移动】图标。然后打开【移动】图标，建立移动对象与【移动】图标之间的联系。接着在打开的【移动】图标的【属性】面板中设置所需的移动属性。最后关闭【属性】面板，保存设置。

对于新建的【移动】图标，当程序运行到此处时，Authorware 将自动打开该图标。只要将显示对象放置在【移动】图标之前，它就会显示在演示窗口内，这样就可以对这些显示对象的移动属性进行设置。对于修改的【移动】图标，可以在程序运行到移动对象之后暂停，双击【移动】图标，即可保证在打开【移动】图标的【属性】面板后，包含移动对象的演示窗口出现在该【属性】面板的后面。

6.1.3　【移动】图标属性

设置动画主要是在【移动】图标的【属性】面板进行的。拖动一个【移动】图标到程序设计窗口中，双击图标，打开【属性】面板，如图 6-1 所示。

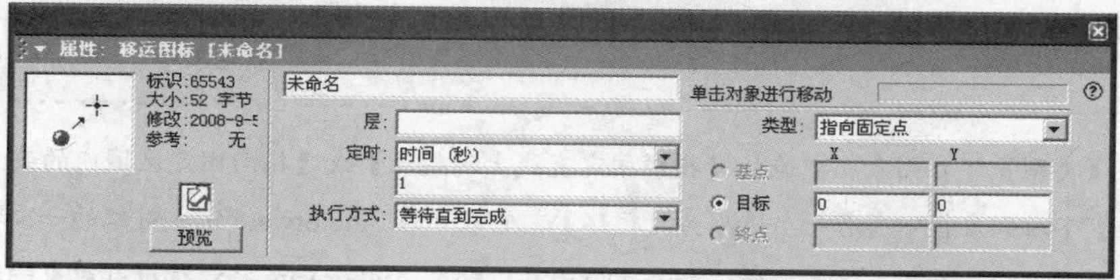

图 6-1　【移动】图标的【属性】面板

【移动】图标的【属性】面板中的各参数选项的具体作用如下。

- 在【移动】图标的【属性】面板中，左上角是【移动】图标类型的预览框。对于【指向固定点】移动方式来说，该预览框给出移动对象沿着路径到达目的地的过程。该【属性】面板中上面的文本框用于显示和命名【移动】图标名称。
- 【类型】下拉列表框用于设置移动方式，可以选择 5 种移动方式。在移动过程中，当两个移动对象相互重叠时，Authorware 将依据【层】文本框中的值决定处理的方法。默认情况下，Authorware 将按照图标在程序流程线上出现的次序安排对象在演示窗口的显示层次。也就是说，后执行的移动对象总是显示在先执行的移动对象之前。

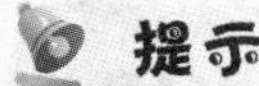

提示

设置为【直接写屏】类型的数字电影总是在其他图形对象之前放映。如果希望某个对象在其他所有对象的前面移动，就需要为该对象在【层】文本框内设置一个较高的层数。层数可以是自然数，也可以是变量或表达式。如果在【层】文本框中未输入任何内容，Authorware 自动将当前移动对象的层数设置为 0。

- 【层】文本框设置的层数只对移动的对象有效。当两个对象停止移动时，如果它们仍处于重叠位置，那么后停止的对象将覆盖在此之前停止的对象。如果其间设置了显示对象的层数，将按照层数的大小决定显示的顺序。如果移动对象的显示模式已经设置为【透明】模式，那么在该对象移动过程中经过其他对象时，其他对象会透过此移动对象显示。
- 【定时】下拉列表框用于设置对象移动的时间，或者是对象移动的速度。选择【时间】选项时，可以在下方的文本框内输入以秒为单位的移动时间；选择【速率】选项时，可指定对象的移动速率，它的单位是 sec/in，数值越大，移动的速率越慢。例如，在【定时】下拉列表框下面的文本框内输入数值 20，表示对象每 20 秒移动 1 英寸。设置【时间】选项时，除了具体的数值之外，还可以使用表示时间的变量或表达式。
- 【执行方式】下拉列表框用于指定执行【移动】图标与下一个图标的间隔时间。根据不同的移动方式，Authorware 提供了不同的选项。选择【等待直到完成】选项时，表示 Authorware 将在完成对象的移动之后再执行流程线上下一个图标的操作。该选项用于顺序图标的场合，是默认的设置；选择【同时】选项时，表示在开始移动对象的同时立即执行下一个图标的操作，它用于需要同时移动两个或更多对象的场合。如果需要在移动对象的同时播放附属的声音文件，就可选择该选项。

提示

如果在【类型】下拉列表框中选择【指向固定直线上的某点】或【指向固定区域内的某点】选项，则【远端范围】下拉列表框中还有一个选项为【循环】，它表示在 Authorware 完成对象的一次移动后，继续监视控制对象移动的变量或表达式的值。如果该值为真，那么 Authorware 将继续进行对象的移动操作，直到对象被擦除或另一个【移动】图标获得了控制权限。【移动当】文本框用于设置移动的时机，只有在选择【指向固定路径的终点】选项时才会显示该文本框。只有当移动条件为真时，Authorware 才移动对象，否则将忽略此【移动】图标。如果用户没有设置移动条件，那么 Authorware 将在第一次遇到此【移动】图标时才移动对象。当移动对象到达路径的终点时，如果移动条件仍然为真，Authorware 将重复执行对象的移动操作。

- 【基点】文本框用于定义移动对象的原始位置。
- 【目标】文本框用于定义移动对象的目的位置。
- 【终点】文本框用于定义路径的终点。用户可以拖动对象到相应位置，输入数值，或者输入表示位置信息的变量和表达式，都能够完成移动图标范围布局的定义。

【移动】图标的【属性】面板右侧的选项用于设置【移动】图标的范围布局。在【移动】图标名称的右侧有一个提示信息，要求用户单击需要移动的对象。用户可以在演示窗口内选择对象，这样就在移动对象与【移动】图标之间建立了联系。然后，Authorware 还会给出下一个提示，用户可根据提示完成【移动】图标的设置操作。

6.2 指向固定点动画

指向固定点的动画是最基本的动画效果，该动画类型是将对象从演示窗口中的原始位置移动到某个固定点。

在创建指向固定点的动画时，既可以在【移动】图标的【属性】面板的【目标】文本框中直接输入对象的运动终点，也可以直接拖动对象至运动终点。此外，还可以在【目标】文本框中输入一个变量，这样就可通过改变变量的值来控制动画。

【例 6-1】新建文件，创建指向固定点的动画效果。

(1) 新建一个文件，选择【修改】|【文件】|【属性】命令，打开【属性】面板，在【大小】下拉列表框中选择【根据变量】选项，在【选项】选项组中选择【显示标题栏】复选框。

(2) 从【图标】面板中拖动 2 个【显示】图标和 1 个【移动】图标，并分别更改图标名称，如图 6-2 所示。

(3) 双击【背景】显示图标，打开其演示窗口，选择【文件】|【导入和导出】|【导入媒体】命令，将一张背景图片添加到窗口中。

(4) 按住 Shift 键双击【汽车】显示图标，打开该图标演示窗口，导入一张汽车图片，并将其拖动到演示窗口的合适位置，如图 6-3 所示。

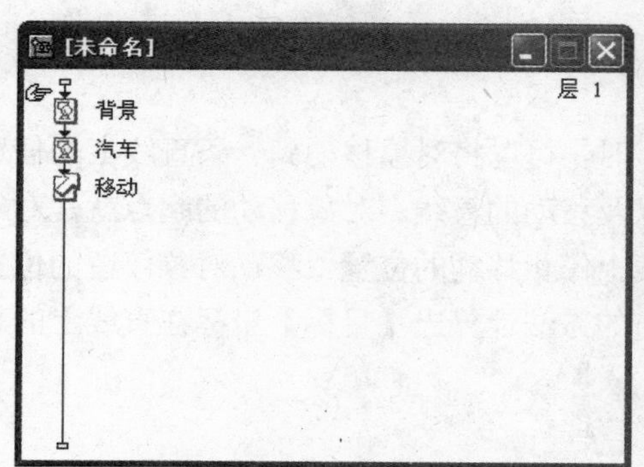

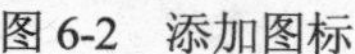

图 6-2　添加图标

图 6-3　插入图像

(5) 双击【汽车】显示图标，打开演示窗口，然后双击【移动】移动图标，打开【属性】面板。在【属性】面板的【定时】下拉列表框中选择【时间(秒)】选项，在下拉列表框下方的文本框中输入数值 10，如图 6-4 所示。

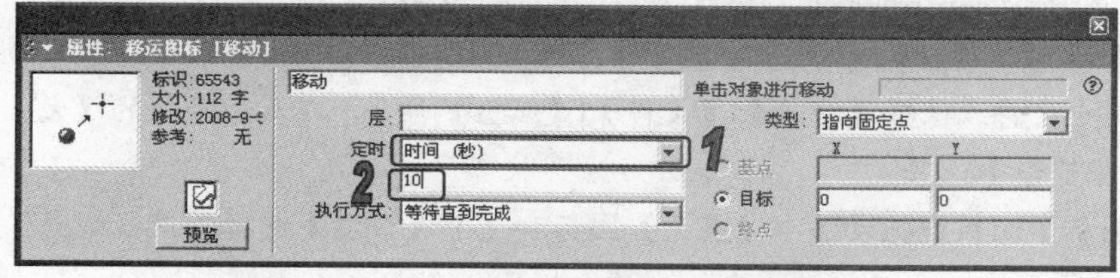

图 6-4　设置【属性】面板

(6) 拖动演示窗口中的汽车图像到演示窗口的另一端，以创建汽车的动画效果。

(7) 单击工具栏上的【运行】按钮，观看该动画的运行效果。可以看到汽车自演示窗口的右下角缓缓移动到窗口中间，10 秒钟之后自动退出程序，效果如图 6-5 所示。

图 6-5　程序运行效果

(8) 选择【文件】|【另存为】命令，保存文件。

6.3 指向直线上某点动画

将移动方式设置为【指向固定直线上的某点】时，可以将对象移动到一条直线上的任意一点。在移动之前，必须确定移动的起点、终点，以及移动的直线。对象移动的起点就是对象在演示窗口中的初始位置，终点是指对象在给定直线上停止移动的位置。移动对象停留的位置只是直线上的一点，Authorware 将自动按照线性插值的方法计算出【目标】坐标在直线上的相对位置。

6.3.1 指定路径上的固定点动画

本节介绍了创建指向固定直线上某点的动画，可以在【移动】图标的【属性】面板的【类型】下拉列表框中选择【指向固定直线上的某点】选项，然后设置对象的移动属性。下面通过一个实例来具体讲述创建指向固定直线上某点的动画的方法。

【例 6-2】新建文件，创建指向固定指向上某点的动画。

(1) 新建一个文件，选择【修改】|【文件】|【属性】命令，在属性面板的【大小】下拉列表框中选择【根据变量】选项。

(2) 在【图标】面板中拖动 2 个【显示】图标和 1 个【移动】图标到流程线上，分别重命名图标，如图 6-6 所示。

(3) 双击【球场】显示图标，打开演示窗口，选择【文件】|【导入和导出】|【导入媒体】命令，导入一张背景图片。

(4) 按住 Shift 键，双击【小球】显示图标，在演示窗口中导入一张小球图片，并将其拖动到演示窗口的合适位置，如图 6-7 所示。

图 6-6 添加图标

图 6-7 导入图像

(5) 双击【移动】移动图标，打开【移动】图标的【属性】面板。在【类型】下拉列表框中

选择【指向固定直线上的某点】选项，如图 6-8 所示。

图 6-8　设置【属性】面板

(6) 选中【基点】单选按钮，在演示窗口中将小球拖动到背景图片的左侧，作为直线路径的起点；选中【终点】单选按钮，将小球拖动到背景图片的右侧，作为直线路径的终点，这时会显示创建的移动路径，如图 6-9 所示。

图 6-9　确定目标直线路径的起点和终点

(7) 选中【目标】单选按钮，拖动小球图形确定下落的目标点位置，或者在【目标】文本框中输入一个数值来确定目标点。

提示

【目标】文本框中的值将按比例分配目标直线路径。默认情况下，【基点】和【终点】的值分别是 0 和 100，如果将【目标】文本框中的值设置为 30，那么移动对象的目标位置是目标直线路径上距起点 30%的位置。

(8) 单击工具栏上的【运行】按钮，程序运行效果如图 6-10 所示。

图 6-10　程序运行效果

(9) 选择【文件】|【另存为】命令，保存文件。

在上面的实例中，如果将【目标】文本框中的值设置为小于 0 或大于 100 时，就要对小球掉落的超出范围进行设置，在【属性】面板的【远端范围】下拉列表框中进行设置即可。

【远端范围】下拉列表框中共有【在终点停止】、【循环】和【到上一终点】3 个选项，作用分别如下。

- 【在终点停止】选项：该选项为默认选项，是指将目的点的值按与所设置直线的基点或结束点最接近的值执行。如果指定的目标点的值是 110，则将按 100 执行，定位在终点；如果指定的值是-10，那么将按照 0 执行，定位在基点。
- 【循环】选项：当指定目标点的值大于终点值时，按两者数值之差执行，如指定的值为 100，则按 110-100=10 执行，定位在 10 处。当指定的目标点值小于基点值时，按两者数值之和执行，如指定的值为-10，则按-10+100=90 执行，定位在 90。
- 【到上一终点】选项：将对象移动到指定的目标位置，而不管目标位置是否超出【基点】和【终点】值限定的范围。在这种情况下，【基点】和【终点】的值只是提供一个距离的度量。例如当【基点】值为 0，【终点】值为 100，【目标】值为 130 时，对象将会移动到直线路径延长线上距离终点 30%的位置。

6.3.2 指定路径上的任意点动画

设置指向固定直线上某点的动画时，如果为目标点设置一个固定不变的值，那么每次运行程序时，对象就只能移动到指定直线上的某个固定点。如果为目标点设置一个变量，并对其赋值，对象就可以根据变量移动到指定直线上的不同点。

选择【文件】|【打开】命令，打开【例 6-2】的文件。双击程序设计窗口中的【移动】移动图标，打开【属性】面板。选中【目标】单选按钮，并在其右侧的文本框中输入 Random(0,100,1)。如图 6-11 所示。

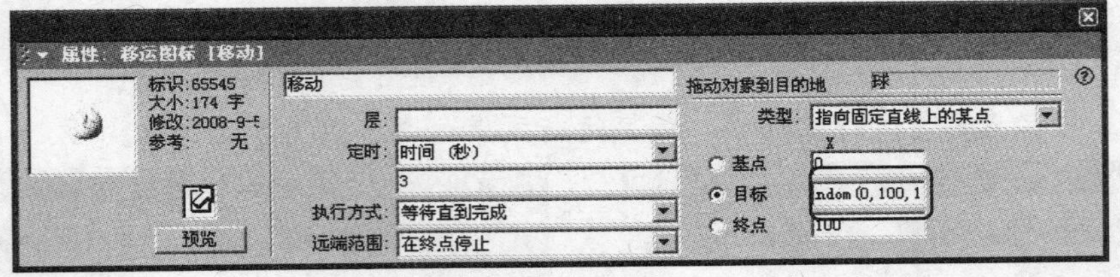

图 6-11 设置【属性】面板

提示

函数 Random 为系统随机函数，在【目标】文本框中输入的函数表示小球在下落的过程中将得到一个 0 到 100 之间的随机值，且两个随机值之差是 1 的整数倍。

关闭【移动】图标的【属性】面板，连续单击工具栏上的【运行】按钮，此时小球将随机

掉落在指定直线的任意点，演示窗口效果如图 6-12 所示。

图 6-12　程序运行时小球掉落在指定直线的任意点

6.4　指向固定区域内某点的动画

指向固定区域内某点的动画是指向固定直线上某点的动画的扩展，也就是将对象移动位置的定位由一维坐标系扩展到了二维坐标系。

指向固定区域内某点的动画是将对象从当前位置移动到通过网格上的某一点，它要求用户事先准备带有刻度的网格，然后将网格的左上角定义为移动的起点，将网格的右下角定义为移动的终点。指向固定区域内某点的动画与指向固定直线上的某点的动画非常相似，唯一的区别是两者设置坐标的方法：前者由于是平面，因此需要设置 X 和 Y 坐标；后者由于是直线，仅需要设置 X 坐标就能够完成指定点的设置。

6.4.1　跳格子动画

本小节主要介绍创建指向固定区域内的动画，在【移动】图标的【属性】面板的【类型】下拉列表框中选择【指向固定区域内的某点】选项，然后设置对象的移动属性。下面通过一个实例来具体讲述创建指向固定区域内某点的动画的方法。

【例 6-3】创建指向固定区域内某点的动画，要求跳格子的图像跳动到指定区域内的固定点。

(1) 新建一个文件，选择【修改】|【文件】|【属性】命令，打开【属性】面板，在【属性】面板的【大小】下拉列表框中选择【根据变量】选项，在【选项】选项组中选择【显示标题栏】复选框。

(2) 在【图标】面板中拖动 2 个【显示】图标和 1 个【移动】图标到流程线上，并分别命名，如图 6-13 所示。

(3) 双击【背景】显示图标，打开演示窗口，使用【绘图】工具栏上各绘图工具，绘制如图 6-14 所示的图形，然后输入适当的文本文字。

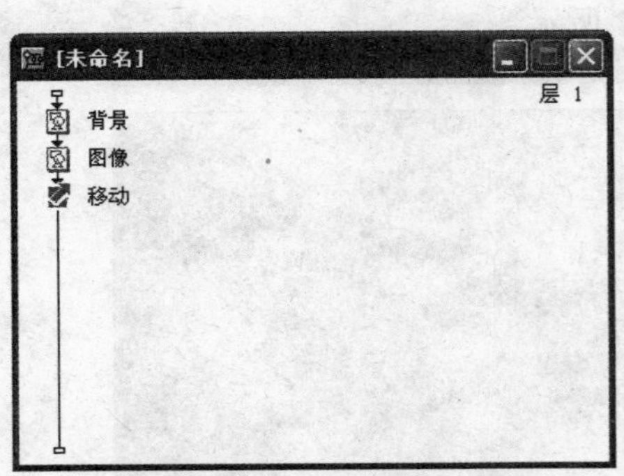

图 6-13 添加图标

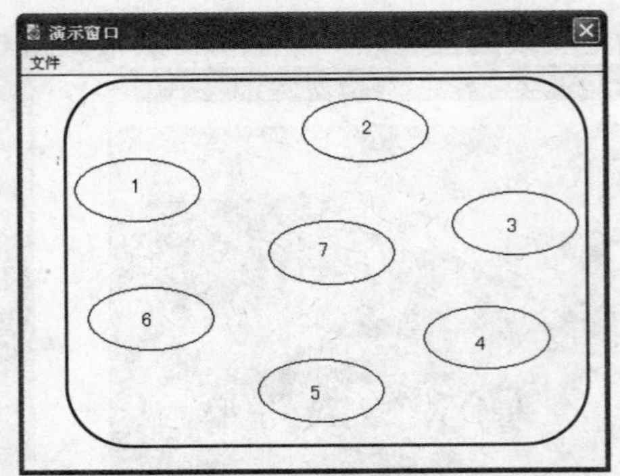

图 6-14 绘制图形并添加文本

(4) 按住 Shift 键双击【图像】显示图标，打开演示窗口，导入一个图像到演示窗口中，并将其拖动至合适位置，如图 6-15 所示。

(5) 双击【移动】移动图标，打开【属性】面板，在【类型】下拉列表框中选择【指向固定区域内的某点】选项。

(6) 选中【基点】单选按钮，在演示窗口的左上角单击娃娃图像，作为该图像移动区域的左上角顶点；选中【终点】单选按钮，在演示窗口中将娃娃图像拖动到黑色方框的右下角，作为该图像移动区域的右下角顶点。

(7) 选中【目标】单选按钮，在演示窗口中将图像拖动到椭圆"4"中，如图 6-16 所示。

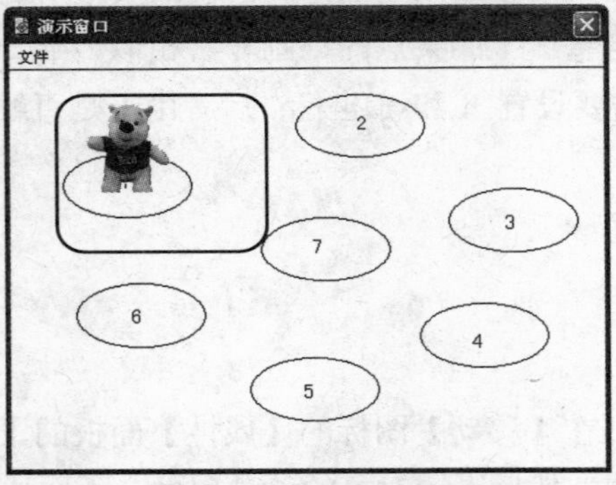

图 6-15 导入图像

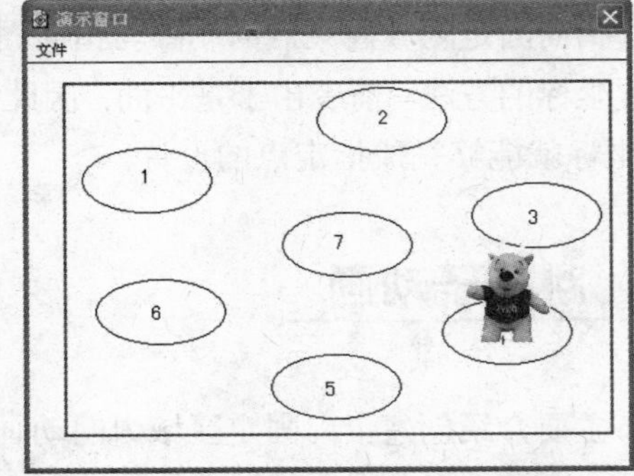

图 6-16 拖动到椭圆"4"中

(8) 关闭【移动】图标的【属性】面板，单击工具栏上的【运行】按钮，浏览程序运行的效果。

(9) 选择【文件】|【另存为】命令，保存文件。

6.4.2 跟随鼠标移动

对于创建的指向固定区域内某点的动画，可以对目标点赋予变量，使之可以目标跟随鼠标移动。

选择【打开】|【文件】命令，打开【例 6-3】创建的文件。双击程序设计窗口上的【移动】

移动图标，打开【属性】面板。在【目标】右侧的 X、Y 文本框中分别输入 CursorX 和 CursorY，在【执行方式】下拉列表框中选择【永久】选项，如图 6-17 所示。

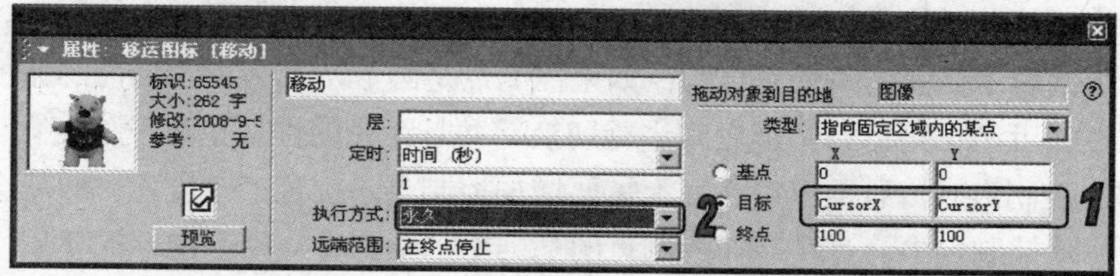

图 6-17　设置【属性】面板

知识点

【目标】文本框中输入的 CursorX 和 CursorY 两个变量的作用是反映当前鼠标指针在演示窗口中的坐标位置。

关闭【移动】图标的【属性】面板，单击【运行】按钮，这时可以发现，当鼠标移动时，娃娃图像也会随之在指定区域内移动，如图 6-18 所示。

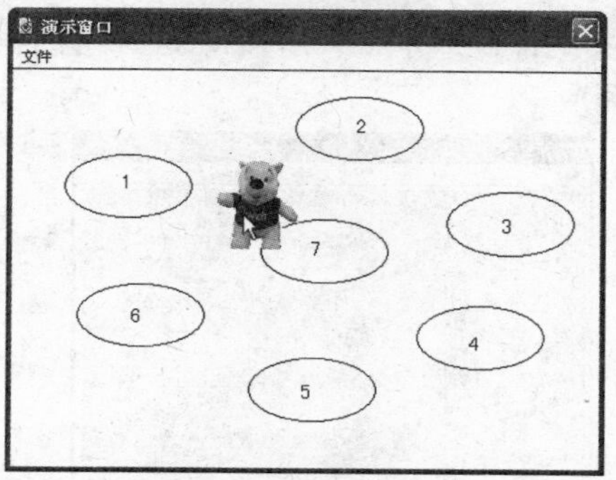

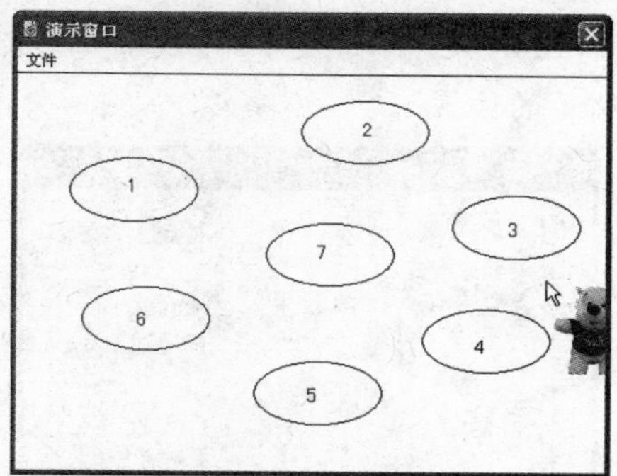

图 6-18　程序运行时演示窗口中的效果

6.5　指向固定路径终点的动画

指向固定路径终点的动画可以使指定的移动对象按照创建的路径从起点移动到终点。用户可以根据不同需要将移动路径设置为折线型、曲线型和封闭型。

6.5.1　创建移动路径

使用【指向固定路径终点】作为对象的移动方式，将使对象从当前位置沿着一条设定的路径移动到路径的终点，路径是由直线或曲线组成的。与【指向固定点】动画类型不同，路径起点可以不是对象在演示窗口中的起始位置，这样当开始移动时，对象可能会从初始位置突然跳

到路径起点。对象移动结束之后，它总是停留在设定路径的终点。

可以在【移动】图标的【属性】面板中创建移动路径，将移动方式指定为【指向固定路径终点】，然后拖动移动对象，每释放一次鼠标，都会在演示窗口内出现一个控制点。如果控制点是三角形，那么表示当前的路径是直线；如果控制点是圆形，那么表示当前的路径是一段圆弧。双击控制点，可在三角形与圆形之间进行切换，并且路径的性质也将发生变化。

当需要增加控制点时，只需单击路径上需要增加控制点的位置，该位置立即就会出现新添加的控制点。删除控制点中，可在选择控制点的基础上，单击【移动】图标的【属性】面板的【删除】按钮。拖动控制点时，不仅能够改变它的位置，还会影响到路径的形状。

【例 6-4】新建文件，创建指向固定路径终点的动画，要求目标沿路径移动。

(1) 新建一个文件，选择【修改】|【文件】|【属性】命令，在打开的【属性】面板的【大小】下拉列表框中选择【根据变量】选项。

(2) 在图标面板中拖动 2 个【显示】图标和 1 个【移动】图标到程序设计窗口中，并分别命名，如图 6-19 所示。

(3) 双击【背景】显示图标，打开演示窗口，选择【文件】|【导入和导出】|【导入媒体】命令，将一张背景图片添加到窗口中。

(4) 按住 Shift 键，双击【目标】显示图标，在演示窗口中导入一张目标图片，并将其拖动到如图 6-20 所示的位置。

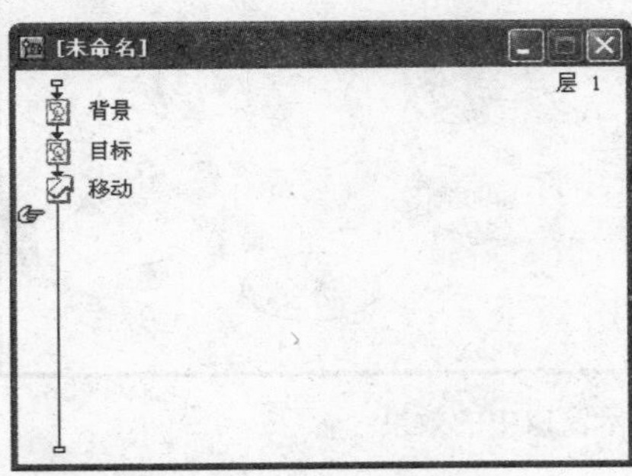

图 6-19　添加图标

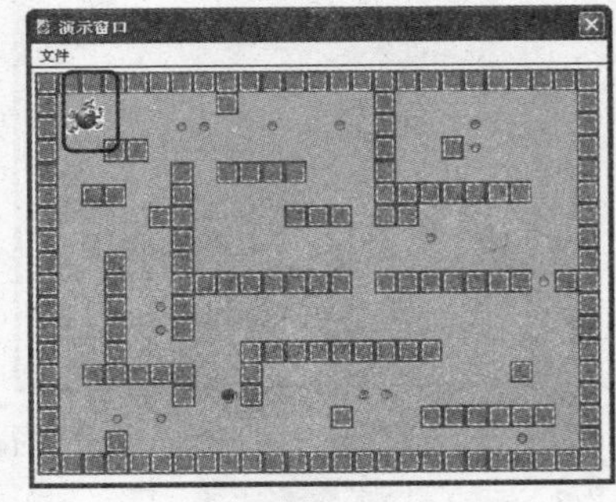

图 6-20　导入图片

(5) 双击【移动】移动图标，打开【属性】面板，在【类型】下拉列表框中选择【指向固定路径的终点】选项，然后在【定时】下拉列表框中选择【时间】选项，并在下方的文本框中输入数值 30；在演示窗口中单击目标对象，将目标确定为移动对象，如图 6-21 所示。

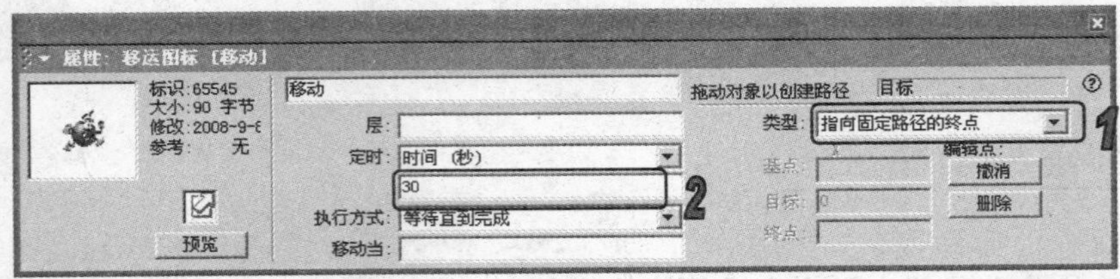

图 6-21　设置【属性】面板

(6) 拖动目标对象到如图 6-22 所示位置，此时该处将出现一个路径点(0 三角符号)。继续拖

动目标对象创建如图 6-23 所示的路径，其中的路径点为每次拖动目标对象所到的位置。

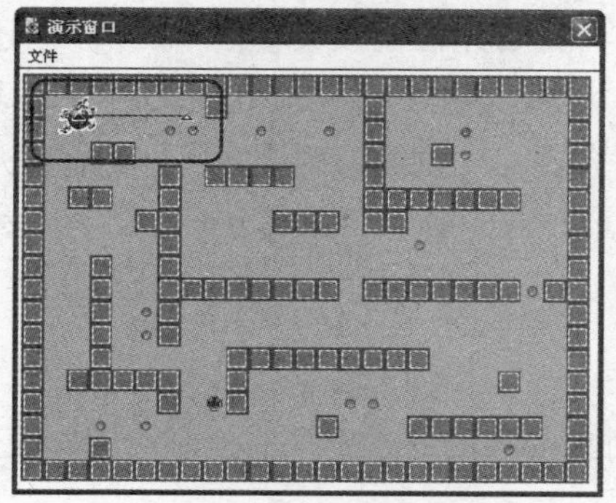

图 6-22　拖动目标对象到第一个拐角处

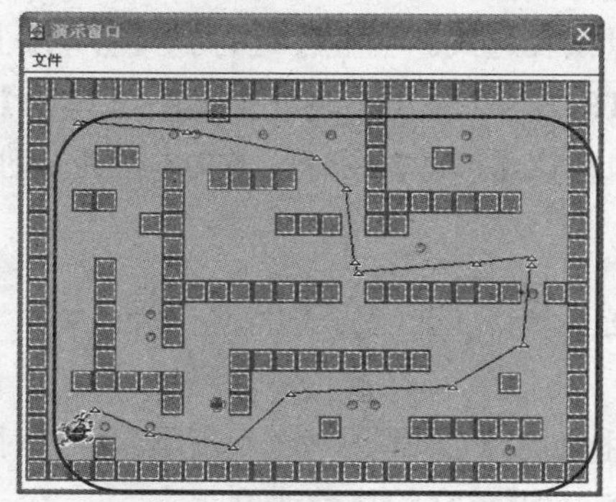

图 6-23　创建目标对象路径

(7) 单击工具栏上的【运行】按钮，此时可以看到目标对象沿所创建的路径移动，从起点位置到结束点位置一共花时 30 秒，如图 6-24 所示。

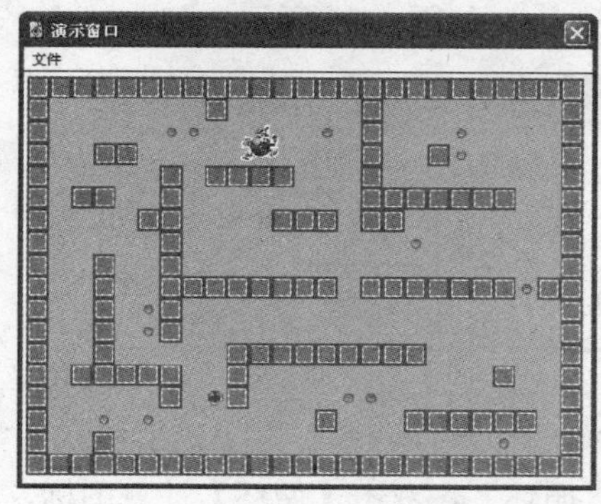

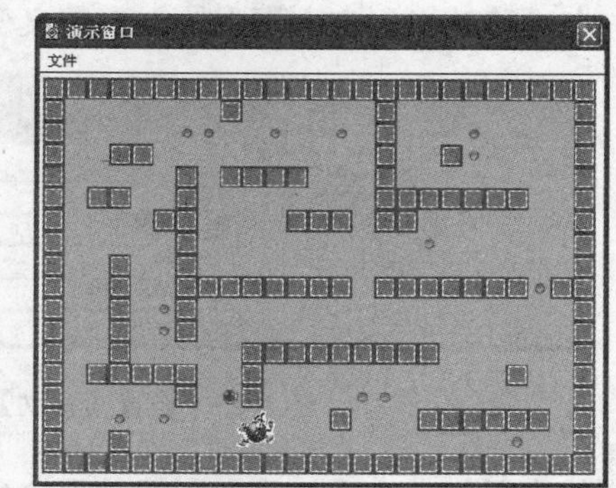

图 6-24　目标对象沿路径移动

(8) 选择【文件】|【另存为】命令，保存文件。

知识点

如果要改变路径点的位置，可以首先选中该路径点，然后将其拖动到适当的位置；如果要增加一个路径点，可以在路径的任意点上单击；如果要删除一个路径点，可以在选中路径点后，在【移动】图标的【属性】面板上单击【删除】按钮；如果要将折线路径转变为曲线路径，可以双击路径点，此时路径点的标志也由三角符号变为圆形。

在如图 6-21 所示的【属性】面板中，【执行方式】下拉列表框中多出一个【永久】选项，它的下方还出现了一个【移动当】文本框，这两个选项的作用如下。

- 【永久】选项：选择该选项，只要【移动当】文本框中的值为真，则移动图标控制的移动对象将不停地沿路径重复移动；只有【移动当】文本框中的值变为假时，移动对象才会停止移动。

- 【移动当】文本框：用于设置【移动】图标的执行条件，可在该文本框中输入数值、变量或表达式。当程序运行到【移动】图标时，将首先检查该文本框中的值，当值为真(TRUE、1 或 ON)时，则执行【移动】图标；当值为假(FALSE、0 或 OFF)时，则将不执行该【移动】图标；当文本框为空时，程序仅在第一次运行到【移动】图标时执行它。

6.5.2 使用变量控制对象

在【移动当】文本框中输入变量，可以对目标对象的移动进行更多的控制，例如使小蚂蚁循环移动或者调节它的移动速度等。

1. 使用自定义变量使目标对象循环移动

选择【文件】|【打开】命令，打开【例 6-4】创建的文件。在程序设计窗口中双击【移动】移动图标，在【移动当】文本框中输入自定义变量 move，如图 6-25 所示。

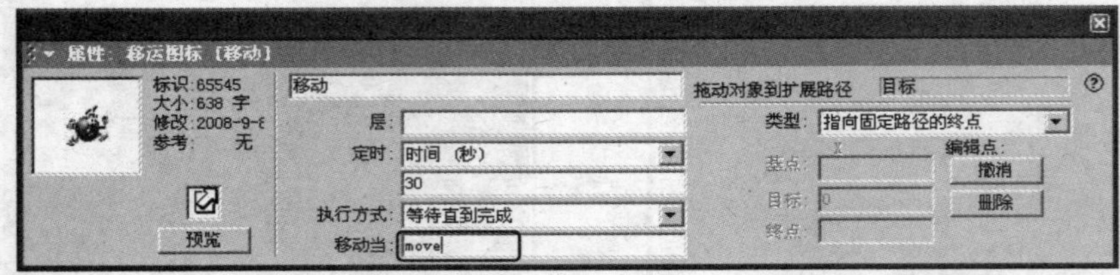

图 6-25 设置【移动】图标的【属性】面板

在流程线上添加一个【计算】图标并重命名为“循环”，双击【循环】计算图标，在打开的脚本编辑窗口中输入 move:=TRUE，如图 6-26 所示，关闭编辑窗口，将打开如图 6-27 所示的【新建变量】对话框，单击【确定】按钮即可。单击工具栏上的【运行】按钮，此时可以看到目标对象不停地在移动路径上移动。

图 6-26 输入变量

图 6-27 【新建变量】对话框

2. 使用系统变量控制对象移动

除了在【移动当】文本框中设定自定义变量，还可以在该文本框中输入系统变量来作为目

标对象移动的条件。

选择【文件】|【打开】命令，打开【例 6-4】创建的文件。在程序设计窗口中双击【移动】移动图标，在【移动当】文本框中输入系统变量 LeftMouseDown，在【执行方式】下拉列表框中选择【永久】选项。单击工具栏上的【运行】按钮，目标对象不会自动移动。当单击鼠标右键时，目标对象立即沿创建的路径移动。

知识点

类似于 LightMouseDown 的用于监视操作的系统变量还有很多，如 AltDown、DoubleClick、MouseDown、ShiftDown 等，用户可以在【移动当】文本框中使用不同的系统变量来控制小蚂蚁的移动。

3. 使用变量控制对象移动的速度

在创建动画时，还可以使用变量对对象的移动速度进行控制，在【定时】文本框中使用变量或含有变量的表达式即可。

【例 6-5】在【例 6-4】创建的文件中添加一个速度调节杆，通过拖动其中的滑块来控制目标对象的移动速度。

(1) 选择【文件】|【打开】命令，打开【例 6-4】创建的文件。

(2) 在程序流程线上添加 2 个【显示】图标，分别重命名图标，如图 6-28 所示。

(3) 分别在添加的 2 个【显示】图标中导入相应的图像，如图 6-29 所示。

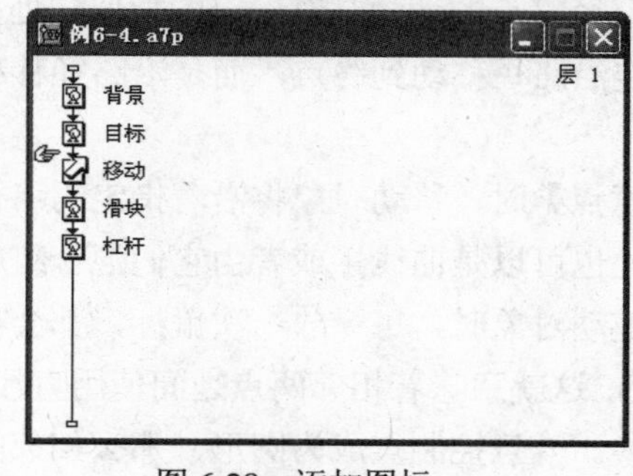

图 6-28　添加图标

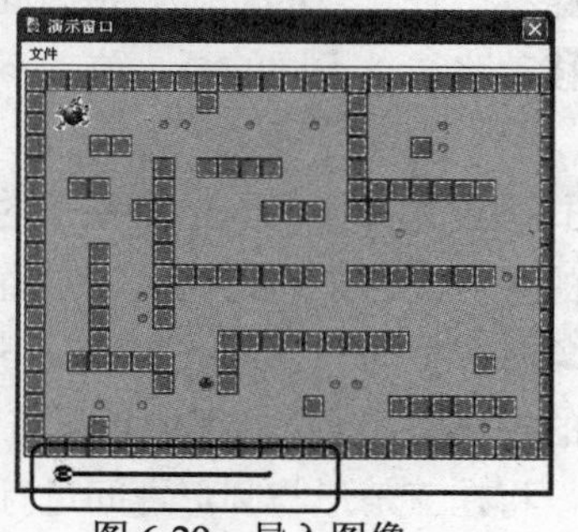

图 6-29　导入图像

(4) 右击【滑块】显示图标，在弹出的快捷菜单中选择【属性】命令，打开【属性】面板。在【位置】下拉列表框中选择【在路径上】选项，在【活动】下拉列表框中选择【在路径上】选项，如图 6-30 所示。

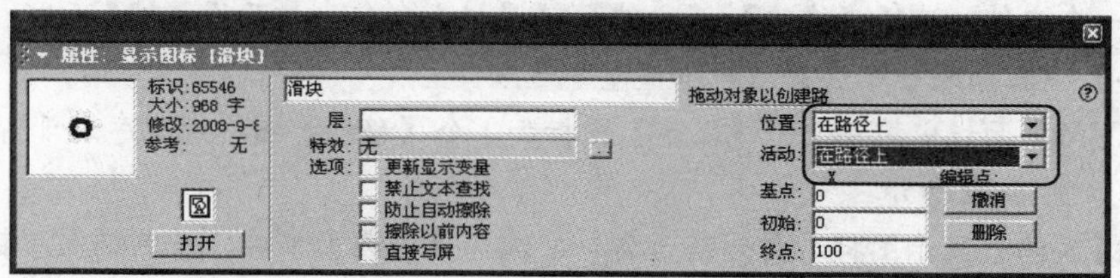

图 6-30　设置【滑块】显示图标的属性

(5) 单击对象【滑块】，将其作为移动对象。将滑块从速度调节杆的左端拖动到右端，并在属性面板的【初始】文本框中输入数值 0，以使滑块只能沿速度调节杆移动。

(6) 双击【移动】移动图标，打开其属性面板。在【定时】下方的文本框中输入 PathPosition@"滑块"；在【执行方式】下拉列表框中选择【永久】选项；在【移动当】文本框中输入 TRUE，如图 6-31 所示。

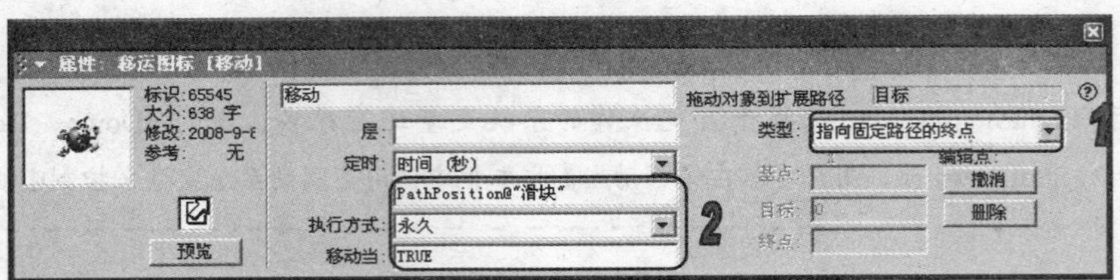

图 6-31　设置移动图标属性

(7) 单击工具栏上的【运行】按钮运行程序，在调节杆上拖动滑块，可以发现当滑块向右拖动时，小蚂蚁的移动速度会变慢，当向左拖动时，小蚂蚁的移动速度会加快。

(8) 选择【文件】|【另存为】命令，保存文件。

6.6　指向固定路径上任意点的动画

指向固定路径上任意点的动画和指向固定路径终点的动画具有一定的相似之处，两者都需要创建对象的移动路径。不同的是，前者不一定沿路径移动到终点，而是沿路径移动到指定的目的点。

将移动方式确定为【指向固定路径上的任意点】时，移动对象将沿着指定的路径从当前位置移动到路径的某点，这里的路径可以是直线，也可以是曲线，或者由它们混合组成。路径是由拖动移动对象时产生的。在默认的情况下，拖动对象时，每释放一次鼠标，都会在演示窗口内创建一个新的控制点。默认的控制点是三角形，这就意味着相邻两点之间使用直线进行连接。双击控制点时，将在三角形与圆形之间进行切换。一旦控制点成为圆形，那么相邻的控制点之间将使用圆弧进行连接。

要创建指向固定路径上任意点的动画，只需在【移动】图标的【属性】面板中设置移动方式为【指向固定路径上的任意点】，然后编辑相应路径并设置目的点即可。

【例 6-6】新建一个文件，创建指向固定路径上任意点的动画，实现“地球公转”效果。

(1) 新建一个文件，选择【修改】|【文件】|【属性】命令，打开【属性】面板，在【属性】面板的【大小】下拉列表框中选择【根据变量】选项。

(2) 在【图标】面板中拖动 2 个【显示】图标和 1 个【移动】图标到程序设计窗口中，并分别命名图标，如图 6-32 所示。

(3) 双击【太阳】显示图标，打开演示窗口，选择【椭圆】工具，绘制椭圆形轨道。

(4) 使用【椭圆】工具，按住 Shift 键，绘制一个【太阳】图形，设置填充颜色和笔触颜色为

【红色】。

(5) 选择【文本】工具，输入文本内容“太阳”，设置文本颜色为白色并移至合适位置，如图 6-33 所示。

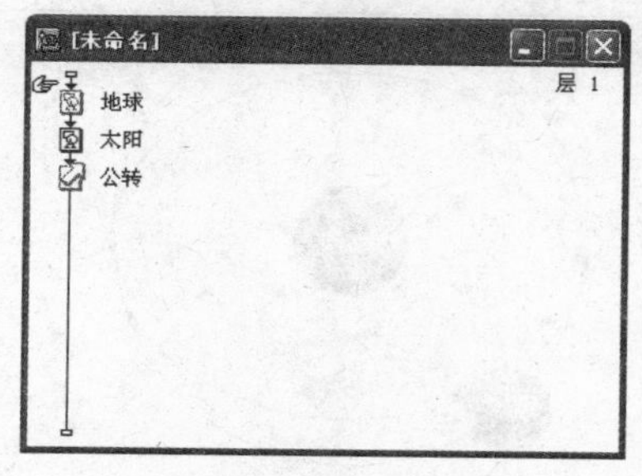

图 6-32　添加图标

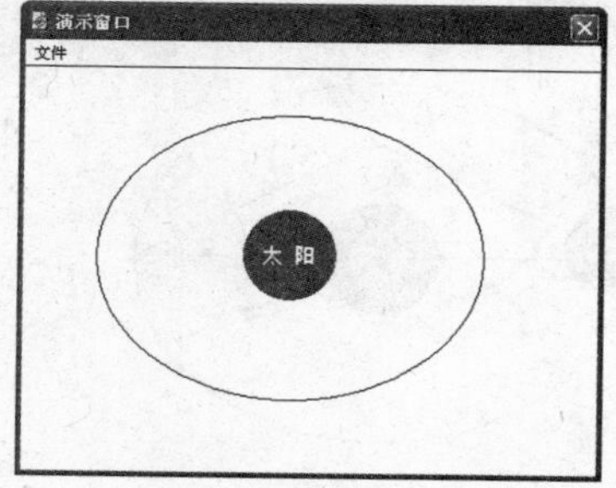

图 6-33　绘制图形

(6) 按住 Shift 键，双击【地球】显示图标，使用【椭圆】工具绘制一个【地球】图形，设置填充颜色和笔触颜色为【蓝色】并移至合适位置。

(7) 选择【文本】工具，输入文本内容“地球”，设置文本颜色为白色并移至合适位置，如图 6-33 所示。

(8) 双击【公转】移动图标，打开【属性】面板，在【类型】下拉列表框中选择【指向固定路径上的任意点】选项。单击演示窗口中的【地球】图形，将它确定为移动对象，如图 6-34 所示。

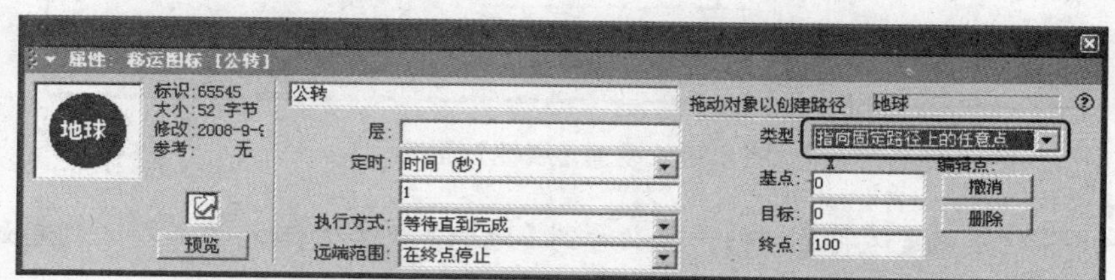

图 6-34　确定动画类型和移动对象

(9) 在演示窗口中将【地球】图形拖动到椭圆轨道的另一端，如图 6-35 所示，然后将【地球】拖动到一个任意位置，新建一个路径点，如图 6-36 所示。

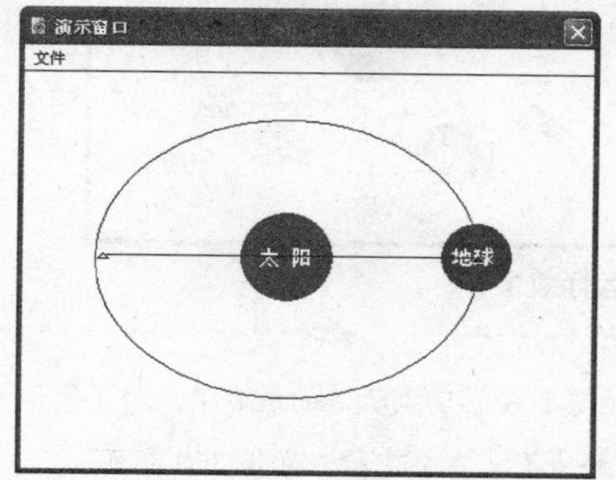

图 6-35　拖动【地球】图形

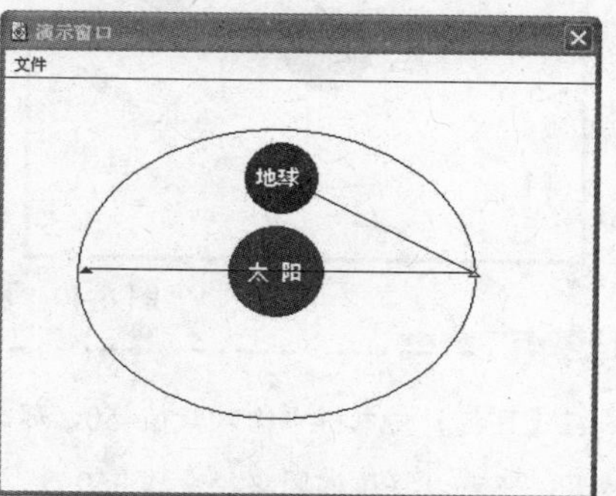

图 6-36　新建路经点

(10) 拖动新建的路径点到【地球】的起始位置，使这两个点重合，如图 6-37 所示。

(11) 双击位于轨迹右侧的路径点，将原路径转换为圆形路径，如图 6-38 所示。

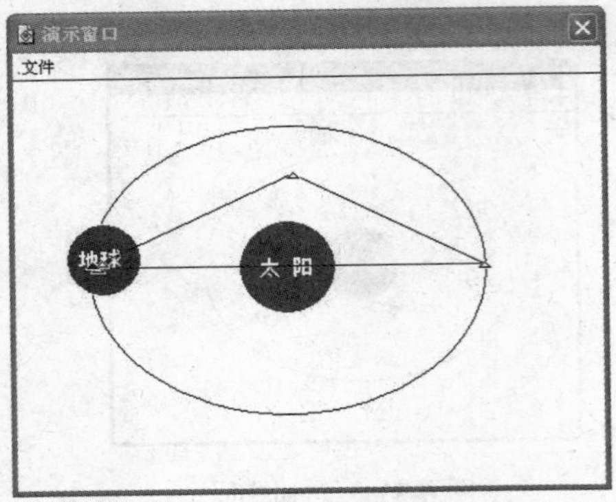

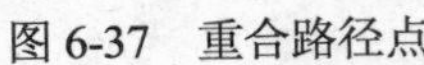

图 6-37 重合路径点

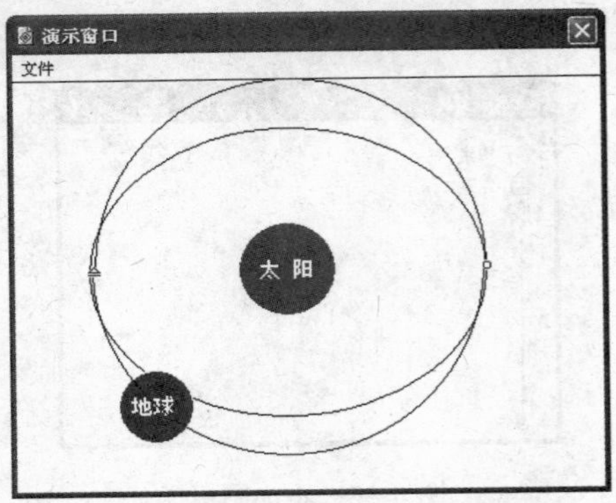

图 6-38 将路径转换为圆形

(12) 在圆形路径上的任意位置单击，创建多个路径点并拖动，使它们与椭圆轨迹重合。

(13) 在【移动】图标的【属性】面板的【基点】文本框中输入数值 0，在【终点】文本框中输入 100，在【目标】文本框中输入 100，如图 6-39 所示。

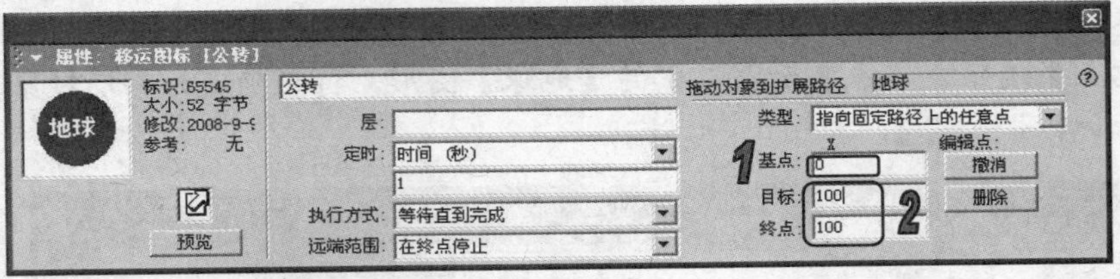

图 6-39 设置【属性】面板

(14) 单击工具栏上的【运行】按钮，可以看到【地球】绕着太阳运动一圈回到起始点的位置，如图 6-40 所示。

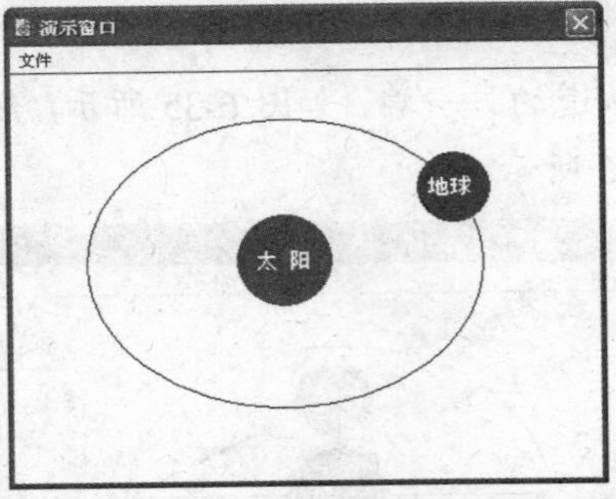

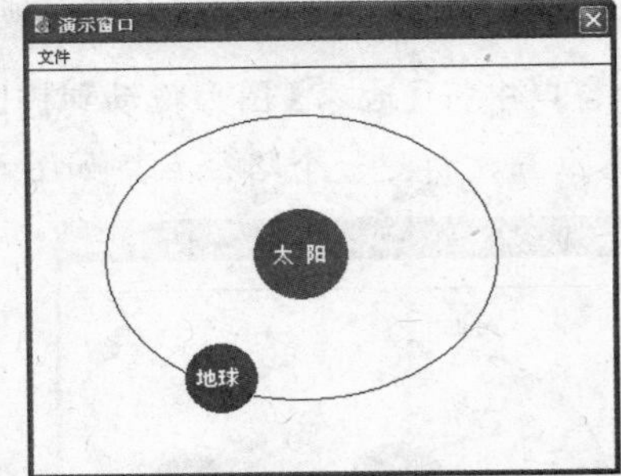

图 6-40 程序运行效果

知识点

如果在【目标】文本框中输入数值 50，那么【地球】将移动到轨迹的最右端。为了便于确定小球的目的点位置，还可以将该椭圆路径看作 360 度，在【终点】文本框中输入数值 360 即可。

6.7　上机练习

本章上机实验主要介绍了 Authorware 7 中结合各种动画类型，创建多媒体程序，从而使多媒体程序更加生动活泼。对于本章中的其他内容，例如【移动】图标的简介以及操作，可以根据相应的章节进行练习。

6.7.1　控制目标对象移动

新建一个文件，创建指向固定路径的终点动画，然后使用变量控制目标对象的移动速度，时限控制目标对象移动的效果。

(1) 新建一个文件，选择【修改】|【文件】|【属性】命令，打开【属性】面板，在【属性】面板的【大小】下拉列表框中选择【根据变量】选项。

(2) 在【图标】面板中拖动 2 个【显示】图标和 1 个【移动】图标到程序设计窗口中，并分别命名，如图 6-41 所示。

(3) 双击【人】显示图标，打开演示窗口，选择【文件】|【导入和导出】|【导入媒体】命令，将一张人物图片添加到窗口中。

(4) 按住 Shift 键，双击【球】显示图标，在演示窗口中导入一张足球图片，并拖动到如图 6-42 所示的位置。

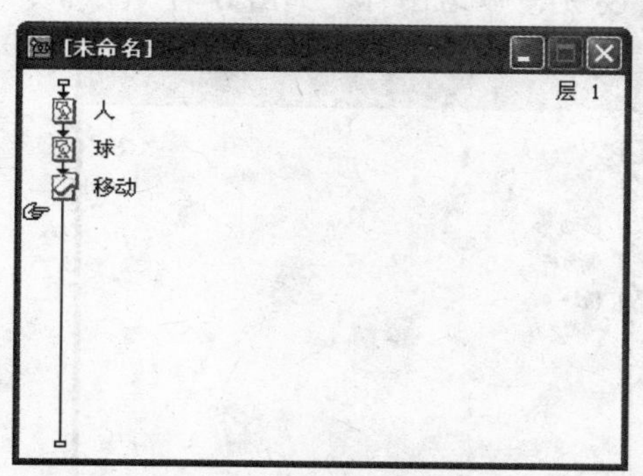

图 6-41　添加图标

图 6-42　导入图像

(5) 双击【移动】移动图标，打开【属性】面板。

(6) 在打开的【属性】面板的【类型】下拉列表框中选择【指向固定路径的终点】选项，然后在【定时】下拉列表框中选择【时间】选项，之后在【时间】选项下方的文本框中输入数值 10，设置对象的移动时间。在演示窗口中单击足球图像，将足球确定为移动对象，设置的【属性】面板如图 6-43 所示。

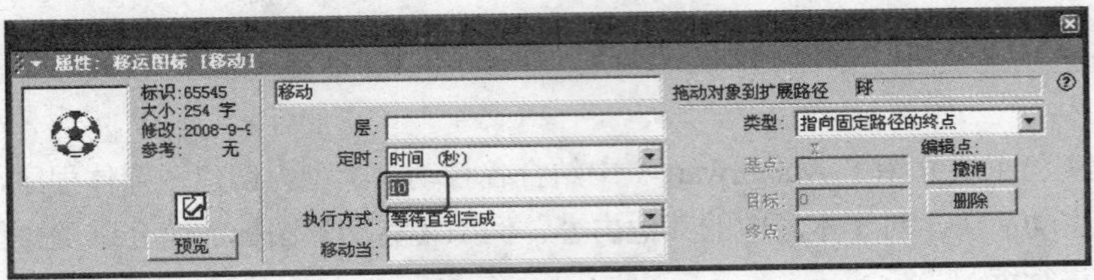

图 6-43　设置【属性】面板

(7) 拖动足球图像到如图 6-44 所示的位置，此时该处将出现一个路径点。继续拖动足球图像，创建如图 6-45 所示的路径。

图 6-44　创建一个路径点

图 6-45　创建路径

(8) 双击各个路径点，创建的路径会自动转换为一条曲线路径，如图 6-46 所示。

(9) 在程序设计窗口中添加 2 个【显示】图标，分别重命名图标，如图 6-47 所示。

图 6-46　转换为曲线路径

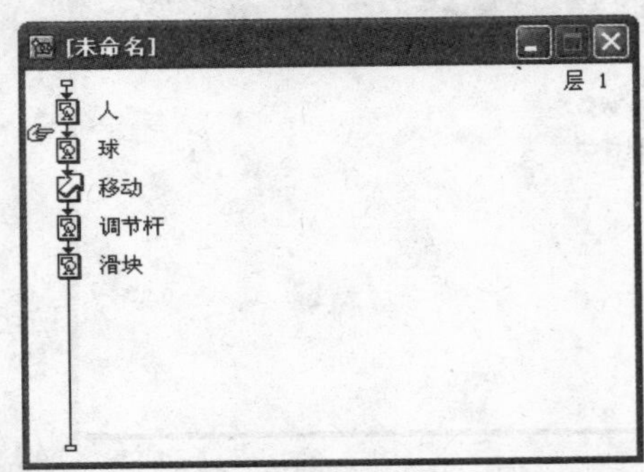

图 6-47　添加图标

(10) 分别双击【调节杆】和【滑块】显示图标，在打开的演示窗口中导入图像，如图 6-48 所示。

(11) 右击【滑块】显示图标，在弹出快捷菜单中选择【属性】命令，打开【属性】面板。在【位置】下拉列表框中选择【在路径上】选项，在【活动】下拉列表框中选择【在路径上】选项，如图 6-49 所示。

图 6-48　导入图像

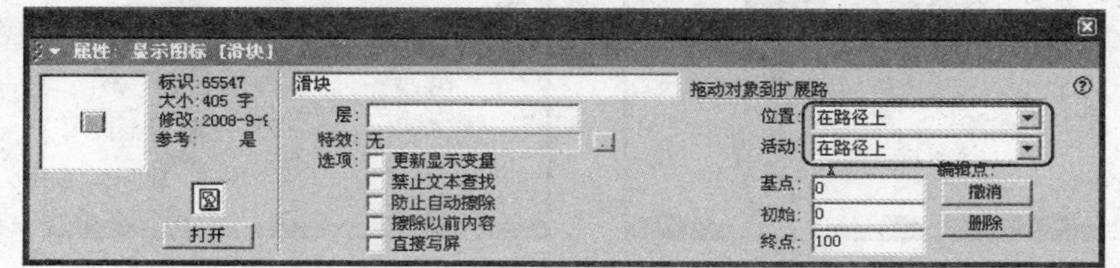

图 6-49　设置【属性】面板

(12) 单击【滑块】对象，将它作为移动对象。将滑块从速度调节杆的左端拖动到右端，如图 6-50 所示。

(13) 在【属性】面板的【初始】文本框中输入数值 0，以使滑块只能沿速度调节杆移动。

图 6-50　拖动滑块

(14) 双击【移动】移动图标，打开【属性】面板。

(15) 在【属性】面板的【定时】下方的文本框中输入“PathPosition@"滑块"”，确定移动对象为【滑块】对象。

(16) 在【执行方式】下拉列表框中选择【永久】选项，然后在【移动当】文本框中输入 TRUE，如图 6-51 所示。

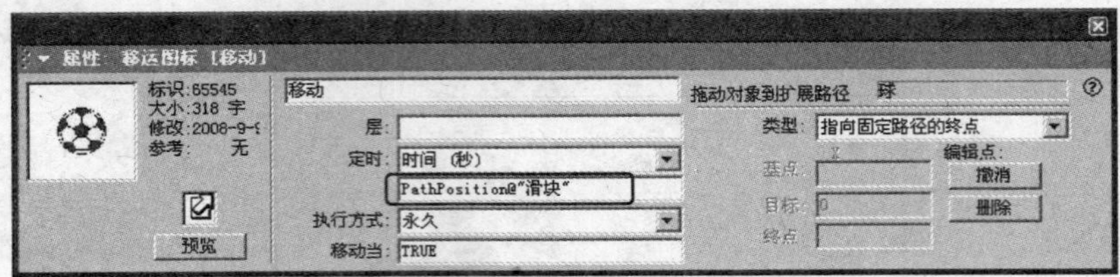

图 6-51　设置【属性】面板

(17) 单击工具栏上的【运行】按钮，运行程序。在调节杆上拖动滑块，可以改变足球移动速度，程序效果如图 6-52 所示。

图 6-52　程序运行效果

6.7.2　利用自定义变量移动对象

创建程序，实现按住 Shift 键和 Alt 键，对象实现不同的动作效果。

(1) 新建一个文件，拖动 2 个【显示】图标和 2 个【移动】图标到程序设计窗口中，分别重命名图标，如图 6-53 所示。

(2) 双击【人】显示图标，打开演示窗口，导入一个图像到演示窗口中。按住 Shift 键，双击【球】显示图标，导入一个足球图像到演示窗口中。

(3) 双击【直线】移动图标，打开【属性】面板。单击足球图像，在【类型】下拉列表中选中【指向固定路径的终点】选项，移动足球图像到如图 6-54 所示位置。

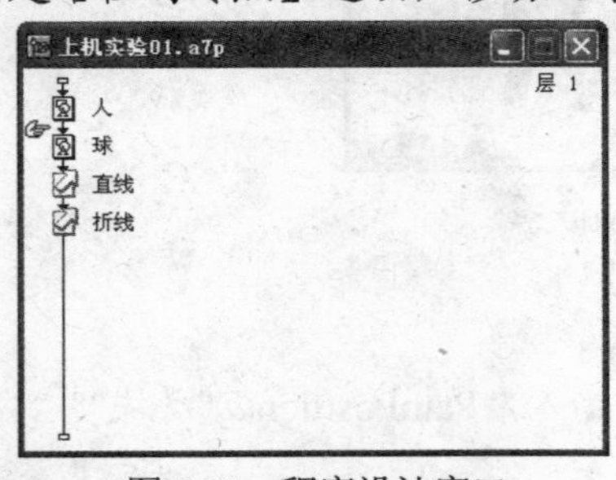

图 6-53　程序设计窗口

图 6-54　拖动图像

(4) 在【属性】面板的【定时】下拉列表中选中【时间(秒)】选项，在下面的文本框中输入变量 ShiftDown，在【执行方式】下拉列表中选择【永久】选项，在【移动当】文本框中输入 TRUE，

如图 6-55 所示。

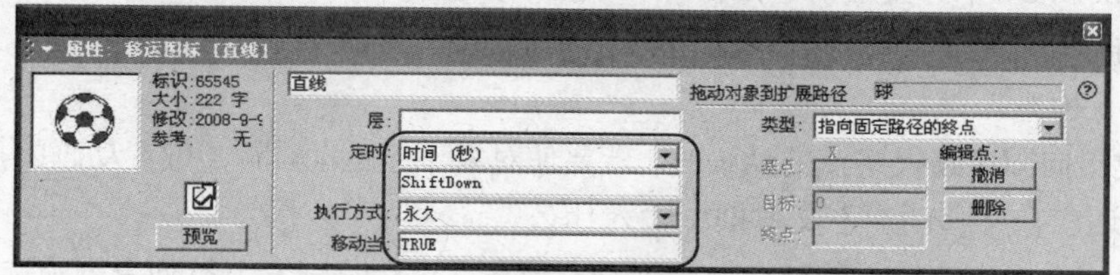

图 6-55　设置【属性】面板

(5) 双击【折线】移动图标，打开【属性】面板。单击足球图像，在【类型】下拉列表中选中【指向固定路径的终点】选项，创建足球图像移动路径，如图 6-56 所示。

(6) 在【属性】面板的【定时】下拉列表中选中【时间(秒)】选项，在下面的文本框中输入变量 AltDown，在【执行方式】下拉列表中选择【永久】选项，在【移动当】文本框中输入 TRUE，如图 6-57 所示。

图 6-56　创建移动路径

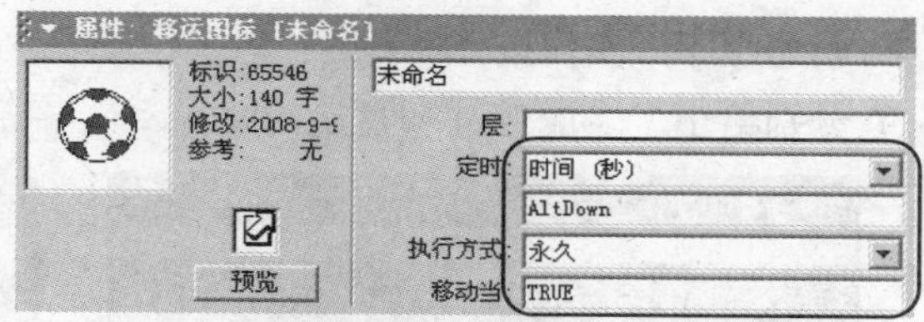

图 6-57　输入变量

(7) 单击工具栏上的【运行】按钮运行程序，当按住 Shift 键时，足球沿直线运动，按住 Alt 键时，足球沿折线运动，如图 6-58 所示。

图 6-58　程序运行效果

6.8　习题

1. 使用 Authorware 创建的动画主要有哪两种形式？

2. 在 Authorware 中，【移动】图标默认的运动类型是？

3. 强大的移动功能是实现多媒体动画的前提与基础。目前，Authorware 7 支持 5 种移动功能，分别是哪 5 种？

4. 在创建指向固定路径终点的动画时，若要使对象不停运动，除了设置动画的执行方式为【永久】外，还应在【移动当】文本框中输入什么？

5. 在创建指向固定直线上的某点的动画时，若在【远端范围】下拉列表框中选择【循环】选项，结束点设置为 100，则当给定的目标点值为 110 时，对象将定位在何处？

6. 创建一个程序，使得对象【足球】沿如图 6-59 所示的曲线轨迹运动。

图 6-59　对象【足球】的运动轨迹

7. 创建程序，实现按下 Alt 键时老鹰作俯冲运动，按下 Shift 键时老鹰作盘旋运动的效果，图 6-60 分别给出了老鹰俯冲和盘旋的路径。

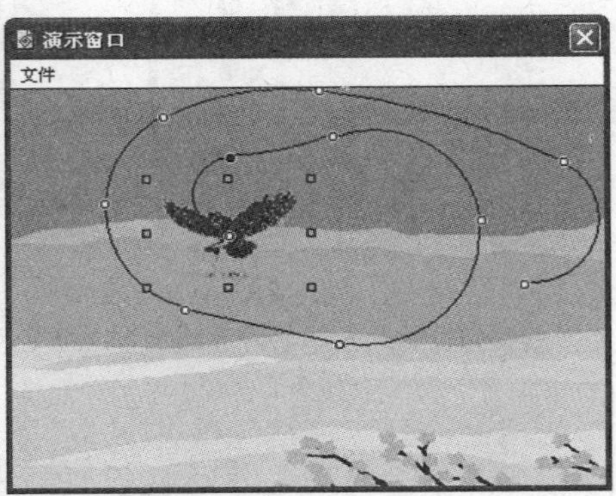

图 6-60　老鹰俯冲和盘旋的路径

第7章 交互结构(1)

学习目标

多媒体有3个显著特征，即集成性、交互性和同步性，Authorware 7具有双向信息传递方式，它不仅可以向用户演示信息，同时也允许用户向程序传递一些控制信息，这就是所谓的交互性。它改变了用户只能被动接受的局面，可以通过键盘、鼠标等来控制程序的运行。Authorware提供了11种形式的交互，通过【交互】图标可以很容易地创建各种交互。

本章重点

- 认识程序的交互功能
- 创建按钮响应
- 创建热区域响应
- 创建热对象响应

7.1 程序的交互

多媒体程序通常要具备两个特征——多样性和交互性。前面介绍的在多媒体程序中集成文字、图形、图像、动画、声音、数字电影和DVD视频的方法，只是体现了多媒体程序的多样性。多媒体程序的交互性是指用户可以参与到程序的运行过程中，例如当程序运行到某一时刻，将允许用户作为某种选择等。

7.1.1 交互功能的简介

简单地说，交互就是一种用户通过各种接口与计算机对话的机制。交互功能的出现，不仅使多媒体程序能够向用户演示信息，同时也允许用户向程序传递控制信息，程序根据控制信息作出实时的反应。

1. 交互功能的概念

通过交互功能，人们不再被动地接受信息，而是可通过键盘、鼠标甚至时间间隔来控制多媒体程序的流程。为了实现交互功能，必须在多媒体程序内设置多个交互点，这些交互点提供了响应用户控制信息的机会。通过对控制信息的记录和比较，就可以决定程序下一步应该运行的内容。

2. 交互功能的意义

当一个多媒体程序中创建了交互响应之后，用户只需按下某个按钮，或者单击键盘上的某个按键，或者移动窗口中的某个显示对象，Authorware 7 就会自动地在【交互】图标下选择执行对应的响应分支流程，以响应用户的操作。因此，在多媒体程序中使用交互功能有着非常重要的现实意义。

- 有利于激发受众认知主体。多媒体程序具备人机交互、图文并茂、丰富多彩和反馈及时的优点。这种交互方式在教学过程具有重要意义，它能够有效地激发受众的学习兴趣，使受众在交互式学习环境中有了主动参与的可能，从而能真正体现受众认知主体的作用。
- 有利于知识的获取和保持。多媒体计算机提供的外部刺激是多种感官的综合刺激。实验心理学家赤瑞特拉(Treicher)通过心理实验证实：人类获取的信息 83%来自视觉、11%来自听觉，这两个加起来就有 94%，多媒体技术调动多重感官接受刺激获取的信息量，比单一地听教师讲课强得多。另外一个关于知识保持即记忆持久性的实验证实：人们一般能记住自己阅读内容的 10%、自己听到内容的 20%、自己听到和看到内容的 50%、在交流过程中自己所说内容的 70%。这就是说，如果既能听到又能看到，再通过讨论交流用自己的语言表达出来，知识的保持将大大优于传统教学的效果。
- 有利于建构最理想的学习环境。建构主义学习理论认为，情景、协作、会话和意义建构是学习环境中的四大要素。建构主义的教学主张恰好是多媒体技术功能之所长，多媒体中所包含的密集信息与网络计算机加工处理以及交互传输的强大功能，使建构主义提出的情景、协作、会话和意义建构获得了有力的技术支持。
- 超文本替代文本进行教学。超文本(Hypertext)是按照人脑的联想思维方式非线性地组织管理信息的一种先进技术。以往的教学基本上是纯文本性质的，引入超文本方式进行教学意味着教学体系的逻辑转换，将会对传统的教学模式产生深远的影响。

7.1.2 【交互】图标的结构和组成

要创建交互效果，并不是通过一个【交互】图标就能完成，而是通过与其他图标配合使用共同来完成交互效果。如图 7-1 所示的就是一个典型的交互结构，它由【交互】图标、【响应】图标、响应类型符号、响应分支和响应分支流向符 5 部分组成。

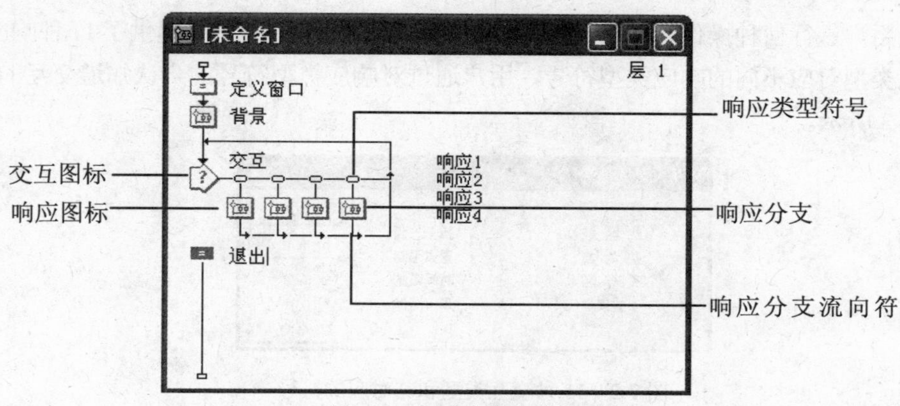

图 7-1　典型的交互结构

1. 交互图标

【交互】图标是整个交互作用分支结构的入口。虽然【交互】图标本身并不能提供交互性，但是离开了交互图标就不能实现交互响应。

【交互】图标具有显示功能、决策功能、擦除功能和等待功能。实际上【交互】图标是【显示】图标、【决策】图标、【擦除】图标和【等待】图标的组合。

下面是【交互】图标的主要功能。

- 显示功能：当程序执行到【交互】图标时，不仅显示【交互】图标中的内容(如文字和图形等)，还显示该【交互】图标所附属的【响应】图标的一些信息(如按钮和文本输入框等)。
- 决策判断功能：当用户按照提示进行响应后，Authorware 将根据用户的响应来选择执行所附属的一条或几条分支，并执行分支中的【响应】图标以向用户说明选择正确；反之，如果选择了错误的按钮，【交互】图标就选择进入另一条响应分支，并执行这条分支中的【响应】图标以向用户说明选择错误，且询问用户是否还要重新选择。
- 擦除功能：决定当执行完某条响应分支时，是否将该分支中的显示内容擦除。
- 等待功能：该功能有两种情况，第一种情况是当交互功能完成后，是否暂停以询问用户是否执行下面的内容；第二种情况是当交互完成后，只有用户在交互中进行的所有选择都正确时，程序才会执行下面的内容。

2. 【响应】图标

【响应】图标提供了对用户的反馈信息，它的内容是作为对用户的操作响应而呈现的。所有设计图标都可以作为【响应】图标使用，只需将它们拖动到【交互】图标的右侧即可。但是当【框架】图标、【交互】图标、【决策】图标拖动到【交互】图标右侧时，它们将自动转换为【群组】图标。

3. 响应类型符号

任何一个交互结构的分支都必须具备一种响应类型，因为 Authorware 7 需要知道在什么情

况下或者是用户进行何种操作时才将反馈内容呈现给用户。Authorware 7 提供了 11 种响应类型，不同的响应类型对应不同的响应类型符号，用户通过对响应类型符号的辨认知道交互的响应类型，如图 7-2 所示。

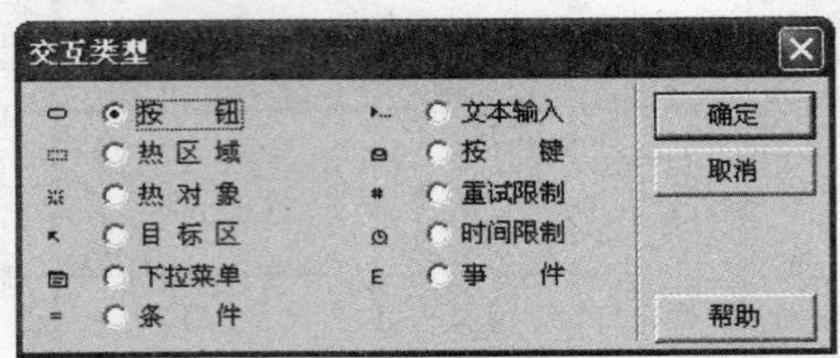

图 7-2　11 种交互类型和其对应的符号

4. 响应分支

响应分支是指根据不同的响应而执行不同程序的分支。在程序设计中可以根据需要选择不同的分支，Authorware 的响应结构共包括【重试】、【继续】、【退出交互】和【返回】4 种分支。

- 【重试】分支：选择该分支结构，则当执行完该响应后，程序将返回到【交互】图标并要求用户重新选择一次。
- 【继续】分支：选择该分支结构，则当执行完该响应后，程序将退出该分支，并继续检查其右边的各个分支响应是否也满足响应条件。
- 【退出交互】分支：选择该分支结构，则当执行完该响应后，程序将退出整个交互，并继续执行流程线上的下一个图标。
- 【返回】分支：选择该分支结构，则响应分支将在程序运行期间的任何地方起作用，只要满足响应条件，就将进入相应的响应分支。需要注意的是，只有在【交互】图标的【属性】面板中选中【永久】复选框后，才能选择该分支。

5. 响应分支流向符

响应分支流向符用于表示响应分支的流向。不同的响应分支类型，其响应分支的流向符也不同。交互响应共有 4 种类型的响应分支，那么相对应的就有 4 种响应分支流向符。

7.1.3　创建交互响应过程和原则

为了实现程序的交互功能，Authorware 通过交互图标在程序中加入交互性，提供按钮、热区域、热对象、下拉菜单及文字输入框等多种形式的交互。建立交互响应之前，必须理解交互的具体执行过程以及交互响应原则。

1. 交互过程的要素

Authorware 提供按钮、热区域、热对象、下拉菜单及文字输入框等多种形式的交互。无论

多么复杂的交互，都具有基本的组成部分，它们由交互的方法、响应和结果组成。

方法是启动交互的一种手段。按钮、热区域及文本框输入等都是作为交互功能内常用的方法之一。在设计交互方法时，一定要选择最有效的交互方式。例如，对于大多数用户来说，填写具体的地名显然要比使用地名的首字母缩写复杂得多。又如，为了防止输入年份的混乱，可以让用户进行选择，而不是手工输入。

响应是用户采取的动作，它与交互方法相对应。比如在程序内出现的文本框，希望用户在其中填写数字序号，但必须考虑到有些用户可能填写非正常的内容，例如字母、符号或小数点等，甚至什么也不填写。此时必须能够预测到用户的所有行为，并据此设计出响应方案。对于不可预测的接收信息，也应该有一个大致的处理办法，提示用户重新输入，忽略不计或采用默认的选项作为响应条件，至少不能因此而造成程序无法正常运行。

结果就是当程序接受用户的响应之后采取的行动，它往往对应于 Authorware 实现的一系列功能。

2. 交互响应的执行过程

建立交互响应之前，必须理解交互的具体执行过程。交互的执行过程是：当 Authorware 执行到一个【交互】图标时，将显示该【交互】图标中的文本、图形和【交互】图标附属的目标响应类型(如按钮、文本输入等)的符号，等待用户的响应。用户响应后，Authorware 将用户响应的消息沿着流程线送出，查看是否与某个响应分支的响应条件相匹配。每个响应分支都类似于一个开关，如果响应消息与某个响应分支的响应条件不匹配，那么此响应分支继续成断开状态，响应消息将沿着流程线继续前进，找到下一个响应分支，再进行匹配。当找到与相应消息匹配的响应分支后，此响应分支就成为连接状态，即执行该响应分支中的【响应】图标。

如图 7-3 所示的按钮交互程序说明了 Authorware 中的交互步骤。如图 7-4 所示的是程序的交互界面，其中有 7 个交互按钮作为目标响应，单击按钮，就可以进入相应的章节进行学习或退出程序。

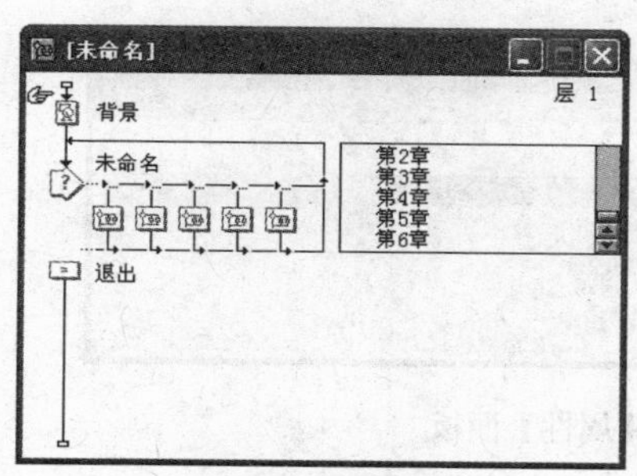

图 7-3　程序流程线

图 7-4　程序界面

运行程序后，当 Authorware 执行到【交互】图标时，自动显示【交互】图标中的图形和文字，并显示 7 个交互按钮。单击任意一点时，Authorware 就自动记录单击的那一点的坐标(相对坐标，演示窗口的左上角为原点(0,0)，坐标向右向下增大)。另外，在开发人员创建按钮时，Authorware 将自动记下各个按钮的位置和大小。

单击鼠标后，Authorware 将按照各个响应分支的先后顺序进行匹配，【第一章】按钮将第一个参加匹配。如果鼠标指针的位置不在【第一章】按钮的区域内，Authorware 就将鼠标指针的位置与流程线上的第二个按钮进行匹配，也就是与【第二章】按钮的区域进行匹配。如果在屏幕上单击的点的位置与某个按钮区域相匹配，假设与【第 3 章】按钮相匹配，那么 Authorware 将进入到这个响应分支中，执行【第 3 章】交互图标中的所有流程。

如果在屏幕上单击的点的位置与所有的按钮区域都不匹配，那么这个交互过程就不会有任何匹配事件发生。响应消息仅仅是经过各个响应类型标识符后返回【交互】图标，Authorware 将等待用户的再次输入。

3. 创建交互响应的原则

在创建交互响应结构时，要注意以下几个基本原则。

- 一个交互响应结构至少应具有一个响应分支。
- 一个响应分支生成后，该分支的响应类型以及各种相关的设置将具有继承性。
- 【交互】图标本身具有显示功能，与交互有关的显示内容可在【交互】图标中创建。
- 如果要使一个【交互】图标在程序中始终起作用，可将其设置成永久性交互。
- 所有图标都可以成为【响应】图标，但当拖放【框架】图标、【交互】图标或【判断】图标到【交互】图标的右侧时，它们将自动转变成【群组】图标。此时将【框架】图标、【交互】图标和【判断】图标重新放置在【群组】图标流程线上即可。

7.1.4 设置【交互】图标的属性

选中【交互】图标，选择【修改】|【图标】|【属性】命令，打开【属性】面板，如图 7-5 所示，默认打开的是【交互作用】选项卡。

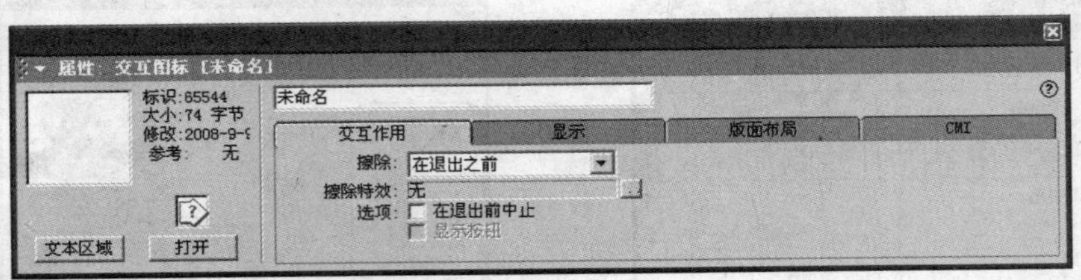

图 7-5 【交互】图标的【属性】面板

在【交互】图标的【属性】面板中包含了【交互作用】、【显示】、【版面布局】和 CMI 四个选项卡。

1. 图标预览区

- 【打开】按钮：单击该按钮，可以创建或编辑交互显示信息。

◎ 【文本区域】按钮：单击该按钮，打开【交互作用文本字段】属性面板，如图 7-6 所示，用于设置文本字段的样式。

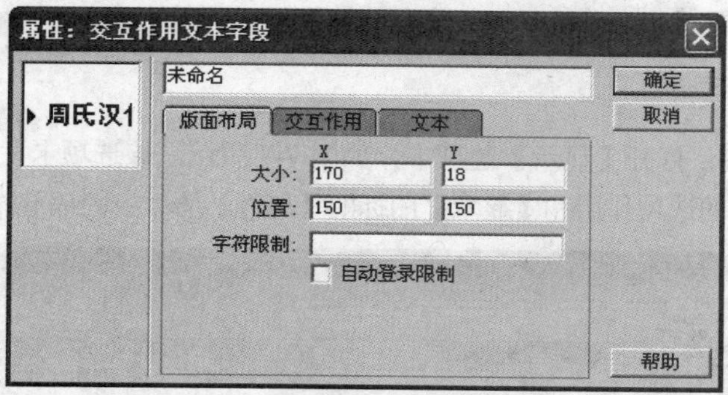

图 7-6　【交互作用文本字段】属性面板

2. 【交互作用】选项卡

单击【交互作用】标签，打开【交互作用】选项卡，如图 7-5 所示，该选项卡主要用于设置文本与交互作用有关的选项，各选项参数的具体作用如下。

◎ 【擦除】下拉列表框：用于对何时擦除交互作用显示信息进行控制，该下拉列表中可以选择 3 个选项。【在退出之前】选项：在程序退出交互分支结构时擦除【交互】图标中显示的内容。选择该选项，【交互】图标中的内容在整个交互过程中将一直显示在演示窗口中，只有退出交互分支结构之后才擦除。该选项是 Authorware 7 的默认选项。【在下次输入之后】选项：程序与用户开始下一次交互作用时，擦除交互作用显示信息。但是当 Authorware 7 遇到一个设置为【重试】属性的分支时，交互显示信息将在消失后重新显示在演示窗口中。【不擦除】选项：选择该选项，则程序即使退出了交互作用分支结构，交互作用显示信息仍然会保留在演示窗口中。当为【交互】图标创建一个【擦除】图标后，才能将交互作用显示信息擦除。

知识点

这里的【擦除】属性只是对交互作用显示信息进行的擦除设置，也就是设置何时擦除在【交互】图标中创建的文本、图形图像等显示对象，用户需要将该属性与【擦除】图标的属性区别开。

◎ 【擦除特效】文本框：用于设置交互作用显示信息的擦除效果，单击文本框右侧的按钮，将打开【擦除模式】对话框。该对话框的使用方法和在【擦除】图标中指定一种擦除效果的方法相同。

◎ 【在退出前终止】复选框：选中该复选框，在程序退出交互作用分支结构时，Authorware 7 会暂停执行下一个设计图标，这样可以使用户有足够的时间来观看屏幕上显示的反馈信息。当用户看完后，可以单击键盘上的任意键或单击鼠标，使 Authorware 继续执行后面的内容。

◉ 【显示按钮】复选框：当选中【在退出前终止】复选框后，【显示按钮】复选框将被激活。选中该复选框，程序退出交互作用分支结构时，屏幕上会出现一个【继续】按钮，用户单击该按钮后，Authorware 7 才会继续执行后面的内容。

3. 【显示】选项卡

单击【显示】标签，打开【显示】选项卡，如图 7-7 所示，该选项卡主要用于设置【交互】图标的显示属性，其中的选项作用和【显示】图标的【属性】面板中的部分作用相同。

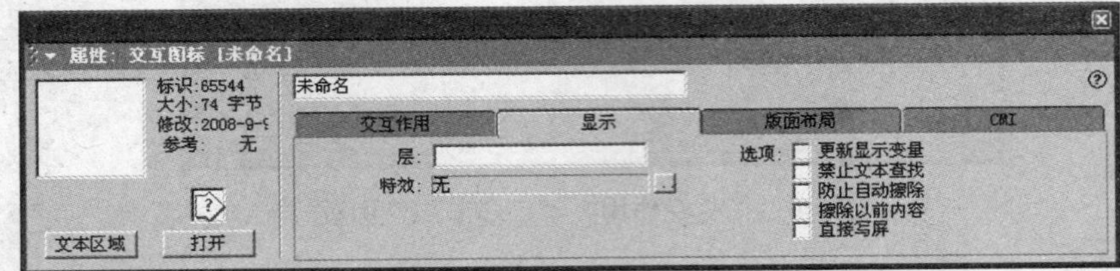

图 7-7 【显示】选项卡

4. 【版面布局】选项卡

单击【版面布局】标签，打开【版面布局】选项卡，如图 7-8 所示，该选项卡中的参数选项作用和【显示】图标的【属性】面板中的部分作用相同。

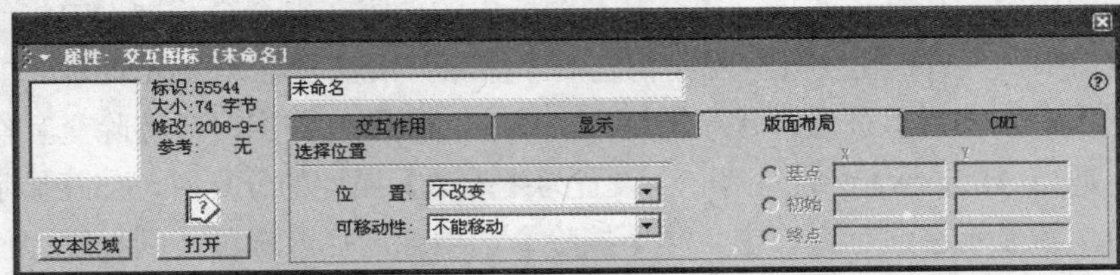

图 7-8 【版面布局】选项卡

5. CMI 选项卡

单击 CMI 标签，打开 CMI 选项卡，如图 7-9 所示，该选项卡提供了应用于计算机管理教学方面的设置。

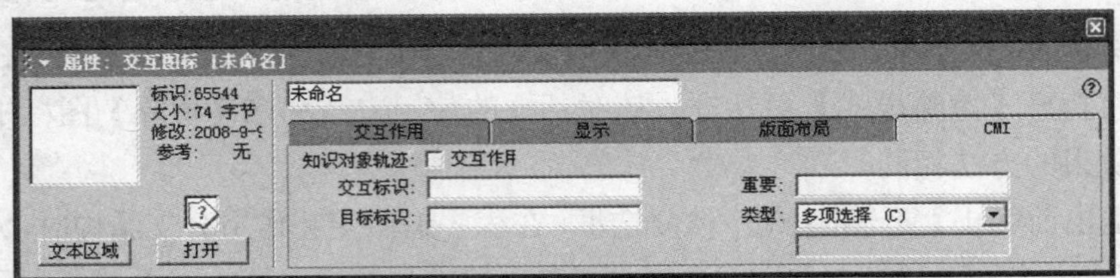

图 7-9 CMI 选项卡

Authorware 7 将 CMI 选项卡中的内容作为系统函数的参数，然后通过系统函数 CMI Addinteraction 向用户的教学管理系统传递在交互作用过程中收集的信息。

- 【知识对象轨迹】复选框：打开或关闭交互过程的跟踪。在选中此复选框之前，必须使文件属性面板中 CMI 选项卡的【全部交互作用】复选框处于选中状态。系统变量 CMITrackinteractions 同样可以用于打开或关闭对交互过程的跟踪，该变量的当前值将取代对【知识对象轨迹】复选框的设置。
- 【交互标识】文本框：用于为交互作用过程设置一个唯一的 ID 标识，在这里输入的内容将被 Authorware 7 用来作为系统函数 CMIAddInteraction 的交互标识 ID。
- 【目标标识】文本框：用于设置与交互作用过程绑定的目标标识 ID。在这里输入的内容将被 Authorware 7 用来作为系统函数 CMIAddInteraction 的目标标识 ID 参数，如果在此没有输入任何内容，Authorware 7 将把【交互】图标的标题作为目标标识 ID。
- 【重要】文本框：用于设置交互作用在整个程序中的相对重要性。在这里输入的内容将被 Authorware 7 用来作为系统函数 CMIAddInteraction 的重要参数。
- 【类型】下拉列表框：用于设置交互作用的类型。在这里做出的选择将被 Authorware 7 用来作为系统函数 CMIAddInteraction 的类型参数。该下拉列表框中共包含了【多项选择】、【填充在空白】和【从区域】3 个选项。

当选择【从区域】选项时，其下方的文本框将变为可输入状态，Authorware 7 将使用该文本框中输入的内容作为系统函数 CMIAddInteraction 的类型参数。在文本框中可以输入字符串和表达式，在输入表达式之前必须首先输入字符=。尽管可以使用任意字符串作为【类型】参数，但是符合 AICC 标准的字符串及其含义仅限于表 7-1 中列出的内容。

表 7-1 符合 AICC 标准的字符串及其含义

字 符 串	含 义
C	多项选择
F	填空
L	类似
M	匹配
P	成绩
S	次序
T	正确或错误
U	无法预料

7.2 使用按钮响应

在多媒体程序设计的过程中，按钮响应是最常用的一种交互响应类型。为了使用按钮响应，首先需要在设计窗口创建交互流程，然后根据需要设置交互响应的属性，最后是设计结果图标。其中最关键的一步是创建一个合理、可行的交互流程，难点是根据程序的内容正确地设置交互响应的属性，而结果图标设置的好坏将影响最终的显示效果。

7.2.1 创建按钮响应

按钮响应是使用最频繁的一种交互方式。

创建按钮响应时，可以首先拖动一个【交互】图标到流程线上，然后拖动一个或多个【显示】图标、【群组】图标或【计算】图标到【交互】图标的右侧，在打开的【交互类型】对话框中选择【按钮】单选按钮，单击【确定】按钮即可。在新创建的程序流程图中，双击流程线上的【交互】图标，将打开演示窗口。在演示窗口中，可以对按钮等对象进行编辑。

7.2.2 设置按钮响应属性

按住 Ctrl 键，双击【交互】图标右侧的交互流程线上的响应类型标识符，打开【交互】图标的【属性】面板，如图 7-10 所示。

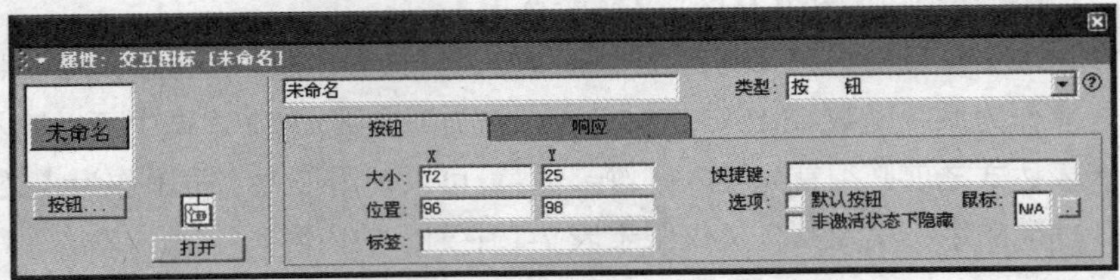

图 7-10 【交互】图标的【属性】面板

按钮响应的【属性】面板主要包括 3 个部分：预览区、【按钮】选项卡和【响应】选项卡。在左边的预览窗口中，显示了由按钮响应所产生的一个按钮。

1. 预览区

在预览区中共包含了【按钮】和【打开】两个按钮。

◎ 【按钮】按钮：单击该按钮，将打开如图 7-11 所示的【按钮】对话框，在该对话框中可以选择 Authorware 7 提供的系统按钮，也可以自定义按钮。

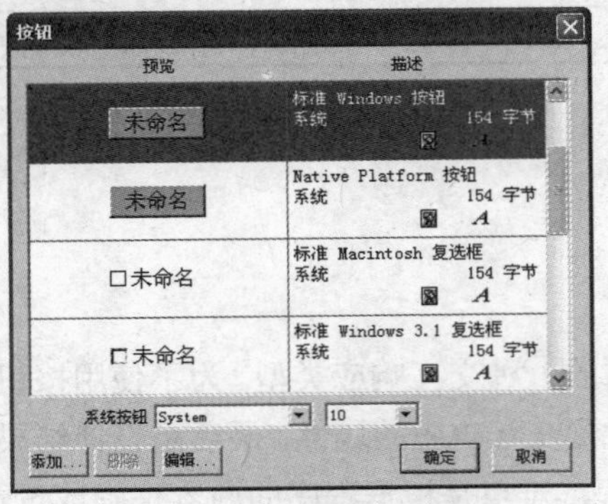

图 7-11 【按钮】对话框

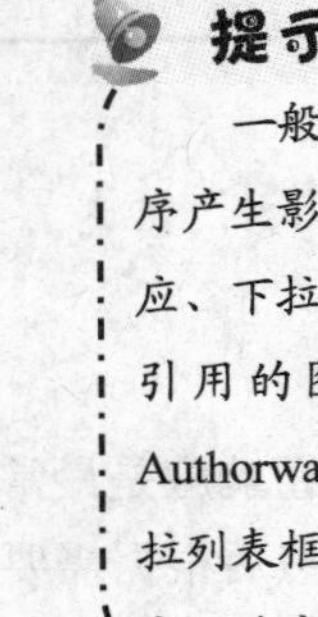

提示

一般情况下，图标名不会对 Authorware 程序产生影响。但是，在按钮响应、文本输入响应、下拉菜单响应、条件响应及被函数或变量引用的图标名等情况下，图标名会影响 Authorware 程序的显示和功能；在【类型】下拉列表框中选择任何选项后，都将改变当前的交互响应的类型。

◎ 单击【打开】按钮，单击该按钮，将打开该响应所对应的【响应】图标的演示窗口，就可以在该窗口中对其中的内容进行编辑了。

2. 【按钮】选项卡

单击【按钮】标签，打开【按钮】选项卡，如图7-10所示，在该选项卡中，各参数选项的具体作用如下。

◎ 【大小】和【位置】文本框：用于定义按钮响应的大小与位置。在这两个文本框内，都包含X和Y文本框，用户可在其中以像素为单位输入屏幕坐标值，也可以输入变量。在【大小】文本框中，X决定按钮的宽度，Y决定按钮的高度。在【位置】文本框中，X确定按钮左上角的X坐标，Y确定按钮左上角的Y坐标。

◎ 【标签】文本框：用于设置按钮响应的名称，一旦在此文本框内对响应的名称进行修改，演示窗口及流程线上的图标名称都会发生同步的变化。在改变【标签】文本框的内容时，按钮的大小将会根据图标名称的长短自动进行调整。对于用户自定义的按钮，它的大小不会受图标名称长短的影响。

◎ 【快捷键】文本框：用于设置触发按钮响应的键盘快捷键，使用这些快捷键可代替鼠标的单击操作。需要使用多个快捷键时，可以在每个快捷键之间使用 | 符号分隔。例如，在【快捷键】文本框内输入A| a，表示使用大字的字母A和小字的字母a都能够触发按钮响应。需要使用组合键时，可直接在【快捷键】文本框内输入组合键的名称。例如，Ctrl+A表示Ctrl+A组合键将触发所选的按钮响应。在使用键盘快捷键或组合键时，应该注意避免与应用程序窗口的一些常用快捷键重复。如果产生冲突，Authorware将优先执行内置的快捷键。

◎ 【选项】选项区域：选中【默认按钮】复选框后，将在按钮的周围添加一圈加粗的黑线，表示该按钮是默认的选择。此时，用户只需按下Enter键，就可以触发按钮对应的动作。如果按钮是自定义的，那么该复选框的功能将失效；选中【非激活状态下隐藏】复选框后，当按钮处于禁用状态时，它就会从屏幕上消失。一旦该按钮变成有效状态，则它又会自动出现；【鼠标】文本框用于显示将鼠标移动到按钮上时光标所显示的形状，默认情况下，文本框中将显示N/A，表示采用默认的鼠标指针形状。单击右侧的按钮时，将打开【鼠标指针】对话框，在该对话框中可以选择或自定义鼠标指针的形状。

提示

通常情况下，操作系统都会附带着数量不等的光标文件，它们位于安装目录的Cursors文件夹内。对于自定义的光标文件，Authorware在打包时将自动把这些文件包含进来，并且可通过【编辑】和【删除】按钮对其进行编辑或删除。对于Authorware内置的光标文件来说，【编辑】和【删除】按钮将被禁用。

3. 【响应】选项卡

单击【响应】标签，打开【响应】选项卡，如图7-12所示。该选项卡主要用于控制Authorware何时擦除在图标中显示的文本或图形，以及在离开图标时程序的流程走向。

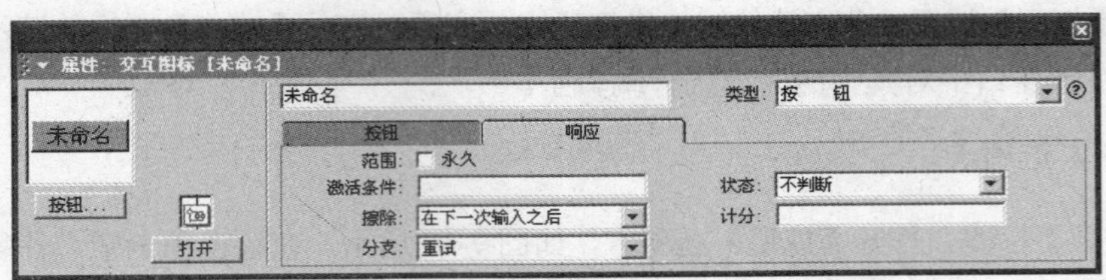

图 7-12　【响应】选项卡

在【响应】选项卡中，各参数选项的具体作用如下。

- 【范围】复选框：选中该复选框之后，可使当前的按钮响应在整个程序或程序的一部分中永久有效，而不需要在每个交互过程中都创建一个新的按钮响应。
- 【激活条件】文本框：可在该文本框中输入一个条件表达式。当表达式的值为真时，则交互响应就处于有效状态。如果表达式的值为假，则交互响应处于禁用状态。如果没有在此文本框中输入任何条件表达式，则当前的交互响应将一直有效。
- 【擦除】下拉列表框：用于设置擦除图标的方式。选择【在下次输入之后】选项，表示在用户进行另一个交互响应之后才擦除当前图标中的内容，如果将返回路径设置成返回交互主流程或继续，则当前图标中显示的内容会继续保留在屏幕上，除非用户进行另一个交互响应。如果新的响应与某一个目标响应匹配，则 Authorware 就会擦除屏幕上的内容，否则 Authorware 不会自动擦除屏幕上的内容。如果将返回路径设置成退出交互，那么当 Authorware 退出交互时就会自动擦除当前图标中的内容。选择【在下一次输入之前】选项，表示在用户作出另一个交互响应之前擦除当前图标中的内容。选择【在退出时】选项，表示仅当 Authorware 退出交互时才擦除屏幕上当前图标中的内容。选择【不擦除】选项，将始终保持当前屏幕上的显示内容，除非用一个【擦除】图标把它们擦除。

提示

为了在显示被擦除之前看到屏幕上的内容，通常在最后插入一个【等待】图标。

- 【分支】下拉列表框：用于确定返回路径。

提示

通常情况下，【分支】下拉列表框中的【返回】选项是不会出现的，这是因为用户没有选择【永久】复选框。改变图标返回路径的更好方法是按住 Ctrl 键，然后在程序设计窗口内单击【交互】图标的上方和下方的分支流程线。

- 【状态】下拉列表框：用于决定 Authorware 如何判断用户的响应。选择【不判断】选项，表示不对用户的响应进行跟踪；选择【正确响应】选项，表示只记录正确的响应数；选择【错误响应】选项，表示记录错误的响应数。

提示

为便于区别不同的结果响应，Authorware 对它们的名称进行了修正。如果某个图标所对应的目标响应为正确的响应，则在该图标名称的前面就会出现一个【+】符号，如果某个图标所对应的目标响应为错误的响应，则在该图标名称的前面就会出现一个【–】符号；如果不对某个图标所对应的目标响应进行判断，在该图标名称前面不会出现任何符号。通过响应名称的判断，就可以知道结果响应的类型。为了更快捷地改变图标的返回路径，可以按住 Ctrl 键，同时单击图标名称前的【+】、【–】符号或空白，就可以循环地改变响应状态。

- 【计分】文本框：用于设置与当前响应相关的分数值。可以按如下方式设置【计分】文本框。如果该响应是正确的，则分数值设为正值并返回；如果该响应是错误的，则分数值设为负值。另外，还可以在【计分】文本框中使用表达式。

【例 7-1】创建按钮响应类型，使程序分别出现【计数器】、【画图】和【退出】按钮，实现不同的响应。

(1) 新建一个文件。从【图标】面板中拖动一个【显示】图标和一个【交互】图标到流程线上，并分别将其命名为【背景】和【交互】，如图 7-13 所示。

(2) 拖动 3 个【计算】图标到【交互】交互图标的右侧，当拖动第一个【计算】图标到交互图标的右侧时，将打开如图 7-2 所示的【交互类型】对话框，默认该对话框中选中的【按钮】单选按钮，然后单击【确定】按钮。分别重命名图标，如图 7-14 所示。

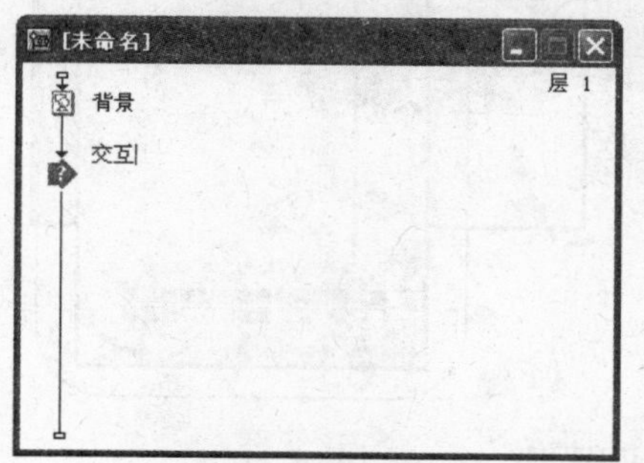

图 7-13　添加图标

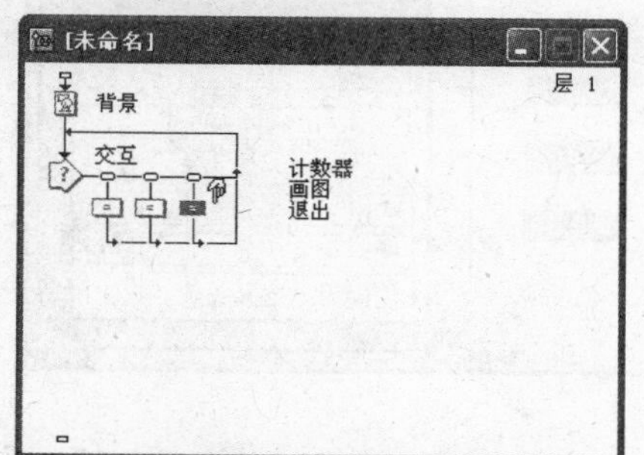

图 7-14　重命名图标

(3) 双击【背景】显示图标，打开演示窗口，在演示窗口中导入一副背景图像。使用【文本】工具，输入响应的文本内容，如图 7-15 所示。

(4) 双击【计算器】计算图标，打开脚本编辑窗口，输入命令 JumpOutReturn("C:\\WINDOWS\\System32\\calc.exe")。双击【画图】计算图标，打开脚本编辑窗口，输入命令 JumpOutReturn("C:\\WINDOWS\\System32\\mspaint.exe")。

(5) 双击【退出】计算图标，在打开的脚本编辑窗口中输入命令 Quit(1)。

知识点

JumpOutReturn 为系统函数，它可以调用 Authorware 之外的应用程序，并可在调用结束之后重新返回 Authorware 程序。

(6) 双击【背景】显示图标，打开演示窗口，然后按住 Shift 键依次双击 3 个【计算】图标上方的响应类型符号，将依次出现的 3 个按钮拖动到如图 7-16 所示的位置。

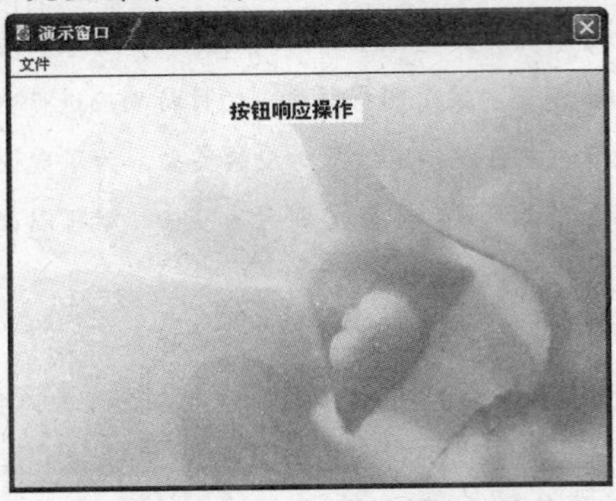

图 7-15　导入图像并添加文本

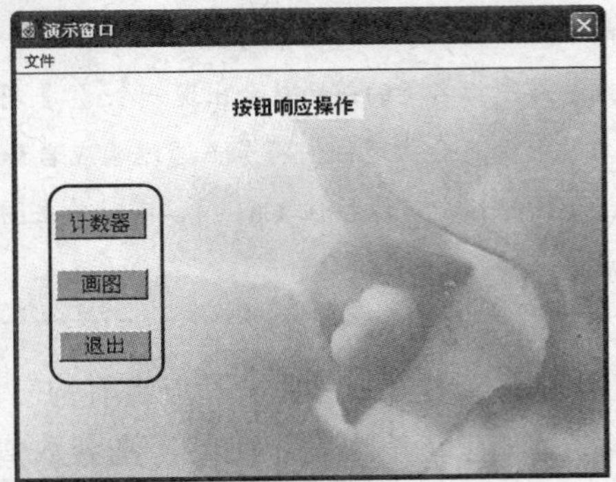

图 7-16　拖动按钮

(7) 保存文件，单击工具栏上的【运行】按钮，单击响应的按钮，被调用的应用程序出现在一个单独的对话框中，如图 7-17 所示。可以选择关闭该应用程序或者单击演示窗口中的【退出】按钮，退出 Authorware 程序。

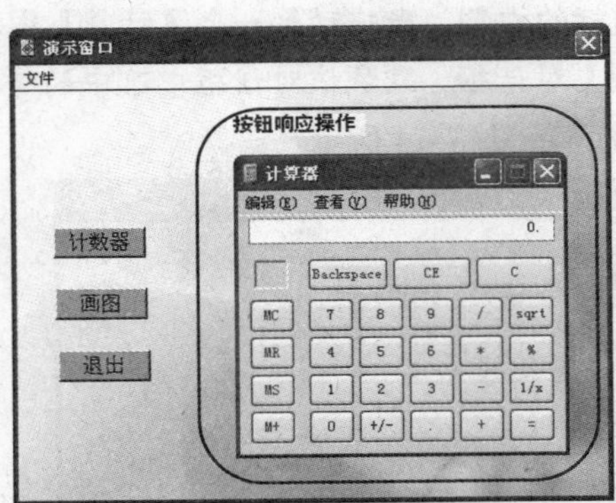

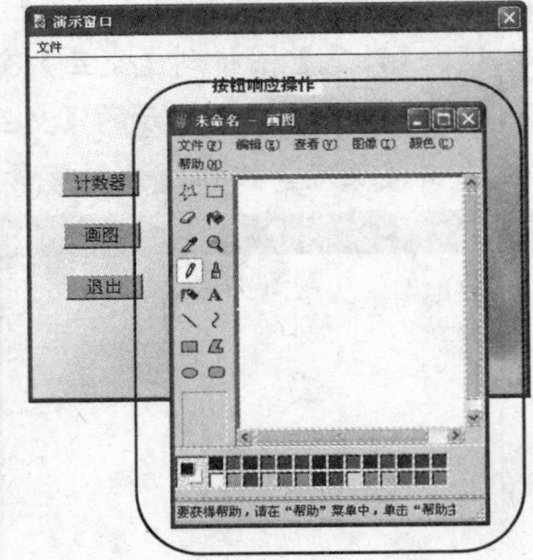

图 7-17　调用应用程序

7.3　创建热区域响应

所谓热区域，指的是演示窗口中的一个矩形区域，通过此矩形区域可以得到相应的反馈信息。和按钮响应相比，这种响应类型更容易与背景风格协调一致。热区域响应是在屏幕上建立一个特殊的区域，根据程序设计，在该区域单击、双击或者仅仅将鼠标移动到该区域之上时就实现响应，执行该区域响应下的分支程序。

创建热区域响应后，双击热区域响应类型标识符，可打开热区域响应的【交互】图标的【属性】面板，如图 7-18 所示。在该面板中，可以对热区域响应的属性进行设置。

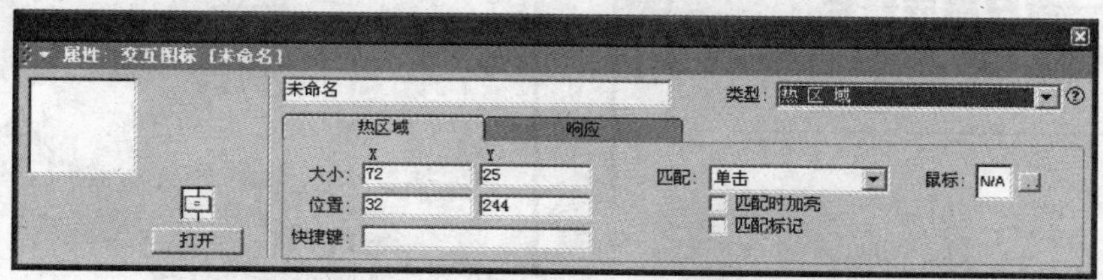

图 7-18　热区域响应的【交互】图标的【属性】面板

1. 设置热区域范围大小、位置和快捷键

在【属性】面板中，【大小】文本框用于设置热区域范围的大小，在该文本框中输入热区域长和宽的数值或表达式来指定热区域范围的大小；【位置】文本框用于设置热区域位置，在该文本框中输入热区域左上角在演示窗口中的坐标位置(以像素为单位)；【快捷键】文本框用于设置热区域响应快捷键，通过按下设置的快捷键来执行相应的热区域分支程序。

2. 设置热区域响应的触发条件

【匹配】下拉列表框用于设置热区域响应触发条件，该下拉列表框中有 3 个选项，各选项的作用如下。

- 【单击】选项：单击热区域激发响应。
- 【双击】选项：双击热区域激发响应。
- 【指针处于指定区域内】选项：鼠标指针在热区域上激发响应。

如果选中【匹配时加亮】复选框，则在热区域范围内按下鼠标后，热区域范围高亮显示(反色显示)；如果选中【匹配标记】复选框，则会在热区域上加上一个小方块标志，当热区域被激发后，方块标志以黑色填充。

【例 7-2】创建热区域响应类型，当光标移至影片名称上时，显示该影片的海报。

(1) 新建一个文件。从【图标】面板中拖动一个【交互】图标到程序设计窗口中，并将其命名为【电影海报】。

(2) 双击【电影海报】交互图标，打开演示窗口，在窗口中输入文本内容，如图 7-19 所示。

(3) 拖动 3 个【群组】图标到【交互】图标的右侧，当拖动第一个【群组】图标到【交互】图标右侧时，在弹出的【交互类型】对话框中选择【热区域】单选按钮，单击【确定】按钮。分别重命名图标，如图 7-20 所示。

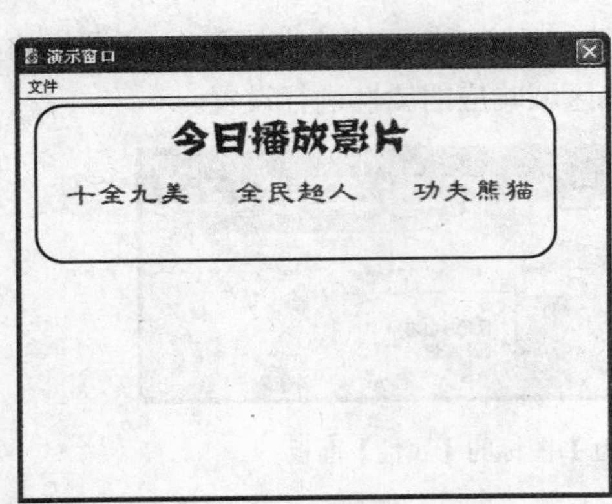

图 7-19　输入文本内容

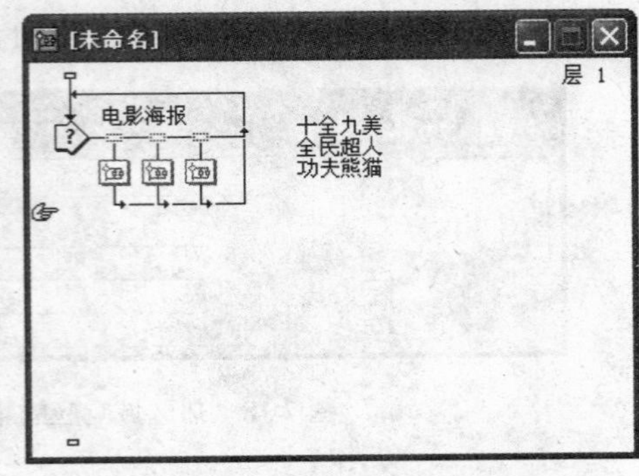

图 7-20　重命名图标

(4) 分别双击【群组】图标，在打开的群组设计窗口中添加一个【显示】图标。

(5) 双击【十全九美】群组图标，打开群组设计窗口，双击【显示】图标，打开演示窗口，导入电影“十全九美”的海报，如图 7-21 所示。

(6) 参照步骤(5)，分别在【全名超人】和【功夫熊猫】群组设计窗口中的【显示】图标中导入相应的海报，调整海报大小。

(7) 按住 Shift 键，依次双击 3 个【海报】显示图标，拖动到合适位置，演示窗口的效果如图 7-22 所示。

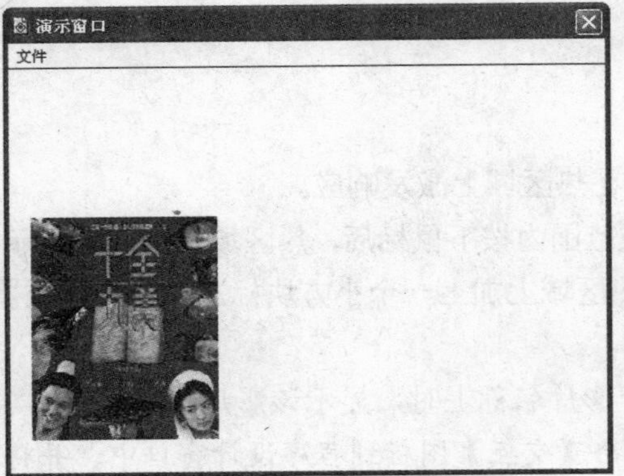

图 7-21　导入电影海报

图 7-22　调整海报大小和位置

(8) 双击【电影海报】交互图标，打开演示窗口，此时可以看到演示窗口中显示【十全九美】、【全民超人】和【功夫熊猫】3 个热区域。

(9) 选择【十全九美】热区域，调整其大小，并将其拖动到文字【十全九美】的上方，将【十全九美】作为热区域文字，如图 7-23 所示。

(10) 参照步骤(9)，依次调整并拖动【全民超人】和【功夫熊猫】两个热区域，使它们分别位于文字【全民超人】和文字【功夫熊猫】的上方，如图 7-24 所示。

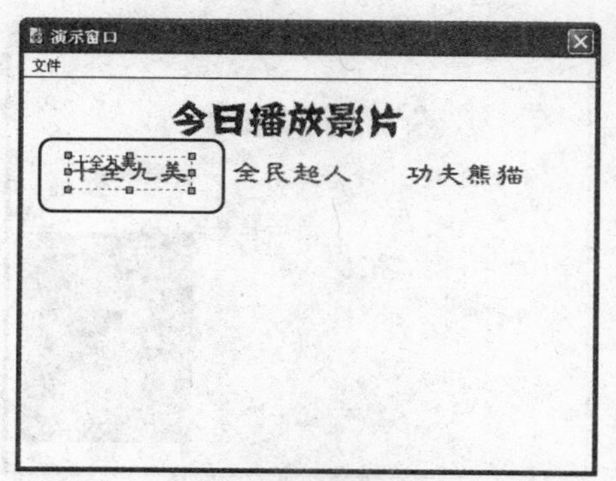

图 7-23　创建【十全九美】热区域文字

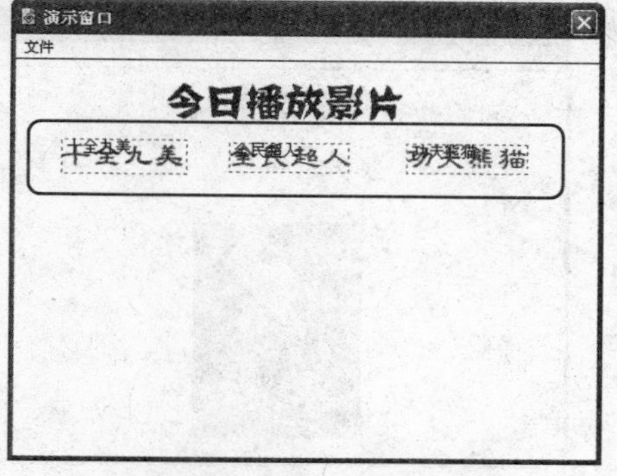

图 7-24　创建所有热区域文字

(11) 双击【十全九美】热区域响应类型符号，打开热区域响应【属性】面板，如图 7-25 所示。

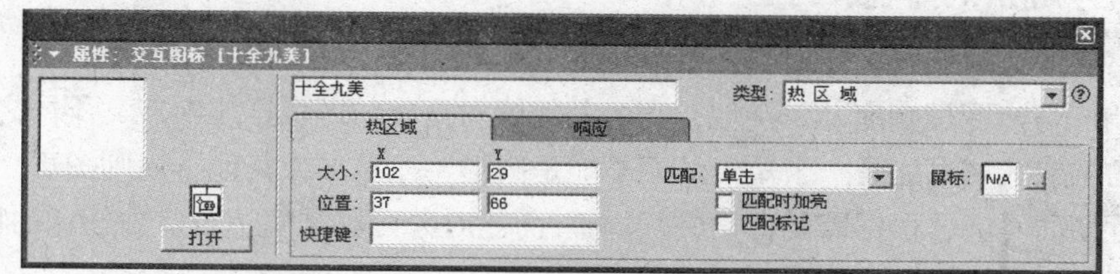

图 7-25　热区域响应【属性】面板

(12) 在【快捷键】文本框中输入字母 s，在【匹配】下拉列表框中选择【单击】选项，并单击【鼠标】预览框右侧的按钮，打开【鼠标指针】对话框，在该对话框中选择手形指针选项，单击【确定】按钮，如图 7-26 所示。

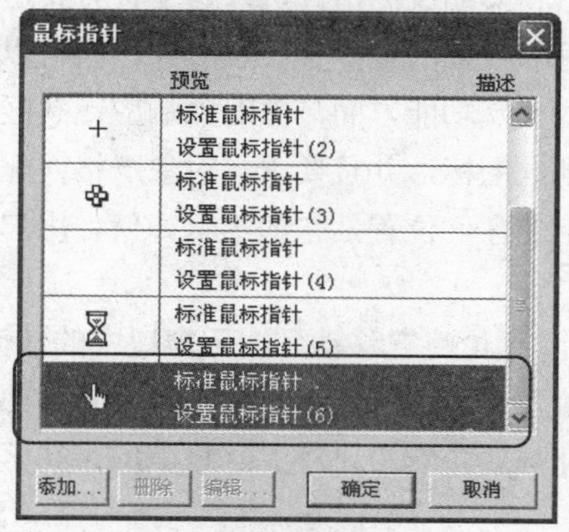

图 7-26　【鼠标指针】对话框

提示

在程序设计的过程中，设置了按钮快捷键，因此在单击【运行】按钮之后，如果按下相应的字母键，那么程序将显示与单击热区域相同的效果，但要注意的是：设置的快捷键必须是小写字母。

(13) 参照以上步骤，双击【全民超人】和【功夫熊猫】热区域响应类型符号，设置属性，要求设置的快捷键分别为 q 和 g。

(14) 单击工具栏上的【运行】按钮，此时将鼠标移动到 3 个热区域文字上时，鼠标都将变为手形指针。分别单击它们，将出现与之对应的海报，如图 7-27 所示。

图 7-27　程序运行效果

7.4　创建热对象响应

热对象响应与热区域响应非常类似，它们都能够对指定的区域产生响应。不同之处在于，热区域响应的响应区域只能是一个矩形，而不能是圆形、三角形或其他不规则图形，且响应区域在程序运行期间不能够根据需要自动进行调整；而热对象可以是演示窗口中任意的特定对象，且可以在演示窗口中任意移动。

7.4.1　热对象响应简介

热对象响应与热区域响应都能够通过单击、双击和移动鼠标指针进入这 3 种方式进行用户与程序之间的交互，从而触发相应的结果图标。热对象处理的是一个显示对象，它可以是任意形状，而热区域处理的是一块矩形区域，因此在实现交互功能方面，热对象响应比热区域响应的效率更高一些。如果建立响应的对象是一个不规则的图标，并且要求与对象严格匹配，热对象响应的作用就显得非常突出。不管对象位于屏幕上的任何位置，它的形状如何，用户都可以通过热对象实现交互。

从响应区域来说，一旦将对象设置为热对象之后，无论将它移动到演示窗口中的任何位置，都可以通过单击、双击或移动鼠标指针进入的方式触发显示图标。一旦将对象设置为热区域之后，则只能是对屏幕上固定的矩形区域作响应。因此热对象响应是动态区域响应，热区域响应是静态区域响应。

为了确保包含热对象的演示窗口和热对象的属性面板同时出现在屏幕上，Authorware 提供了两种方法。第一种方法就是直接运行程序，当 Authorware 检测到某个热对象响应的属性还没有进行设置时，就会自动停止该程序的运行，并打开该热对象响应的属性面板。第二种方法就是首先打开热对象所在的演示窗口，然后切换到程序设计窗口中，双击热对象响应类型标识符，打开属性面板。

提示

由于 Authorware 将一个【显示】图标中的所有显示对象都看作热对象，因此如果希望对某一个对象实现交互响应的功能，必须将热对象放置在一个单独的【显示】图标中。

7.4.2　设置热对象响应的属性

创建热对象响应后，在交互响应结构中双击响应类型符号 ※ ，将打开如图 7-28 所示的【热对象】响应类型的【属性】面板。

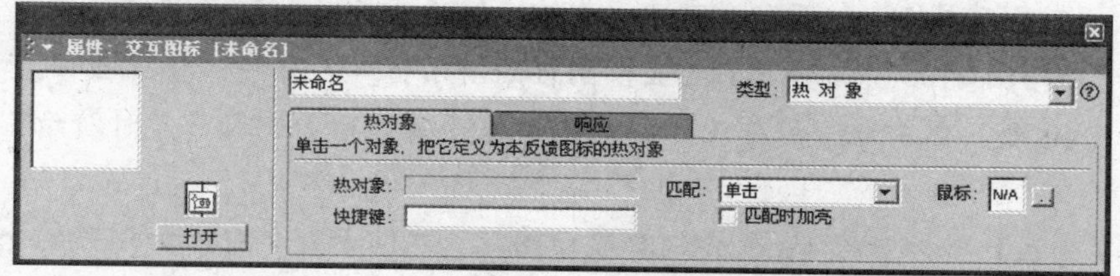

图 7-28　【热对象】响应类型的【属性】面板

在该对话框中主要参数选项的具体作用如下。

- 信息提示行：该提示行用于提示用户用鼠标单击一个对象，把它定义为热对象。
- 【热对象】文本框：显示热对象的名称，如果文本框为空则表示目前还没有指定热对象。
- 【匹配】下拉列表框：用于设置匹配此响应的操作，其中包含 3 个选项。【单击】选项表示用鼠标左键单击热对象响应区域就会匹配该响应；【双击】选项表示用鼠标左键双击热对象响应区域就会匹配该响应；【指针在对象上】选项表示当鼠标移动到热对象上时就能匹配该响应。
- 【匹配时加亮】复选框：选中此复选框则当该热对象响应被匹配时，热对象会高亮显示。

【例 7-3】创建热对象响应实例，要求运行程序时，当鼠标指针指向演示窗口中的图片时，弹出相应简介。

(1) 新建一个文件，选择【修改】|【文件】|【属性】命令，在打开的【属性】面板的【大小】下拉列表框中选择【根据变量】选项，在【选项】选项区域中选中【显示标题栏】复选框。

(2) 从【图标】面板中拖动 4 个【显示】图标和 1 个【交互】图标到程序设计窗口中，并分别给图标重命名。

(3) 拖动 4 个【显示】图标到【交互】图标右侧，设置响应类型为【热对象】，重命名图标，程序设计窗口中的效果如图 7-29 所示。

(4) 双击 mg 显示图标，打开演示窗口，选择【文件】|【导入和导出】|【导入媒体】命令，在该窗口中导入 mg 车标图像，如图 7-30 所示。

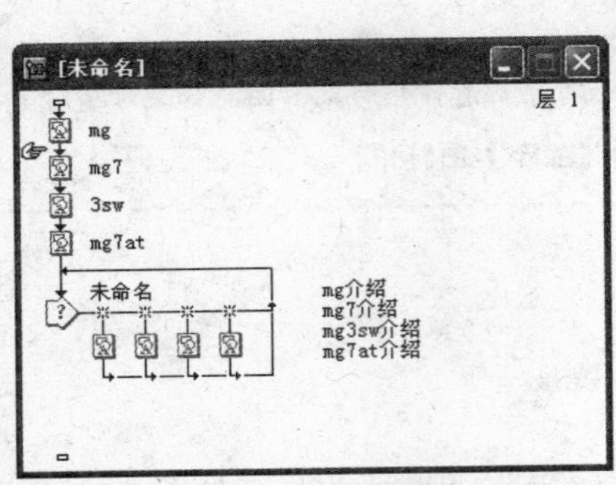

图 7-29　添加图标

图 7-30　导入图像

(5) 双击 mg7 显示图标，打开演示窗口，在演示窗口中导入 mg7 系汽车图片。

(6) 参照步骤(5)，打开 3sw 和 mg7at 显示图标的演示窗口，并导入相应图片。

(7) 按住 Shift 键，依次双击程序设计窗口中的 4 个【显示】图标，此时演示窗口效果如图 7-31 所示。

(8) 双击【交互】图标中的【mg 介绍】显示图标，在演示窗口中添加相关的介绍文字，设置文字属性，如图 7-32 所示。

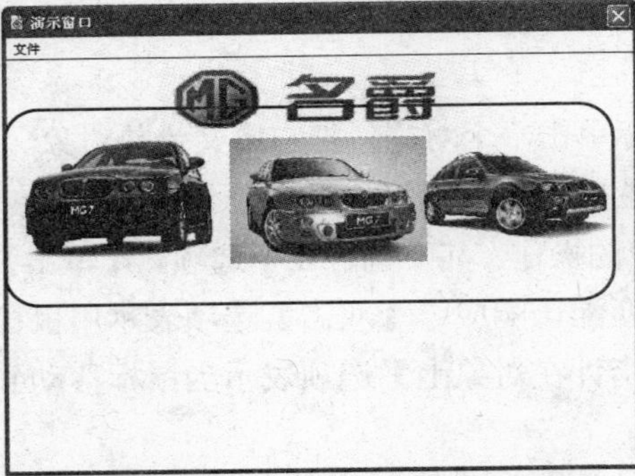

图 7-31　导入图像

图 7-32　添加文本内容

(9) 在另外 3 个【显示】图标中添加相关文字，拖动文本内容到合适位置。

(10) 单击工具栏上的【运行】按钮，在演示窗口中显示导入的 4 张图片。

(11) 双击 mg 显示图标上方的响应类型符号，打开【属性】面板。单击演示窗口中的车标图像，将其设置为热对象，此时该图片将出现在面板右侧的显示框中，如图 7-33 所示。

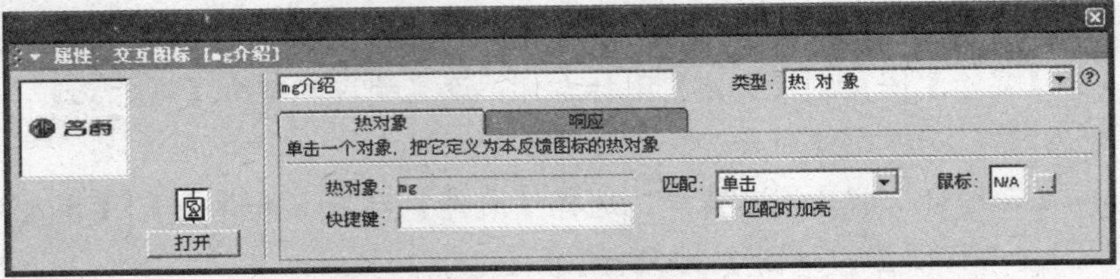

图 7-33　设置热对象响应属性

(12) 在【匹配】下拉列表框中选择【单击】选项，选中【匹配时加亮】复选框。单击【鼠标】右侧的 按钮，打开【鼠标指针】对话框，在对话框中选择【手形指针】选项，然后单击【确定】按钮。

(13) 参照步骤(11)和步骤(12)，设置另外 3 个响应分支。

(14) 单击常用工具栏上的【运行】按钮，程序显示效果如图 7-34 所示。

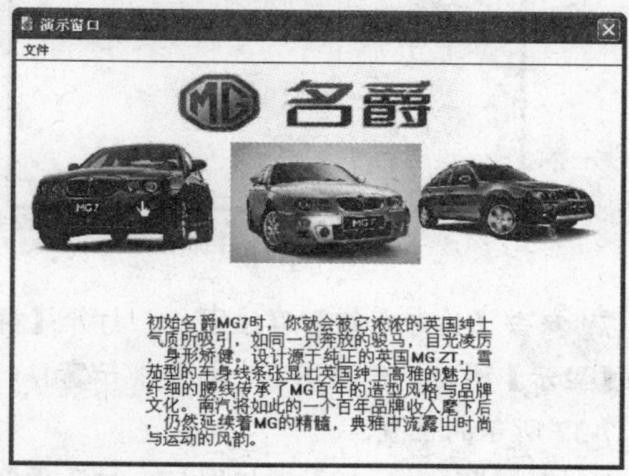

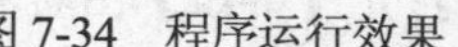
图 7-34 程序运行效果

(15) 选择【文件】|【另存为】命令，保存文件。

7.5 上机练习

本章上机实验主要介绍了 Authorware 7 中结合本章介绍的响应类型，创建多媒体程序，从而使多媒体程序更加生动活泼。对于本章中的其他内容，例如【交互】图标的简介以及操作，交互功能的概念和意义等，可以根据相应的章节进行练习。

7.5.1 制作诗歌赏析课件

新建文件，制作诗歌赏析课件，要求显示作者信息、诗歌简析和相关知识信息。

(1) 新建一个文件，选择【修改】|【文件】|【属性】命令，打开【属性】面板，在【大小】下拉列表框中选择【根据变量】选项。

(2) 从【图标】面板中拖动 2 个【显示】图标和 1 个【交互】图标到程序设计窗口中，并分别给图标重命名。

(3) 拖动 3 个【群组】图标到【交互】图标右侧，设置响应类型为【按钮】响应，重命名图标，程序设计窗口中的效果如图 7-35 所示。

(4) 双击【背景】显示图标，打开演示窗口，选择【文件】|【导入和导出】|【导入媒体】命令，导入一张背景图片到演示窗口中。

(5) 双击【诗歌】显示图标，打开演示窗口，选择【文本】工具，在演示窗口中添加文本内容，设置文本的字体大小、颜色等属性，设置文本的模式为【透明】。

(6) 按住 Shift 键，双击【背景】和【诗歌】显示图标，拖动诗歌文本到如图 7-36 所示的位置。

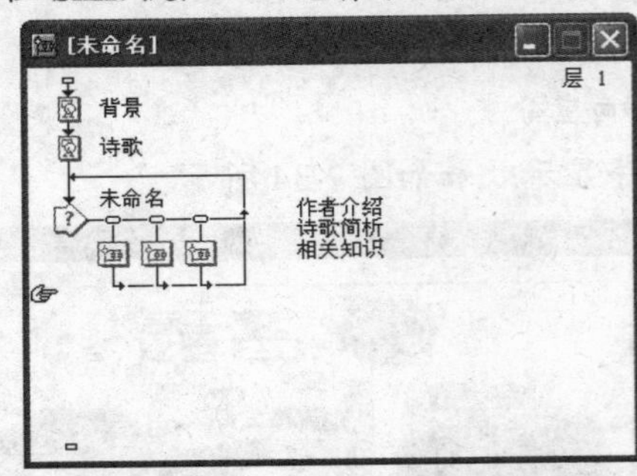

图 7-35　添加并命名图标

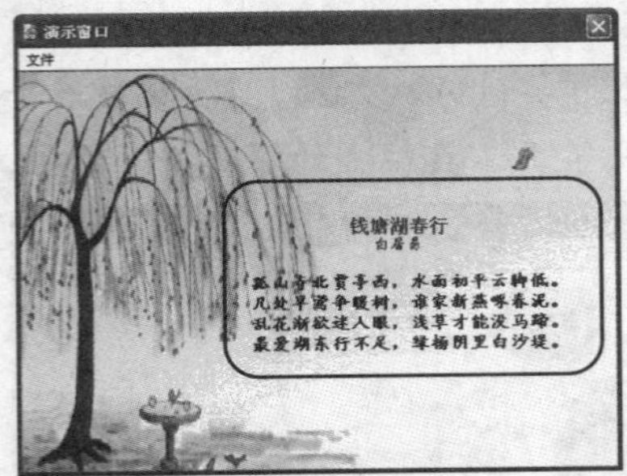

图 7-36　拖动诗歌文本位置

(7) 双击【作者介绍】群组图标，打开【群组】图标程序设计窗口，从【图标】面板中拖动一个【显示】图标，双击图标，打开演示窗口，添加作者介绍的文本内容，设置文本属性并移至如图 7-37 所示的位置。

(8) 双击【诗歌简析】群组图标，打开【群组】图标程序设计窗口，从【图标】面板中拖动一个【显示】图标，双击图标，打开演示窗口，添加诗歌简析的文本内容，设置文本属性。

(9) 双击【相关知识】群组图标，打开【群组】图标程序设计窗口，从【图标】面板中拖动一个【显示】图标，双击图标，打开演示窗口，添加相关知识的文本内容，设置文本属性。

(10) 双击【作者简介】响应类型符号，打开【属性】面板。单击【按钮】按钮，打开【按钮】对话框，如图 7-38 所示，选择一个按钮样式，单击【确定】按钮。

图 7-37　添加文本内容

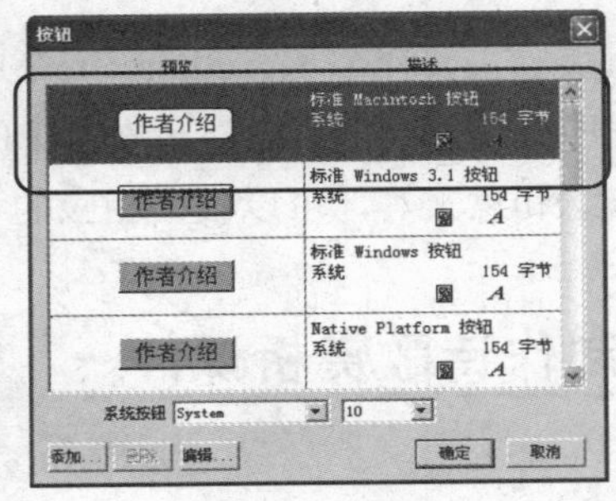

图 7-38　【按钮】对话框

(11) 单击【鼠标】右侧的 按钮，打开【鼠标指针】对话框，如图 7-39 所示，选择一个鼠标样式，单击【确定】按钮。设置的【属性】面板，如图 7-40 所示。

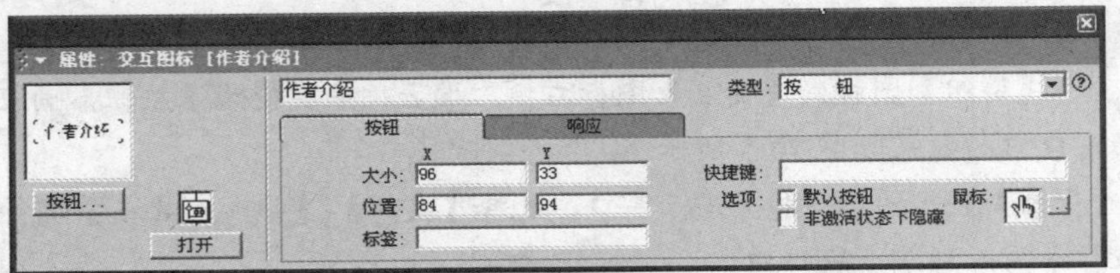

图 7-40　设置【属性】面板

(12) 参照步骤(10)和步骤(11)，设置其他 2 个响应类型符号的属性。

(13) 将 3 个响应按钮拖动到如图 7-41 所示的位置。

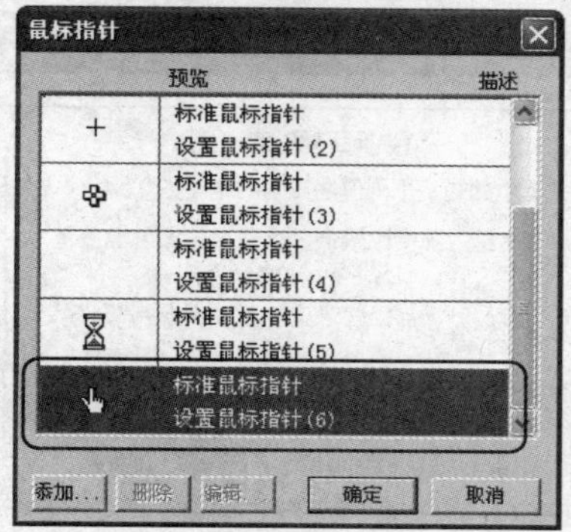

图 7-39　【鼠标指针】对话框

图 7-41　拖动响应按钮

(14) 单击常用工具栏上的【运行】按钮，程序显示效果如图 7-42 所示。

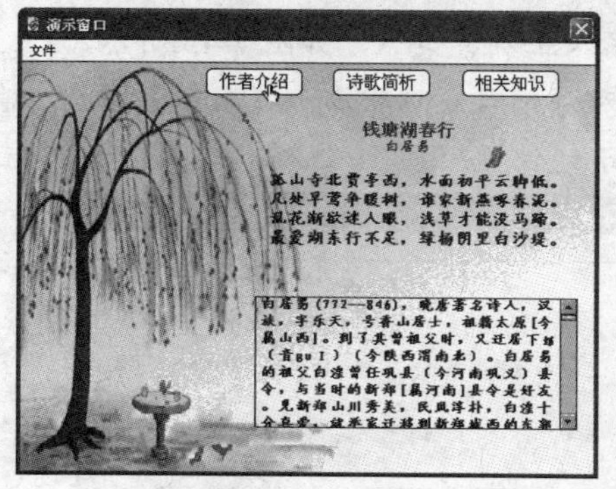

图 7-42　程序运行效果

(15) 选择【文件】|【另存为】命令，保存文件。

7.5.2　制作选择题课件

新建文件，制作选择题课件。程序运行效果要求选择错误答案时提示错误，选择正确答案时显示答案。

(1) 新建一个文件，选择【修改】|【文件】|【属性】命令，打开【属性】面板，在【大小】下拉列表框中选择【根据变量】选项。

(2) 从【图标】面板中拖动 2 个【显示】图标和 1 个【交互】图标到程序设计窗口中，并分别给图标重命名。

(3) 分别拖动 3 个【群组】图标到两个【交互】图标右侧，设置响应类型为【热区域】响应，重命名图标，程序设计窗口中的效果如图 7-43 所示。

(4) 双击【背景】显示图标，打开演示窗口，选择【文件】|【导入和导出】|【导入媒体】命令，导入一张背景图片到演示窗口中。

(5) 双击【题目】显示图标，打开演示窗口，使用【文本】工具，在演示窗口中添加文本内容，设置文本的字体的大小、颜色等属性，设置文本的模式为【透明】，如图 7-44 所示。

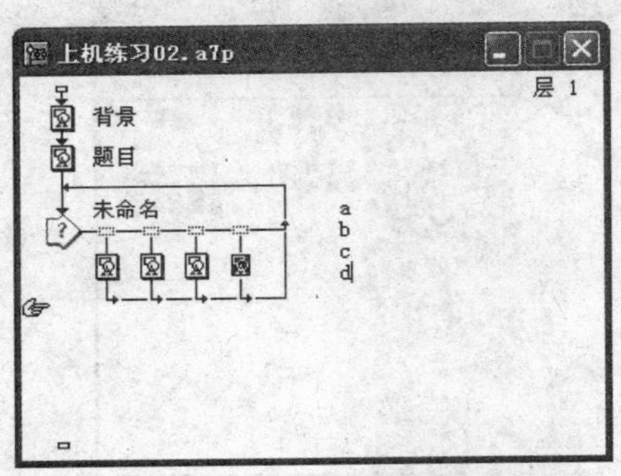

图 7-43　添加图标

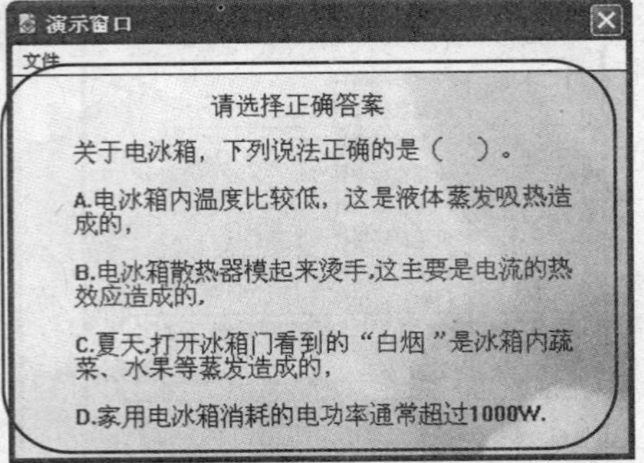

图 7-44　导入图像和添加文本

(6) 双击 A 群组图标，打开【群组】图标程序设计窗口，从【图标】面板中拖动一个【显示】图标，双击图标，打开演示窗口。使用文本工具输入正确答案 A，如图 7-45 所示。

(7) 参照步骤(6)，分别在其他【群组】图标的程序设计窗口中添加【显示】图标，输入文本内容“错误”，设置文本属性并移至如图 7-46 所示的位置。

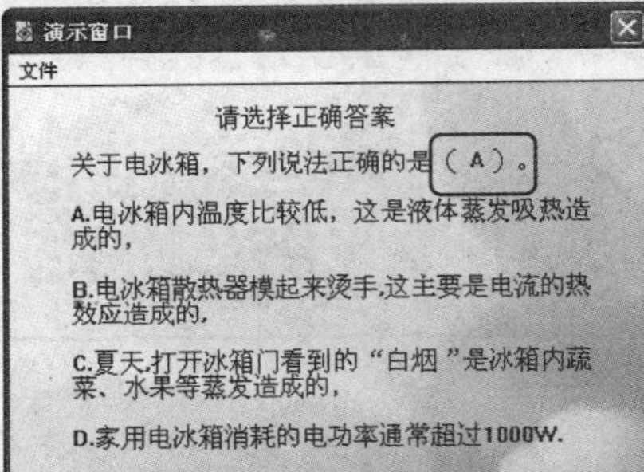

图 7-45　输入 A 选项内容

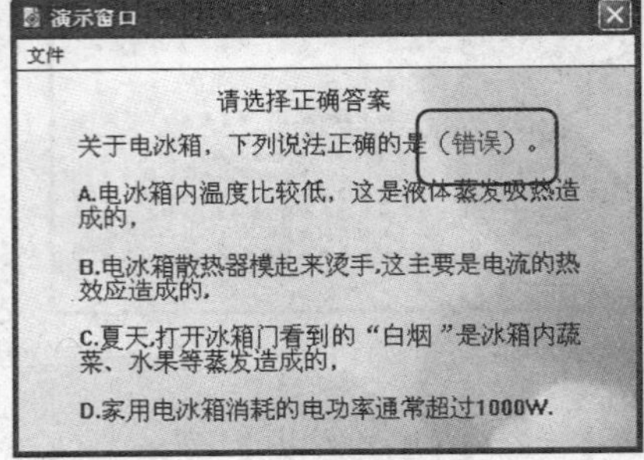

图 7-46　输入所有选项内容

(8) 双击响应类型符号，打开【属性】面板。拖动热区域范围，如图 7-47 所示。单击【鼠标】右侧的按钮，打开【鼠标指针】对话框，选择一个鼠标样式，单击【确定】按钮，如图 7-48 所示。

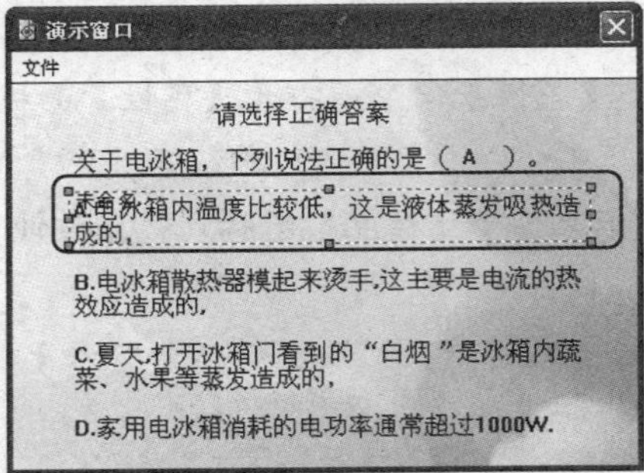

图 7-47　选择热区域范围

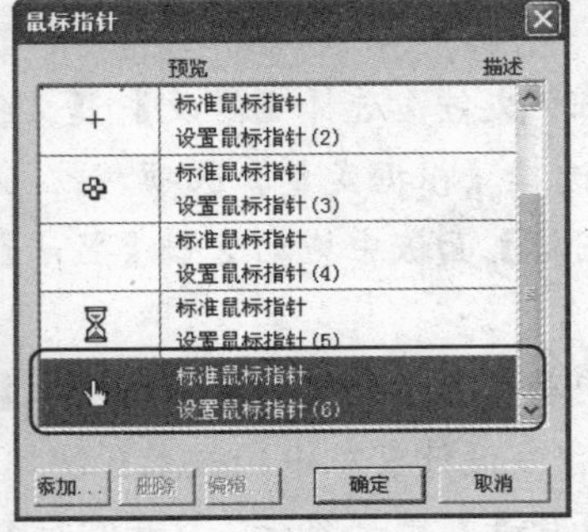

图 7-48　【鼠标指针】对话框

(9) 参照步骤(8)，设置其他响应类型符号。

(10) 单击常用工具栏上的【运行】按钮，程序显示效果如图 7-49 所示。

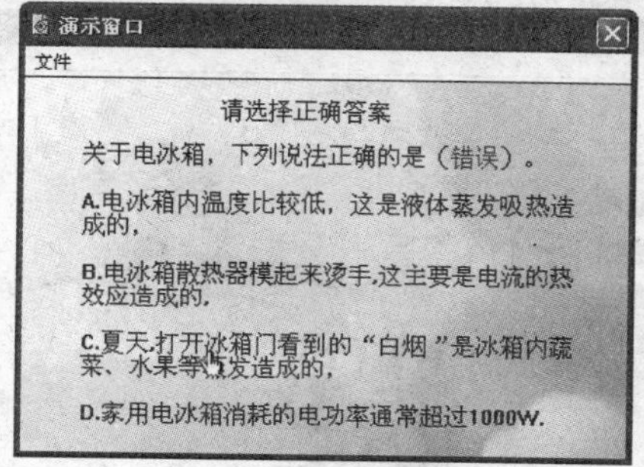

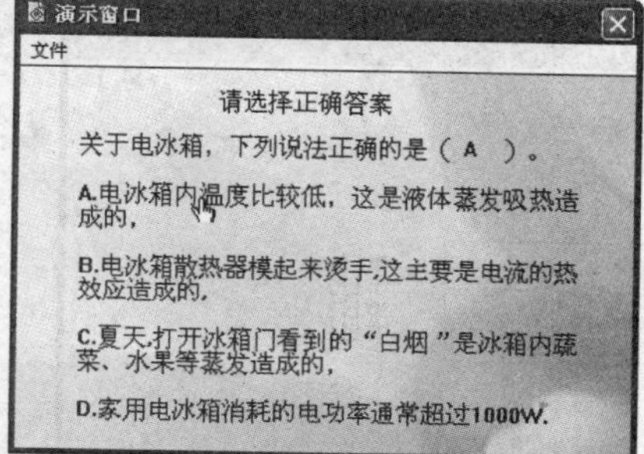

图 7-49　程序运行效果

(11) 选择【文件】|【另存为】命令，保存文件。

7.6　习题

1. 用户通过各种接口与计算机对话的机制是什么？
2. 典型的交互响应结构中包括哪 5 个部分？
3. Authorware 7 提供了 11 种响应类型，这 11 种响应类型分别是什么？
4. 无论多么复杂的交互都具有基本的组成部分，它们由哪 3 项内容组成？
5. 交互过程的核心是什么？
6. 如果一个响应分支的流向符号为↱，则可判断该响应分支的类型为什么？
7. 若要将按钮响应中的按钮快捷键指定为 A 和 a，则应将按钮响应的属性面板中的【快捷键】文本框设置为什么？
8. 如果将按钮响应中按钮的快捷键指定为 B 或者 b，那么应在按钮响应属性面板中【快捷键】文本框中输入什么？
9. 使用【热对象】响应，创建如图 7-50 所示的程序。要求当鼠标指针指向演示窗口的人物图片时，显示该人物的简介。

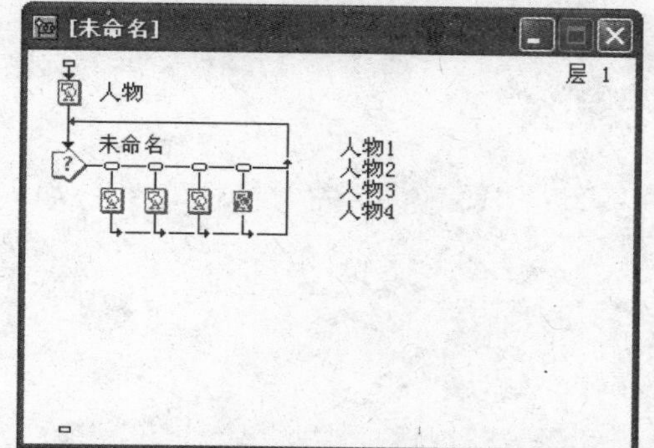

图 7-50　创建人物介绍课件

10. 使用【按钮】响应，创建如图 7-51 所示的程序。当单击演示窗口中的按钮时，跳转到相应页面。

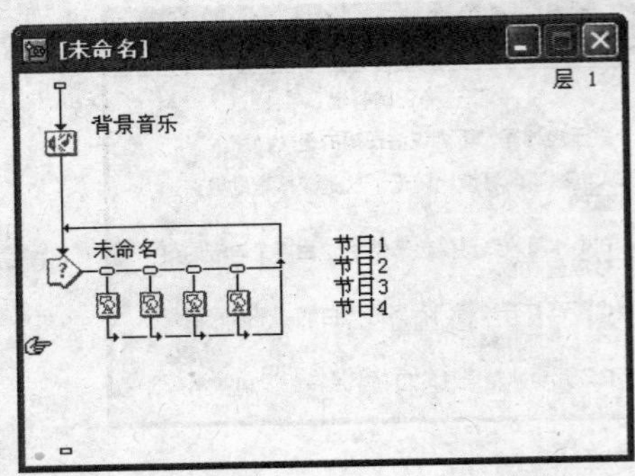

图 7-51　创建按钮交互响应

11. 制作一段介绍世界著名物理学家的程序，当单击相关人物的图片时，打开相应的人物介绍文字，单击【退出】按钮，退出交互。程序流程图如图 7-52 所示，运行效果如图 7-53 所示。

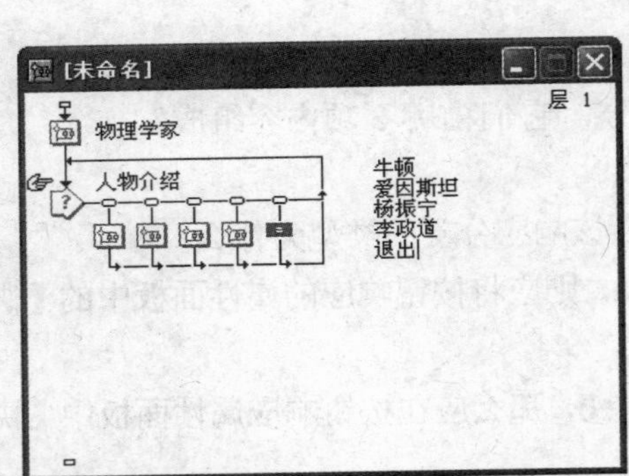

图 7-52　程序流程图

图 7-53　人物介绍

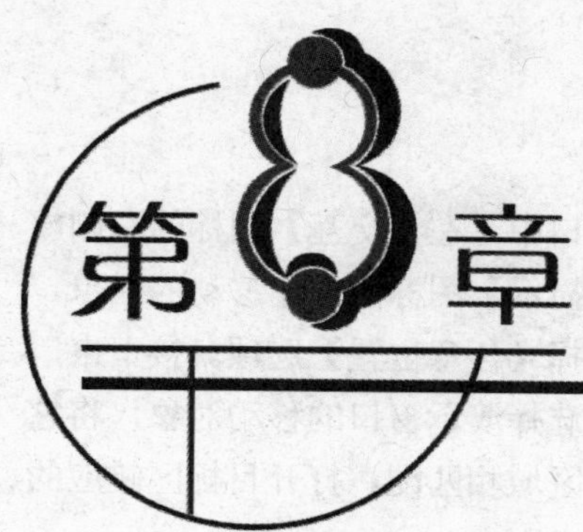

第8章 交互结构(2)

学习目标

通过前面的学习，了解了 Authorware 7 的交互功能强大而又复杂，引人入胜。本章将在前面的基础上继续对目标区响应、下拉菜单响应、条件响应等交互响应进行学习，将进一步认识 Authorware 7 的交互能力。

本章重点

- 创建响应
- 目标区响应
- 下拉菜单响应
- 条件响应
- 文本输入响应
- 按键响应
- 时间限制响应
- 重试限制响应
- 时间响应

8.1 目标区响应

目标区响应类型主要应用于需要用户将特定的对象移动到指定的区域的场合，允许将一个对象拖动到另一个目标区域，在诸如填字游戏、成语接龙、实验器材放置及排列地图等方面具有广泛的应用。它可以通过对高难度、高危险的环境的模拟，完成既定的教学及训练任务。通常，当对象被拖动到正确的位置时，它将停留在目标处。否则，对象将自动返回到原位置。

8.1.1 创建目标区响应

创建目标区响应时，拖动一个【交互】图标到程序设计窗口中。在【交互】图标的右侧放置一个【响应】图标，并将响应类型设置为【目标区】。在【显示】图标内创建移动的对象。然后打开该对象的【属性】面板，在【活动】下拉列表框中选择【任意位置】选项。接下来，同时打开移动对象的演示窗口和目标区响应的【属性】面板。选择演示窗口的移动对象，将它移动到目标位置。改变矩形虚线框的大小，使它和预定的目标区域相匹配。打开目标区响应的【属性】面板，设置相关的属性。最后测试、播放及修改程序。

提示

本节中所说的【拖动】是指程序制作完成后，在运行过程中，可以改变屏幕上显示对象的位置。而在介绍【移动】图标时所说的【拖动】，则是指在编辑过程中对象位置的改变，此时程序的制作还没有完成。

在【显示】图标的【属性】面板中，【活动】下拉列表框用于控制对象是否可以被用户移动，它的默认选项是【不能改变】，这意味着将程序打包后，屏幕中的显示对象是不能被用户移动的。需要指出的是，不论【活动】下拉列表框中的设置情况如何，在 Authorware 编辑环境中运行程序，则所有的显示对象都是可移动的。这样就为设计人员调整显示对象的位置提供了方便。

对于每一个连接到【交互】图标上的目标区响应，Authorware 都会在屏幕上显示一个以虚线框表示的目标区。可以把对象拖动到屏幕上的正确位置，这样该对象就会与这个目标区连接起来，此时 Authorware 会自动把代表目标区的虚线框移动到对象所在的位置。

提示

Authorware 使用矩形虚线框代表目标区，它的外形与代表热区域响应的虚线框类似，只是矩形中间多了两条对角线。Authorware 用图标的名称来命名该矩形虚线框，其名称在运行时是不可见的，只有在编辑状态或暂停程序时才会出现。

8.1.2 设置目标区响应属性

Authorware 为每一种响应类型都提供了相应的属性设置面板，它们之间既有区别，又有联系。目标区响应的【属性】面板与其他响应类型的【属性】面板相比，其【响应】选项卡是基本相同的，而全部特性都体现在【目标区】选项卡中，如图 8-1 所示。

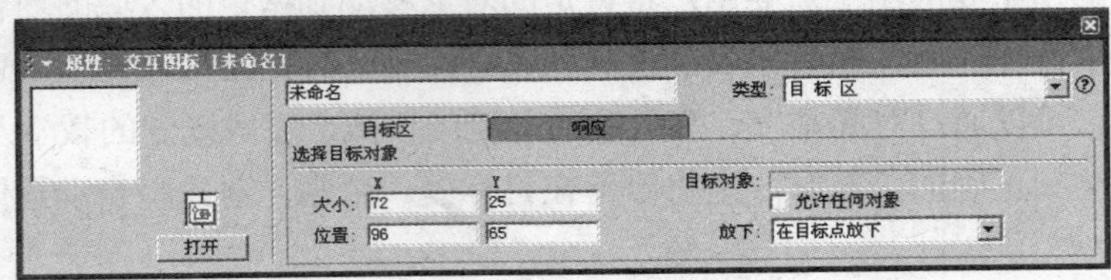

图 8-1 【目标区】选项卡

在【目标区】选项卡中，主要的参数选项的作用如下。

- 【放下】下拉列表框：用于控制当停止拖动对象并释放鼠标后系统将采取的行动。它包括 3 个选项：【在目标点放下】选项表示 Authorware 将不采取任何行动，只是把对象保持在当前所在的位置；【返回】选项表示把对象返回到其原来的位置，它常用于匹配用户不正确的响应操作，此时通常把返回路径设置为【重试】，这样就可以允许将对象从原来的位置处重新进行移动；【在中心定位】选项表示 Authorware 将把对象放置在目标区内，它常用于匹配用户正确的响应，表示本次移动对象的操作是正确的。
- 【目标对象】文本框：用于显示可移动对象的图标名称。选中【允许任何对象】复选框后，将匹配任何对象，这就意味着当用户把任何对象拖动到目标区时，系统都会认为用户的响应与目标区的响应相匹配。

提示

通常，目标区响应都是成对出现的，一种响应设置为【正确的响应】，即用户把移动对象拖动到正确的目标区，此时对移动对象的操作方式一般为【在中心定位】。另一种响应设置为【错误的响应】，即用户没有把移动对象拖动到正确的目标区，此时对移动对象的操作方式一般为【返回】。

对于错误的响应，由于无法预知会把对象移动到屏幕上的何处，因此在实际应用中所采取的策略就是把整个屏幕都作为一个目标区响应，形成一张【安全网】，使其能够匹配任何对象，并让对象返回到原始位置，允许用户重新进行尝试。为了实现上述目标，必须把【安全网】放置在交互流程线的最右边。

有两种方法可将对象变成可移动的，一种是在对象属性面板中的【活动】下拉列表框中选择【任意位置】选项；另一种是使用 Movable 系统变量。使用前一种方法时，Authorware 仅仅在刚开始运行到该对象时把 Movable 系统变量的值设置为 TRUE，这就意味着如果后来把该对象冻结，则该对象将永远保持冻结状态，直到重新运行程序。一旦用户返回到该对象出现时所在的交互流程中，系统将无法对用户的移动操作进行响应，因为此时用户无法移动不具备移动属性的对象。因此，在实际使用过程中，通常使用第二种方法，即借助 Movable 变量。在对象所在的【显示】图标后面添加一个【计算】图标，并在其脚本编辑窗口中输入 Movable@IconTitle=True。这样，当程序运行结束时，系统又会把该对象的移动属性设置为 TRUE，对象又可以再次移动。

【例 8-1】新建一个文件，创建目标区响应类型，实现的程序运行效果为当图像和文字匹配时，才可以进行拖动，否则返回原始位置。

(1) 新建一个文件，选择【修改】|【文件】|【属性】命令，打开【属性】面板，在【大小】下拉列表框中选择【根据变量】选项。

(2) 从【图标】面板上拖动一个【显示】图标、一个【群组】图标和一个【交互】图标到程序设计窗口中，分别重命名图标。

(3) 双击【文字】显示图标，在打开的演示窗口中输入文本内容。

(4) 双击【群组】图标，打开【群组】图标程序设计窗口，拖动3个【显示】图标到程序设计窗口中。

(5) 双击【显示】图标，打开演示窗口，在演示窗口中导入一幅图像，调整图像到合适大小。重复操作，在其余2个【显示】图标的演示窗口中导入图像并调整图像到合适大小，如图8-2所示。

(6) 双击【文字】显示图标，在打开的演示窗口的左下角输入文字内容，设置文本字体合适属性。

(7) 拖动6个【群组】图标到【交互】交互图标的右侧，设置响应类型为【目标区】响应，并分别重命名图标，设置的程序设计窗口如图8-3所示。

图8-2 导入图像

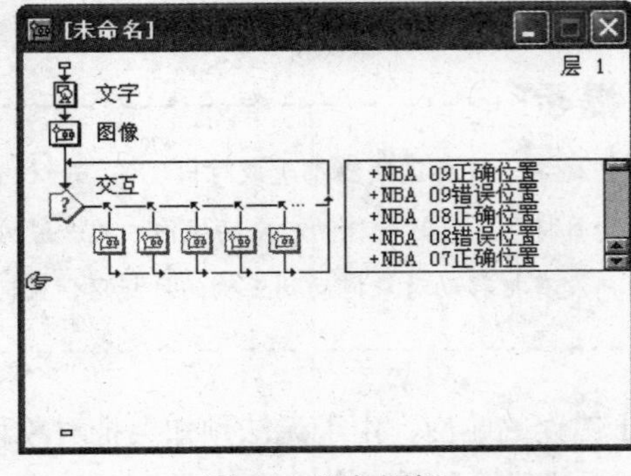

图8-3 添加图标

(8) 双击【NBA 08 正确位置】群组图标上方的响应类型符号，打开【属性】面板。单击第1个图像，在打开的【属性】面板中的【响应】选项卡的【状态】下拉列表框中选择【正确响应】选项。

(9) 单击【目标区】标签，打开【目标区】选项卡，在【放下】下拉列表框中选择【在中心定位】选项，如图8-4所示。

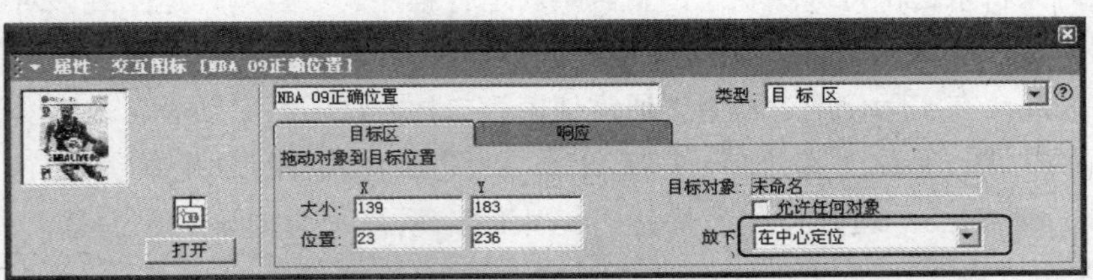

图8-4 设置【属性】面板

(10) 参照步骤(8)和步骤(9)，双击【NBA 09 错误位置】群组图标上方的响应类型符号，单击第1个图像。在打开的【属性】面板中设置【状态】属性为【错误响应】，【放下】属性为【返回】。

(11) 单击工具栏上的【运行】按钮，此时演示窗口中出现【NBA 09 正确位置】矩形框，调整矩形框的大小，拖动到合适位置，如图8-5所示。

(12) 继续单击工具栏上的【运行】按钮，此时演示窗口中出现【NBA 09 错误位置】矩形框，然后调整矩形框和整个演示窗口同样大小，如图8-6所示。

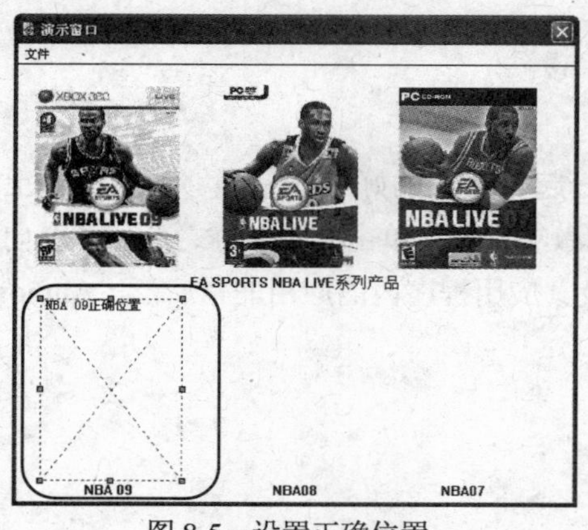

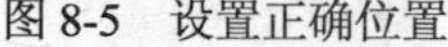

图 8-5　设置正确位置

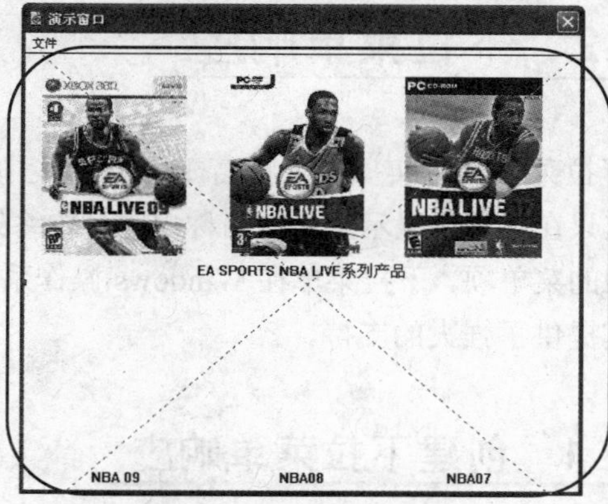

图 8-6　设置错误位置

(13) 参照以上步骤，设置其余两个图像的正确响应位置和错误响应位置。

(14) 双击【交互】交互图标，打开演示窗口，使用【文本】工具，在该窗口右上方输入“错误次数{Total Wrong}”，如图 8-7 所示。

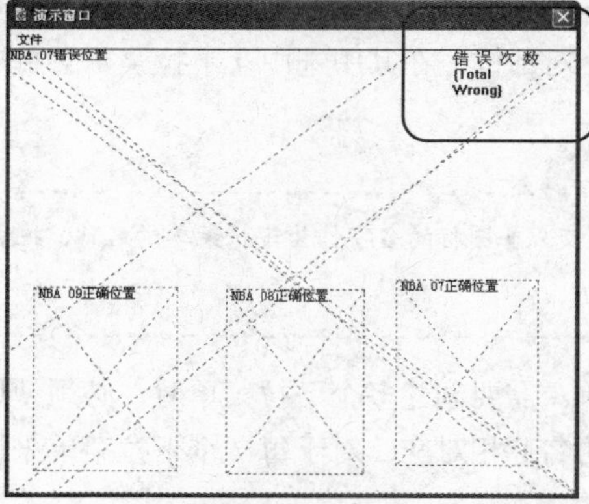

图 8-7　输入变量

知识点

变量{Total Wrong}可以统计用户执行错误操作的次数。如果要对用户整个操作作出评价，则可以利用变量{Total Score}，在目标区响应【属性】面板的【计分】文本框中，为正确的响应输入正值，如 10；为错误的响应输入负值，如-10 即可。

(15) 单击工具栏上的【运行】按钮，程序运行效果如图 8-8 所示。

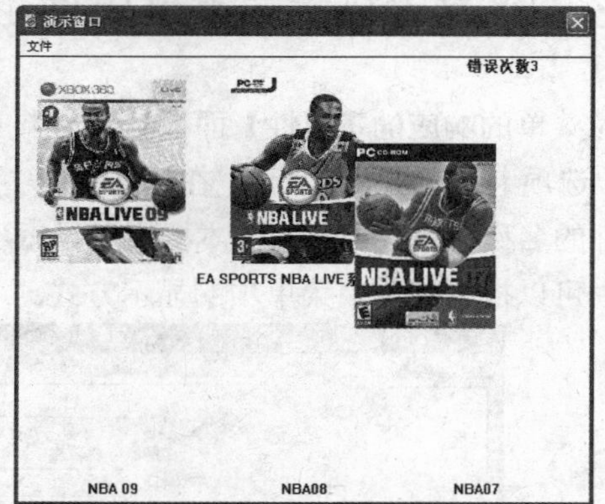

图 8-8　程序运行效果

(16) 选择【文件】|【另存为】命令，保存文件。

8.2 下拉菜单响应

下拉菜单响应实质上是把若干项功能集中到一起，最大的好处就是能够节省屏幕上的空间，它只在屏幕上显示菜单的名称，并且始终处于激活状态。单击菜单名称之后，才会向下打开其中的菜单项。下拉菜单在 Windows 操作系统及其应用程序内的应用非常广泛，Authorware 也对其提供了强大的支持。

8.2.1 创建下拉菜单响应

下拉菜单作为一种响应形式，具有自己的一些特点。比如，下拉菜单总是要求显示在演示窗口内，以便能够随时与它进行交互，这就要求将菜单响应设置成【永久】类型。下拉菜单是通过菜单项进行交互的，因此不必像其他响应类型那样，单击菜单就触发响应操作。

建立下拉菜单响应的方法同建立其他交互响应非常类似，当用户将图标拖动到【交互】图标的右侧时，Authorware 将自动打开【响应类型】对话框，在其中选中【下拉菜单】单选按钮后，就可创建下拉菜单交互结构。

提示

创建一个下拉菜单响应时，Authorware 会自动把【交互】图标的名字作为下拉菜单的名称，把右侧每个图标的名字作为菜单项的名。

使用一个【交互】图标只能生成一个下拉菜单。需要创建多个下拉菜单时，必须使用多个【交互】图标，并且【交互】图标的名称与菜单的名称相对应。对于每一个下拉菜单来说，只能生成一级菜单，而不能进一步生成下级菜单。

8.2.2 设置下拉菜单响应属性

下拉菜单的响应的【属性】面板与其他响应类型的【属性】面板相比，其主要区别表现在【菜单】选项卡，如图 8-9 所示。在该选项卡中，【菜单】文本框用于显示菜单的名称，即【交互】图标的名称；【菜单条】文本框用于显示当前菜单项的名称，在此文本框中输入一些特殊的代码，可以控制菜单中菜单项的显示方式。

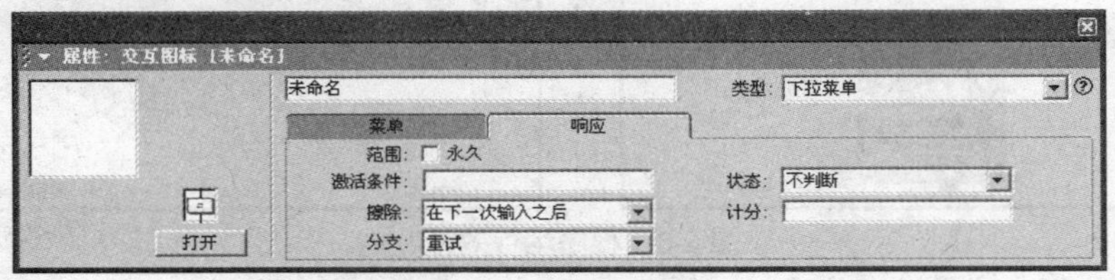

图 8-9 【菜单】选项卡

例如，禁用菜单项时，可在菜单项的名称前添加一个左括号；如果在菜单内显示一个空行，可在【菜单条】文本框内输入左括号，或者保持文本框为空；如果想为菜单项增加快捷键，即包含在菜单项中的带下划线的字母，按下该字母即可执行菜单项命令，可以在某个字母前面输入一个&符号。如果想在菜单项中显示&符号，则可以连续输入两个&符号。菜单项的快捷键是不区分大小写的，即&X 和&x 的作用都是一样的。如果想要在菜单内插入分隔线，可在【菜单条】文本框内输入(-(左括号后面加一个减号)。

【菜单】选项卡的【快捷键】文本框用于确定一个菜单项的快捷键。选择该快捷键，可以执行相应的菜单项命令。设置一个快捷键时，用户可在【快捷键】文本框内输入一个键名。默认情况下，该键与 Ctrl 键搭配。例如，如果在此文本框内输入 X，则其快捷键为 Ctrl+X，同时在菜单项中也会显示出该快捷键。

如果不希望以 Ctrl 功能键作为组合键，则可在【快捷键】文本框中输入 AltX，表示使用 Alt+X 作为执行菜单项的快捷键。需要使用特殊按键时，只需在【快捷键】文本框中输入该特殊键对应的键名即可，如果要以 Ctrl+F1 作为快捷键，可输入 Ctrl+F1。

【例 8-2】新建一个文件，创建下拉菜单程序，通过选择菜单项来显示不同的信息。

(1) 新建一个文件，选择【修改】|【文件】|【属性】命令，在打开的【属性】面板中设置演示窗口的大小为【根据变量】。

(2) 从【图标】面板中拖动一个【声音】图标和一个【交互】图标到程序设计窗口中，并将分别给图标重命名。

(3) 拖动 3 个【群组】图标到【交互】交互图标的右侧，设置它们的响应类型为【下拉菜单】响应，并分别命名，此时程序设计窗口中的显示如图 8-10 所示。

(4) 双击【背景音乐】声音图标，在打开的【属性】面板中导入一个背景音乐文件，并设置【执行方式】属性为【同时】。

(5) 双击【常州】群组图标上方的响应类型符号，打开【属性】面板，在【菜单条】文本框中输入【常州】。重复操作，分别双击【无锡】和【苏州】响应类型符号，在【属性】面板中的【菜单条】文本框中输入【无锡】和【苏州】。

(6) 双击【常州】群组图标，打开【群组】图标程序设计窗口，拖动一个【显示】图标到程序设计窗口中。双击【显示】图标，打开演示窗口，导入一副图像到演示窗口中，设置图像合适大小。使用【文本】工具，添加文本内容，演示窗口中的显示效果如图 8-11 所示。

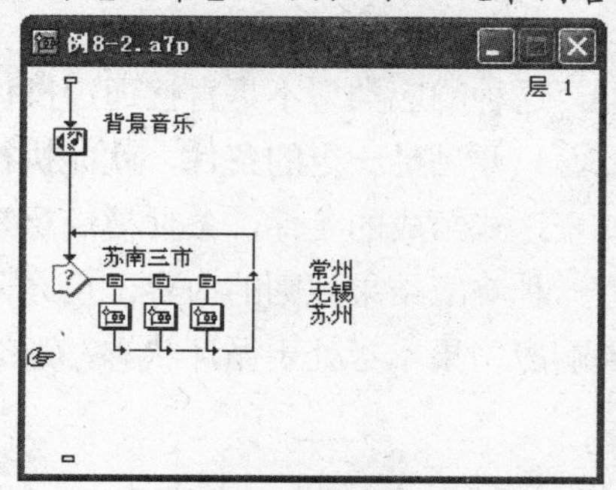

图 8-10　添加图标

图 8-11　演示窗口效果

(7) 分别在【无锡】和【苏州】群组图标的程序设计窗口中添加一个【显示】图标，双击【显示】图标，在演示窗口中导入图像并添加文本内容，如图 8-12 所示。

图 8-12 【无锡】和【苏州】群组图标显示效果

(8) 单击工具栏上的【运行】按钮，选择【文件】|【常州】命令，将打开【常州】群组图标画面；选择【文件】|【无锡】命令，将打开【无锡】群组图标画面，如图 8-13 所示。可以选择【文件】|【退出】命令，退出该程序。

图 8-13 打开【常州】和【无锡】群组图标画面

(9) 选择【文件】|【另存为】命令，保存文件。

8.3 条件响应

条件响应类型与前面介绍的几种响应类型有所不同，这种响应类型不是直接通过操作来进行匹配，而是根据所设置的条件是否被满足来进行匹配，只要满足一定的条件，就能执行相关的操作。在使用条件响应前，首先要准备使用由变量或表达式组成的条件，条件被满足是指作为条件的逻辑变量或表达式的返回值为 TRUE，将执行一种响应结果规则的内容，反之，该响应就得不到匹配，将不执行响应结果规则的内容。如果响应结果本身处于循环状态，那么只有当满足条件时，才能执行后续的内容或者退出程序。

8.3.1 设置条件响应属性

在【交互】图标的右侧添加条件响应图标后，双击条件响应对应的响应类型标识符，即可打开条件响应的【属性】面板，它包括【条件】及【响应】选项卡。其中【响应】选项卡同其他交互类型的【响应】选项卡基本类似，唯一的区别就是禁用【激活条件】文本框，无法使用条件判断语句来控制条件响应的状态。

条件响应的【属性】面板中，最重要的是【条件】选项卡中的设置，单击【条件】标签，打开该选项卡，如图 8-14 所示。

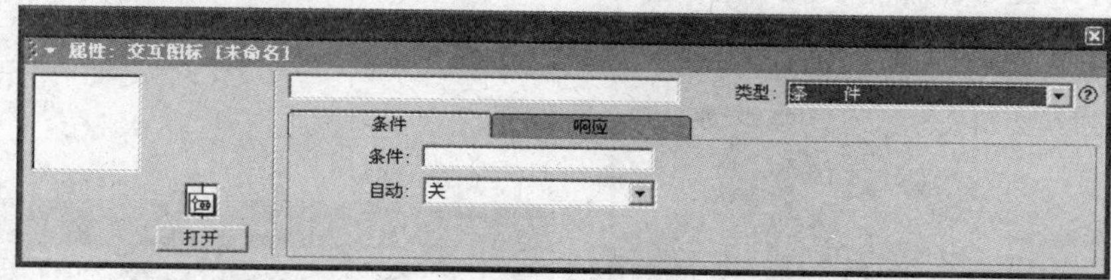

图 8-14 【条件】选项卡

在【条件】选项卡中，顶端的文本框用于命名结果图标。为了确定目标条件，可以在【条件】文本框内输入一些变量或条件表达式。如果目标条件的逻辑值为 TRUE，那么 Authorware 将执行后续的结果图标。

在【条件】文本框内输入的变量或表达式不一定是布尔型的，因为 Authorware 规定在【条件】文本框内输入数值或变量时，如果值为 0 ，那么它的逻辑值为假，否则为真。另外，TRUE、T、YES、ON 等字符串都代表真，而其他的字符串则代表假。

【自动】下拉列表框用于设置 Authorware 如何自动匹配条件响应，其中有 3 个选项。

- 【关】选项：表示仅当用户对交互进行响应并且【条件】文本框中的值为真时，Authorware 才匹配该条件响应。
- 【为真】选项：表示只要条件为真，Authorware 就会重复地匹配该条件响应。如果条件为假，则 Authorware 能够匹配其他的响应或者退出交互过程。
- 【当由假为真】选项：表示仅仅当 Authorware 在执行交互的过程中条件值由假变为真时，系统才匹配该条件响应。

8.3.2 制作条件响应实例

本例将通过在【交互】图标的右侧添加一组由 3 个条件响应组成的程序流程图。在程序中将变量 x 的数值作为条件，当满足条件时，执行相应的结果图标，并在结果图标内改变 x 的值，以使它顺序地处理 3 个条件响应。为了便于查看 x 的变化，将 x 的值输出到演示窗口。

【例 8-3】新建一个文件，在程序设计窗口中添加图标，创建条件响应类型，设置倒计时程序运行效果。

(1) 新建一个文件，选择【修改】|【文件】|【属性】命令，在打开的【属性】面板中设置演示窗口的大小为【根据变量】选项。

(2) 从【图标】面板中拖动一个【显示】图标到程序设计窗口中，重命名为【背景】。双击【背景】显示图标，在打开的演示窗口中导入背景图片，如图 8-15 所示。

(3) 拖动一个【交互】图标到【背景】显示图标的下方，并命名为【判断】。

(4) 在【判断】交互图标的右侧添加一个【群组】图标，这时，系统会自动打开一个【交互类型】对话框，如图 8-16 所示，选中【条件】单选按钮后，单击【确定】按钮，关闭该对话框。

图 8-15 导入背景图像

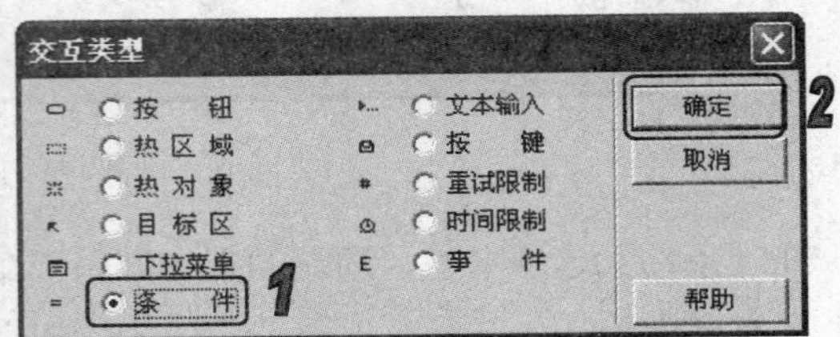

图 8-16 【交互类型】对话框

(5) 双击【群组】图标的响应类型标识符，打开【交互】图标的【属性】面板。单击【条件】标签，打开【条件】选项卡，在【条件】文本框内输入 x=1，在【自动】下拉列表中选择【为真】选项，如图 8-17 所示。

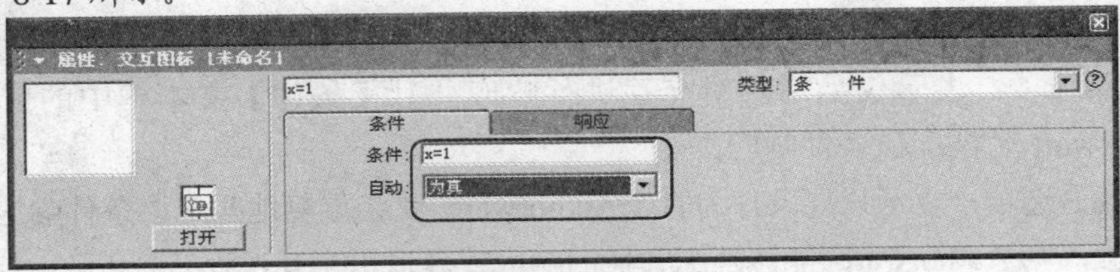

图 8-17 设置【属性】面板

(6) 关闭【属性】面板，系统会自动在【新建变量】对话框中将 x 变量的初始值设置为 1，如图 8-18 所示，单击【确定】按钮，关闭【新建变量】对话框。

(7) 双击【群组】图标，打开【群组】图标程序设计窗口，拖动一个【显示】图标到程序设计窗口中。

(8) 双击【显示】图标，打开演示窗口，使用【文本】工具，在演示窗口内输入{x}，如图 8-19 所示。

(9) 在【显示】图标的下方添加一个【等待】图标。双击【等待】图标，在打开的【属性】面板中将【时限】设置为 2 秒，选中【显示倒计时】复选框，取消其他选中的复选框，如图 8-20 所示。

图 8-18　【新建变量】对话框

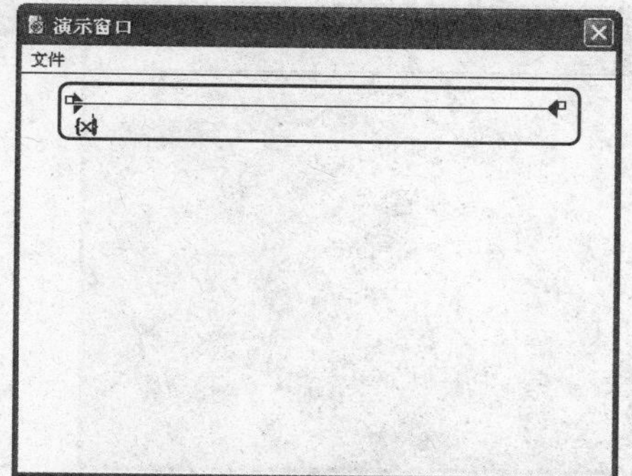

图 8-19　输入变量

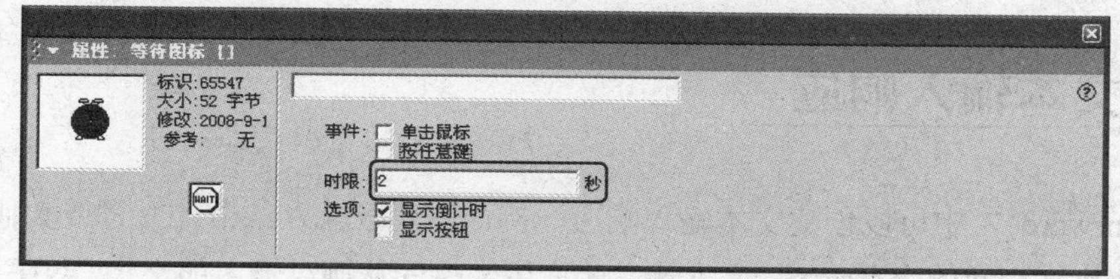

图 8-20　设置【等待】图标的【属性】面板

(10) 拖动一个【计算】图标到【等待】图标的下方，双击【计算】图标，在打开的脚本编辑窗口中输入 x:=x+1，如图 8-21 所示。

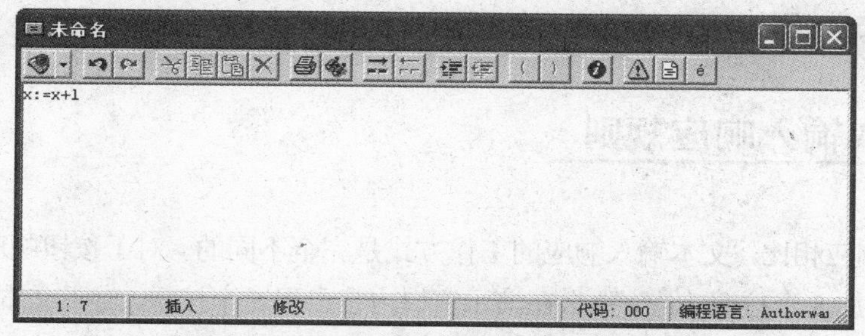

图 8-21　在打开的脚本编辑窗口中输入表达式

(11) 重复步骤(4)~(10)，在【交互】图标右侧添加第 2 个【群组】图标，命名为 x=2。在【等待】图标下方的【计算】图标内输入 x:=x+1。继续添加第 3 个【群组】图，命名为 x=3，在【等待】图标下方的【计算】图标的脚本编辑窗口内输入 x:=1。

(12) 单击【运行】按钮后，将首先在屏幕上显示出数字 1，然后依次显示 2 和 3，如图 8-22 所示。由于在 x=3【群组】图标内，通过【计算】图标设置 x:=1，这样它又会执行 x=1【群组】图标中的内容。由于在 x=1 及 x=2【群组】图标内，通过【计算】图标设置 x:=x+1，这样它就会依次执行 x=1、x=2、x=3、x=1 等图标，从而形成了循环。在【等待】图标内，将等待时间设置为 2 秒，则每个数字在屏幕上的停留时间也就是 2 秒，并且可通过左下角的时钟查看剩余时间。

(13) 选择【文件】|【另存为】命令，保存文件。

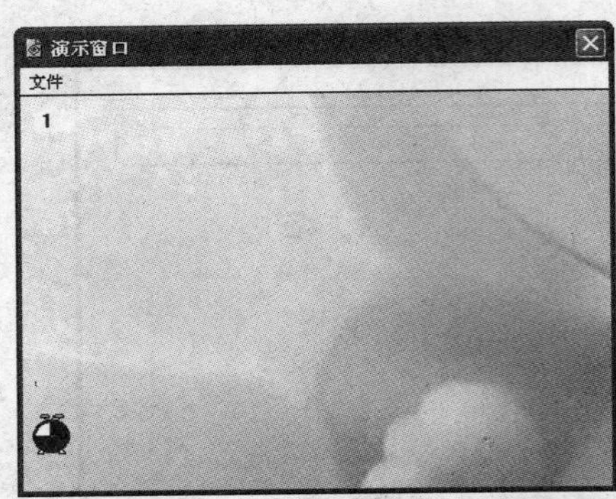

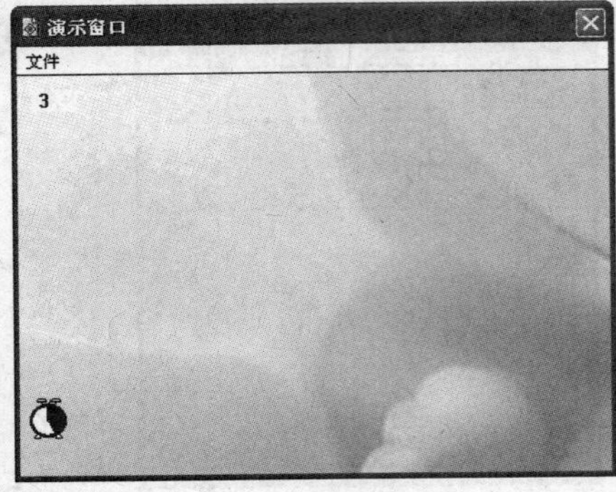

图 8-22 程序运行效果

8.4 文本输入响应

在 Authorware 7 中可以创建文本输入响应，例如，要求输入某个 ID 号或其他信息后，Authorware 才执行相应的交互分支。文本输入响应用来接受从键盘输入的文字、数字及符号等，如果输入的文字与响应的名称符合，就会触发响应动作。由于输入的文字是千差万别的，精确地预测输入的各种情况是不可能实现的。为此，Authorware 提供了使用通配符进行匹配的功能。使用通配符可以使程序接受用户的任何输入，而且还能够忽略大小写的区别，取消多余的分隔符，设置不同的安全级别以及对词语进行排序等。

8.4.1 文本输入响应规则

与其他交互响应相比，文本输入响应的工作方式是完全不同的。对于按钮响应来说，如果在【交互】图标内添加 5 个按钮响应，那么在演示窗口内将出现 5 个按钮。对于文本输入响应来说，无论用户在【交互】图标内添加多少个响应，只会增加匹配响应的可能，并且演示窗口内只显示一个文本输入文本框。输入的内容将显示在演示窗口内，并且自动保存在系统变量 EntryText 中。

考虑到输入的不确定性，为了尽可能地匹配响应，使用通配符是一种非常有效的方法。针对不同的输入类型，Authorware 制定了一整套的响应规则，如表 8-1 所示。了解这些规则是应用通配符的前提与基础。

表 8-1 响应规则

通配符的类型	匹配的响应
*	任何包含一个单词或字符的文本串
**	任何包含两个单词的文本串
bi*g	以 bi 开头、以 g 结束的任何单词
big*	以 big 开头的任何单词

(续表)

通配符的类型	匹配的响应
big	包含 big 的任何单词
?	任何一个字符
??	任何两个字符
*?	任何一个字符或单词
?*	任何一个字符或单词
bi?g	以 bi 开头、以 g 结束的任何 4 个字母的单词
*	通配符*本身
\?	通配符?本身
Red\?	Red?

在使用文本输入响应时应该注意以下几点。

- 如果希望与通配符*或?进行匹配，必须在它的前面加上反斜杠\。
- 如果希望与反斜杠\进行匹配，必须输入两个反斜杠(即\\)。
- 如果希望文本输入与多项内容进行匹配，可在匹配内容之间使用|进行区分隔。例如，需要输入内容与 Big、Short 和 Weight 进行匹配时，可使用 Big|Short|Weight。

可以利用#控制第 N 次的尝试成立。例如，将匹配条件设置为#3c 时，表明在第 3 次输入 c 时，程序才开始响应；利用两个连续的－可在匹配文本中添加注释信息，Authorware 将自动忽略两个连续的－后面的内容。

提示

当程序接受到在文本框中的输入内容后，将按照【交互】图标中从左到右的顺序，依次进行比较与判断。因此，把需要精确匹配的文本输入响应放在交互流程线的前面，把使用了通配符的文本输入响应放在交互流程线的后面。如果有多个使用通配符的文本输入响应，则必须按照通配符表示的范围，按照从小到大的顺序进行排列，否则将引起精确匹配及小范围匹配的条件失效。

8.4.2 设置文本输入响应属性

创建文本输入响应后，双击响应类型符号，打开响应类型的【属性】面板，如图 8-23 所示。

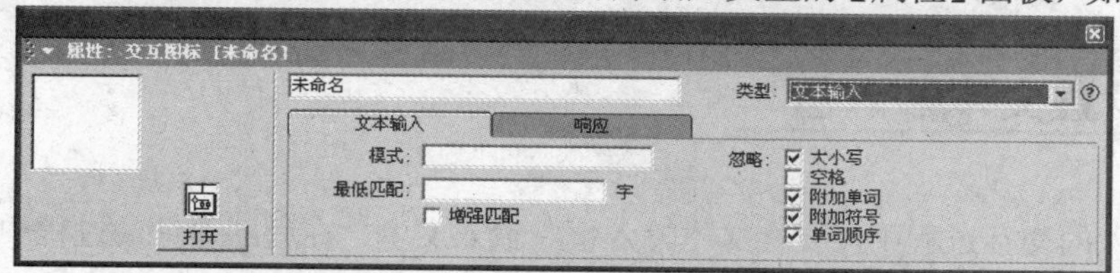

图 8-23　【文本输入】响应类型的【属性】面板

计算机　基础与实训教材系列

文本输入区域响应的【属性】面板与其他响应类型的【属性】面板相比，【响应】选项卡基本上是相同的，而全部特性都体现在【文本输入】选项卡中。

在【文本输入】选项卡中，【模式】文本框有两个作用，一是给用户的输入提供示例，如果在文本框内输入*，表示可以接受任何输入；二是改变流程线上相应图标的名称。

【最低匹配】文本框用于决定最少必须输入的单词数。如果单词是通过符号|进行分隔的，那么将分别计算单词的数量。例如，在【模式】文本框中输入 Big Red Yellow| Blue Short Weight，并且在【最小匹配】文本框中输入 3，那么 Authorware 将匹配包含所有 3 个英文单词 Big Red Yellow 或者 Blue Short Weight 的输入响应。

如果在【模式】文本框中包含了多个单词，那么选中【增强匹配】复选框后，系统将允许用户多次输入，以匹配响应所需的全部文本。例如，如果匹配响应的文本是 Love You，则用户可以在第一次交互中输入 Love，在另一次交互中输入 You，同样也能满足匹配的条件，从而触发相应的响应动作。

在【忽略】选项区域中包括 5 个复选框，用于设置系统在匹配响应条件时如何忽略用户输入的文本。这 5 个复选框的具体作用如下。

- ⊙ 【大小写】复选框：表示忽略字符的大小写，也就是说，如果用户的输入响应与目标响应之间只存在大小写的区别，那么系统将认为用户的输入条件是正确的，可以触发相应的图标。
- ⊙ 【空格】复选框：表示忽略用户输入的所有空格。默认情况下，空格用于区分不同的单词，每一个空格的后面总是跟着一个新的单词。如果选择了此复选框，那么 Authorware 将会忽略输入文本内所有的空格，这样整个输入将被作为一个单词对待。
- ⊙ 【附加单词】复选框：表示允许用户输入多余的单词。例如，如果选择了此复选框，则当用户输入 this is good 时，Authorware 也会认为它和预期的目标响应 good、is、this 等匹配。
- ⊙ 【附加符号】复选框：表示忽略输入文本两端的符号。例如，将目标响应确定为 this is good 之后，即使用户输入?this is good!，Authorware 也会匹配此响应，因为它忽略输入文本开头的问号以及最后的感叹号。
- ⊙ 【单词顺序】复选框：表示忽略输入单词的顺序。对于匹配目标 this is good 来说，good is this、is this good 等都是正确的匹配条件。

在处理结果图标时，为了让输入的文本显示在演示窗口内，可使用系统变量 EntryText。例如在显示图标内输入“你输入的文本是：{EntryText}”，则在运行程序时，一旦用户在文本输入响应属性面板内填写了内容，该内容将显示在屏幕上。

8.4.3 设置文本输入区

在文本输入的交互过程中，要在文本输入框中输入文本，在程序设计的过程中就必须熟悉文本输入框的属性设置。在【交互】图标的【属性】面板中单击【文本区域】按钮，就可以打

开【交互作用文本字段】对话框，如图 8-24 所示。默认打开的是【版面布局】选项卡，在该选项卡中，各参数选项的具体作用如下。

- 【大小】文本框：设置文本输入框的大小，用户可以拖动文本输入框的控制点调整大小。
- 【位置】文本框：设置文本输入框的位置。用户可以拖动文本输入框的边线调整位置。
- 【字符限制】文本框：设置用户最多可以在文本框中输入的字符数。如果用户输入字符超过这个数，那么多余的字符将被 Authorware 忽略。
- 【自动登录限制】复选框：选择该复选框，Authorware 7 在用户输入的字符数达到字符限制时，自动结束用户的输入。

单击【交互作用】标签，打开【交互作用】选项卡，如图 8-25 所示，在该选项卡中，各参数选项具体作用如下。

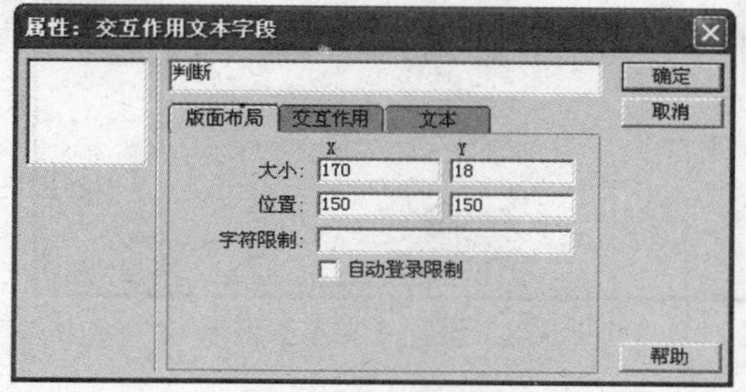

图 8-24　【交互作用文本字段】对话框

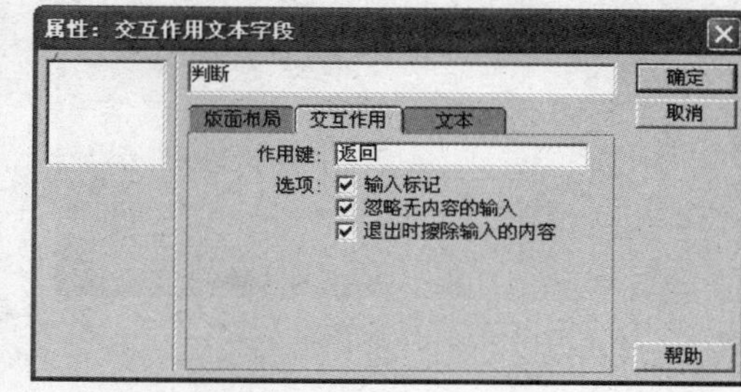

图 8-25　【交互作用】选项卡

- 【作用键】文本框：设置结束文本输入的功能键，例如输入 Enter|Shift，则表示 Enter 键和 Shift 键都可以作为结束文本输入的功能键。Authorware 7 默认的是 Enter 键。
- 【选项】选项按钮：选中【输入标记】复选框，则文本框左侧将显示一个三角形的文本输入起始标记；选中【忽略无内容的输入】复选框，则 Authorware 不允许输入为空；选中【退出时擦除输入的内容】复选框，则输入的文本将保留在演示窗口中，直到使用【擦除】图标擦除。

单击【文本】标签，打开【文本】选项卡，如图 8-26 所示。该选项卡中的参数跟设置文本内容的属性参数相同。

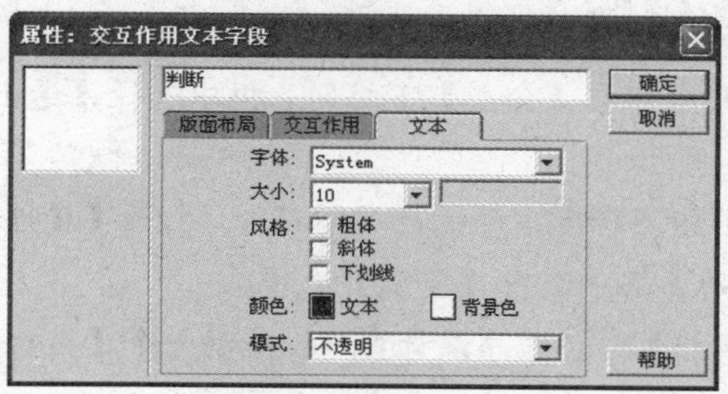

图 8-26　【文本】选项卡

提示

在【文本】选项卡中，主要可以设置输入文本的字体、大小、风格、颜色、背景颜色和覆盖方式等属性。

【例 8-4】新建一个文件，创建文本输入响应。

(1) 新建一个文件，选择【修改】|【文件】|【属性】命令，在打开的【属性】面板中设置演示窗口的大小为【根据变量】。

(2) 从【图标】面板中拖动一个【交互】图标到程序设计窗口中，命名为【登录】。双击【交互】图标，打开演示窗口，导入图像并使用【文本】工具，设计如图 8-27 所示的登录界面。

(3) 双击文本输入框，打开【交互作用文本字段】属性面板。单击【文本】标签，打开【文本】选项卡。在【字体】下拉列表中选择【宋体】选项，在【大小】下拉列表中选中 12 设置字体大小。并设置字体的颜色为蓝色，如图 8-28 所示。

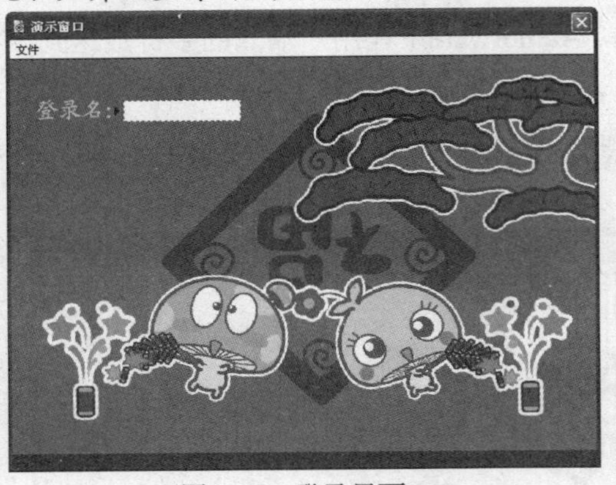

图 8-27 登录界面

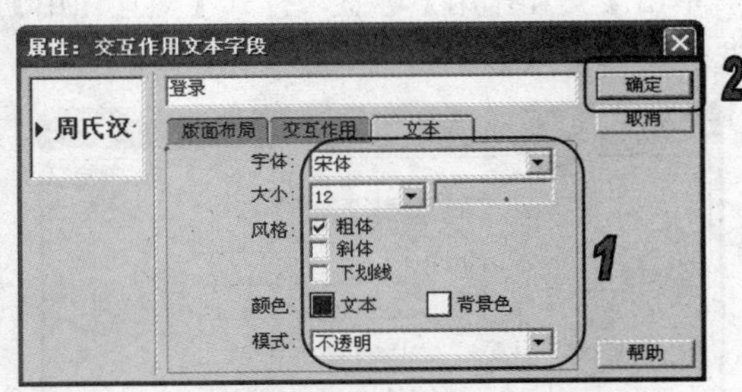

图 8-28 设置【文本】选项卡

(4) 从【图标】面板中拖动 2 个【群组】图标到【交互】图标的右侧，设置交互响应类型为【文本输入】响应，并将它们分别命名为【正确的 ID】和【错误的 ID】。

(5) 双击【正确的 ID】群组图标上方的响应类型符号，打开【属性】面板，在【模式】文本框中输入"admin"，如图 8-29 所示。

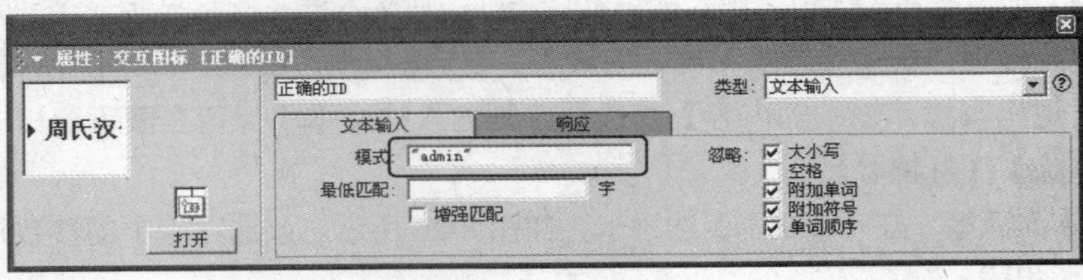

图 8-29 设置【属性】面板

(6) 单击【响应】标签，打开【响应】选项卡，在【分支】下拉列表框中选择【退出交互】选项。

(7) 参照步骤(5)~(6)，双击【错误的 ID】群组图标上方的响应类型符号，打开【属性】面板，在【模式】文本框中输入*，在【分支】下拉列表框中选中【重试】选项。

(8) 双击【错误响应】群组图标，打开【群组】图标程序设计窗口，拖动一个【显示】图标、一个【等待】图标和一个【擦除】图标到流程线上，并分别重命名，如图 8-30 所示。

(9) 双击【错误提示】显示图标，在打开的演示窗口中创建显示内容，如图 8-31 所示。

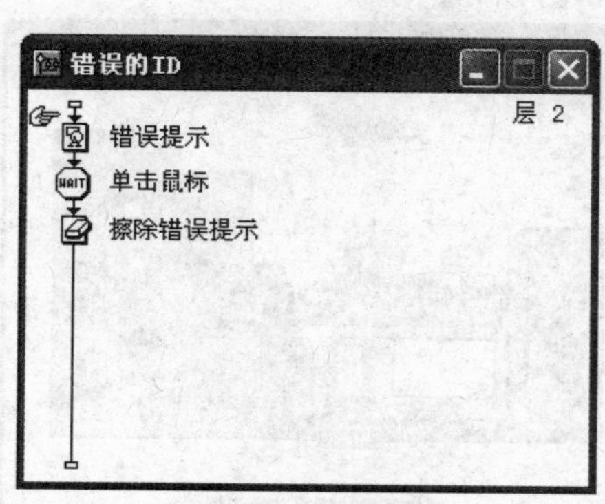

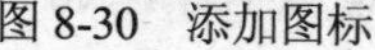
图 8-30 添加图标

图 8-31 设置【错误提示】显示图标

(10) 在【错误提示】显示图标的属性面板中选中【擦除以前内容】复选框，如图 8-32 所示。

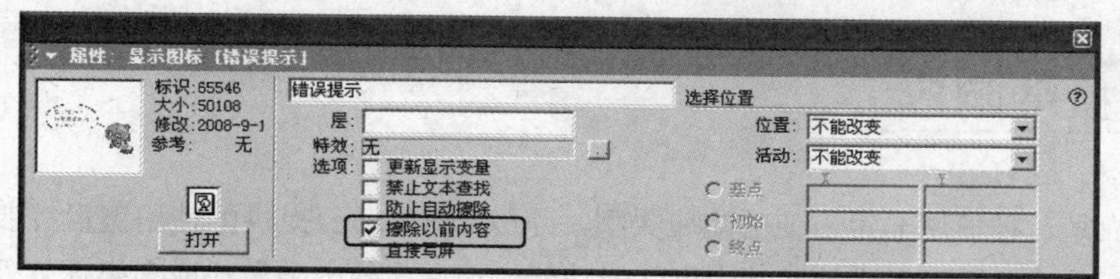

图 8-32 选中【擦除以前内容】复选框

(11) 设置【等待】图标的属性为【单击鼠标】，并使【擦除】图标的擦除属性作用于【错误提示】显示图标。

(12) 关闭【错误的 ID】群组程序设计窗口。将指针移至【交互】图标的下方，选择【插入】|【媒体】| Flash Movie 命令，打开【Flash Asset 属性】对话框，如图 8-33 所示。单击【浏览】按钮，打开【打开 Shockwave Flash 影片】对话框，如图 8-34 所示。选中一个 Flash 文件，单击【打开】按钮，然后单击【Flash Asset 属性】对话框中的【确定】按钮，插入 Flash 文件。

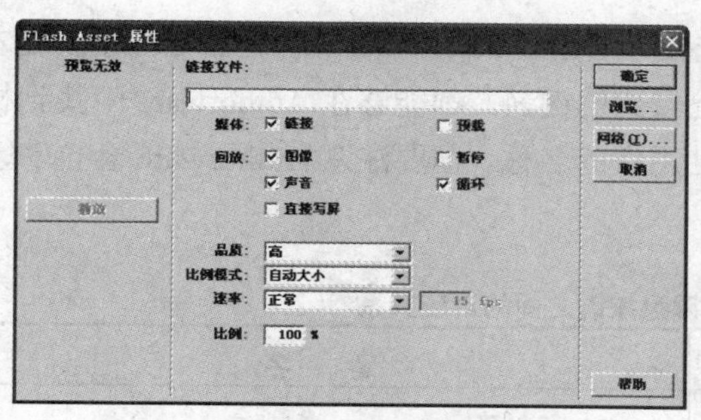

图 8-33 【Flash Asset 属性】对话框

图 8-34 【打开 Shockwave Flash 影片】对话框

(13) 单击工具栏上的【运行】按钮，在【登录名】文本输入框中输入除 admin 以外的任何文本，按 Enter 键，将打开【错误提示】显示图标中创建的内容。在【登录名】文本输入框中输入

admin，按 Enter 键，将打开插入的 Flash 文件，如图 8-35 所示。

图 8-35　程序运行效果

8.5　按键响应

按键响应是一种使用非常方便的响应类型，是 Authorware 提供的使用键盘控制程序的方法。只需按一个键，便可完成触发响应事件的功能。在大多数电脑游戏或多媒体软件中，都提供了按键响应的功能，通过按键选择项目或控制对象的动作。

8.5.1　按键名称简介

在 Authorware 中，实现按键响应是通过在交互流程线上添加一个按键响应标识符来实现的，以达到对单独的按键、组合键或不同的键名作出响应的目的。在一些特殊情况下，还需要对用户按任何键都进行响应。例如，在一项要求必须完成的操作中，当操作失败之后，此时无论按任何键，都返回到操作的开始位置。

在开始使用 Authorware 的按键响应前，首先要弄清楚 Authorware 中的键名与键盘按键之间的对应关系，如表 8-2 所示。凡是能够在键盘上看到的键名，都能够在 Authorware 中找到相应的键名。总体上来说，对于一般的按键，直接使用它的名称。但要注意 Authorware 会自动区别英文字母的大小写，因此 a 和 A 不一样。

表 8-2　Authorware 键名与键盘按键之间的对应关系

按　键	键　名
UpArrow	向上方向键
DownArrow	向下方向键
LeftArrow	向左方向键
RightArrow	向右方向键

(续表)

按 键	键 名
Alt	Alt 键
Control	Control 键
Ctrl	Ctrl 键
Shift	Shift 键
PageUp	PageUp 键
PageDown	PageDown 键
Home	Home 键
End	End 键
Backspace	Backspace 键
Clear	无
Break	Break 键
Cmd	Cmd 键
Delete	Delete 键
Enter	Enter 键
Return	Return 键
F1～F12	F1～F12 功能键
Help	无
Ins Insert	Ins Insert 键
Escape	Esc 键
Pause	Pause 键
Tab	Tab 键

8.5.2 设置按键响应属性

双击按键响应的响应类型标识符，将打开【交互】图标的【属性】面板。在【属性】面板中，【响应】选项卡同其他响应类型的【响应】选项卡基本相同，唯一的区别就是禁用【范围】文本框，从而不能把按键响应设置成【永久】类型。

单击【按键】标签，打开【按键】选项卡，如图 8-36 所示。

图 8-36 【按键】选项卡

【按键】选项卡是所有交互响应属性面板的选项卡中最简单的一个，只包含一个【快捷键】

文本框，它用于输入一个或多个键名，以便与键盘按键相匹配，并且在此输入的键名将作为图标的名称。但在【快捷键】文本框内输入键名时，需要注意以下事项。

- 一个按钮响应可以控制多个按钮。如果用户希望在单击 x、y、z 中的任意一个键时都能够触发相同的按键响应，可在【快捷键】文本框中输入 x|y|z，这里的|代表一种【或】关系。
- 由于 Authorware 严格区别英文大小写，让大小写字母匹配相同的按键响应是非常必要的，因为不小心按下 Caps Lock 键的情况是经常发生的。同样可以借助|来实现这一点。例如，在【快捷键】文本框内输入 x|X，y|Y 之后，表示无论单击大、小写的 x 、y，都能够触发相同的按键响应。
- 需要使用快捷键时，可直接在【快捷键】文本框中输入控制键的名称，后面直接跟按键名即可。例如，希望使用 Ctrl+A 触发按键响应时，可在【快捷键】文本框内输入 CtrlA。
- ？一般用于匹配任何键，应用于处理不符合正确响应的过程中，并且放置在交互流程线的最右边。如果希望将？作为响应键，可在【快捷键】文本框内输入\?。如果希望将\作为响应键，可在【快捷键】文本框内输入\\。

提示

在【快捷键】文本框中输入的控制键的名称需要用英文状态的双引号括起来。

【例 8-5】新建一个文件，创建按钮响应。

(1) 新建一个文件，选择【修改】|【文件】|【属性】命令，在打开的【属性】面板中设置演示窗口的大小为【根据变量】。

(2) 从【图标】面板中拖动一个【交互】图标到程序设计 chuangkoui 中，重命名图标。双击【交互】图标，打开演示窗口，设计显示窗口效果如图 8-37 所示。

(3) 拖动一个【群组】图标和一个【计算】图标到【交互】图标的右侧，重命名图标，如图 8-38 所示。设置【显示】响应图标的响应类型为【按键】响应，设置【退出】响应图标的响应类型为【按钮】响应。

图 8-37　设计显示窗口效果

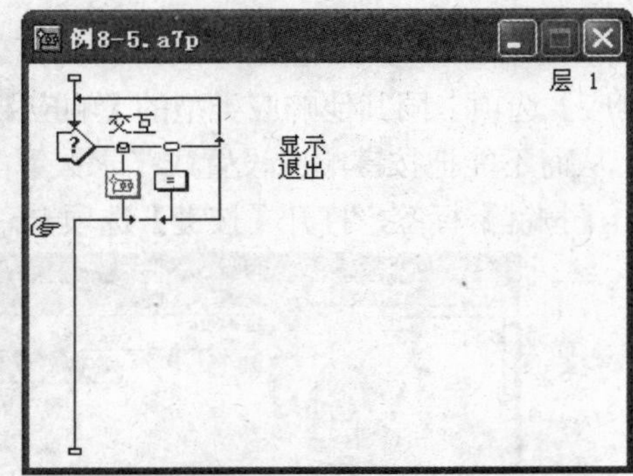

图 8-38　重命名图标

(4) 双击【群组】图标上方的响应类型符号，打开【属性】面板，在【按键】选项卡的【快捷键】文本框中输入"?"，如图 8-39 所示。

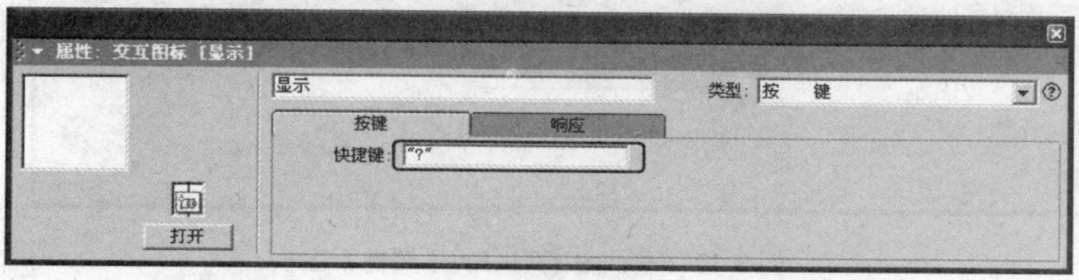

图 8-39　输入快捷键

(5) 双击【退出】计算图标，打开脚本编辑窗口，输入命令 Quit(1)。

(6) 按住 Shift 键，依次双击【交互】交互图标和【退出】计算图标，在演示窗口中将【退出】按钮移动到演示窗口的右下角，如图 8-40 所示。

(7) 单击工具栏上的【运行】按钮，运行程序。在键盘上按下任意键，在演示窗口中就将显示该按钮的名称，如图 8-41 所示。

图 8-40　移动【退出】按钮

图 8-41　程序运行效果

(8) 选择【文件】|【另存为】命令，保存文件。

8.6　重试限制响应

重试限制是对交互结构中响应分支的匹配次数加以限制，可以用来限制用户发出响应指令的次数。一旦响应匹配次数与重试限制响应中所设置的限制次数相等时，交互就会匹配此重试限制响应。它既能保证允许合法用户出现有限次数的输入错误，也防止了非法用户的不良企图。重试限制响应一般不单独使用，而是和其他响应结合起来使用。

8.6.1　设置重试限制响应属性

创建重试限制响应后，双击重试限制响应的响应类型标识符，可打开重试限制响应的【属性】面板，如图 8-42 所示。

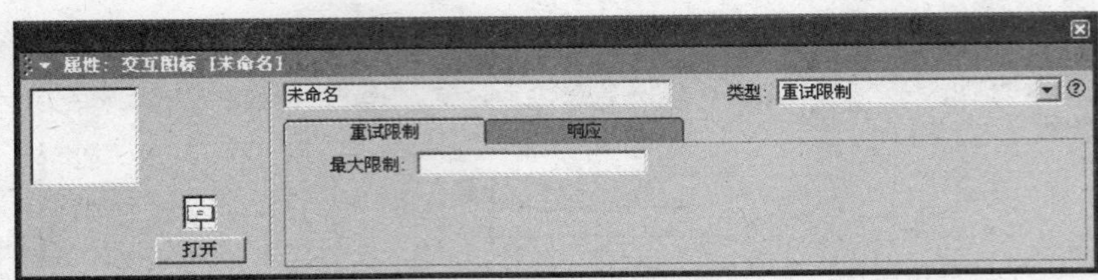

图 8-42　重试限制响应的【属性】面板

在重试限制响应的【属性】面板的【重试限制】选项卡中，【最大限制】文本框用于设置限制次数，从而限制用户在交互结构中执行其他响应图标的次数。当输入次数达到该限制次数后，将匹配重试限制响应。

8.6.2　制作重试限制响应实例

了解重试限制响应的属性设置后，就可以使用该响应类型制作相关的交互结构实例。下面为程序【点播 Flash 音乐】添加一个文本输入限制。

【例 8-6】打开【例 8-4】的文件，创建重试响应类型。当超出重试登录次数后，将关闭演示窗口。

(1) 选择【文件】|【打开】命令，打开【例 8-4】的文件。

(2) 在【正确的 ID】响应图标右侧添加一个【群组】图标，命名为【重试次数】，并设置响应类型为【重试限制】响应。

(3) 双击【群组】图标上方的响应类型符号，打开【属性】面板，在【最大限制】文本框中输入数字 3。

(4) 双击【重试次数】群组图标，打开程序设计窗口，添加一个【显示】图标、一个【等待】图标和一个【计算】图标，分别重命名图标，如图 8-43 所示。

(5) 双击【交互】图标，打开演示窗口，按住 Shift 键，双击【警告提示】显示图标，在演示窗口中使用【文本】工具，输入文本内容“您已被取消登录权限，请单击鼠标退出。”，如图 8-44 所示。

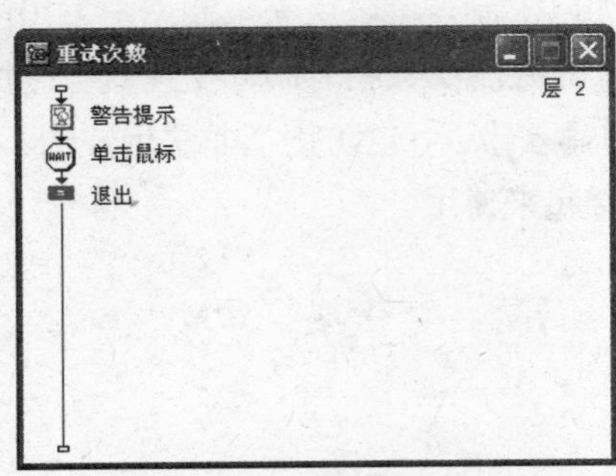

图 8-43　重命名图标

图 8-44　输入文本内容

(6) 双击【等待】图标，打开【属性】面板，选中【单击鼠标】复选框，取消其余选中的选项，如图 8-45 所示。

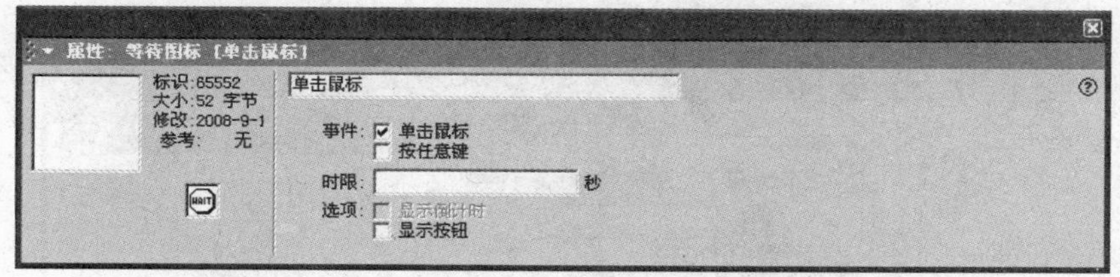

图 8-45　设置【等待】图标的【属性】面板

(7) 双击【退出】计算图标，在脚本编辑窗口中输入命令 quit(1)，如图 8-46 所示。

(8) 单击工具栏上的【运行】按钮，运行程序。如果 3 次在文本输入框中输入错误文本后，程序将出现如图 8-47 所示的画面提示，单击鼠标后退出程序。

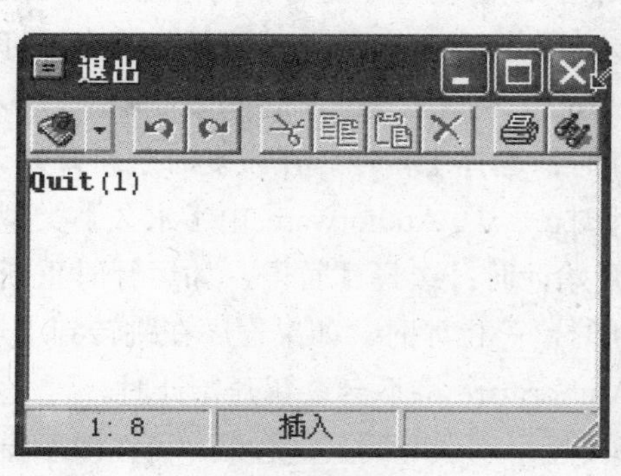

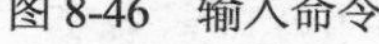
图 8-46　输入命令

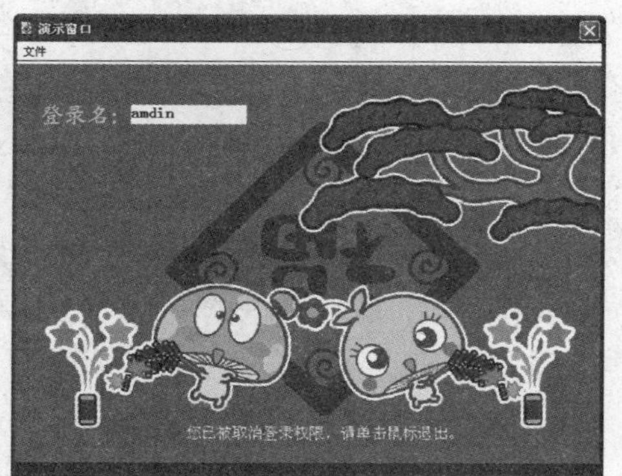

图 8-47　程序运行效果

(9) 选择【文件】|【另存为】命令，保存文件。

8.7　时间限制响应

时间限制响应主要用于限制用户进行交互的时间，此响应的用法与重试限制响应非常类似，可以放置在交互流程线上的任何位置。时间限制响应与重试限制响应的重要区别在于前者限制的是交互时间，而后者限制的是交互次数。另外，时间限制响应的设置选项也较多，因此它的内容更丰富一些。该响应广泛应用于教学课件中。

8.7.1　设置时间响应属性

双击创建的时间限制响应类型标识符，打开时间限制响应的【属性】面板，它包括【时间限制】选项卡和【响应】选项卡。其中【响应】选项卡与其他交互类型的【响应】选项卡类似，唯一的区别是禁用【范围】文本框，不能把时间限制响应设置成【永久】类型。

单击【时间限制】标签，打开【时间限制】选项卡，如图 8-48 所示。在该选项卡中，各参数选项的具体作用如下。

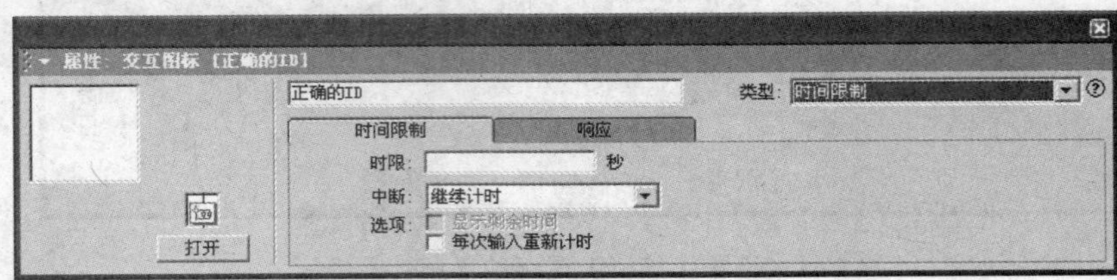

图 8-48 【时间限制】选项卡

- 【时限】文本框：设置以秒为单位的时间限制值，它可以是数值、变量或表达式。
- 【中断】下拉列表框：设置当时间限制响应交互过程被打断时程序将采取的处理方法。选择【继续计时】选项，表示当时间限制响应被打断时仍继续进行计时，这是 Authorware 的默认选项；选择【暂停，在恢复时继续计时】选项，表示当时间限制响应被打断时停止计时，一旦 Authorware 由【永久】类型的交互响应返回到时间限制响应，多媒体将接着被打断时已经消耗的时间继续进行计时；选择【暂停，在恢复时重新开始计时】选项，表示当时间限制响应被打断时停止计时，一旦 Authorware 由【永久】类型的交互响应返回到时间限制响应，程序将重新开始计时；选择【暂停，如运行时重新开始计时】选项时，表示当时间限制响应被打断时，停止计时。如果程序在跳转到【永久】类型的交互响应之前时间限制已经终止，Authorware 将不会重新开始计时。
- 【选项】选项区域：包括两个复选框。选择【显示剩余时间】复选框，可在演示窗口中显示一个计算剩余时间的时钟，并且每一个时间限制响应都会显示一个单独的时钟。双击时钟时，会打开时间限制响应的【属性】面板；选中【每次输入重新计时】复选框，则每进行一次交互，时间限制都将从头开始计时。否则，无论用户做了多少次交互，总的时间限制不会改变。

提示

如果在同一个【交互】图标中有多个时间限制响应，必须把除最后一个响应之外的所有时间限制响应的返回路径设置为【重试】，这样用户就能够持续响应流程线上的所有交互响应。

8.7.2 制作时间限制响应实例

了解时间限制响应的属性设置后，就可以使用该响应类型制作相关的交互结构实例。

【例 8-7】打开“上机练习 7.5.2”的文件，创建时间限制响应，当在规定时间内没有回答问题，程序将自动退出。

(1) 选择【文件】|【打开】命令，打开“上机练习 7.5.2”的文件。

(2) 在【交互图标】右侧添加一个【群组】图标，设置响应类型为【时间限制】响应。

(3) 双击【时间限制】响应上方的响应符号，打开【属性】面板，在【时限】文本框中输入数值 5，选中【显示剩余时间】复选框，如图 8-49 所示。

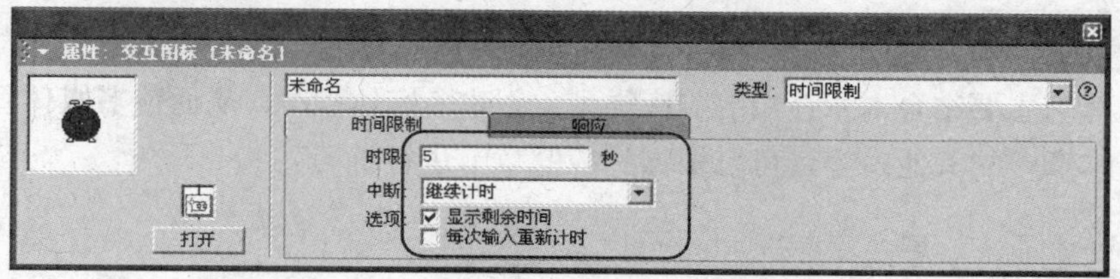

图 8-49 设置【时间限制】响应的【属性】面板

(4) 拖动显示剩余时间图标至如图 8-50 所示的位置。

(5) 双击【时间限制】响应群组图标，打开【群组】图标程序设计窗口，添加一个【显示】图标，一个【等待】图标和一个【计算】图标。双击【显示】图标，打开演示窗口，使用【文本】工具，输入文本内容"提示信息：您未能在规定时间内回答问题，程序将自动关闭。"，将文本内容移至如图 8-51 所示的位置。

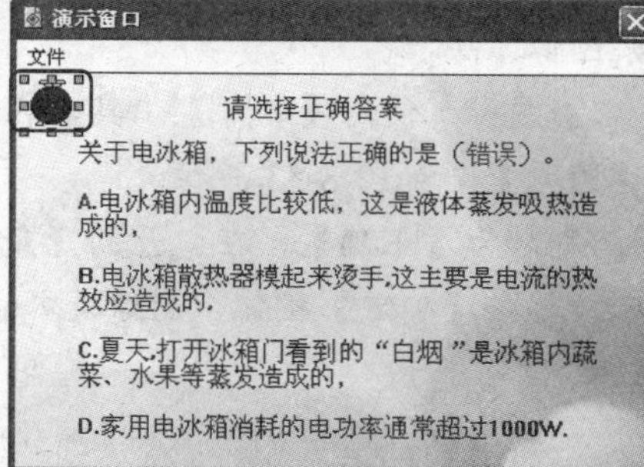

图 8-50 拖动剩余时间图标

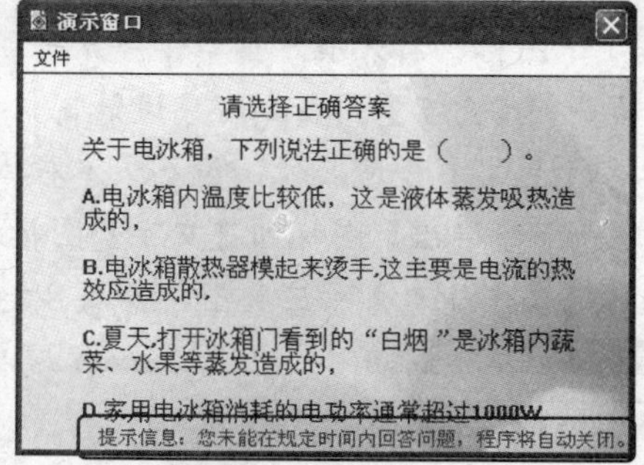

图 8-51 输入文本内容

(6) 双击【等待】图标，打开【属性】面板，在【时限】文本框中输入数值 1，取消其他选中的复选框。双击【计算】图标，打开脚本编辑窗口，输入命令 quit(1)。

(7) 单击工具栏上的【运行】按钮，运行程序。如果 5 秒钟内为回答问题，程序将显示设置的提示信息并在 1 秒钟后自动关闭，如图 8-52 所示。

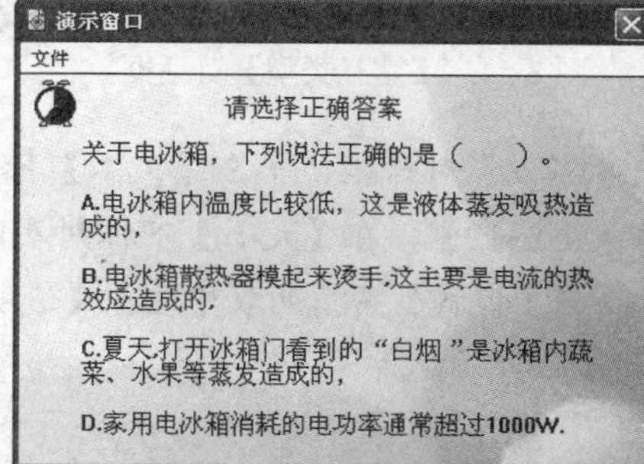

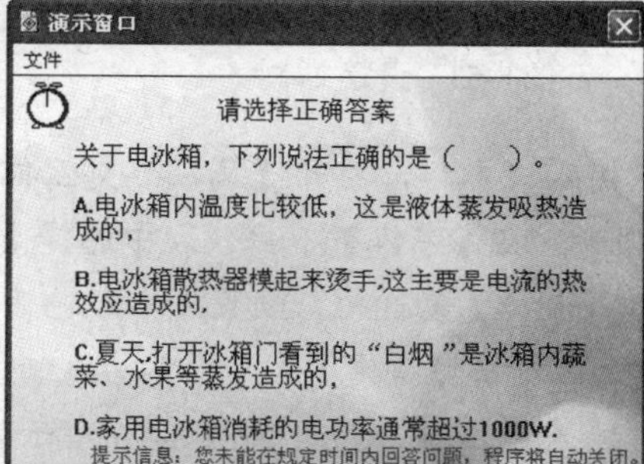

图 8-52 程序倒计时效果和程序时间限制响应提示效果

(8) 选择【文件】|【另存为】命令，保存文件。

8.8 上机练习

本章上机练习主要结合本章介绍的响应类型，创建多媒体程序，从而使多媒体程序更加生动活泼。对于本章中的其他内容，可以根据相应的章节进行练习。

8.8.1 制作填空程序

制作一段程序，给出一个问题，要求在规定时间内输入正确的答案。如果正确，将显示正确答案的相关信息；如果错误，可以重新回答；如果超出规定时间，程序将自动退出。

(1) 新建一个文件，选择【修改】|【文件】|【属性】命令，在打开的【属性】面板中设置演示窗口的大小为【根据变量】。

(2) 从【图标】面板中拖动一个【显示】图标到程序设计窗口中，命名图标为【背景】。双击【背景】显示图标，打开演示窗口，导入一副背景图像。

(3) 拖动一个【交互】图标到程序设计窗口中，双击图标，使用【文本】工具，在演示窗口中输入文本，设置文本合适属性，设置文本模式为【透明】，如图 8-53 所示。

(4) 拖动一个【群组】图标到【交互】图标右侧，命名为【正确】，在打开的【交互类型】对话框中选择【文本输入】响应类型，如图 8-54 所示，单击【确定】按钮，创建文本输入响应。

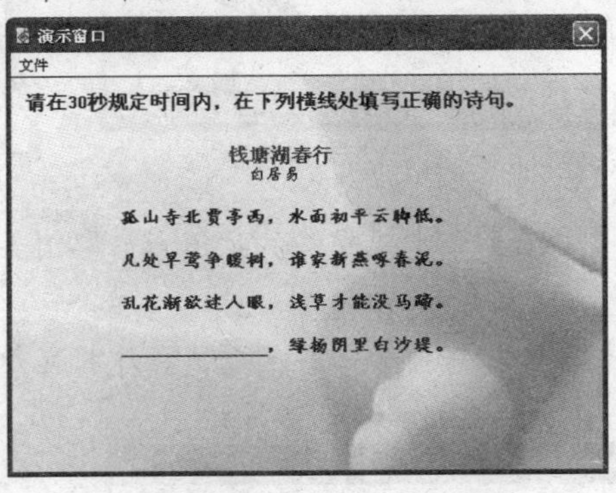

图 8-53 设置文本

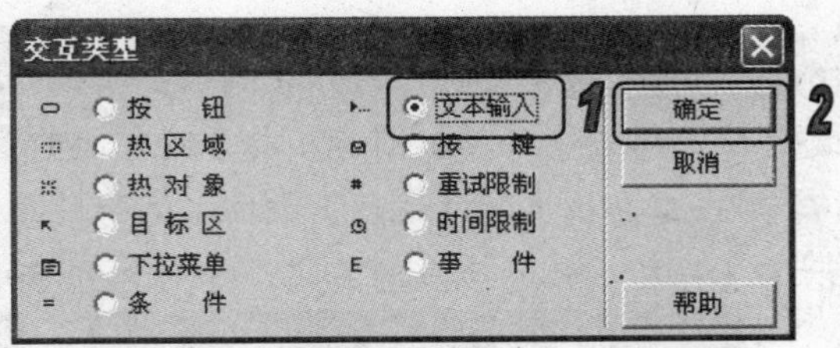

图 8-54 【交互类型】对话框

(5) 双击输入文本框，打开【属性：交互作用文本字段】对话框，单击【文本】标签，打开【文本】选项卡。在【字体】下拉列表中选择【楷体_GB2312】，在【大小】下拉列表中选择 10 号字体，选中【粗体】复选框，设置文本颜色为红色，在【模式】下拉列表中选中【透明】选项，如图 8-55 所示，单击【确定】按钮。

(6) 选中输入文本框，移至如图 8-56 所示的位置。

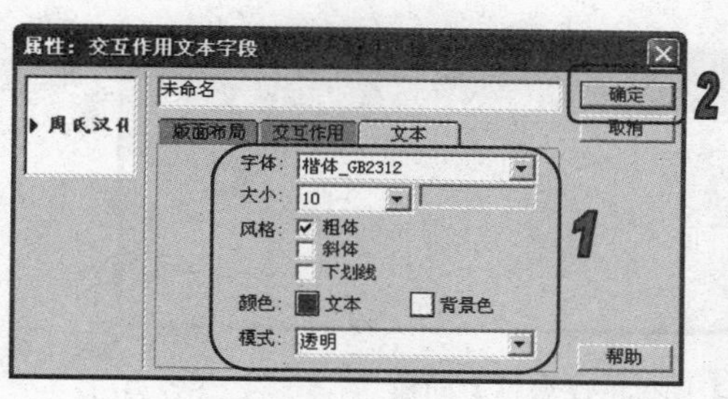

图 8-55　设置【属性：交互作用文本字段】对话框

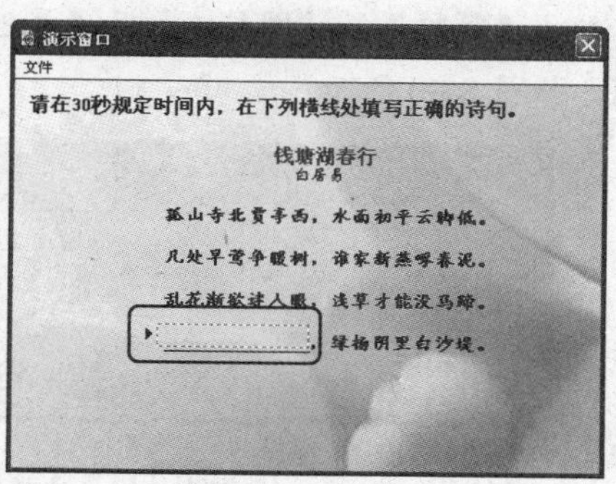

图 8-56　移动输入文本框

(7) 双击【群组】图标上方的响应类型符号，打开【属性】面板，在【模式】文本框中输入""最爱湖东行不足""，如图 8-57 所示。

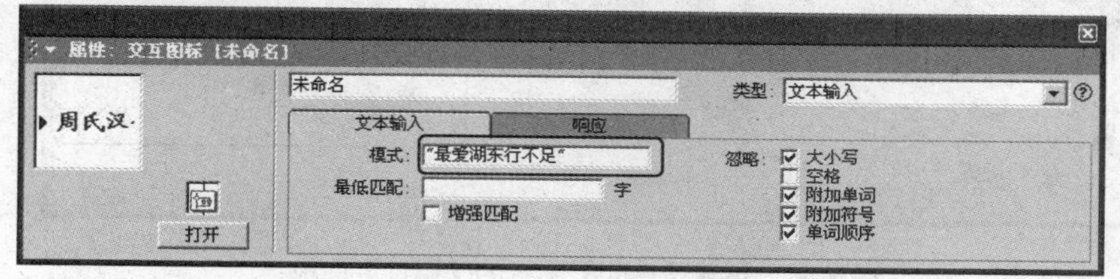

图 8-57　在【模式】文本框中输入内容

(8) 单击【响应】标签，打开【响应】选项卡，在【分支】下拉列表框中选择【退出交互】选项。

(9) 拖动一个【群组】图标到【交互】图标右侧，命名为【错误】，创建响应类型为文本输入响应。双击【群组】图标上方的响应类型符号，打开【属性】面板，在【模式】文本框中输入"*"。

(10) 单击【响应】选项卡，打开该选项卡面板，在【分支】下拉列表框中选择【重试】选项。

(11) 双击【错误】群组图标，打开【群组】图标程序设计窗口，拖动一个【显示】图标、一个【等待】图标和一个【擦除】图标，分别重命名图标，如图 8-58 所示。

(12) 双击【错误信息】显示图标，打开演示窗口，在演示窗口中导入一副背景图像，使用【文本】工具输入文本内容"答案错误，单击鼠标返回继续回答。"，如图 8-59 所示。

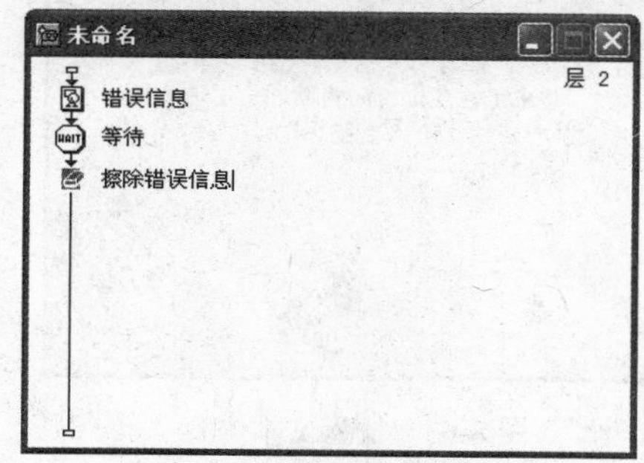

图 8-58　重命名图标

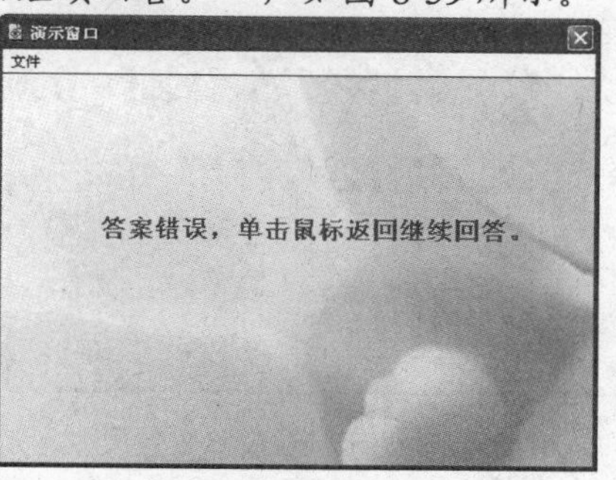

图 8-59　输入文本内容

(13) 双击【等待】等待图标，打开【属性】面板，选中【单击鼠标】复选框，取消其他选中的复选框，如图 8-60 所示。

图 8-60　设置【等待】图标的【属性】面板

(14) 双击【擦除错误信息】擦除图标，打开【属性】面板，设置擦除属性作用于【错误信息】显示图标，如图 8-61 所示。

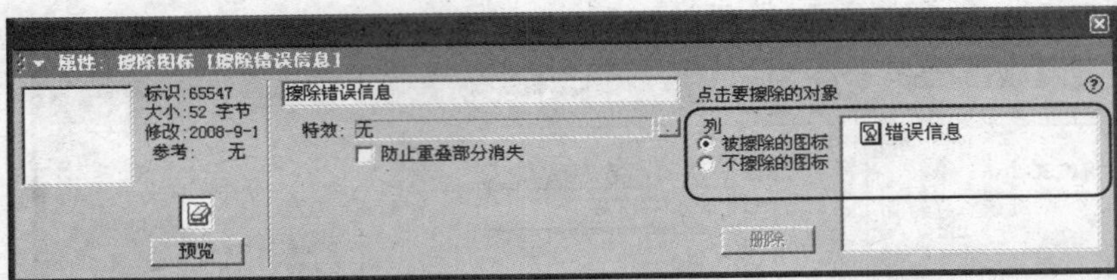

图 8-61　设置【擦除】图标的【属性】面板

(15) 返回主程序设计窗口，在【交互】图标下面添加一个【显示】图标，双击图标，打开演示窗口，设计演示窗口中效果如图 8-62 所示。

(16) 在【交互】图标右侧添加一个【群组】图标，创建响应类型为时间限制响应。

(17) 双击时间限制响应图标上方的响应符号，打开【属性】面板，在【时限】文本框中输入数值 30。单击【响应】选项卡，在【分支】下拉列表中选择【继续】选项。

(18) 双击时间限制响应【群组】图标，打开【群组】图标程序设计窗口，添加一个【显示】图标，一个【等待】图标和一个【计算】图标。

(19) 双击【显示】图标，打开演示窗口，使用【文本】工具，输入文本内容“您未能在规定时间内回答出正确答案，程序将在 1 秒钟后自动关闭。”，将文本内容移至如图 8-63 所示位置。

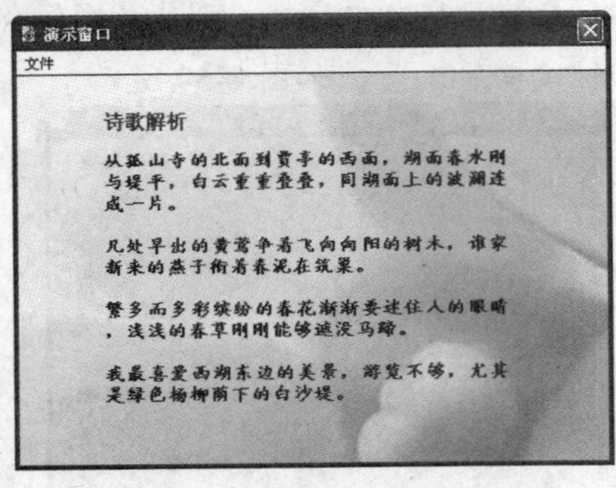

图 8-62　设计演示窗口中效果

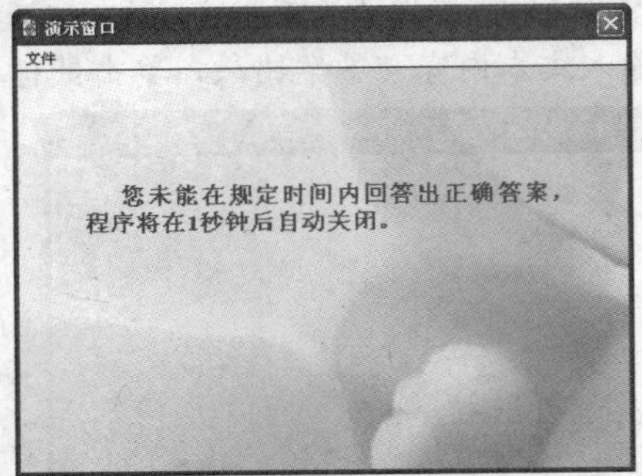

图 8-63　输入文本内容

(20) 双击【等待】图标，打开【属性】面板，在【时限】文本框中输入数值 1，取消其他选中的复选框，如图 8-64 所示。

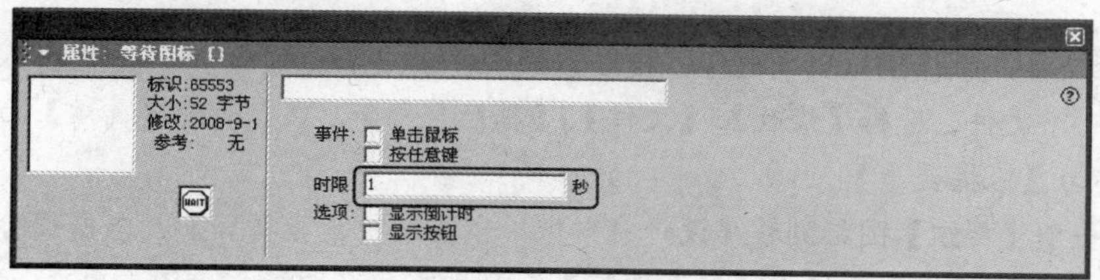

图 8-64　设置【等待】图标的【属性】面板

(21) 双击【计算】图标，打开脚本编辑窗口，输入程序 Quit(1)。

(22) 单击工具栏上的【运行】按钮，运行程序，如图 8-65 所示，分别是正确答案、错误答案和超时回答的效果。

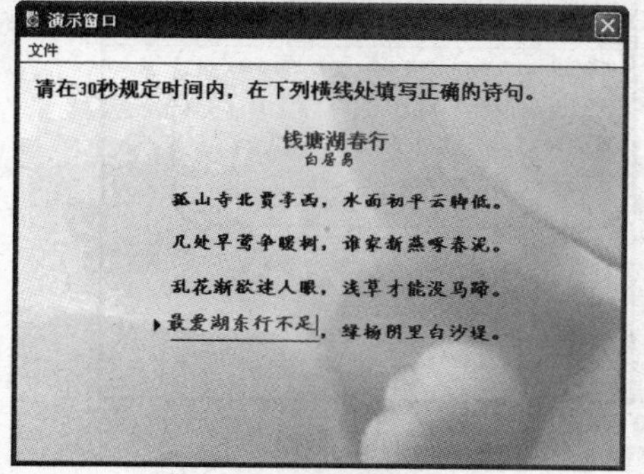

输入正确答案

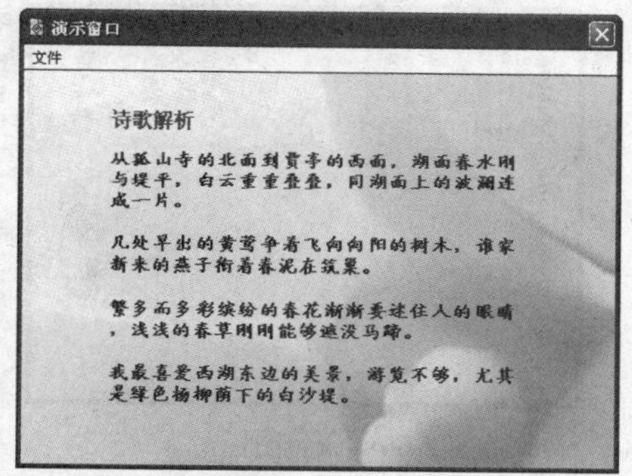

输入正确答案后显示信息

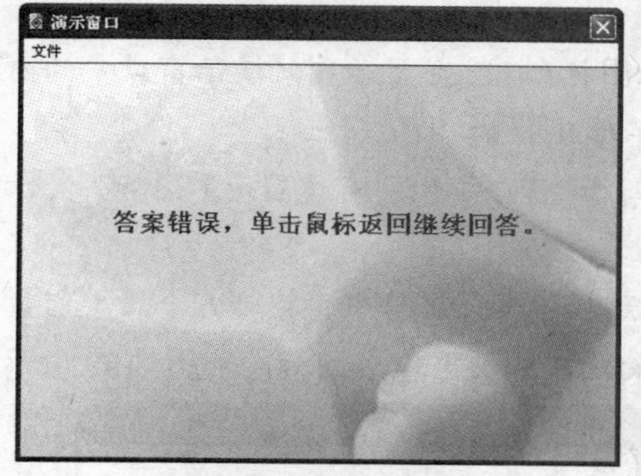

输入错误答案后显示信息

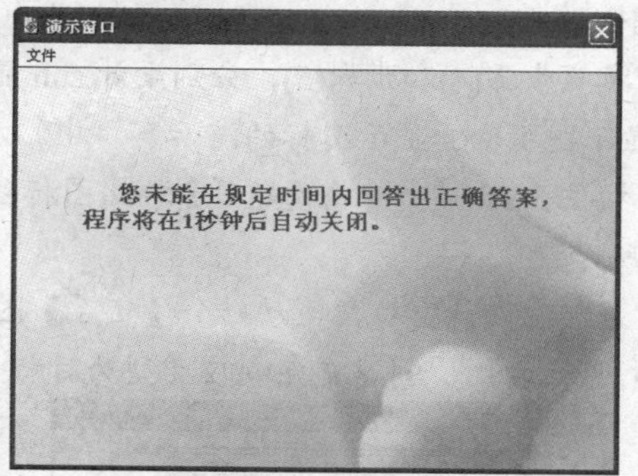

超时回答后显示信息

图 8-65　程序运行效果

(23) 选择【文件】|【另存为】命令，保存文件。

8.8.2 制作拼写单词程序

新建一个文件，制作拼写单词程序。程序效果类似于拼图游戏。

(1) 新建一个文件，选择【修改】|【文件】|【属性】命令，在打开的【属性】面板中设置演示窗口的大小为【根据变量】。

(2) 拖动一个【群组】图标到程序设计窗口中，命名图标为【题目】。双击图标，打开【群组】图标程序设计窗口，添加7个【显示图标】，分别重命名图标，如图8-66所示。

(3) 双击【标题】显示图标，打开演示窗口，使用【文本】工具，输入文本内容“根据图片和文字提示，选择字母，拼写正确单词。”，设置文本内容合适属性。

(4) 双击apple显示图标，打开演示窗口，导入一副苹果图像，调整图像合适大小。使用【文本】工具，输入文本内容“___pple”，设置文本合适属性，如图8-67所示。

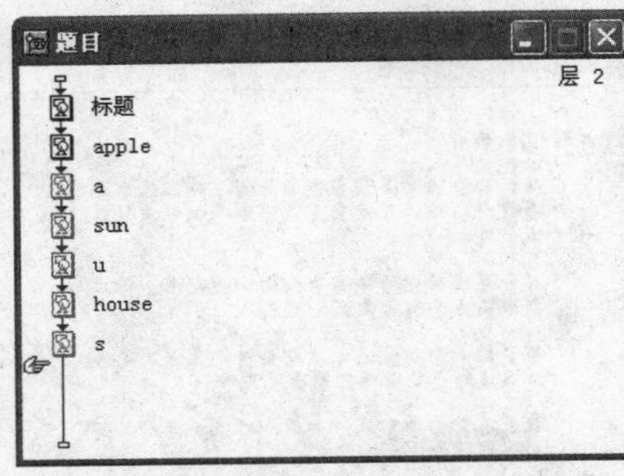

图8-66 命名图标

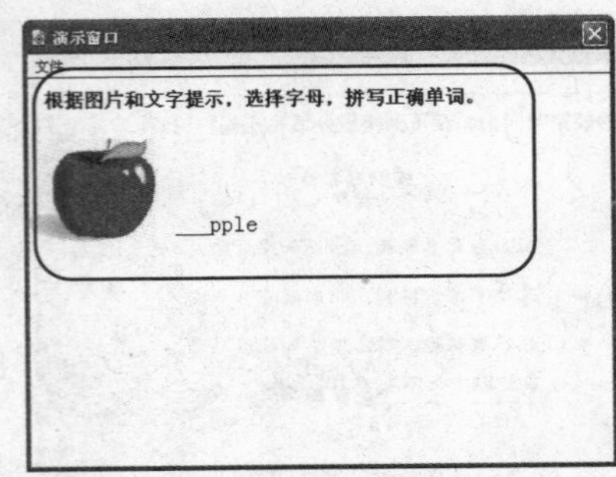

图8-67 添加图像和文本

(5) 双击a显示图标，打开演示窗口，使用【文本】工具，在演示窗口右侧输入字母a，设置文本合适属性。

(6) 参照步骤(4)和步骤(5)，分别设计sun显示图标和house显示图标演示窗口中的内容，然后在u显示图标和s显示图标的演示窗口中添加字母u和s。

(7) 按住Shift键，双击【题目】群组图标程序设计窗口中的所有【显示】图标，显示效果如图8-68所示。

(8) 返回主设计窗口，拖动一个【交互】图标到程序设计窗口中。拖动6个【群组】图标到【交互】图标右侧，创建交互响应类型为目标区响应，分别重命名图标，如图8-69所示。

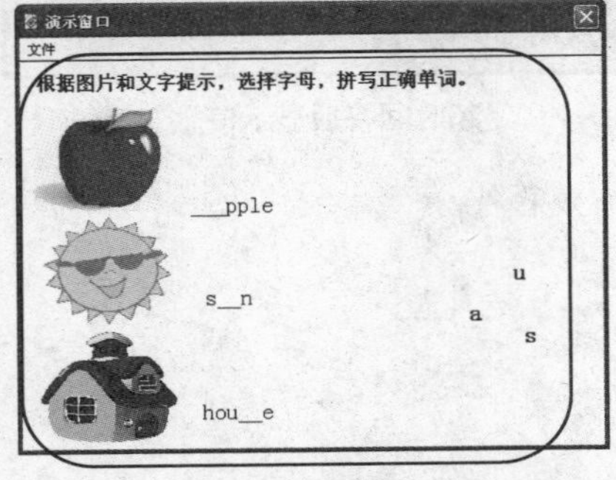

图8-68 【题目】群组图标效果

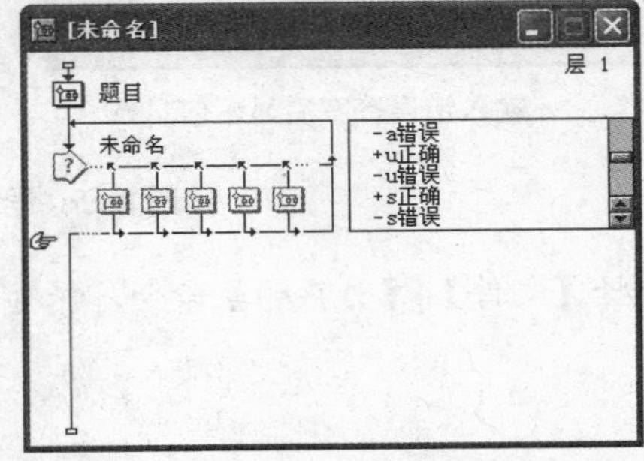

图8-69 重命名图标

(9) 双击【a 正确】图标上方的响应符号，打开【属性】面板，在【放下】下拉列表中选择【在中心定位】选项，然后单击【响应】选项卡，在【状态】下拉列表框中选择【正确响应】选项，在【分支】下拉列表中选择【重试】选项，如图 8-70 所示。

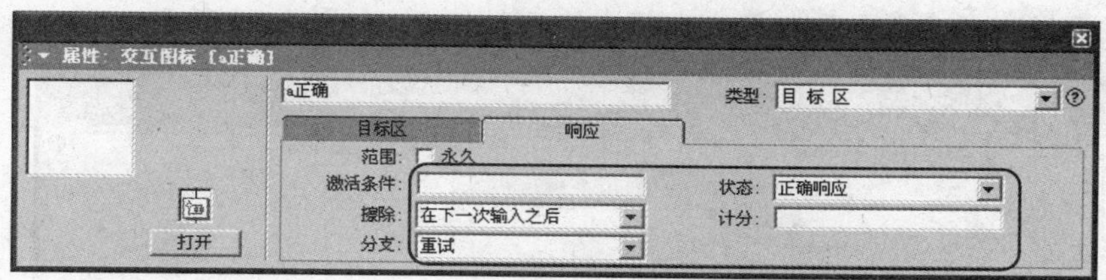

图 8-70　设置【响应】选项卡面板

(10) 设置好【a 正确】图标的【属性】面板后，选中演示窗口中的 a 字母，拖动 a 正确目标区到如图 8-71 所示的位置。

(11) 双击【a 错误】图标上方的响应符号，打开【属性】面板，在【放下】下拉列表框中选择【返回】选项。单击【响应】选项卡，在【状态】下拉列表中选择【错误响应】选项。

(12) 选中演示窗口中的 a 字母，拖动 a 错误目标区到如图 8-72 所示的位置。

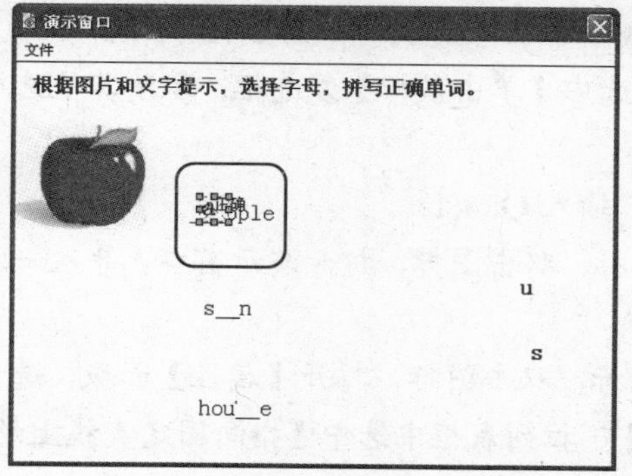

图 8-71　设置 a 正确目标区

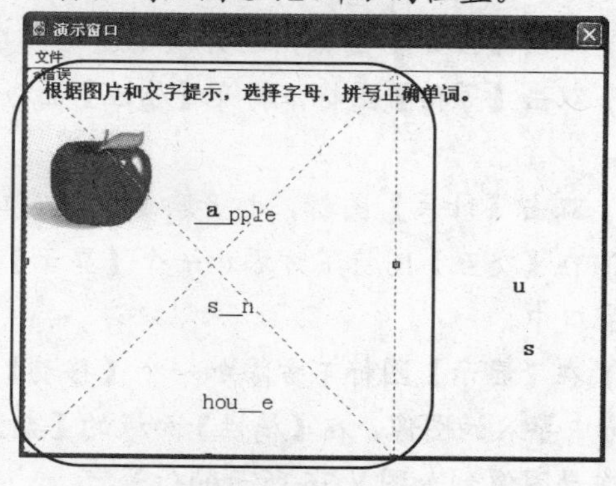

图 8-72　设置 a 错误目标区

(13) 参照步骤(9)~步骤(12)，设置【u 正确】图标、【u 错误】图标、【s 正确】图标和【s 错误】图标的响应属性以及相应字母的目标区。

(14) 拖动一个【群组】图标到【交互】图标右侧，创建响应类型为条件响应。双击响应符号，打开【属性】面板，在【条件】文本框中输入 AllCorrectMatched，在【自动】下拉列表框中选中【为真】选项，如图 8-73 所示。

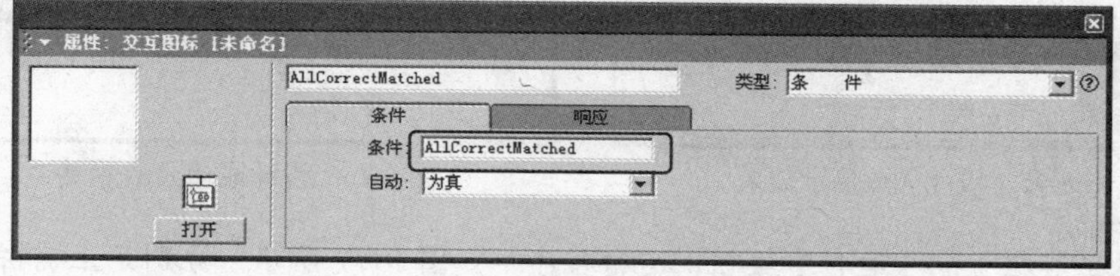

图 8-73　设置条件响应的相关属性

(15) 单击【响应】标签，打开【响应】选项卡，在【分支】下拉列表中选中【退出交互】选项。

(16) 在【交互】图标右侧添加一个【群组】图标，创建重试响应。双击图标上方的响应符号，打开【属性】面板，在【最大限制】文本框中输入数值 5，如图 8-74 所示。

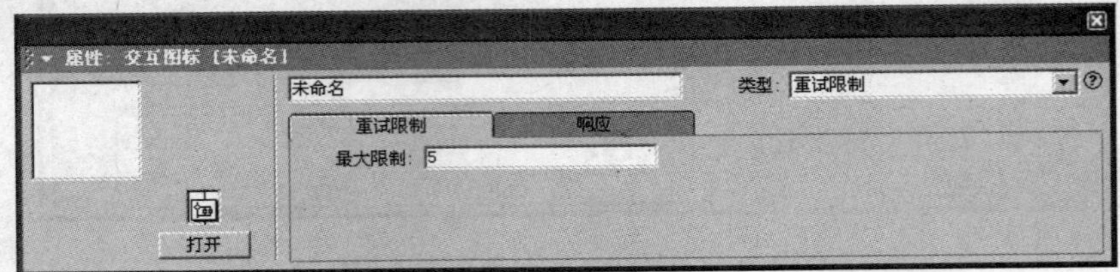

图 8-74　设置重试次数

(17) 单击【响应】标签，打开【响应】选项卡，在【分支】下拉列表框中选择【退出交互】选项。

(18) 双击【群组】图标，打开【群组】图标程序设计窗口，拖动一个【显示】图标、一个【等待】图标和一个【计算】图标到演示窗口中。

(19) 双击【显示】图标，打开演示窗口，在演示窗口中的设计如图 8-75 所示。

(20) 双击【等待】图标，打开【属性】面板，选中【单击鼠标】复选框，取消其他选中的复选框。

(21) 双击【计算】图标，打开脚本编辑窗口，输入 Quit(1)。

(22) 在【交互】图标下方添加一个【显示】图标，双击图标，打开演示窗口，导入一副图像到演示窗口中。

(23) 在【显示】图标下方添加一个【移动】图标，双击图标，打开【属性】面板，选中【显示】图标中导入的图像，在【属性】面板的【类型】下拉列表框中选中【指向固定直线上的某点】选项，拖动图像到如图 8-76 所示的位置。

图 8-75　设计失败显示效果

图 8-76　设计成功显示效果

(24) 单击工具栏上的【运行】按钮，运行程序，如图 8-77 所示，分别是正确拼写以及错误拼写后显示的效果。

拖动字母

正在显示正确拼写效果

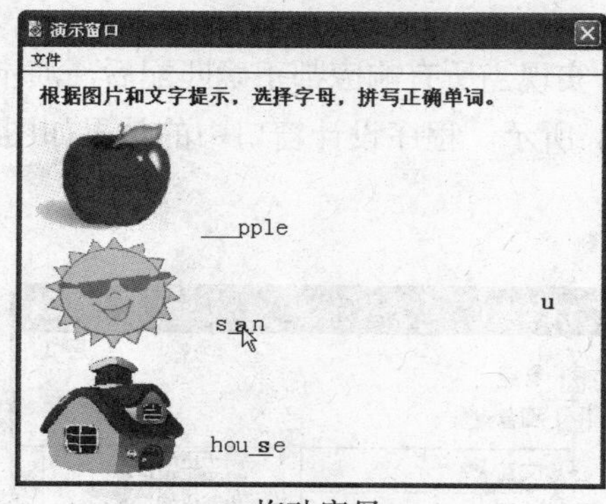

拖动字母

显示错误拼写效果

图 8-77 程序运行效果

(25) 选择【文件】|【另存为】命令，保存文件。

8.9 习题

1. 目标区域响应允许用户把一个对象拖动到另一个目标区域。通常，当对象被拖动到正确位置时，它将停留在目标处，否则对象将如何？

2. 如果菜单总是要求显示在演示窗口内，以便用户能够随时与它进行交互，这就要求将菜单响应设置成什么类型？

3. 如果希望在菜单内显示一个空行，需要在【菜单条】文本框内输入哪些内容？

4. 创建自定义下拉菜单时，系统默认的【文件】菜单仍然存在，显得不太协调，可以使用什么图标去掉该菜单？

5. 由于输入的文字是千差万别的，因此精确地预测输入的各种情况是不可能实现的。为此，Authorware 提供了哪种匹配功能？

6. 如果有多个使用通配符的文本输入响应，则必须按照哪种顺序进行排列？

7. 如果在同一个交互图标中有多个时间限制响应，必须如何设置除最后一个响应之外的所

有时间限制响应的返回路径，这样就能够持续响应流程线上的所有交互响应？

8. 使用一个交互图标能生成几个下拉菜单？

9. 创建下拉菜单响应时，如果想在菜单内插入分隔线，应该如何在【菜单条】文本框内输入？

10. 创建条件响应时，在【条件】文本框中输入的变量或表达式不能代表为【真】的是什么？

11. 创建文本输入相应时，若要使用户所输入的 ABC 或 123 都能够匹配该响应，则在文本输入响应的【属性】面板的【模式】文本框中输入什么？

12. 利用通配符设置文本输入响应的模式时，如果出现多个通配符*、A*和??，则它们之间的正确顺序是什么？

13. 结合不同类型的响应，创建程序响应效果，实现当所有响应都正确匹配后，演示窗口中出现提示信息询问用户是否重来一次，如图 8-78 所示。程序设计窗口中的效果如图 8-79 所示。

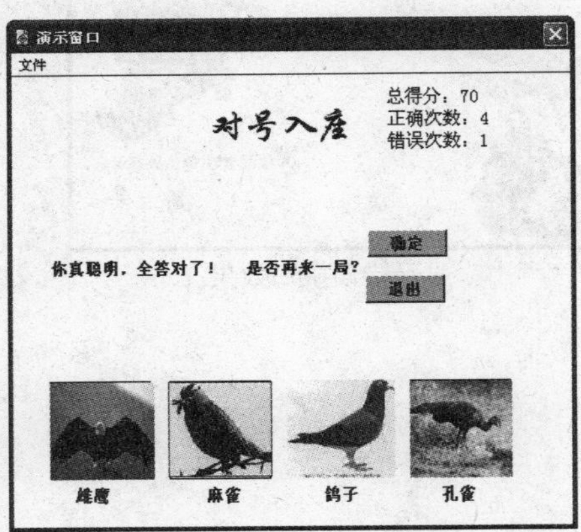

图 8-78 条件响应执行结果

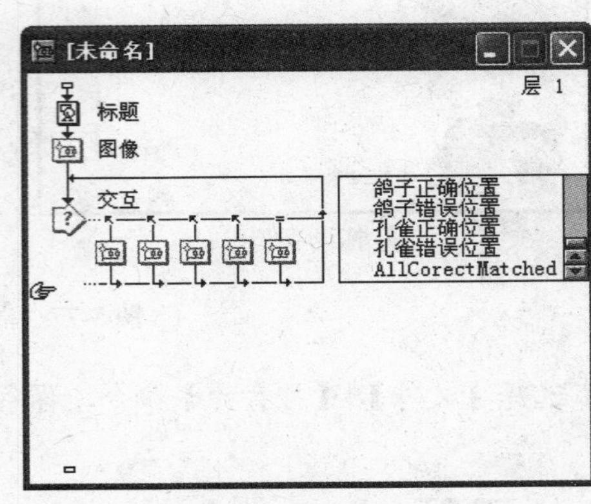

图 8-79 程序设计窗口

第9章 创建决策结构

学习目标

【判断】图标的主要作用是在Authorware中实现循环操作，它主要用于设置一种决策手段来控制程序的流程，如某些图标能否被执行，按什么顺序执行以及总共执行多少次等。Authorware7 中决策结构的实现与其他程序语言有所不同，在不使用变量和跳转函数的情况下同样能够实现对程序流程的控制。本章将讲述【判断】图标的属性设置以及判断结构的应用。

本章重点

- 判断分支结构
- 使用判断分支结构浏览图片
- 设置决策判断设计图标的属性

9.1 判断分支结构

在Authorware中，决策结构由【判断】图标◇和附属于该图标的其他图标共同组成。为了方便流程的组织和程序的修改，一般将【判断】图标拖动到【群组】图标的右侧，此时该【群组】图标成为分支图标。分支图标所处的分支流程称为判断分支，每个判断分支都有一个与之相连的分支符号，如图9-1所示。

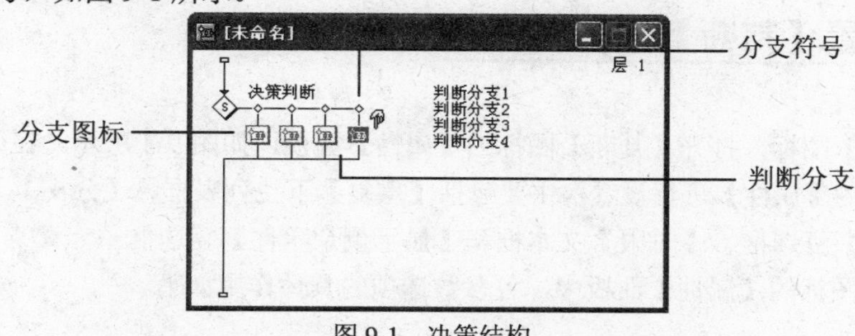

图9-1 决策结构

知识点

判断分支结构和交互分支结构所起作用的不同之处在于：当程序执行到判断分支结构时，不会等待用户进行交互操作，而会根据【判断】图标的属性设置自动决定分支图标的执行顺序和分支路径执行的次数。

9.1.1 建立决策结构

要建立一个决策结构，首先需要拖动一个【判断】图标到流程线上，然后拖动若干个【群组】图标到该【判断】图标的右侧。双击【判断】图标打开其【属性】面板，即可对该决策结构的相应属性进行设置。

从【图标】面板中拖动一个【判断】图标到程序设计窗口中，然后拖动 2 个【群组】图标到【判断】图标右侧。分别在【群组】图标的程序设计窗口中添加一个【显示】图标和一个【等待】图标。

分别在【显示】图标中导入图像，设置【等待】图标的属性为单击鼠标后继续。单击工具栏上的【运行】按钮，在程序运行过程中，单击鼠标即可浏览下一幅图像，如图 9-2 所示。

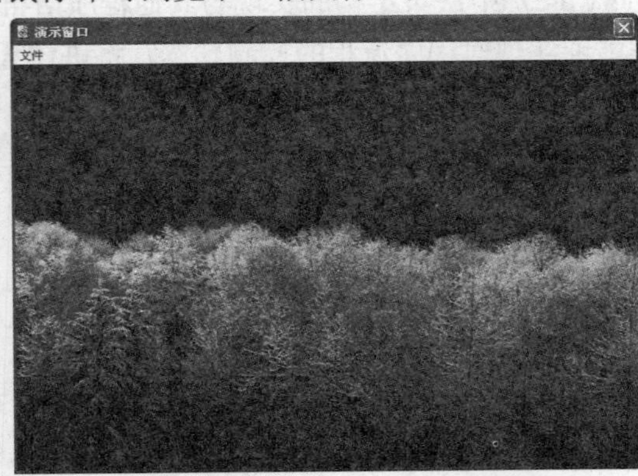

图 9-2　程序运行效果

在【判断】图标下面添加一个【计算】图标，双击图标，打开脚本编辑窗口，输入脚本 Quit(1)，运行程序，单击鼠标浏览下一幅图像，再次单击鼠标，即可退出演示窗口。

9.1.2 设置【判断】图标属性

双击【判断】图标，打开【判断】图标的【属性】面板，如图 9-3 所示。在该面板中可以对【判断】图标的【属性】进行设置，主要包括【重复】下拉列表框、【分支】下拉列表框、【复位路径入口】复选框、【时限】文本框和【显示剩余事件】复选框。

在【判断】图标的【属性】面板中，各参数选项的具体作用如下。

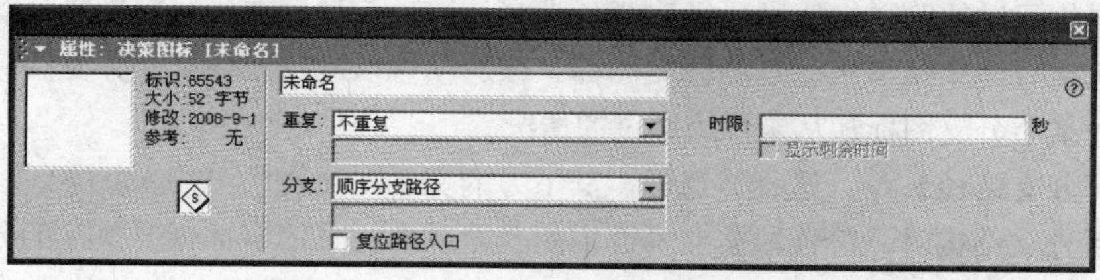

图 9-3　【判断】图标的【属性】面板

1. 【重复】下拉列表框

【重复】下拉列表框主要用于设置程序在判断分支结构中执行循环的次数，在该下拉列表框中，主要包括【固定的循环次数】、【所有的路径】、【直到单击鼠标或按任意键】、【直到判断值为真】和【不重复】5 个选项，这 5 个选项具体作用如下。

- 【固定的循环次数】：选择该选项，在下方的文本框变为可输入状态。在文本框中输入数值、变量或表达式，程序将根据该文本框中的值决定在判断分支结构中执行循环的次数。如果设置的次数小于 1，则程序退出判断分支结构，不执行任何分支图标。
- 【所有的路径】：选择该选项，该结构中的分支图标都至少被执行一次，然后程序才退出该判断分支结构。
- 【直到单击鼠标或按任意键】：选择该选项，程序将一直执行该判断分支结构，直到单击鼠标或者按下键盘上的任意键。该选项可用于耗时较长或重复播放的数字电影。
- 【直到判断值为真】：选择该选项，程序在每次执行循环之前都会先对其下方文本框中的变量或表达式的值进行判断。如果值为 TRUE，程序将退出判断分支结构；如果值为 FALSE，将继续执行该判断分支结构。
- 【不重复】：该选项是 Authorware 的默认选项。选择该选项之后，程序只执行一次判断分支结构，然后沿主流程线继续向下执行。

2. 【分支】下拉列表框

【分支】下拉列表框中的各个选项与【重复】下拉列表框中的各个选项是配合使用的。它可以设置当程序执行到判断分支结构时执行哪些分支路径。这里的设置可以从【判断】图标的外观上显示出来，它包括【顺序分支路径】、【随机分支路径】、【在未执行过的路径中随机选择】和【计算分支路径】4 个选项，选择其中一个选项后，在【分支】下拉列表框左侧会显示相应的分支类型符号。这 4 个选项的具体作用如下。

- 【顺序分支路径】：选择该选项，程序在第一次执行到判断分支结构时，执行第一个分支图标；第二次执行到判断分支结构时，执行第二个分支图标，依次类推。
- 【随机分支路径】：选择该选项，程序在执行到判断分支结构时，将随机选择执行一个分支图标。这样在程序运行过程中，将会出现某个分支图标被执行多次，而某个分支图标却从未被执行过的情况。

◉ 【在未执行过的路径中随机选择】Ⓤ：选择该选项，程序在执行到判断分支结构时，将随机执行一个从未执行过的分支图标。该选项可以避免出现某个分支图标被执行多次，而某个分支图标却从未被执行过的情况。

◉ 【计算分支路径】Ⓒ：选择该选项，其下方的文本框将变为可输入状态。程序在执行到判断分支结构时，将会根据文本框中的变量或表达式的值选择要执行的分支图标。如果文本框中的值为 1，则执行第 1 个分支图标；如果文本框中的值为 3，则执行第 3 个分支图标。

3. 【复位路径入口】复选框

要选中【复位路径入口】复选框，首先必须在【分支】下拉列表框中选择【顺序分支路径】或【在未执行过的路径中随机选择】选项。

程序在运行过程中会使用变量来记录已经执行过的分支图标的信息。如果选中【复位路径入口】复选框，被记录的信息将被擦除，这样无论程序是第几次执行该判断分支结构，都将是第 1 次执行。

4. 【时限】文本框

【时限】文本框用于设置判断分支结构运行的时间，可以在文本框中输入代表时间的数值、变量和表达式，单位为秒。当执行到规定的时间之后，程序就会跳过该判断分支结构，继续沿流程线向下执行。

5. 【显示剩余时间】复选框

要选中【显示剩余时间】复选框，首先必须在【时限】文本框中输入数值后，该复选框才会显示可选状态。选中该复选框，则当程序运行到判断分支结构时，演示窗口将出现一个时钟以显示剩余时间。

【例 9-1】 使用【判断】图标创建一个决策结构，在【属性】面板中设置【判断】图标的属性。

(1) 新建一个文件，拖动一个【显示】图标、一个【声音】图标、一个【等待】图标、一个【判断】图标和一个【计算】图标到程序设计窗口中，分别重命名图标。然后在【判断】图标的右侧添加 3 个【群组】图标，分别重命名图标，如图 9-4 所示。

(2) 分别双击【群组】图标，在每个【群组】图标程序设计窗口中添加一个【显示】图标和一个【等待】图标。

(3) 双击【图片 1】群组图标中的【显示】图标，打开演示窗口，导入图像，然后设置【等待】图标的属性为单击鼠标继续。

(4) 参照步骤(3)，分别在【图片 2】和【图片 3】群组图标的【显示】图标中导入图像，设置【等待】图标的属性为单击鼠标继续。

(5) 双击主程序设计窗口中的【显示】图标，打开演示窗口，在演示窗口中的设计如图 9-5 所示。

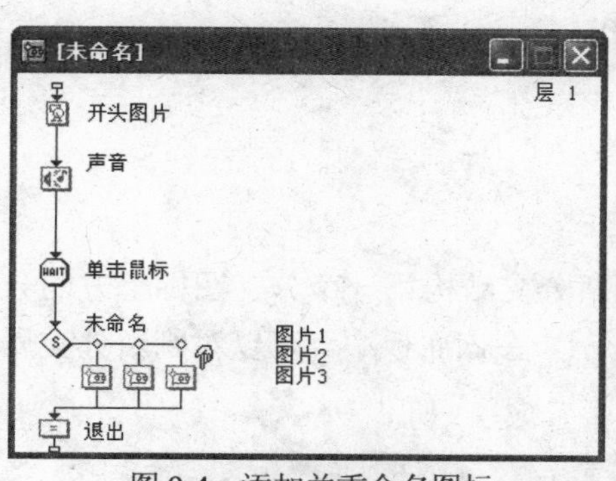

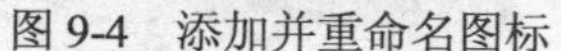

图 9-4　添加并重命名图标

图 9-5　设计演示窗口效果

(6) 单击【声音】图标，打开【属性】面板，导入声音文件。设置【等待】图标的属性为单击鼠标继续。

(7) 双击【计算】图标，在脚本编辑窗口中输入命令：quit(1)。

(8) 双击【判断】图标，打开【属性】面板。在【重复】下拉列表框中选择【所有的路径】选项，在【分支】下拉列表框中选择【顺序分支路径】选项。在【时限】文本框中输入数值 10，选中【显示剩余时间】复选框，如图 9-6 所示。

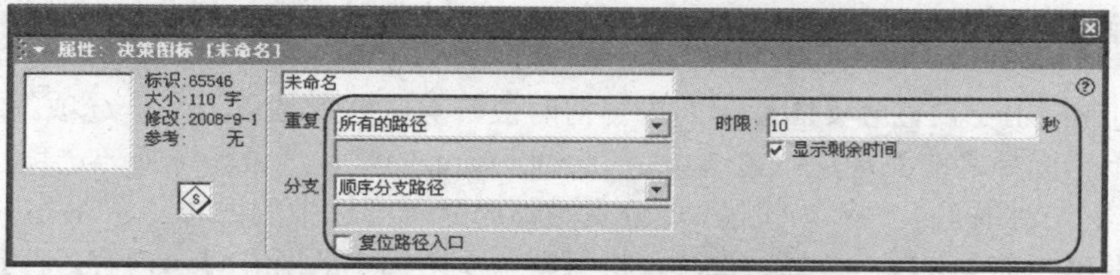

图 9-6　在【判断】图标的【属性】面板中设置相关属性

(9) 单击工具栏上的【运行】按钮，运行程序。单击鼠标后，将显示【图片 1】群组图标中的内容。再次单击鼠标，将显示【图片 2】群组图标中的内容，同时演示窗口中出现一个时钟，提醒剩余的时间，如图 9-7 所示。

图 9-7　程序运行效果

计算机基础与实训教材系列

(10) 选择【文件】|【另存为】命令，保存文件。

9.2 设置判断分支属性

打开如图 9-4 所示的程序设计窗口，双击判断分支结构第一个分支图标上方的分支符号，将打开判断路径的【属性】面板，如图 9-8 所示。在该面板中，可以对判断分支属性进行设置。

图 9-8 判断路径的【属性】面板

在该【属性】面板中各选项的意义如下。

1. 【擦除内容】下拉列表框

该下拉列表框用于设置分支图标中的内容何时被擦除，它包括以下 3 个选项。

- 【在下个选择之前】选项：该选项是 Authorware 的默认选项。选择该选项，当程序执行完该分支图标后，将立刻删除该分支图标内显示图标中的内容。
- 【在退出之前】选项：选择该选项，将保留分支图标中的所有显示内容，直到程序从当前判断分支结构中退出。
- 【不擦除】选项：选择该选项，将保留分支图标中的所有显示内容，直到使用【擦除】图标将其擦除。

2. 【执行分支结构前暂停】复选框

选择该复选框，则程序在执行完一个分支图标后暂停，并在演示窗口中显示继续按钮。单击该按钮，程序才会继续执行。

【例 9-2】双击决策结构中的分支符号，在打开的面板中设置判断分支属性。

(1) 选择【文件】|【打开】命令，打开【练习 9-1】中创建文件。

(2) 双击【图片 1】群组图标，打开【群组】图标程序设计窗口，删除【等待】图标。重复操作，删除【图片 2】和【图片 3】群组图标中的【等待】图标。

(3) 依次双击【图片 1】、【图片 2】和【图片 3】群组图标上方的分支符号，打开【属性】面板，选中【执行分支结构前暂停】复选框。

(4) 单击工具栏上的【运行】按钮，运行程序，此时演示窗口将出现如图 9-9 所示的画面，单击鼠标后，演示窗口将显示如图 9-10 所示的效果。

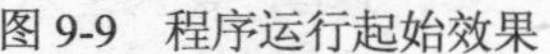
图 9-9　程序运行起始效果

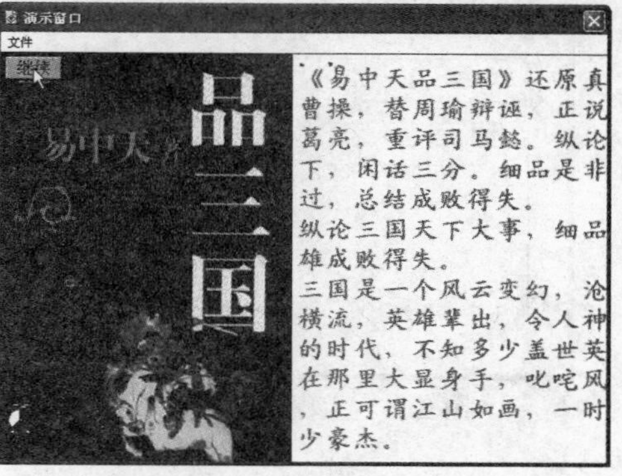

图 9-10　单击鼠标后的显示

(5) 选择【文件】|【另存为】命令，保存文件。

提示

将【练习 9-2】和【练习 9-1】进行对比不难发现，当选择【执行分支结构前暂停】复选框后，即使删除了分支结构中所有的【等待】图标，其运行方式和后者仍然是类似的，只不过前者是单击【继续】按钮继续，后者是单击鼠标继续。

9.3　上机练习

在了解 Authorware【判断】图标和判断分支的属性后，就可以创建一个带有判断分支的程序。本小节将综合使用【判断】图标和【交互】图标来创建程序，在创建程序的过程中对判断分支结构有进一步的了解。对于本章中的其他内容，可以根据相应的章节进行练习。

9.3.1　制作闪烁文字效果

使用【判断】图标的【在未执行过的路径中随机选择】属性制作一个程序，使得该程序运行时，演示窗口中的文字能够不断的闪烁，像霓虹灯一样。

(1) 新建一个文件，选择【修改】|【文件】|【属性】命令，打开【属性】面板，选中【显示菜单栏】复选框，在【大小】下拉列表框中选择【根据变量】选项。

(2) 从【图标】面板中拖动一个【判断】图标到流程线上，然后拖动 4 个【群组】图标到判断图标的右侧，并重新命名，如图 9-11 所示。

(3) 双击【颜色 1】群组图标，打开【群组】图标程序设计窗口，添加一个【显示】图标和一个【等待】图标，分别重命名图标，如图 9-12 所示。

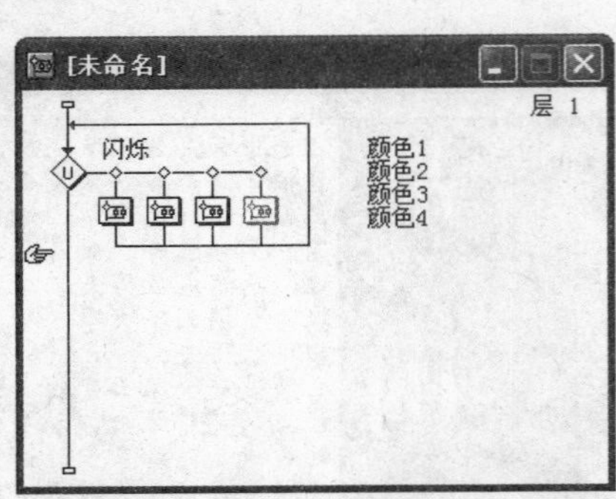

图 9-11 主程序设计窗口

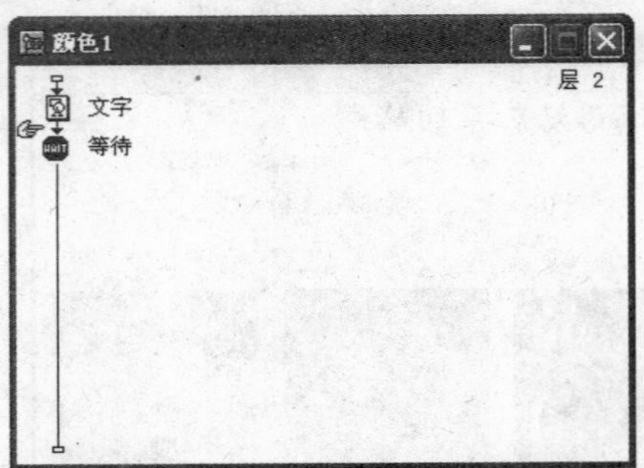

图 9-12 【群组】图标程序设计窗口

(4) 双击【文字】显示图标，打开演示窗口，使用【文本】工具，输入文本，设置文本字体为【华文彩云】，风格为【加粗】，大小为 48，颜色为【绿色】，如图 9-13 所示。

(5) 双击【等待】等待图标，打开【属性】面板，在【时限】文本框中输入数值 0.1，取消所有选中的复选框。

(6) 将【颜色 1】群组流程窗口中的两个设计图标复制到【颜色 2】群组图标的流程设计窗口中，将【文字】显示图标中字体的颜色改为【红色】，其他图标和属性保持不变，如图 9-14 所示。

图 9-13 设置文本属性

图 9-14 设置复制文本属性

(7) 参照步骤(6)，将相同的图标复制到【颜色 3】和【颜色 4】程序流程设计窗口中，并将文字颜色分别设置为【黄色】和【蓝色】。

(8) 双击【判断】图标，打开【属性】面板，在【重复】下拉列表框中选择【直到单击鼠标或按任意键】选项，在【分支】下拉列表框中选择【在未执行过的路径中随机选择】选项，如图 9-15 所示。

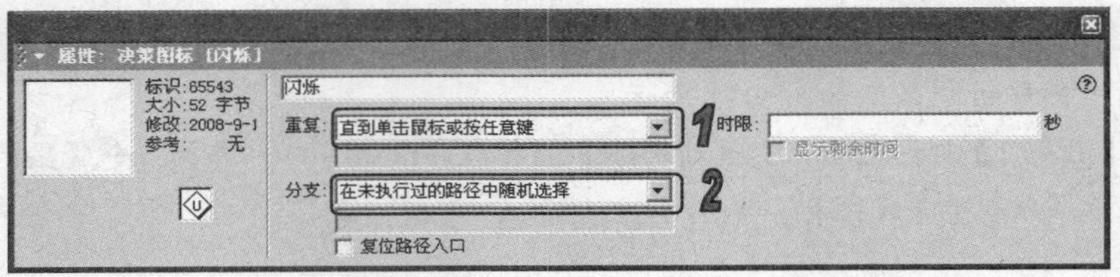

图 9-15 设置【判断】图标的【属性】面板

(9) 为了增强文字闪烁显示效果，可以在主程序设计窗口中添加一个【显示】图标，然后在【显示】图标的演示窗口中导入一幅图像，然后设置 4 个【文字】显示图标中的文本模式为【透明】模式。

(10) 单击工具栏上的【运行】按钮，运行程序，可以看到文字闪烁效果，如图 9-16 所示。单击鼠标即可停止。

图 9-16　程序运行效果

(11) 选择【文件】|【另存为】命令，保存文件。

9.3.2　制作随机选择程序

使用【判断】图标的随机分支结构，制作随机选择程序。

(1) 新建一个文件，选择【修改】|【文件】|【属性】命令，打开【属性】面板，在【大小】下拉列表框中选择【根据变量】选项。

(2) 拖动一个【显示】图标、一个【判断】图标、一个【交互】图标、9 个【显示】图标和一个【计算】图标到流程线上，并分别更改图标名称，如图 9-17 所示。当拖动【计算】图标到【交互】图标右侧时，设置交互响应类型为按钮响应。

(3) 双击【背景】显示图标，打开演示窗口，导入一幅图像，使用【文本】工具，输入文本，设置文本属性，在【背景】显示图标演示窗口中的设计如图 9-18 所示。

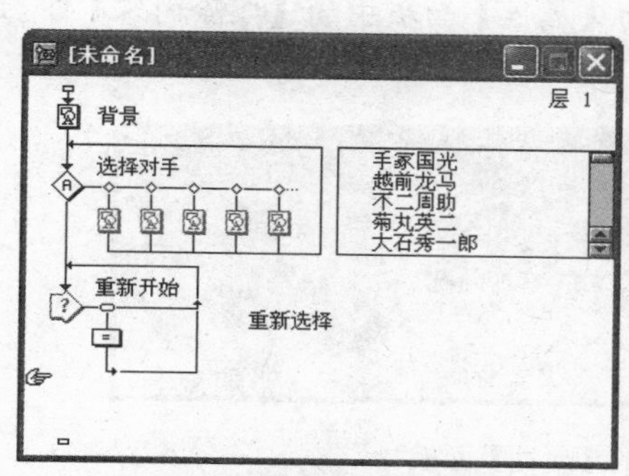

图 9-17　添加并重命名图标

图 9-18　设计【背景】显示图标演示窗口

(4) 在演示窗口中选中第 1 个人物，选择【编辑】|【复制】命令，复制到剪贴板上。然后按住 Shift 键，双击【手冢国光】显示图标，打开演示窗口。选择【编辑】|【粘贴】命令，将剪贴板上的骰子图形粘贴到演示窗口中，拖动放大图像，如图 9-19 所示。

(5) 在【背景】演示窗口中复制第 2 个人物图形，依次双击【手冢国光】显示图标和【越前龙马】显示图标，然后将该图形粘贴到【越前龙马】显示图标的演示窗口中。调整图形大小并移动该图像，使它刚好覆盖在第一个人物图像上。

(6) 参照步骤(5)，复制并粘贴另外 7 个人物图像到相应的【显示】图标中，并使它们互相重合，如图 9-20 所示。

图 9-19　放大图像

图 9-20　覆盖图像

(7) 双击【判断】图标，打开【属性】面板，在【重复】下拉列表框中选择【直到单击鼠标或按任意键】选项，在【分支】下拉列表框中选择【随机分支路径】选项，如图 9-21 所示。

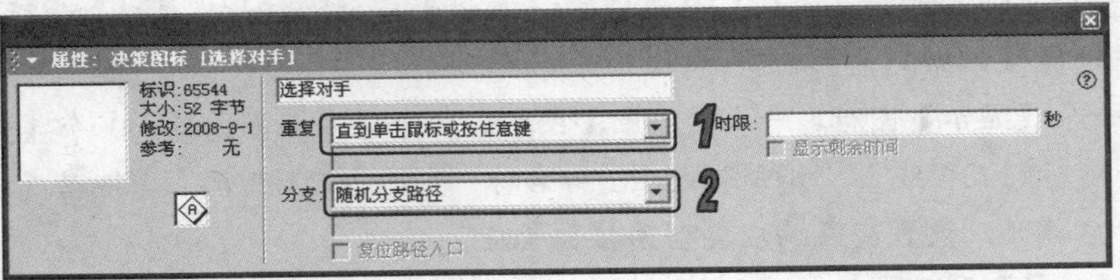

图 9-21　设置【判断】图标的【属性】面板

(8) 分别双击 9 个分支符号，在 9 个判断分支的【属性】面板中的【擦除内容】下拉列表框中选择【在下个选择之前】选项，如图 9-22 所示。

图 9-22　设置判断分支的【属性】面板

(9) 双击 Replay 计算图标，在打开的脚本编辑窗口中输入 GoTo(IconID@"背景")，如图 9-23 所示。

(10) 在程序设计窗口中添加一个【显示】图标，双击图标，打开演示窗口，使用【文本】工具，在演示窗口中输入文本内容，如图 9-24 所示。

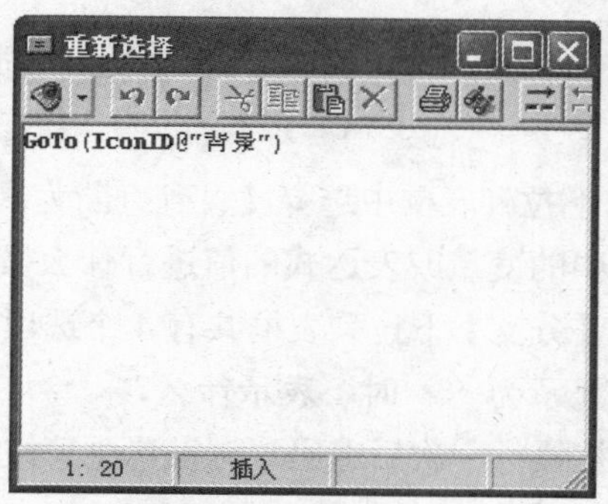

图 9-23　输入命令

图 9-24　输入文本内容

(11) 上述设置完成后，单击工具栏上的运行程序，可以看到人物图像在不断变化。单击鼠标，系统将随机确定一个人物图像，同时出现“重新选择”按钮。单击该按钮重新开始游戏，其运行效果如图 9-25 所示。

随机选择人物

单击鼠标确定人物

单击按钮重新选择

继续随机选择人物

图 9-25　程序运行效果

9.4 习题

1. 判断分支结构由【判断】图标以及什么共同构成？

2. 【判断】图标如何控制程序的流程？

3. 【时限】文本框用于设置判断分支结构运行的时间，可以在其中输入代表时间的数值、变量或表达式，它的单位是什么？

4. 在【判断】图标的【属性】面板的【重复】下拉列表框中选择【直到判断为真】选项，则程序在每次执行循环之前都会先对其下方文本框中的变量或表达式的值进行什么操作？

5. 打开【判断】图标的【属性】面板，其中的【分支】下拉列表框共有 4 个选项。当选择不同的选项时，【判断】图标的外观就会不同。当显示为 Ⓒ 时，表示什么？

6. 要使决策结构中的每个【判断】图标都至少被执行一次后退出，应设置决策结构的属性为什么？

7. 如果分支结构在执行分支的过程中被中断，要求其返回时重新开始路径的计数，则应该进行的设置为什么？

8. 创建一个【测验】判断分支结构，该结构中包括 10 个分支，即含有 10 道检测题。要求系统运行后随机执行其中 5 题，并且防止某个分支图标被重复多次执行。

9. 创建一个【图片浏览】判断分支结构，该结构包括 8 个分支，如【图片 1】、【图片 2】……【图片 8】，要求系统在运行时，当【图片 1】中的图片出现后隔 3 秒自动出现【图片 2】中的图片，当【图片 2】中的图片出现后隔 3 秒自动出现【图片 3】中的图片，依次类推。

第10章 创建导航结构

学习目标

Authorware 7 提供的【框架】图标，使用该图标，可以创建导航结构。【框架】图标能够将一些基本设计图标的功能综合到一起，对程序进行整体上的管理。而导航结构则能够实现程序间的任意跳转。通过本章的学习，用户将学会如何在 Authorware 7 中使用决策判断分支结构和导航结构。

本章重点

- 框架结构的概述
- 【框架】图标内部结构
- 使用控制按钮浏览页
- 创建导航结构
- 设置【导航】图标的属性
- 使用框架管理超链接文本

10.1 框架结构的概述

Authorware 的【框架】图标主要用于制作翻页结构，它内嵌了一整套导航控件，利用这些导航控件制作的程序可以帮助用户很轻松地实现页面间的跳转。

在 Authorware 中，框架结构为页提供了管理模式，每一个附属在【框架】图标之下的图标都称为一个页，而且这些页是按照从左至右顺序排列的。当框架确定后，对页的控制则由其内部的【导航】图标来实现。将【框架】图标与【导航】图标相互配合，可以对程序所要跳转的方向和位置作出详细地控制，这种方法比使用 Goto 函数更加便捷和高效。

10.1.1 【框架】图标

Authorware 的【框架】图标主要用于制作翻页结构，它内嵌了一整套导航控件，利用这些导航控件制作的程序可以帮助用户很轻松地实现页面间的跳转。

【框架】图标由两部分组成，一部分是【框架】图标本身，另一部分则由附属在【框架】图标之下的被称为【页】的图标组成。【框架】图标下可添加除【交互】图标、【判断】图标和【框架】图标本身之外的其他任何图标，如图 10-1 所示。

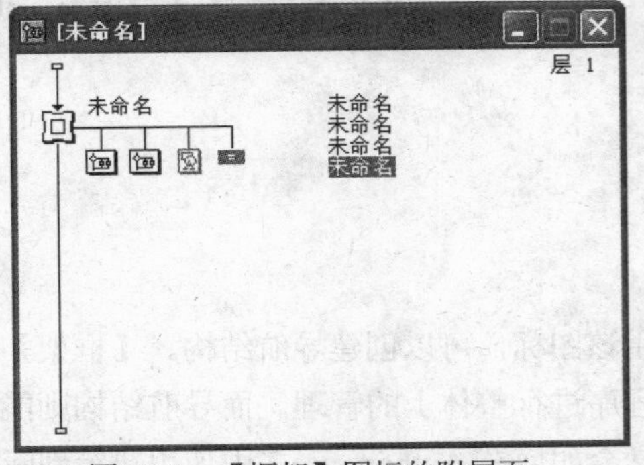

图 10-1　【框架】图标的附属页

知识点

【框架】图标对页面的控制由其内部的导航选项决定，而与【框架】图标下的页面内容无关，框架结构也因此可以被制作成模块以反复使用。

10.1.2 【框架】图标的内部结构

【框架】图标是特殊的设计图标，双击如图 10-1 所示的【框架】图标，打开【框架】图标内部结构窗口，如图 10-2 所示。从该窗口中可以看出，【框架】图标是一些基本图标和基本交互响应的组合。这些图标包括【显示】图标、【交互】图标和【导航】图标，而交互响应主要是指按钮响应。

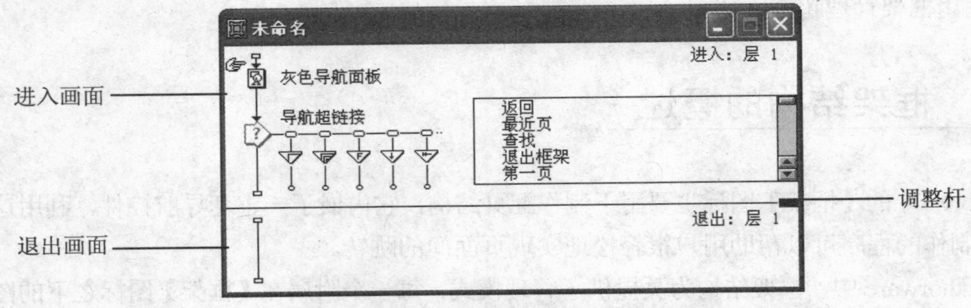

图 10-2　【框架】图标的内部结构窗口

从【框架】图标内部结构窗口中可以看出，该窗口分为进入画面、调整杆和退出画面 3 个部分。

- ⊙ 进入画面：Authorware 程序在进入【框架】图标中的任意一页之前，都必须执行进入画面中的内容。
- ⊙ 调整杆：调整杆位于进入画面和退出画面之间，其作用是隔离进入画面和退出画面。用户可以拖动它调整两个画面的大小，从而更有利于阅读和调试程序。
- ⊙ 退出画面：当 Authorware 执行完【框架】图标中的某页后，想要退出框架结构，这时需要在退出画面中设计退出程序，如添加一个【计算】图标来改变某个变量的值。

双击【框架】图标内部结构窗口中的【显示】图标，打开演示窗口，其中包括一个灰色的【控制】面板，该面板被划分为 8 个部分，分别用来放置 8 个按钮，如图 10-3 所示。

双击【框架】图标内部结构窗口中的【交互】图标，打开【交互】图标的演示窗口，其中包括 8 个导航按钮，如图 10-4 所示。【交互】图标与 8 个导航按钮构成了 8 种按钮响应功能。

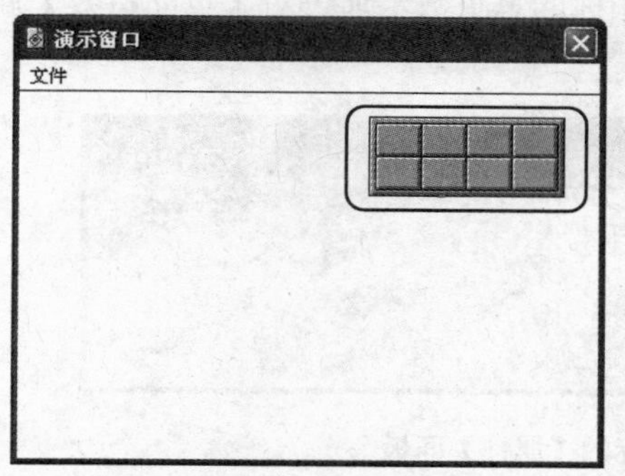

图 10-3 【显示】图标中的【控制】面板

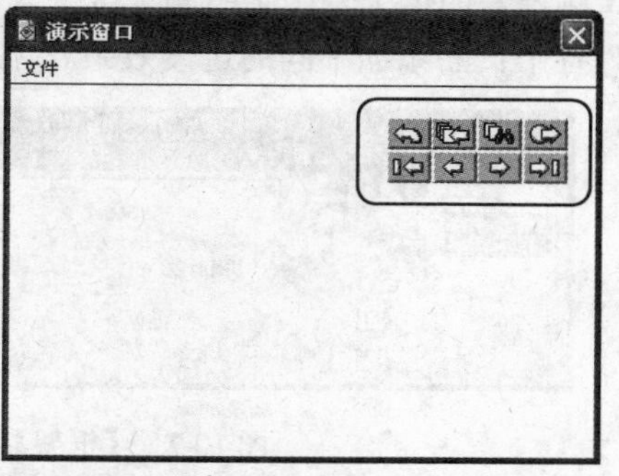

图 10-4 【交互】图标中的 8 个导航按钮

这 8 个导航按钮是 Authorware 7 的默认导航按钮，也是永久性的响应按钮，各个按钮的具体作用如下。

- ⊙ 【返回】按钮：单击该按钮，可以沿历史记录从后往前翻阅。每单击一次，向前翻阅一个页图标中的内容。
- ⊙ 【历史记录】按钮：单击该按钮，将打开【最近的页】对话框，如图 10-5 所示，在该对话框中列出了最近打开过的页图标标题。
- ⊙ 【查找】按钮：单击该按钮，将打开【查找】对话框，如图 10-6 所示。在页面结构庞大且复杂的时候，可以在该对话框中选择使用【字/短语】或【页】中的任何一种方式查找相应内容。

图 10-5 【最近的页】对话框

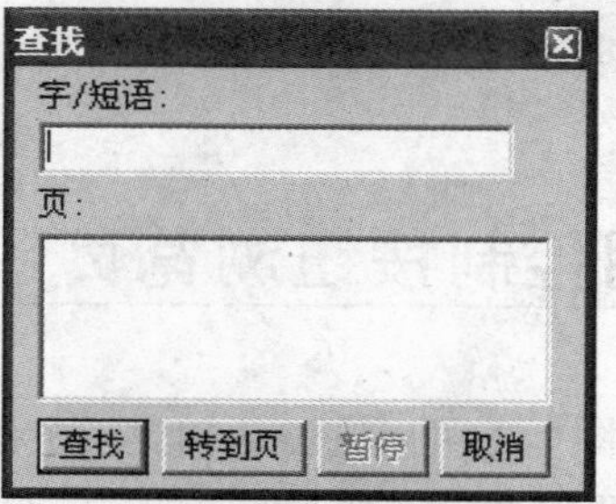

图 10-6 【查找】对话框

- 【退出框架】按钮：单击该按钮，将退出当前框架结构。
- 【第一页】按钮：单击该按钮，将跳转到第一个页图标中的内容。
- 【上一页】按钮：单击该按钮，将进入当前页图标的上一个页图标中的内容。
- 【下一页】按钮：单击该按钮，将进入当前页图标的下一个页图标中的内容。
- 【最后一页】按钮：单击该按钮，程序将跳转到最后一页。

10.1.3 设置【框架】图标的属性

右击【框架】图标，在弹出的快捷菜单中选择【属性】命令，打开【属性】面板，如图 10-7 所示。在【属性】面板中列出了附属于【框架】图标的总页数。通过对【页面特效】属性的设置，可以为各个页面添加不同的过渡效果。

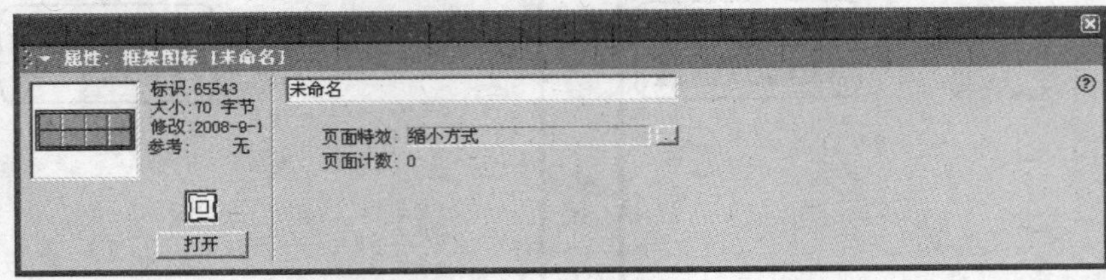

图 10-7 【框架】图标的【属性】面板

单击【页面特效】文本框右侧的按钮，打开【页特效方式】对话框，如图 10-8 所示。在该对话框中可以选择页面过渡的特效方式，如图 10-9 所示，是马赛克效果特效方式。

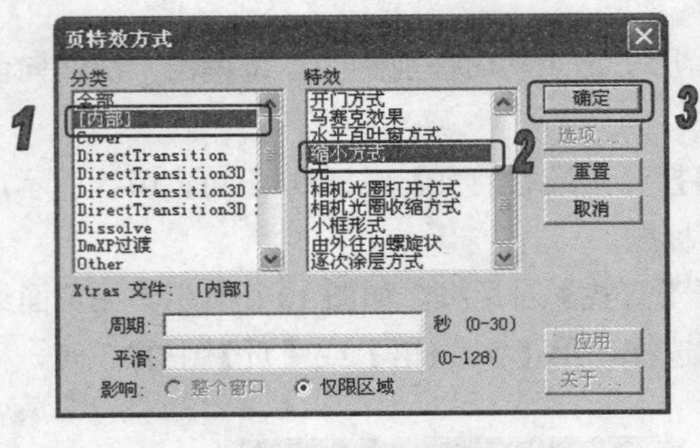

图 10-8 【页特效方式】对话框

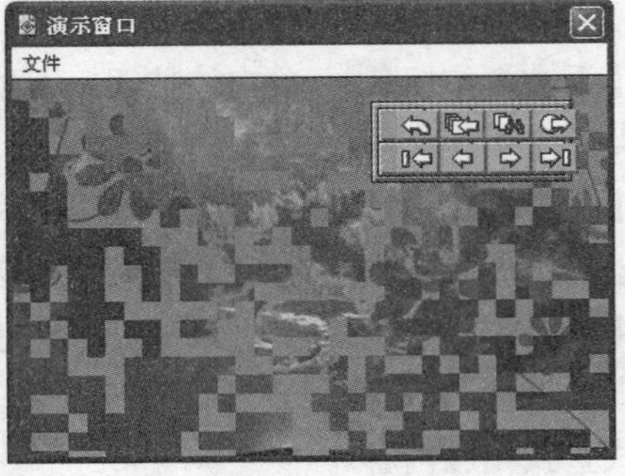

图 10-9 马赛克效果特效方式

10.2 使用控制按钮浏览页

利用【框架】图标，可以方便地创建一个框架结构。在程序设计窗口中添加一个【框架】图标，将所需的页图标拖动到右侧即可。

10.2.1　创建控制按钮浏览页程序

使用控制按钮，可以方便地浏览页，下面将通过一个实例，介绍创建控制按钮浏览页程序以及设置页面特效的方法。

【例 10-1】新建一个文件，创建一个框架结构，设置程序运行时页面间的切换效果。

(1) 新建一个文件，设置演示窗口大小为【根据变量】。

(2) 在程序设计窗口中添加一个【显示】图标、一个【等待】图标、一个【框架】图标和一个【计算】图标，分别重命名图标，如图 10-10 所示。

(3) 拖动 4 个【显示】图标到【框架】图标的右侧，并分别更改图标名称，如图 10-11 所示。

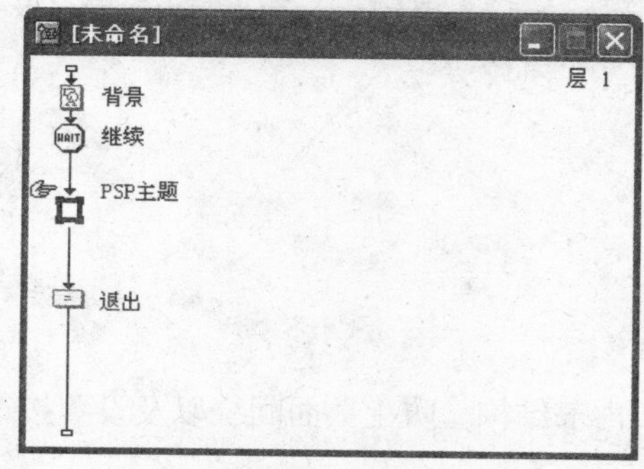

图 10-10　创建主流程设计窗口

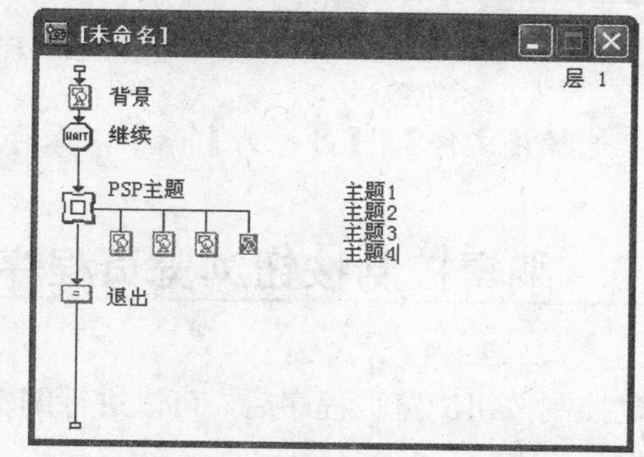

图 10-11　创建框架结构的附属显示图标

(4) 在【背景】显示图标的演示窗口中导入一幅背景图像，使用【文本】工具，输入文本并设置文本属性，如图 10-12 所示。

(5) 设置【等待】图标的属性为【单击鼠标】，在【计算】图标的脚本编辑窗口中输入命令 quit(1)。

(6) 分别在【框架】图标右侧的 4 个【显示】图标的演示窗口中导入相应的图像。

(7) 选中【框架】图标，选择【修改】|【图标】|【属性】命令，在打开的【属性】面板中单击【页面特效】文本框右侧的 按钮，打开【页特效方式】对话框。

(8) 在【页特效方式】对话框中，设置页面过渡方式为【逐次涂层方式】选项，然后在【周期】文本框中输入数值 1，如图 10-13 所示。

图 10-12　设计【背景】显示图标演示窗口

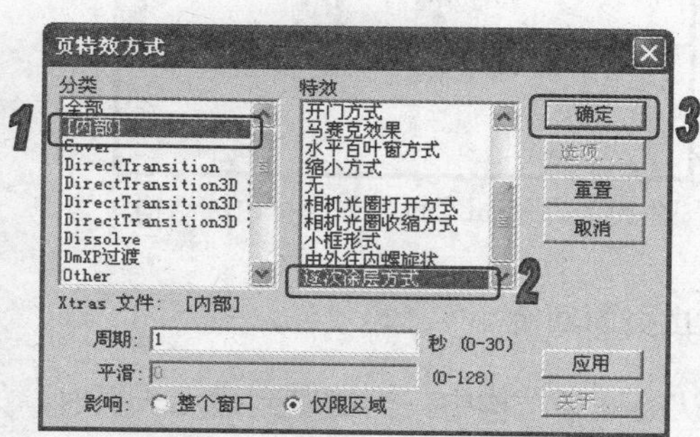

图 10-13　【页特效方式】对话框

(9) 单击工具栏上的【运行】按钮，运行程序。可以通过单击导航控制按钮来浏览图片，如图 10-14 所示。

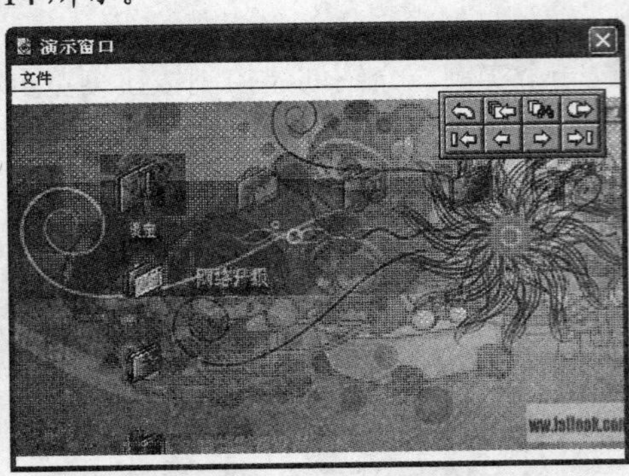

图 10-14　程序运行效果

(10) 选择【文件】|【另存为】命令，保存文件。

10.2.2　编辑控制按钮浏览页程序

创建控制按钮浏览页程序后，可以进行编辑框架内部结构、防止页面回绕以及设置按钮属性等操作。

1. 编辑框架内部结构

修改创建的主程序设计窗口，并对【框架】图标内部结构进行相应调整，可以使得程序运行效果与修改前的效果相同。

将主程序设计窗口中的除【框架】图标外的所有图标分别放入【框架】图标内部结构窗口的进入和退出画面，如图 10-15 所示。

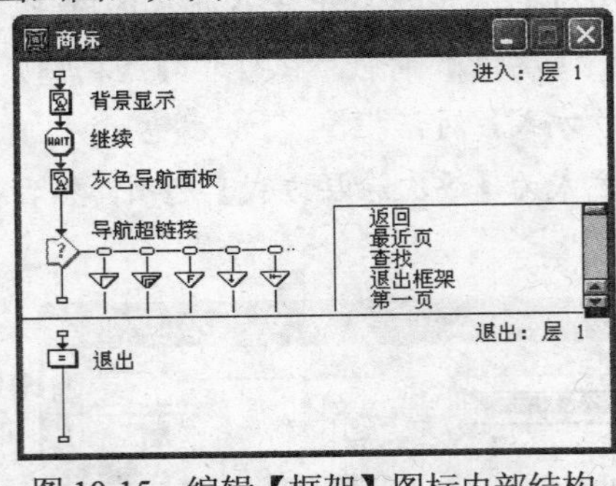

图 10-15　编辑【框架】图标内部结构

> **提示**
> 再次运行程序时，效果跟修改前的效果一样，可以参照图 10-14 所示的效果。

2. 防止页面回绕

在默认的框架结构中，当浏览到最后一页时，如果单击【下一页】按钮，系统将跳转到第 1 页；反之，当浏览第 1 页时单击【上一页】按钮，系统将跳转到最后一页。将这种现象称为

【页面回绕】。为避免页面回绕现象的发生，可以对系统变量进行设置。

双击如图 10-15 所示的程序设计窗口中的【框架】图标，打开【框架】图标内部结构窗口。在交互结构中双击【上一页】导航图标上方的响应类型标识符，打开【交互】图标的【属性】面板，如图 10-16 所示。

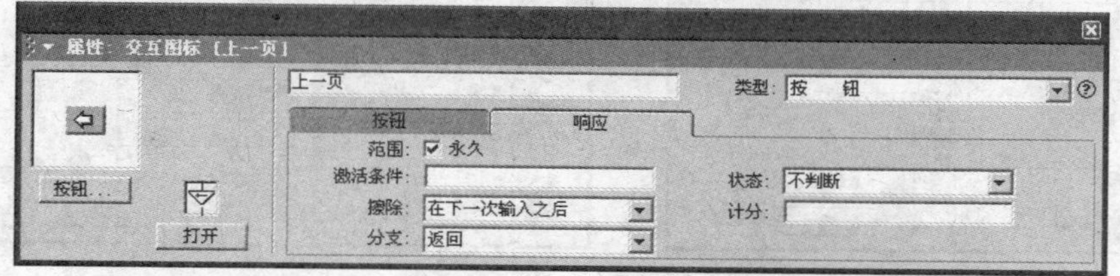

图 10-16　【交互】图标的【属性】面板

在【响应】选项卡的【激活条件】文本框中输入：CurrentPageNum<>1。分别打开【下一页】交互图标属性面板，并在【激活条件】文本框中输入：CurrentPageNum<>PageCount。

再次运行程序，可以看到当浏览第一页时【上一页】按钮将处于禁用状态；当浏览最后一页时【下一页】按钮将处于禁用状态，如图 10-17 所示。

图 10-17　按钮禁用效果

3. 设置按钮属性

【交互】图标演示窗口中的 8 个导航按钮对应于 8 种按钮响应，每个按钮都有其默认的形状和功能。为了满足不同的需求，Authorware 提供了可以更改按钮外观的属性设置。

单击如图 10-16 所示的【交互】图标的【属性】面板中按钮...按钮，可以打开【按钮】对话框，如图 10-18 所示。可以在该对话框中选择和设置需要的按钮样式。

如果需要使用自定义按钮时，可以单击【按钮】对话框左下角的【编辑】按钮，打开【按钮编辑】对话框，如图 10-19 所示。然后单击【图案】下拉列表框右侧的【导入】按钮，导入按钮图形即可。

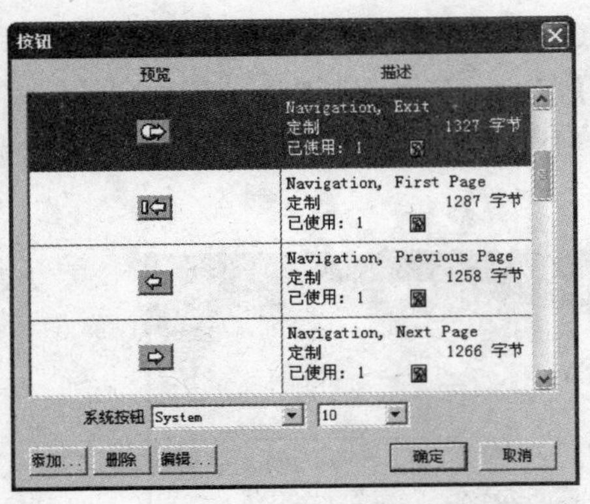

图 10-18 【按钮】对话框

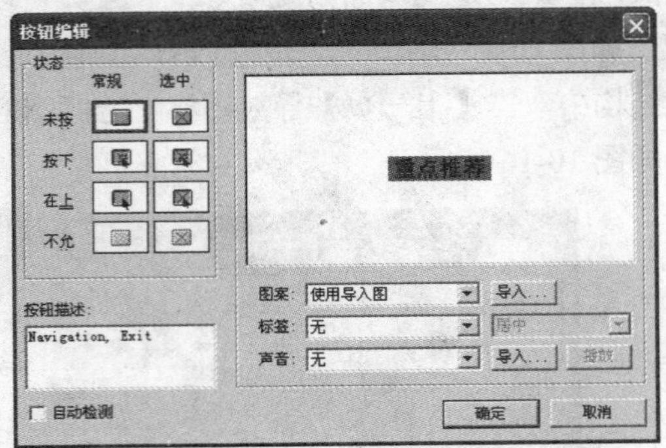

图 10-19 【按钮编辑】对话框

要更改按钮响应的反馈方式时，可以在【交互】图标的演示窗口中双击要更改的导航按钮响应类型符号，打开【属性】面板，在【擦除】、【分支】、【状态】下拉列表框中进行设置，如图 10-20 所示。

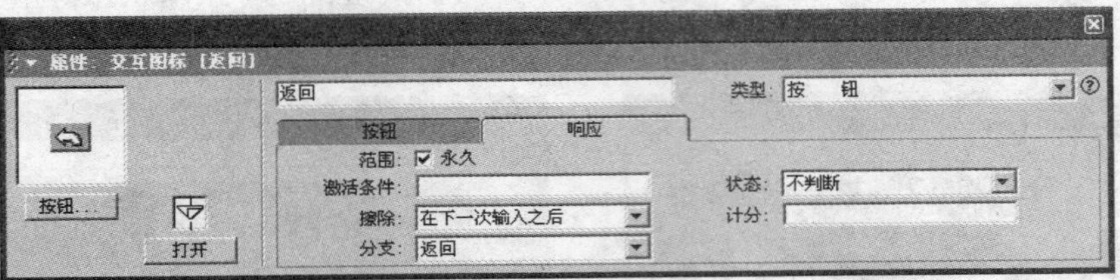

图 10-20 更改按钮响应的反馈方式

10.3 使用框架管理超文本

超文本是指在普通文本的基础上添加交互功能和导航跳转功能的文本，其特点是：当单击、双击或将鼠标移到超文本对象时，程序自动进入该超文本所链接的页，并执行该页中的信息。在 Authorware 7 中提供了对超文本的支持。

10.3.1 定义超文本风格

在使用超文本之前，必须建立文本对象与相关信息之间的联系，即定义超链接。而定义超链接又是通过定义超文本风格来实现的。

要定义超文本风格，先新建一个文件，然后选择【文本】|【定义样式】命令，打开【定义风格】对话框，如图 10-21 所示。单击该对话框中的【添加】按钮，此时左侧的列表框中将出现【新样式】字样，在下方的文本框中输入文字【超文本 1】，然后单击【更改】按钮，此时【超文本 1】字样将代替【新样式】字样出现在列表框中。

选中【粗体】和【文本颜色】复选框，单击【文本颜色】复选框右侧的颜色框，设置字体颜色。在【交互性】选项组中选中【单击】单选按钮和【指针】复选框。单击【指针】复选框右侧的预览按钮，将打开【鼠标指针】对话框，在该对话框中选择手形指针选项，如图 10-22 所示。单击【确定】按钮，关闭该对话框。单击【运行】按钮，即可完成超文本的创建。

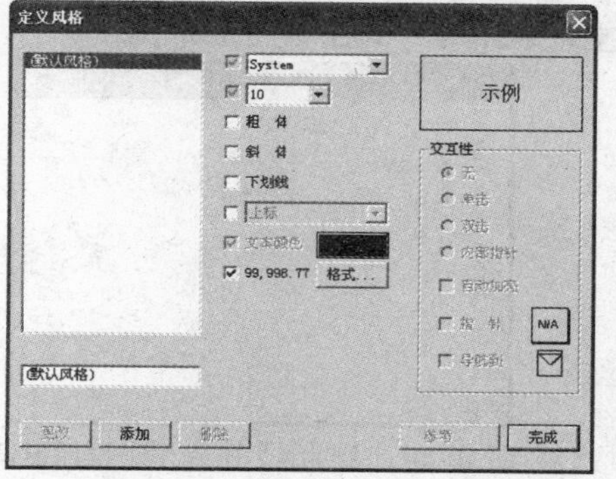

图 10-21　【定义风格】对话框

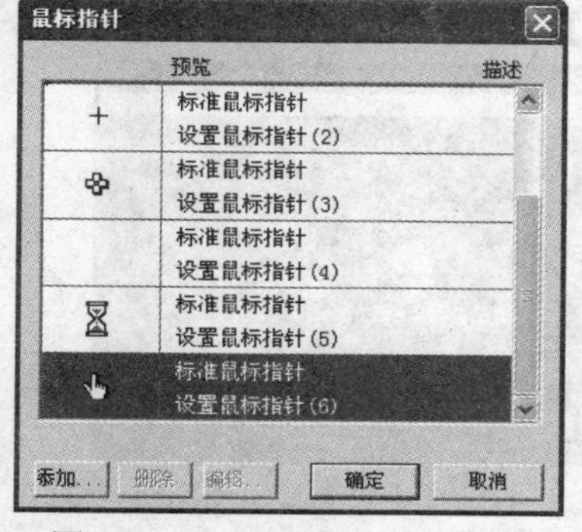

图 10-22　【鼠标指针】对话框

10.3.2　实现超文本的链接

创建超文本之后，就可以实现超文本的链接，下面以一个实例介绍具体的操作步骤。

【例 10-2】新建一个文件，定义超文本风格，实现超文本链接，每单击一个超文本，系统将自动跳转到相应的页。

(1) 新建一个文件。选择【修改】|【文件】|【属性】命令，在打开的【属性】面板的【大小】下拉列表框中选择【根据变量】选项，在【选项】选项区域中选中【显示标题栏】复选框。

(2) 选择【文本】|【定义样式】命令，打开【定义风格】对话框，单击【添加】按钮，在显示的文本框中输入“新样式”，单击【更改】按钮。

(3) 选中【文本颜色】复选框，设置文本颜色为蓝色。选中【单击】单选按钮，然后选中【指针】复选框，如图 10-23 所示。设置指针样式后单击【完成】按钮，创建超链接文本风格。

(4) 从【图标】面板中拖动 2 个【框架】图标到流程线上，拖动其他图标到【框架】图标的右侧，分别重命名图标，如图 10-24 所示。

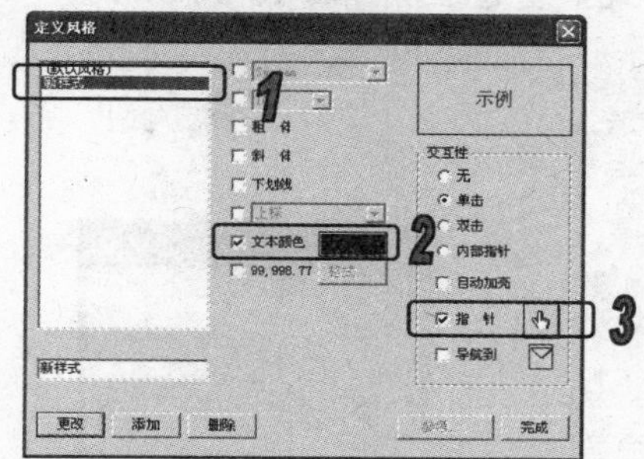

图 10-23　【定义风格】对话框

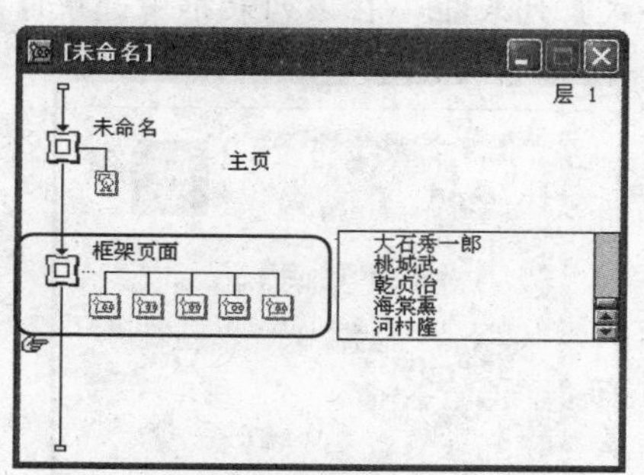

图 10-24　程序设计窗口

计算机　基础与实训教材系列

(5) 分别双击流程线上的两个【框架】图标，打开默认的内部导航结构。将【进入画面】中的所有的图标删除。

(6) 双击【主页】显示图标，打开演示窗口，在演示窗口中的设计如图 10-25 所示。

(7) 双击【手冢国光】群组图标，打开【群组】图标程序设计窗口，添加一个【显示】图标、一个【等待】图标和一个【计算】图标，分别重命名图标，如图 10-26 所示。

图 10-25　设计【主页】显示图标演示窗口

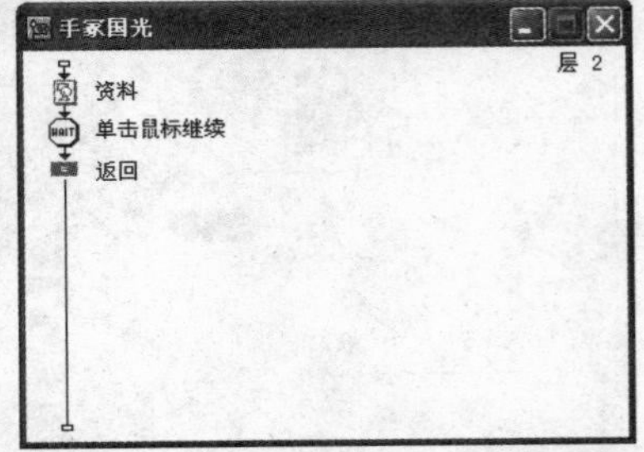

图 10-26　【群组】图标程序设计窗口

(8) 双击【资料】显示图标，打开演示窗口，在演示窗口中的设计如图 10-27 所示。设置【资料】显示图标的擦除属性为【擦除以前内容】。

(9) 设置【等待】图标的属性为【单击鼠标】，在【返回】计算图标的脚本编辑框中输入命令 GoTo (IconID@"主页")，如图 10-28 所示。

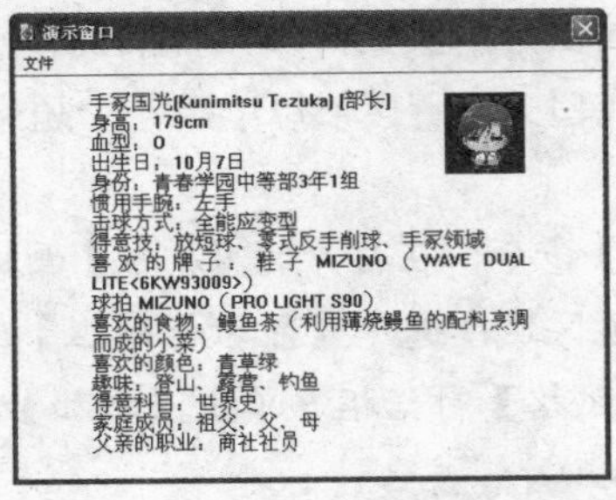

图 10-27　设计【资料】显示图标演示窗口

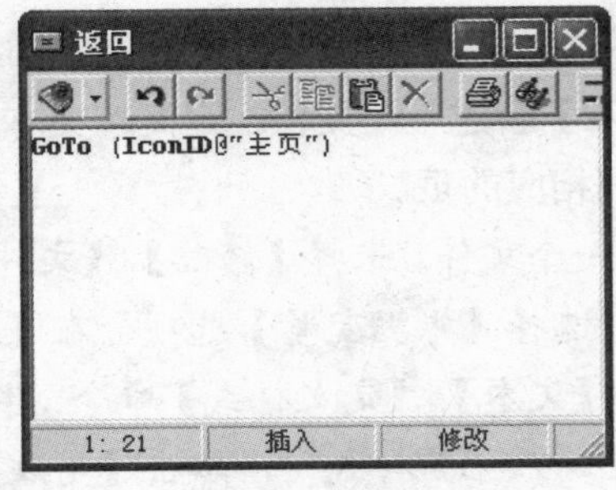

图 10-28　输入命令

(10) 参照步骤(7)~步骤(9)，设置另外 8 个【群组】图标，如图 10-29 所示。

(11) 在【主页】显示图标中选中文字“手冢国光”，选择【文本】|【应用样式】命令，打开【应用样式】列表框，在该列表框中选中【新样式】复选框，如图 10-30 所示。

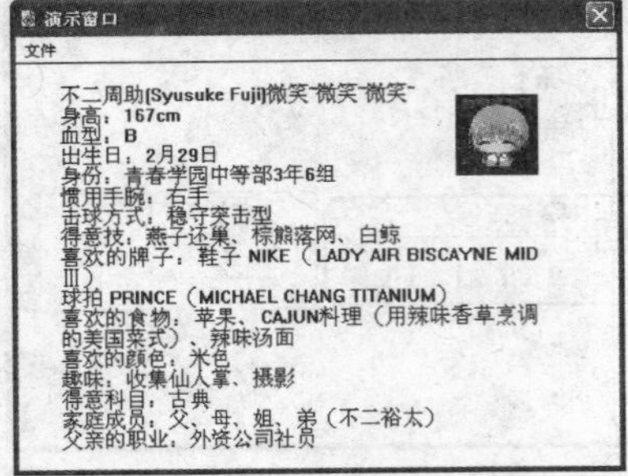

图 10-29　设计其他【群组】图标演示窗口

图 10-30　【应用样式】对话框

(12) 选择【文本】|【定义样式】命令，打开【定义风格】文本框。单击【导航到】复选框右侧的按钮，将打开【导航风格】属性面板。在【目的】下拉列表框中选择【任意位置】，在【框架】下拉列表框中选择【全部框架结构中的所有页】选项，在【页】列表框中选择【手冢国光】群组图标，如图 10-31 所示。

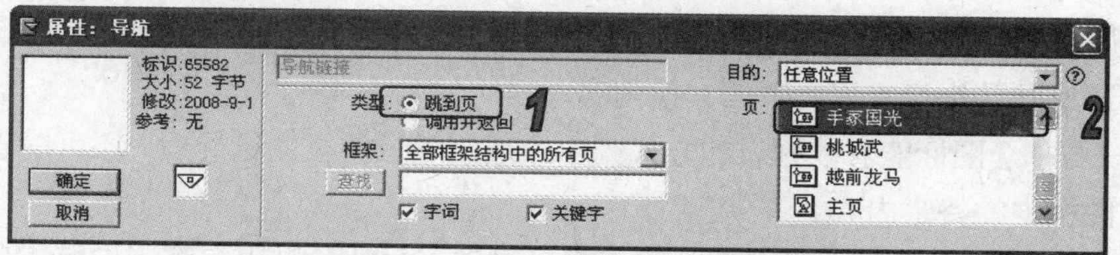

图 10-31　设置【导航风格】属性面板

(13) 单击该控制面板左侧的【确定】按钮返回到【定义风格】对话框，此时单击【完成】按钮完成此次超文本链接的设置。

(14) 参照步骤(11)~步骤(13)，分别为其他【群组】图标应用超文本样式。

(15) 单击工具栏上的【运行】按钮，运行程序，可以看到：当单击一个名称时，将会进入相应的页图标，如图 10-32 所示。

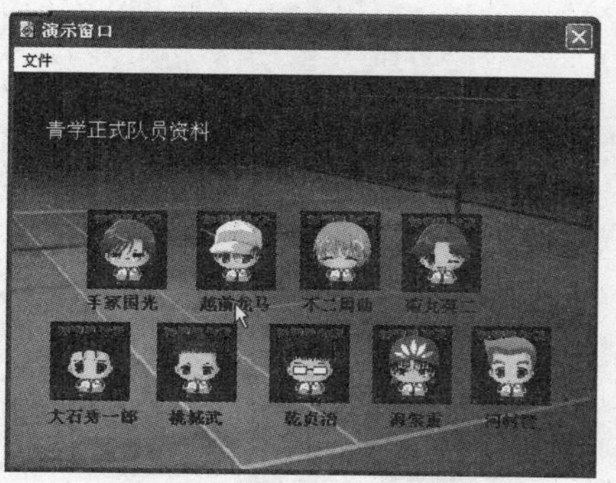

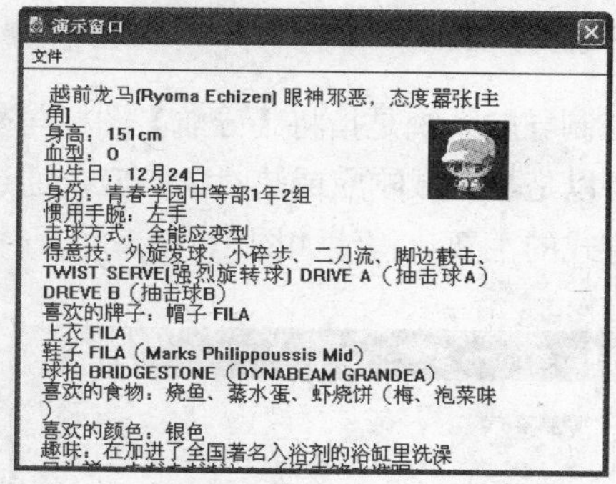

图 10-32　程序运行效果

(16) 单击【文件】|【另存为】命令，保存文件。

10.4　创建导航结构

从上面的内容中可以看到，【导航】图标和【框架】图标是不可分割的，两者配合使用才可以控制程序的流向，功能与 Goto 函数相似。但作为一个图标，【导航】图标具有更加完善的功能，下面将具体介绍导航图标的属性设置及应用方法。

10.4.1　【导航】图标

【导航】图标的形状是一个小的倒三角形，它在程序设计窗口中的位置是非常灵活的，既可以放置在流程线的任何地方，也可以放置在【群组】图标和【框架】图标中，还可以附属于【判断】图标和【交互】图标。【导航】图标具有以下 3 个特点。

- 【导航】图标的目标页必须是【框架】图标所附属的页，而不能是放置在流程线上的【显示】图标。
- 当程序执行到【导航】图标时，将自动跳转到该【导航】图标所指定的页。执行完毕后，将迅速返回并执行流程线下的其他内容。
- 使用【导航】图标能够以列表的方式列出最近浏览过的页图标标题，还可以查找到某个特定图标中的特定内容。

使用【导航】图标的方式有两种，一种是自动导航，另一种是用户控制导航。自动导航是一种单程跳转，而用户控制导航则是双程跳转。

1. 自动导航

自动导航是指当程序执行到【导航】图标时，自动跳转到该【导航】图标指定的任意一页。以图 10-33 所示的流程线为例，当程序执行到【跳到第 6 节】导航图标时，程序将转至第二章的第 6 节，不执行之前所有设计图标中的内容。

2. 用户控制导航

用户控制导航系统是指将【导航】图标与交互结构同时使用，从而形成交互响应。这里的交互响应可以是热区域响应或热对象响应，通过单击不同的交互响应按钮达到页跳转的目的。这种导航方式的主要流程线如图 10-34 所示。

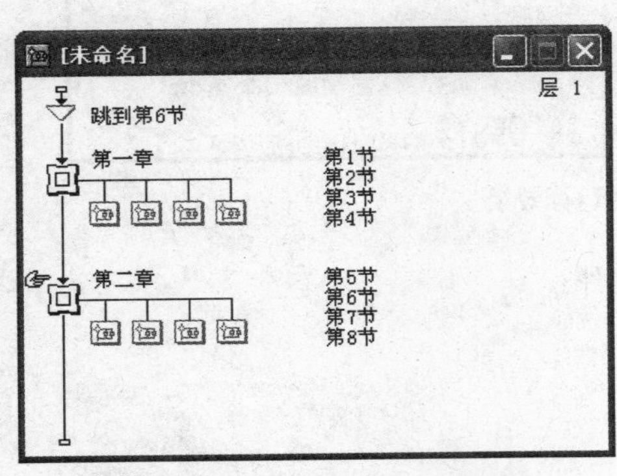

图 10-33　自动导航实例

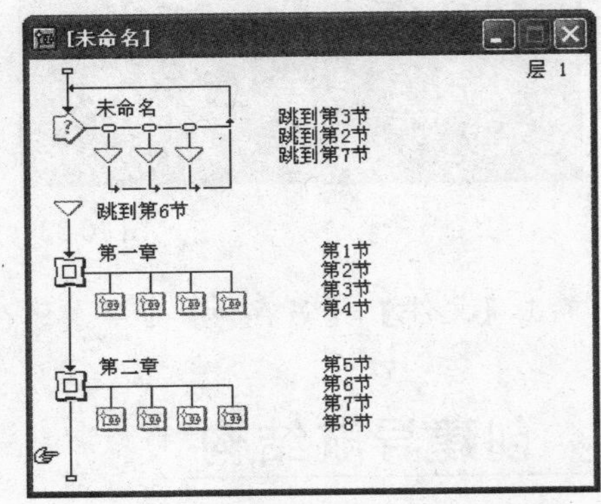

图 10-34　用户控制导航实例

需要注意的是，如果程序中存在一个框架是另一个框架的附属，那么【导航】图标中的目标页可以是某框架层中的页，但不可以是某框架层的某一页中的图标。

10.4.2　设置【导航】图标的属性

在流程线上双击【导航】图标，打开【导航】图标的【属性】面板，如图 10-35 所示。利

用该面板，即可对【导航】图标的属性进行设置。

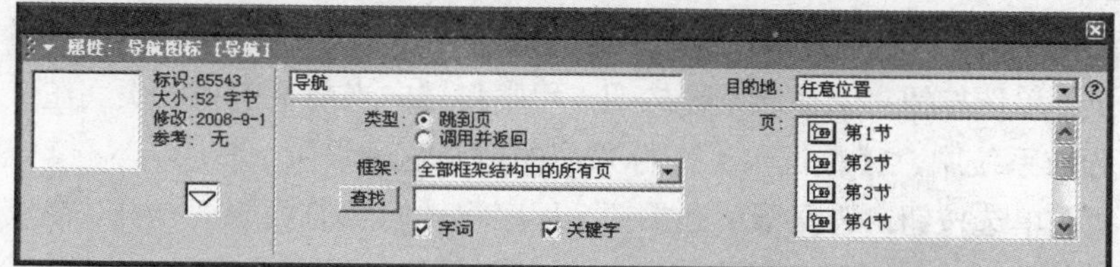

图 10-35　【导航】图标的【属性】面板

该属性面板中的【目的地】下拉列表框用来设置转向类型，其中包含【最近】、【附近】、【任意位置】、【计算】和【查找】5 个选项。当选择不同的转向类型时，【属性】面板也会不同，下面将分别进行介绍。

1. 【最近】转向类型

【最近】转向类型面板如图 10-36 所示，主要用于实现跳转到已浏览过的页面中。

图 10-36　【最近】转向类型的【属性】面板

该【属性】面板中的【页】选项组用来设置程序跳转的方向，其中包含【返回】和【最近页列表】两个单选按钮，这两个选项具体作用如下。

- 【返回】单选按钮：选择该单选按钮，在已经浏览过的页面中，将从当前页转向下一页。在默认框架图标的内部导航系统中，【返回】按钮采用的就是这种设置。
- 【最近页列表】单选按钮：选择该单选按钮，系统将以列表的形式显示已浏览过的页。双击列表中的页，可直接跳转到该页。在默认框架图标的内部导航系统中，【最近页】按钮采用的就是这种设置。

2. 【附近】转向类型

【附近】转向类型面板如图 10-37 所示，在该面板中，可以在框架结构内部的页之间跳转或退出框架结构。

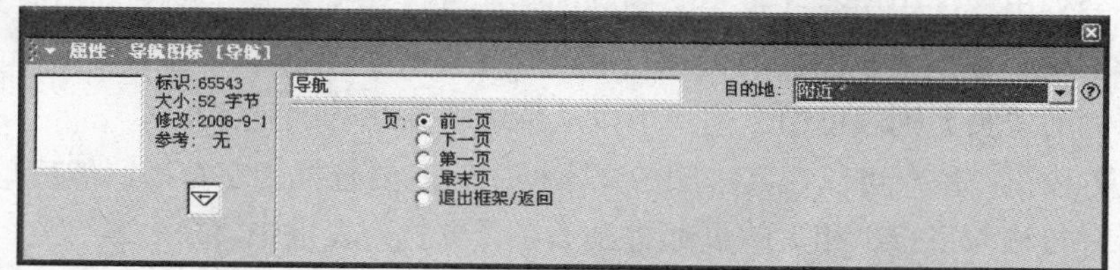

图 10-37　【附近】转向类型的【属性】面板

在该【属性】面板中，【页】选项组用来设置跳转的方向，在该选项组中包含【前一页】、

【下一页】、【第一页】、【最末页】和【退出框架/返回】5 个单选按钮，这 5 个单选按钮的具体作用如下。

- 【前一页】单选按钮：选择该单选按钮，程序将转向当前页的前一页。在默认框架图标的内部导航系统中，【最近页】图标采用的就是这种设置。
- 【下一页】单选按钮：选择该单选按钮，程序将转向当前页的下一页。在默认框架图标的内部导航系统中，【下一页】图标采用的就是这种设置。
- 【第一页】单选按钮：选择该单选按钮，程序将转向第一页，在默认框架图标的内部导航系统中，【第一页】图标采用的就是这种设置。
- 【最末页】单选按钮：选择该单选按钮，程序将转向最后一页，在默认框架图标的内部导航系统中，【最后页】图标采用的就是这种设置。
- 【退出框架/返回】单选按钮：选择该单选按钮，程序将退出该框架结构，执行主流程线上的下一个图标。在默认框架图标的内部导航系统中，【退出框架】图标采用的就是这种设置。

3. 【任意位置】转向类型

【任意位置】转向类型属性面板如图 10-38 所示。【任意位置】转向类型是在默认【框架】图标的内部导航系统中，没有与其属性相同的导航按钮。选择该转向类型，程序可以从执行的当前页跳转到框架结构中的任意指定页，【属性】面板。在该面板中，各参数选项具体作用如下。

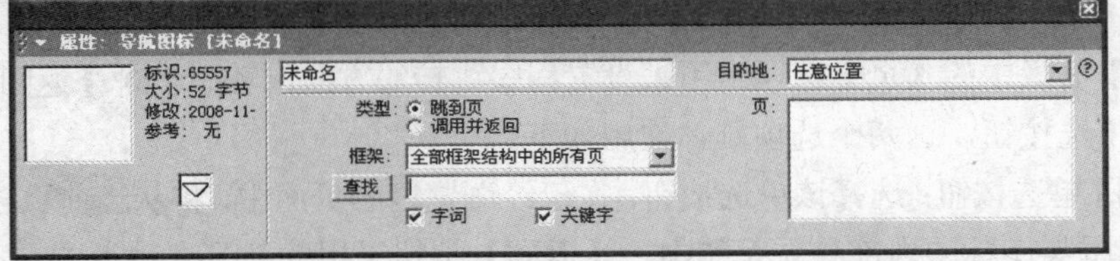

图 10-38 【任意位置】转向类型属性面板

- 【类型】选项组：该选项组用于设置跳转到目标页的方式，它包含了两个单选按钮：【跳到页】单选按钮和【调用并返回】单选按钮。当选择前者时，程序将直接跳转到目标页，然后从目标页继续向下执行；当选择后者时，程序会记录跳转之前的位置，等到跳转到目标页之后，必要时可以返回到跳转前的位置。
- 【框架】下拉列表框：该下拉列表框用于选择目标页所在的【框架】图标。该下拉列表框中将会列出程序中所有【框架】图标的名称和【全部框架结构中的所有页】选项。当选择了某个【框架】图标的名称之后，该【框架】图标中所有的页图标名称将显示在其右侧的【页】列表框中，用户可以从中选择要跳转的目标页。
- 【查找】按钮：用户可以在其右侧的文本框中输入要查找的字符串，然后单击该按钮，此时所有与输入字符串相关的页都将显示在【页】列表框中。
- 【字词】复选框：选中该复选框，将以单词的形式来查找所输入的字符串。
- 【关键字】复选框：选中该复选框，将以关键字的形式来查找所输入的字符串。

4. 【计算】转向类型

【计算】转向类型面板如图 10-39 所示，在该面板中，能够根据在【导航】图标的【属性】面板中设置的变量、函数或表达式的值来决定跳转到框架结构中的哪一页。

图 10-39　【计算】转向类型的【属性】面板

在该面板中，主要包括【类型】选项组和【图标表达】文本框，具体作用如下。

- 【类型】选项组：该选项组用于设置跳转到目标页的方式，它包含了两个单选按钮：【跳到页】单选按钮和【调用并返回】单选按钮，其功能和【任意位置】转向类型中【类型】选项区域的对应单选按钮相同。
- 【图标表达】文本框：该文本框用于输入一个表达式，该表达式用来计算目标页图标的 ID 编号，运行时程序将根据该 ID 编号跳转到目标页图标。

知识点

在如图 10-33 所示的程序设计窗口中，更改流程线上【导航】图标的属性，将其【目的地】属性设置为【计算】，并在【图标表达】文本框中输入如下表达式：Random(IconID@"第 5 节", IconID@"第 8 节",1)，则当程序运行到该【导航】图标时，将随机跳转到【第 5 节】和【第 8 节】两个页图标中的任意一页。

5. 【查找】转向类型

在默认框架图标的内部导航系统中，【查找】图标采用的就是这种设置。该转向类型能根据用户在对话框中输入的字符串决定跳转到框架结构中的页，该转向类型的【属性】面板如图 10-40 所示。

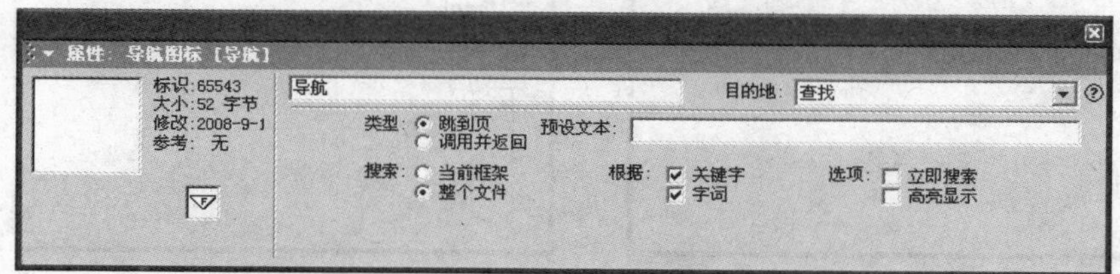

图 10-40　【查找】转向类型的【属性】面板

在该面板中，各参数选项具体作用如下。

- 【类型】选项组：该选项组用于设置跳转到目标页的方式，它包含了两个单选按钮：【跳到页】单选按钮和【调用并返回】单选按钮，其功能和【任意位置】转向类型中【类型】选项组的对应单选按钮相同。

- 【搜索】选项组：该选项组用于设置查找的范围，它包含了两个单选按钮：【当前框架】单选按钮和【整个文件】单选按钮。当选择前者时，程序将在所选择的框架结构内查找；当选择后者时，程序将在整个文件的全部框架结构中查找。
- 【根据】选项组：该选项组用于设置查找的字符串类型，它包含了两个复选框：【关键字】复选框和【字词】复选框。
- 【预设文本】文本框：可以在该文本框中输入要查找的文本或者一个包含文本的变量，此时该文本将自动出现在查找对话框中。
- 【选项】选项组：该选项组包含了两个复选框：【立即搜索】复选框和【高亮显示】复选框。选择前者时，程序将对【预设文本】文本框中设置的文本进行查找；选择后者时，查找到的文本将以高亮方式显示。

10.5 上机练习

本章主要介绍了 Authorware 7 导航结构以及超文本的使用方法，将两者结合起来制作多媒体程序。具体说明制作综合性导航结构的具体方法。

制作以欧洲杯为主题，当单击演示窗口中的文字“历届欧洲杯概况”时，程序将自动显示历届欧洲杯概况；当单击介绍球星的交互按钮时，程序也将自动跳转到相应的页。

(1) 新建一个文件，设置演示窗口大小为【根据变量】。

(2) 从【图标】面板中拖动一个【显示】图标、一个【等待】图标和一个【框架】图标到程序设计窗口中，分别重命名图标，如图 10-41 所示。

(3) 拖动一个【群组】图标到【框架】图标的右侧，命名为【历届欧洲杯】。双击该【群组】图标，在【群组】图标程序设计窗口中的效果如图 10-42 所示。

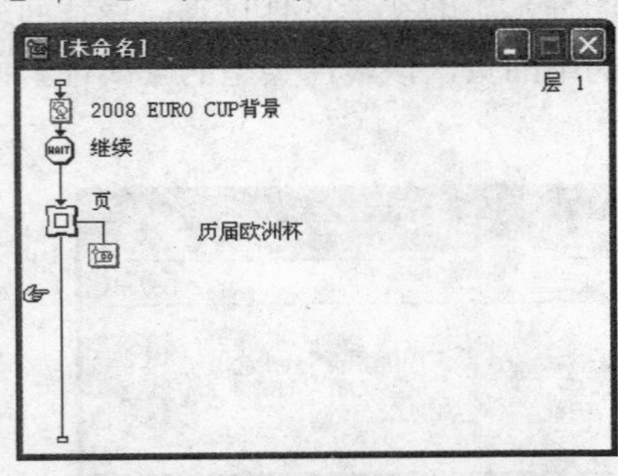

图 10-41　主程序设计窗口

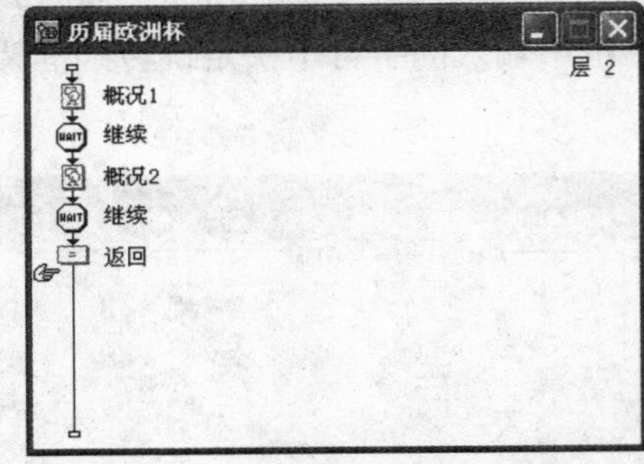

图 10-42　【群组】图标设计窗口

(4) 双击【2008 EURO CUP 背景】显示图标，打开演示窗口，导入图片并添加相应的文本内容，设计效果如图 10-43 所示。

(5) 设置主程序设计窗口和【群组】图标程序设计窗口中的所有【等待】图标属性为【单击鼠标】。

(6) 设计【概况 1】和【概况 2】显示图标的内容如图 10-44 所示，设置它们的擦除属性为【擦

除以前内容】。

图 10-43　设计【2008 EURO CUP 背景】显示图标

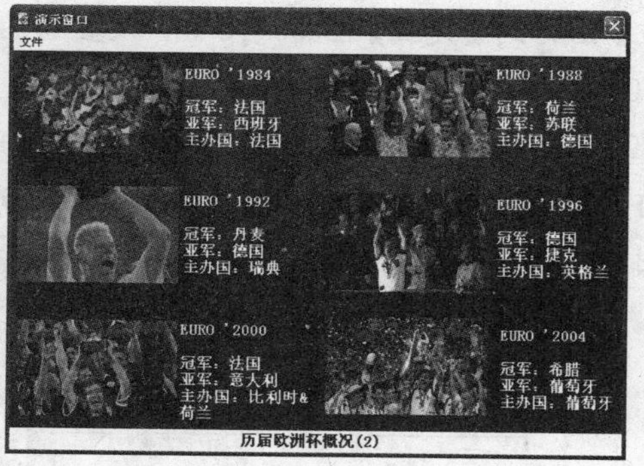

图 10-44　设计【概况 2】显示图标

(7) 选择【文本】|【定义样式】选项，打开【定义风格】对话框。单击对话框中的【添加】按钮，添加【新样式】字样，并在对话框的【交互性】选项组中选择【单击】单选按钮，如图 10-45 所示。

(8) 在【2008 EURO CUP 背景】显示图标中选中文本内容“历届欧洲杯概况”，选择【文本】|【应用样式】命令，打开【应用样式】列表框，选中【新样式】复选框，如图 10-46 所示。

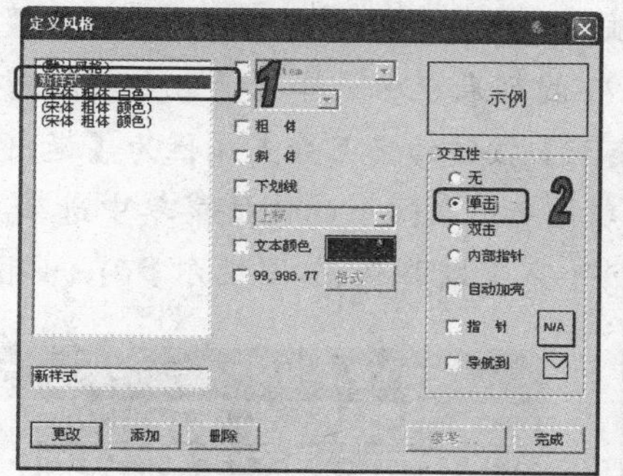

图 10-45　【定义风格】对话框

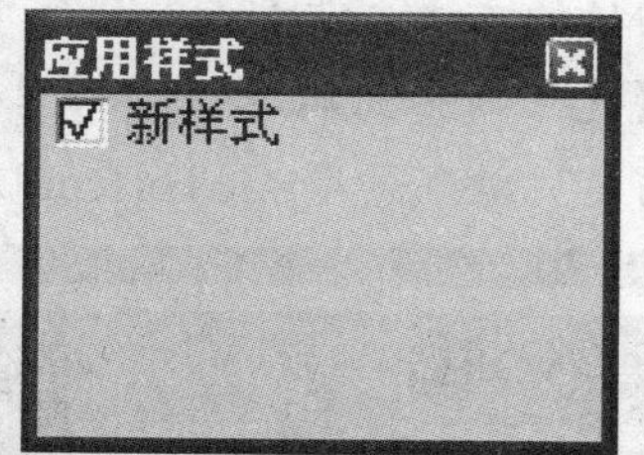

图 10-46　【应用样式】对话框

(9) 选择【文本】|【定义样式】命令，打开【定义风格】对话框。单击【导航到】复选框右侧的按钮，打开【导航风格属性】面板。在该面板的【目的】下拉列表框中选择【任意位置】，在【页】列表框中选择【历届欧洲杯】页图标，如图 10-47 所示。

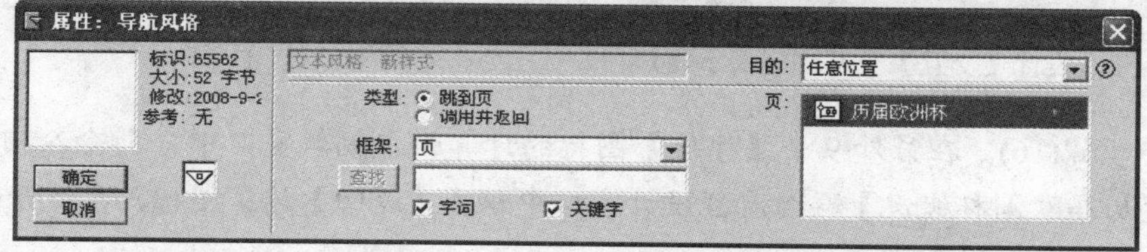

图 10-47　【导航风格属性】面板

(10) 单击【导航风格属性】面板左侧的【确定】按钮返回到【定义风格】对话框，此时单击【完成】按钮完成此次超文本链接的设置。

(11) 拖动一个【交互】图标到【继续】等待图标的下方，将其命名为【交互】。拖动 10 个【导航】图标到【交互】图标的右侧，设置它们的交互响应类型为【按钮】响应，并分别重命名，如图 10-48 所示。

(12) 拖动一个【框架】图标到程序设计窗口中，命名为【TOP 10 关注球员】，删除【框架】图标内置导航结构中的全部内容。然后拖动 10 个【群组】图标到【框架】图标的右侧，分别重命名图标，如图 10-49 所示。

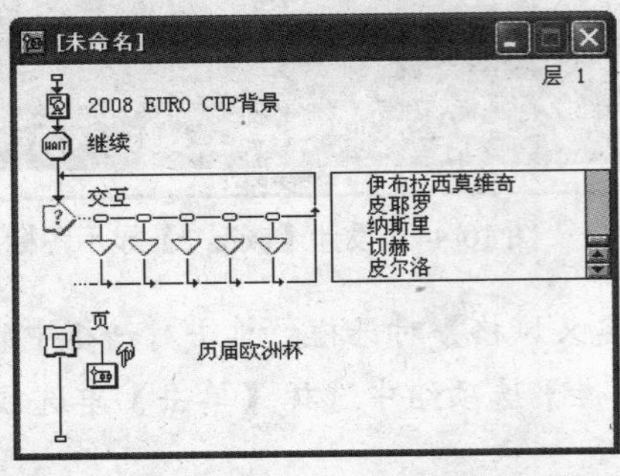

图 10-48　添加并重命名【导航】图标

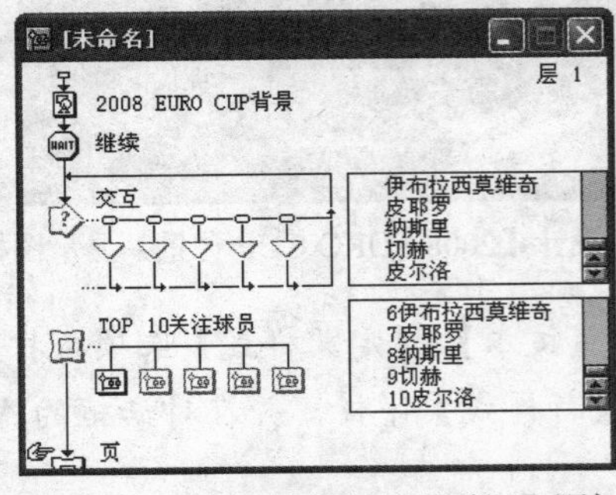

图 10-49　添加并重命名【群组】图标

(13) 双击【交互】交互图标，打开演示窗口，设置其效果如图 10-50 所示。

(14) 双击【克里斯蒂亚诺-罗纳尔多】导航图标上方的响应类型符号，打开【交互】图标的【属性】面板。在【响应】选项卡的【分支】下拉列表框中选择【退出交互】选项。

(15) 使用同样的方法，设置另外 9 个【交互】按钮的交互分支属性为【退出交互】。

(16) 右击【克里斯蒂亚诺-罗纳尔多】导航图标，在弹出的快捷菜单中选择【计算】命令，打开脚本编辑窗口，输入命令 GoTo(IconID@"1 克里斯蒂亚诺-罗纳尔多")，如图 10-51 所示。

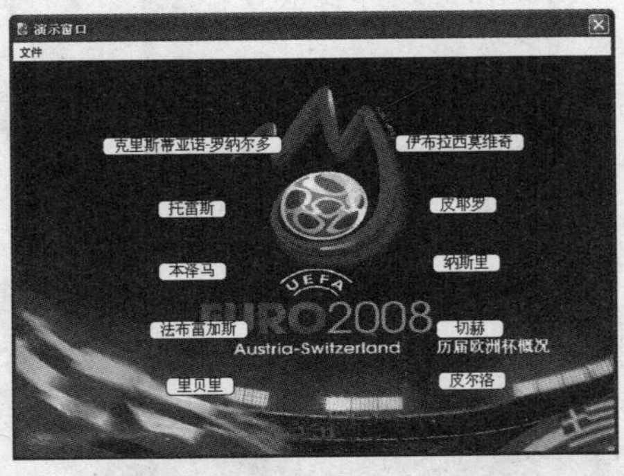

图 10-50　设计【交互】交互图标演示窗口

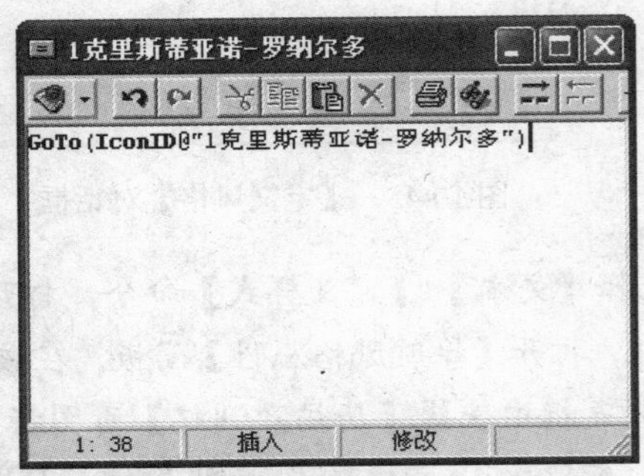

图 10-51　输入命令

(17) 参照步骤(16)，在另外 9 个【导航】图标的计算脚本编辑窗口中分别输入相应的命令。

(18) 在【历届欧洲杯概况】群组流程设计窗口中双击【返回】计算图标，在打开的脚本编辑窗口中输入 GoTo(IconID@"交互")。

(19) 双击【TOP 10 关注球员】框架图标，打开【框架】图标内置导航结构，删除其中的全部内容。

(20) 双击【1 克里斯蒂亚诺-罗纳尔多】群组图标，设置【群组】程序设计窗口效果如图 10-52 所示。

(21) 在【介绍】显示图标中设置相关的显示内容，如图 10-53 所示，并设置擦除属性为【擦除以前内容】。

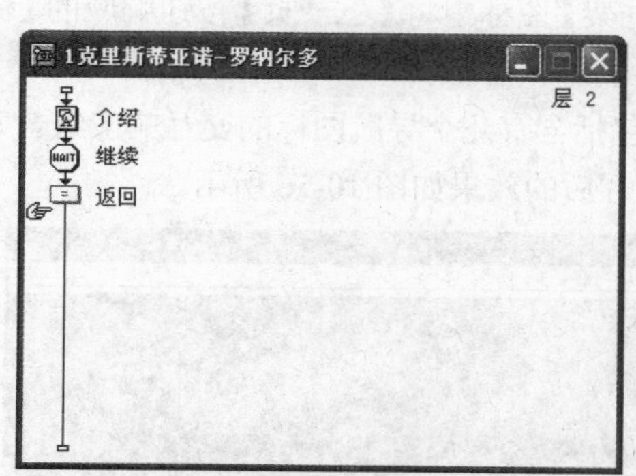

图 10-52　【群组】图标程序设计窗口

图 10-53　设置【介绍】显示图标相关内容

(22) 设置【等待】图标的属性为【单击鼠标】，在【计算】图标的脚本编辑窗口中输入命令 Goto(IconID@"交互")。

(23) 参照步骤(20)~步骤(22)，设置另外 9 个【群组】图标中的内容。

(24) 单击工具栏上的【运行】按钮，运行程序。程序部分运行效果如图 10-54 所示。

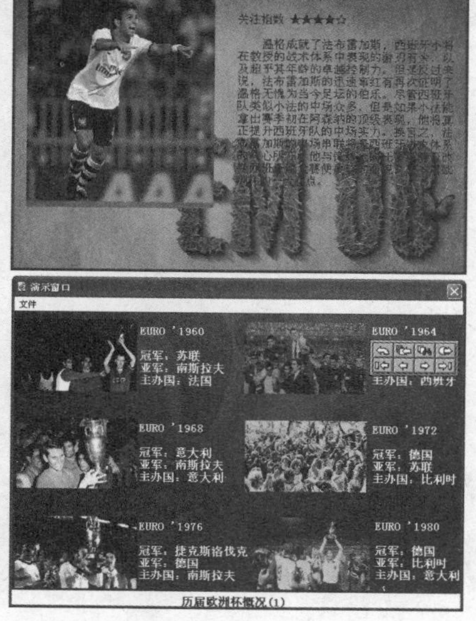

图 10-54　程序部分运行效果

(25) 选择【文件】|【另存为】命令，保存文件。

10.6 习题

1. 从【框架】图标内部结构上划分，一般可将框架窗口分为哪3个部分？

2. 使用【导航】图标的途径有哪两种？

3. 在创建导航结构时，为防止页面回绕，应在【框架】图标中将【下一页】按钮响应的【激活条件】设置为什么？

4.【框架】图标内部包括了一整套导航系统，其中包括含有几个导航图标的交互响应组合？

5. 创建如图 10-55 所示的导航控制程序，使其运行后的效果如图 10-56 所示。

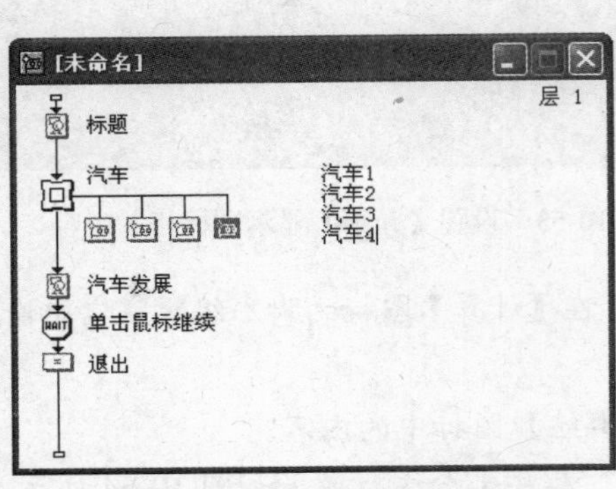

图 10-55 创建导航控制程序

图 10-56 程序运行后的部分效果

6. 为图 10-56 中的文字【汽车】制作超链接，使其链接到页图标【汽车发展】显示图标。

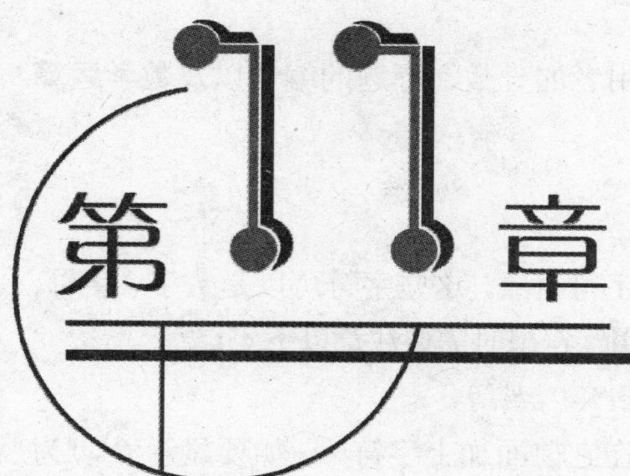

第11章 结构化程序设计

学习目标

Authorware 7 是一款可视化的多媒体制作软件，其程序主要由各种设计图标组合完成。同时，Authorware 还提供了大量的系统变量和函数，它们可以作为程序设计的辅助手段。适当运用变量和函数，将使多媒体程序具有更高级别的交互性能以及更完善的信息处理功能。通过本章的学习，用户可以掌握 Authorware 7 中变量、函数和表达式的知识及其简单的应用。

本章重点

- 变量
- 函数
- Authorware 语言简介

11.1 变量

变量是指一个其值可以改变的量，下面将主要介绍变量的分类，变量的数据类型和变量的使用方法。

11.1.1 变量的类型

根据变量存储的数据类型，Authorware 7 中的常用变量可以分为 3 种：数值型变量、字符型变量和逻辑型变量。

1. 数值型变量

数值型变量用于存储数值。存储的数值可以是小数、负数等，也可以是一个表达式的值，如(23-3)、1×15。Authorware 中的数值主要用于记录使用者的分数、标题的编号以及数学运算的结果等。存储数值的范围是-1.7×10^{308}~$+1.7\times10^{308}$。

2. 字符型变量

字符型变量用于存储字符串。字符串由一个或多个字符组成，这些字符可以是数字、字母、符号等，一个字符型变量可以容纳 3000 多个字符。在使用字符串时需要注意以下 4 点。

- 字符串的两侧要加上双引号，如"123"、"computer"、"##"等。
- 如果要将字符 " 本身作为普通字符使用，必须在它前面加上字符 \；如要显示“" "为引号”，则该字符串应表示为“ \" "为引号”。
- 如果要将字符 \ 本身作为普通字符使用，必须在它前面再加上一个反斜杠，如要显示“\" "为引号”，则该字符串应表示为“\\" "为引号”。
- 当字符串太长时，可以插入连接符 ^，如^computer(007) ^"book"^#^。

3. 逻辑型变量

逻辑型变量通常用于存储 TRUE(真)或 FALSE(假)两种值，它们通常在一些判断语句或条件文本框中使用。在使用逻辑型变量时需要注意以下两点。

- 数值 0 相当于 FALSE，其他任意非 0 的数值都相当于 TRUE。
- 字符 T、YES、ON(小写亦可)相当于 TRUE，除此之外的其他任意字符都相当于 FALSE。

11.1.2 系统变量和自定义变量

根据变量的来源，Authorware 7 中的变量又可以分为系统变量和自定义变量两种。

1. 系统变量

系统变量是 Authorware 中预先定义的变量。在程序的运行过程中，Authorware 可以自动检测并更新相应系统变量的数值。单击 Authorware 工具栏中的【变量】按钮，打开【变量】面板，如图 11-1 所示。

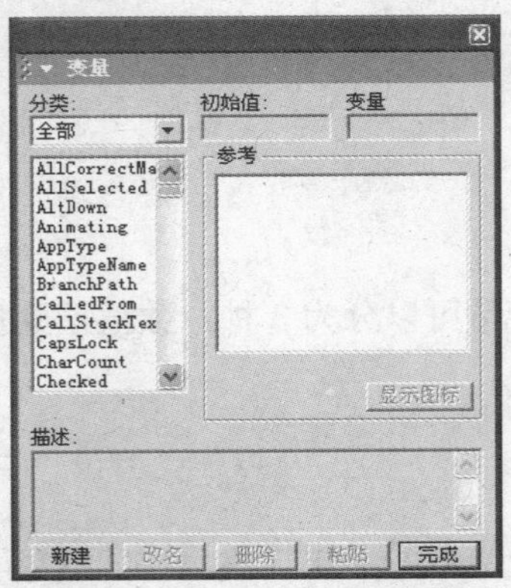

图 11-1 【变量】面板

> **提示**
> 【变量】面板的【分类】下拉列表框中共提供了 11 种系统变量：CMI(计算机管理教学)、决策、文件、框架、常规、图形、图标、交互、网络、时间和视频。

下面将简要介绍 Authorware 系统中变量的用途。

- ◉ CMI 变量：这类变量包含了关于计算机管理教学中常用到的一些变量。以其中的 CMITime 变量为例，该变量用来存放学生完成作业所花费的时间，单位为秒。
- ◉ 【决策】变量：这类变量主要包含一些关于判断循环的信息。以其中的 AllSelected 变量为例，如果当前决策结构中的所有分支都被执行过，则其值为 TRUE。使用 AllSelected@"IconTitle"，将返回指定判断分支结构中的相应值。
- ◉ 【文件】变量：这类变量主要包含了一些关于正在使用的文件的信息。以其中的 IoStatus 变量为例，该变量以数值的形式存储状态信息。当它为 0 时，表示该文件没有出现任何错误；如果出现其他值则表示出错，而每个值所代表的具体含义与用户当前使用的系统有关。
- ◉ 【框架】变量：这类变量主要包含了一些关于框架结构循环的信息。以其中的 SearchPercentComp 变量为例，该变量存储的是当前或最后一次搜索进行的程度。如果其值为 0，则表示程序中没有使用 FindText()函数进行搜索；如果其值为 100，则表示整个搜索过程已经结束。
- ◉ 【常规】变量：这类变量主要包含了一些关于程序的基本信息。以其中的 AltDown 变量为例，如果键盘上的 Alt 键被按下，则该变量的值为 TRUE。在程序中可以通过该变量的值来判断用户是否按下 Alt 键。
- ◉ 【图形】变量：这类变量主要包含了一些关于图形的信息。以其中的 LastX 变量为例，该变量存储的是任何一个图形函数所绘图形的最后一点的 X 坐标。
- ◉ 【图标】变量：这类变量主要包含了一些关于当前图标的信息。以其中的 Movable 变量为例，如果用户设置 Movable @"IconTitle":=TRUE，则该图标可以被移动；如果设置 Movable @"IconTitle":=FALSE，则该对象不可被移动。
- ◉ 【交互】变量：这类变量主要包含了一些关于交互过程的信息。以其中的 LastLineClicked 变量为例，该变量存储的是用户最后一次单击文本对象时，该单击位置所在的行数。
- ◉ 【网络】变量：这类变量主要包含了一些关于网络的信息。以其中的 GlobalPreroll 变量为例，该变量以字节形式存放用于下载用户演示的网络声音文件的空间大小。如果用于用户演示的声音文件存放在网络服务器中，Authorware 将在使用该文件之前从服务器上下载指定长度的内容。
- ◉ 【时间】变量：这类变量主要包含了一些关于时间的信息。以其中的 TotalTime 变量为例，该变量存储的是用户在当前程序中所用去的总时间，该时间以小时和分表示。
- ◉ 【视频】变量：这类变量主要包含了一些关于视频的信息。以其中的 DVDState 变量为例，该变量用来存储 DVD 的当前状态。当数值为-1 时，DVD 为【不存在】；当数值为 0 时，DVD 为【停止】；当数值为 1 时，DVD 为【正在播放】；当数值为 2 时，DVD 为【暂停】；当数值为 3 时，DVD 为【快速搜索】状态；当数值为 4 时，DVD 没有初始化。

2. 自定义变量

假设在程序设计的过程中需要使用一个变量 flying 来存储对象飞行的位置，但是

Authorware 中并没有提供符合该条件的系统变量。这时就需要创建自定义变量来满足程序的要求。自定义变量可以根据实际需要设置正确的变量名称。

11.1.3 【变量】面板

【变量】面板如图 11-1 所示，【变量】面板包含了【分类】下拉列表框、【初始值】文本框、【变量】文本框、【参考】列表框、【描述】文本框以及【新建】、【改名】、【删除】、【粘贴】和【完成】按钮，下面分别介绍这些变量属性的设置方法。

- 【分类】下拉列表框：该下拉列表框包含所有的系统变量和自定义变量。选中某一类型的系统变量后，该类型下的所有变量都将显示在下方的列表框中。
- 【初始值】文本框：该文本框用于显示当前选中的变量的初始值。用户可以在此更改自定义变量的初始值；而系统变量的初始值不可更改，它们一般被设置为 0 或#(即空字符串)。
- 【变量】文本框：该文本框用于显示处于选中状态的变量的当前值。
- 【参考】列表框：该列表框用于显示使用当前系统变量的所有图标名。从该列表框中选择一个图标后，【显示图标】按钮将变为可用。单击该按钮，Authorware 将打开该图标所在层的设计窗口，用来显示被选中的图标在程序流程中的具体位置。
- 【描述】文本框：该文本框用于显示当前选中变量的描述信息。用户在此可以编辑自定义变量的信息；而系统变量的信息不可更改。
- 【新建】按钮：该按钮用于创建一个自定义变量。单击该按钮，将打开【新建变量】对话框，用户可以在该对话框中为自定义变量命名，如图 11-2 所示。
- 【改名】按钮：该按钮用于对自定义变量重命名。在变量列表框中选中要重命名的自定义变量，然后单击该按钮，将打开如图 11-3 所示的【重命名变量】对话框。在其中的文本框中输入新的变量名称，然后单击【确定】按钮，即可重命名自定义变量。

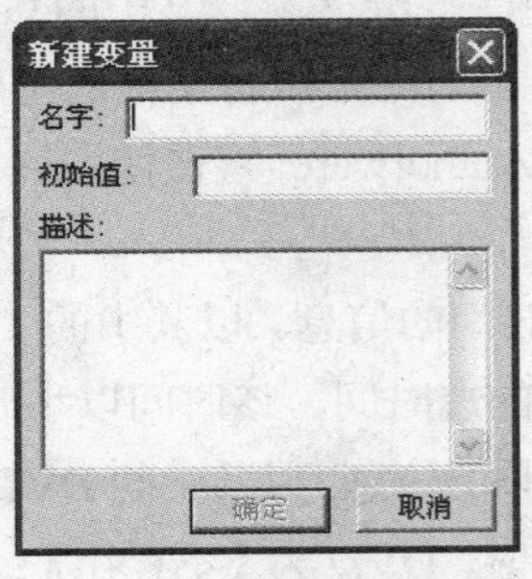

图 11-2 【新建变量】对话框

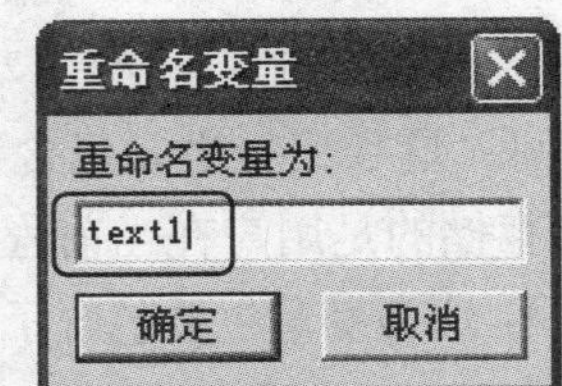

图 11-3 【重命名变量】对话框

- 【删除】按钮：该按钮用于删除当前被选中的自定义变量。如果当前程序正在使用该变量，则不可删除。
- 【粘贴】按钮：该按钮用于将当前被选中的变量粘贴到运算窗口和文本框中插入点光标所在的位置。

◉ 【完成】按钮：该按钮用于保存之前所做的修改，并关闭【变量】面板。

【例 11-1】使用自定义变量创建一个倒计时程序。

(1) 新建一个文件，设置文件演示窗口属性为【根据变量】。

(2) 从【图标】面板中拖动一个【计算】图标、一个【显示】图标和一个【交互】图标到程序设计窗口中，分别重命名图标，如图 11-4 所示。

(3) 在【初始值】计算图标的脚本编辑窗口中输入变量 times:=60。关闭该窗口，此时系统自动打开【新建变量】对话框，在【描述】文本框中输入相关信息，然后单击【确定】按钮关闭该对话框。

(4) 在【背景】显示图标中输入文本内容“一分钟倒计时”。

(5) 双击交互结构第一个分支上方的交互类型响应标识符，打开【交互】图标的【属性】面板。在【条件】选项卡的【条件】文本框中输入：times=0，设置【自动】属性为【为真】。在该计算图标的脚本编辑窗口中输入命令：Quit(1)。

(6) 双击交互结构中第二个分支上方的交互类型响应标识符，在打开的【属性】面板中设置【条件】文本框为 TRUE，设置【自动】属性为【为真】。

(7) 双击【群组】图标，打开【群组】图标程序设计窗口，添加并重命名图标，如图 11-5 所示。

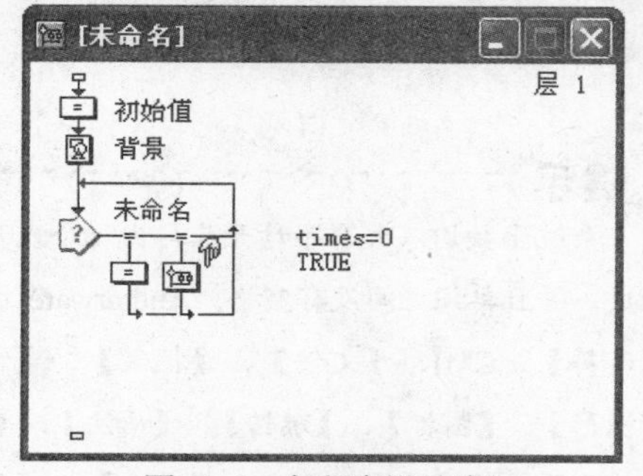

图 11-4　主程序设计窗口

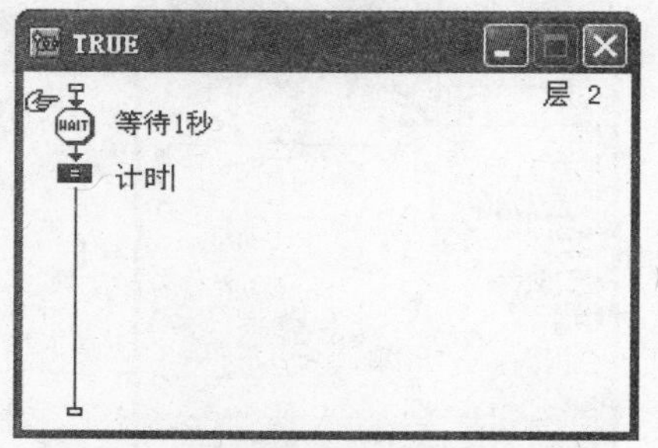

图 11-5　【群组】图标程序设计窗口

(8) 双击【等待】图标，打开【属性】面板，设置【等待】图标的属性，如图 11-6 所示。

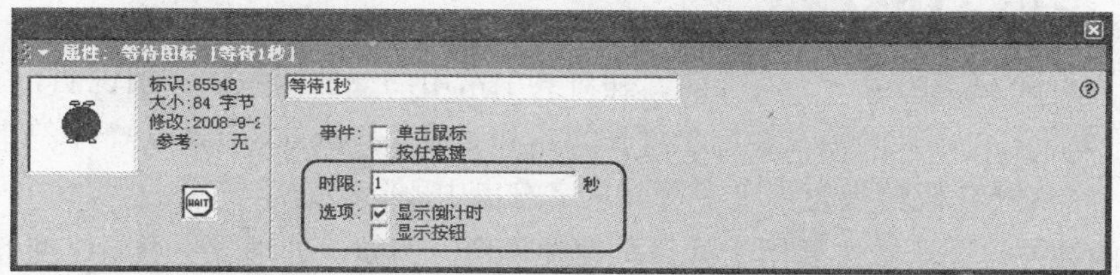

图 11-6　设置【等待】图标的属性

(9) 在【计时】计算图标的脚本编辑窗口中输入命令 times:=times-1。

(10) 单击工具栏上的【运行】按钮，程序开始执行倒计时效果，当超过 1 分钟后，会自动关闭演示窗口。

(11) 选择【文件】|【另存为】命令，保存文件。

11.2 函数

在 Authorware 中，函数是指能够执行某种特殊任务的应用程序。下面将主要介绍函数的分类及其使用方法。

11.2.1 系统函数和自定义函数

同变量一样，如果根据其来源，Authorware 7 中的函数可分为系统函数和自定义函数(外部函数)两种。

1. 系统函数

系统函数是 Authorware 自带的一套函数，这些函数提供了对文本对象、文件、判断分支结构、图标、图片和视频信息等进行直接操作的功能。单击 Authorware 工具栏中的【函数】按钮 ，打开【函数】面板，如图 11-7 所示。

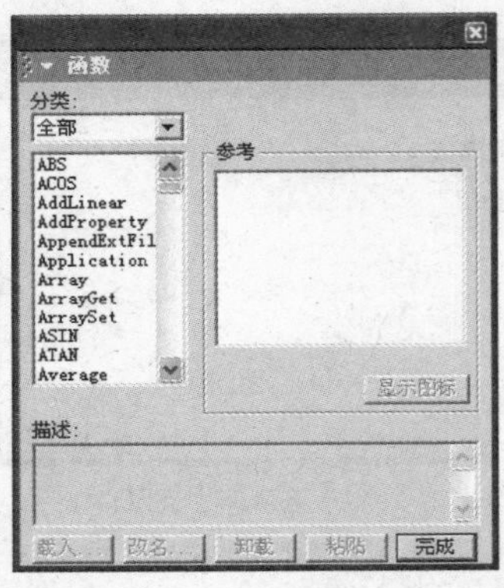

图 11-7 【函数】面板

提示

系统函数均以大写字母开头，由一个或几个单词组成，并且单词之间没有空格。Authorware 共提供了【字符】、CMI、【文件】、【框架】、【常规】、【图形】、【图标】、【跳转】、【语法】、【列表】、【数学】、【网络】、OLE、【平台】、【目标】、【时间】和【视频】17 种函数。

下面将简要介绍这些函数的基本功能，并对其中常用的一些函数做详细说明。

- 【字符】函数：这类函数主要用于管理文本和字符串。例如，计算一个字符串包含的字符数，将 ASCII 码转换为指定字符或从字符串中删除指定字符等。
- CMI 函数：这类函数主要用于计算机教学管理。例如，处理学生登录、交互过程的初始化和结束信息、学生参加交互的次数、所得的分数等信息。
- 【文件】函数：这类函数主要用于管理文件。例如，创建一个指定名称的目录，将指定目录下的所有子目录和文件以字符串的形式赋给变量等。
- 【框架】函数：这类函数主要用于管理系统中的框架结构。例如，对某个关键字的查找，返回到指定页，返回到用户访问过的最终列表等。

◎【常规】函数：该类函数主要用于管理系统的文本信息。例如，将当前文本剪切到剪贴板上，将字符串中的字符变为大写等。其中 Quit、ResizeWindow、ShowCursor 这 3 个函数经常被使用。Quit 函数的基本格式为 Quit(option)。它的功能是直接退出程序的演示过程，其中的 option 参数可以为 0、1、2、3 四个数字中的任意一个，如 Quit(0)。ResizeWindow 函数的基本格式为 ResizeWindow(width,height)。它的功能是设置当前程序演示窗口的大小，其中参数 width 和 height 分别表示演示窗口的宽度和高度，单位为像素。如设置 ResizeWindow(200，300)，此时演示窗口效果如图 11-8 所示；ShowCursor 函数的基本格式为 ShowCursor(display)。它的功能是显示或隐藏鼠标指针，其中参数 display 为 ON 或 OFF，如函数 ShowCursor(ON)表示显示鼠标，函数 ShowCursor(OFF)表示隐藏鼠标。

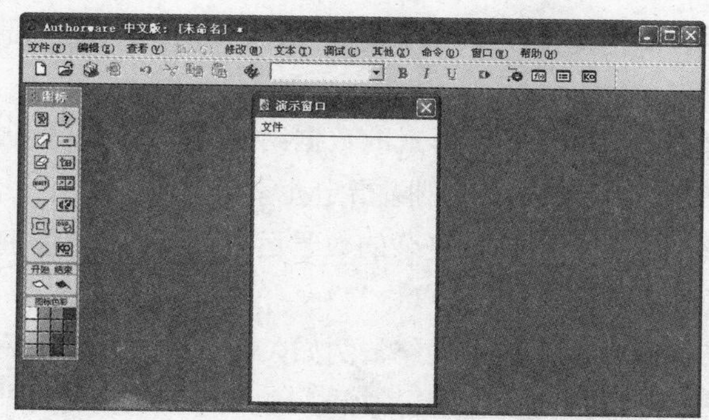

图 11-8　使用 ResizeWindow 函数设置演示窗口大小

◎【图形】函数：该类函数主要用于改变图形在演示窗口中的显示形式。例如，绘制圆形图形，设置图形颜色等。其中 Circle、DrawLine、RGB、SetFrame、SetLine 这 5 个函数经常被使用。Circle 函数的基本格式为 Circle(pensize,x1,y1,x2,y2)。它的功能是在限定的矩形内绘制内切圆。DrawLine 函数的基本格式为 DrawLine(pensize,[x1,y1,x2,y2])。它允许用户按下鼠标左键并拖动以绘制一条线段，参数(x1,y1)和(x2,y2)用于限制绘图的范围。RGB 函数的基本格式为 RGB(red,green,blue)。它能将红色(R)、绿色(G)和蓝色(B)的颜色值合成为单一的颜色值，该颜色值的颜色范围为 0~255。该函数只能用在【计算】图标中，为 Circle 等函数绘制的图形设置颜色。SetLine 函数的基本格式为 SetLine(type)。它的功能是设置线段的样式，参数 type 的值可以是 0，1，2，3 四个数字中的任意一个。

提示

必须注意的是，RGB 函数必须位于含有绘图函数的设计图标之前；SetFrame 函数的基本格式为 SetFrame(flag[,color])，它的功能是为由绘图函数绘制出的图形设置边框颜色。如在【计算】图标的脚本编辑窗口中输入两行命令：SetFrame(1,RGB(0,255,0)) 和 Box(10,76,83,200,220)。

◎【图标】函数：该类函数主要用于图标的属性设置。例如，获取指定图标的 ID 标识，显示或删除图标，改变图标中对象的显示层次等。

- 【跳转】函数：该类函数主要用于执行流程的跳转。例如，可利用该类型的函数使 Authorware 的流程从一个模块跳转到另外一个模块等。其中 GoTo、JumpFile、JumpFileReturn 这 3 个函数经常被使用。GoTo 函数的基本格式是 GoTo(IconID@"IconTitle")，它的功能是使程序跳转到指定的设计图标处执行；JumpFile 函数的基本格式是 Jumpfile("filename"[, "variable1, variable2, ...", ["folder"]])，它的功能是使程序跳转到由 filename 指定的程序文件中，文件名不需要包含扩展名，程序会自动对所需的文件进行识别；JumpFileReturn 函数的基本格式是 JumpFileReturn("program" [, "document"] [, "creator type"])，它的功能是使原程序文件跳转到由 filename 指定的目标程序文件中，当退出目标程序或者遇到 Quit 函数时，系统将返回原程序文件。
- 【语法】函数：该类函数主要用于程序编程，实现特定的流程控制。例如，加减乘除等基本算术运算等。
- 【列表】函数：该类函数用于对表形式的数据结构进行操作。例如，创建指定形式的列表，复制列表，在当前表中插入或删除指定元素等。
- 【数学】函数：该类函数用于执行复杂的数学运算。例如，计算正余弦函数、平方、立方以及随机函数等。
- 【网络】函数：该类函数用于管理网络。例如，访问浏览器上的网页、查看外部文件或者从网上下载所需内容到本地硬盘上。
- OLE 函数：该类函数用于处理当前窗口中的 OLE 对象，Authorware 支持所有的 OLE 通信。
- 【平台】函数：该类函数用于获取以后 XCMDs(函数库)或 DLLs(动态链接库)要用的信息。例如，DLLs 将用返回的 COA 来判断 Authorware 是否正在运行。
- 【目标】函数：该类函数主要用于处理对象的信息。例如，创建新的变量，设置文件属性面板，设置变量以及设置图标的标题信息等。
- 【时间】函数：该类函数主要用于处理时间方面的信息。例如，将输入日期与指定日期的时间差转换为总天数等。它包括 Date、DateToNum、Day、DayName、FullDate、Month、MonthName、Year8 个函数。
- 【视频】函数：该类函数主要用于处理视频信息，如视频的播放、暂停以及播放速度等。

2. 自定义函数

在 Authorware 中，自定义函数(也称外部函数)能够实现系统函数不能实现的功能。外部函数存在于特定格式的外部函数文件中，这些外部函数文件通常具有.dll、.ucd 和.u32 扩展名。其中.dll 文件是标准的 Windows 动态链接库文件，.ucd 和.u32 是 Authorware 专用的函数文件，具有 16 位版本和 32 位版本两种类型。16 位版本的外部函数能够用于所有的 Windows 系统，而 32 位版本的外部函数不能用于 16 位的 Windows 系统。

【例 11-2】载入外部函数 IxZip.u32。

(1) 新建一个文件，单击工具栏中的【函数】按钮，打开【函数】面板。

(2) 在【分类】下拉列表框中选择【未命名】选项，此时面板中的【载入】按钮变为可用状态，如图 11-9 所示。

(3) 单击【载入】按钮，打开【加载函数】对话框，从中选择一个外部函数 IxZip.u32 文件，如图 11-10 所示。

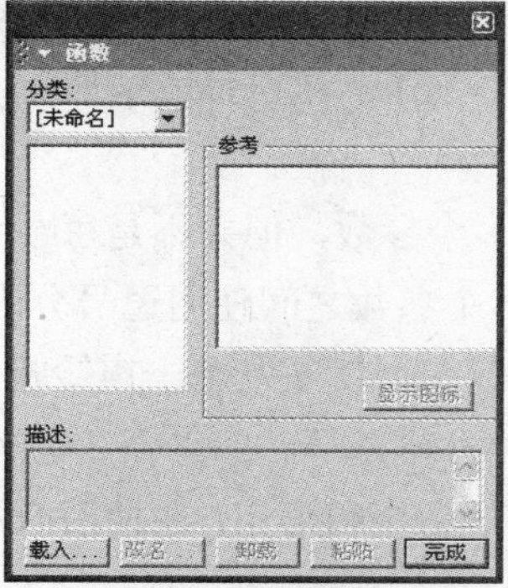

图 11-9　【函数】面板

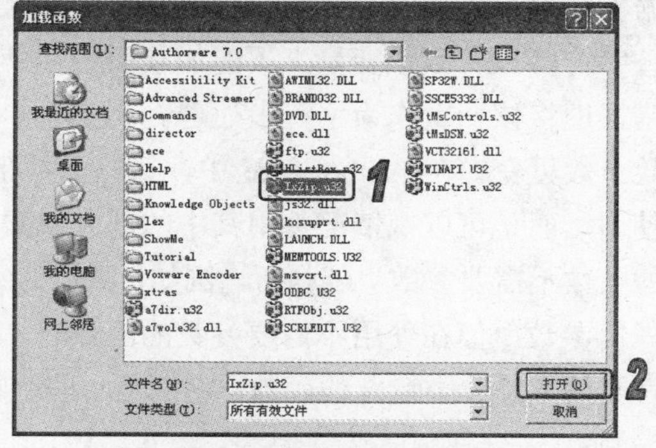

图 11-10　【加载函数】对话框

(4) 单击【打开】按钮，打开【自定义函数在】对话框，如图 11-11 所示。从该对话框的【名称】列表框中选择需要加载的函数后，单击【载入】按钮，此时该函数被加载到程序中，如图 11-12 所示。

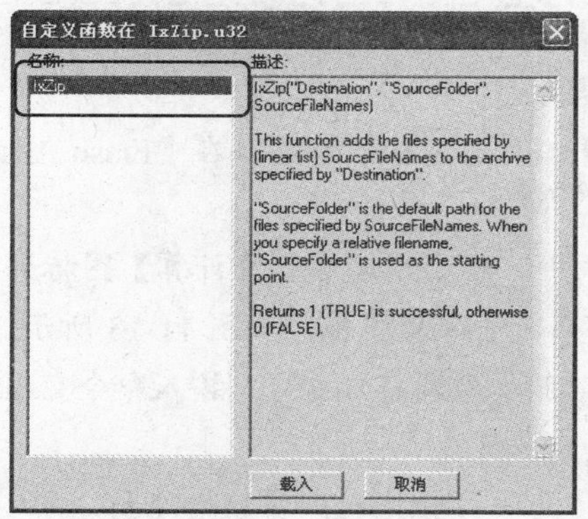

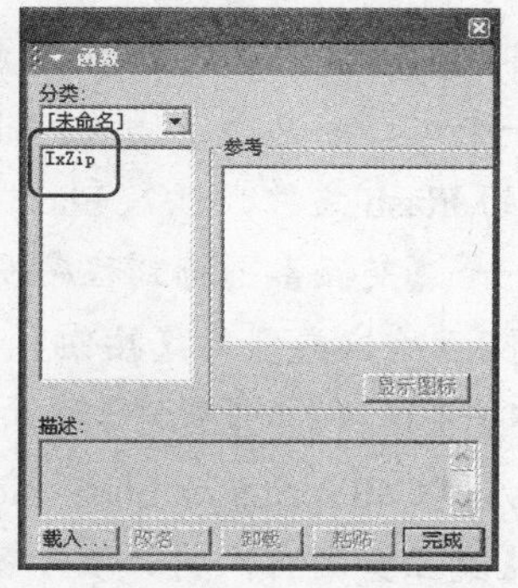

图 11-11　【自定义函数在】对话框　　　图 11-12　函数被加载到程序中

知识点

当外部函数被加载到程序中后，就可以像使用系统函数一样使用它。在【函数】对话框中单击【改名】按钮，可以对选中的外部函数重命名。单击【卸载】按钮，可以将该函数从程序中删除。需要注意的是，如果选中的外部函数已经被使用，将不可删除它。

11.2.2 函数的参数和返回值

Authorware 的函数一般由函数名、括号以及括号内的参数组成，如 Box(pensize, x1, y1, x2, y2)。当使用一个函数时，必须遵循一定的语法规则，而语法规则中最重要的是正确使用参数，下面就介绍使用参数时的注意点。

- 根据需要为参数添加双引号，例如函数 PressKey("Esc")。如果用一个变量 Keyname 来代替字符串 Esc，则该变量上不能加双引号，即应为 PressKey(Keyname)，否则 Authorware 会错误地将该变量作为字符串处理。
- 参数个数可变。在 Authorware 中，有些函数带有多个参数，但并不是每一个参数都必须使用，而是可以视情况使用其中的部分参数，多个参数之间使用逗号分隔。
- 有些函数不需要参数也能执行。例如，函数 Beep()的作用就是发出一声铃响，不需要给出任何参数。但在使用不需要参数的函数时，不能省略括号。
- 语言类函数是一类特殊的函数，它们是一些运算符、命令和语句，在使用时不需要括号及参数。

知识点

大多数系统函数都有返回值，但也有个别函数不返回任何值，如 Beep()函数、Quit 函数和 GetLine("string",n[,m,delim])函数等。

【例 11-3】使用函数控制 Flash 动画的播放。

(1) 新建一个文件，选择【插入】|【媒体】| Flash Movie 命令，在【Flash Asset 属性】对话框中选择需要的 Flash 文件，插入 Flash。

(2) 拖动一个【交互】图标到程序设计窗口中，然后拖动 2 个【计算】图标到【交互】图标的右侧，设置交互响应类型为【按钮】响应，分别重命名图标，如图 11-13 所示。

(3) 依次双击【播放】和【暂停】计算图标，在脚本编辑窗口中分别输入命令 CallSprite(@"Flash Movie...", #play)和 CallSprite(@"Flash Movie...", #stop)。

(4) 双击【交互】图标，打开演示窗口，将两个按钮拖动到窗口右下角。

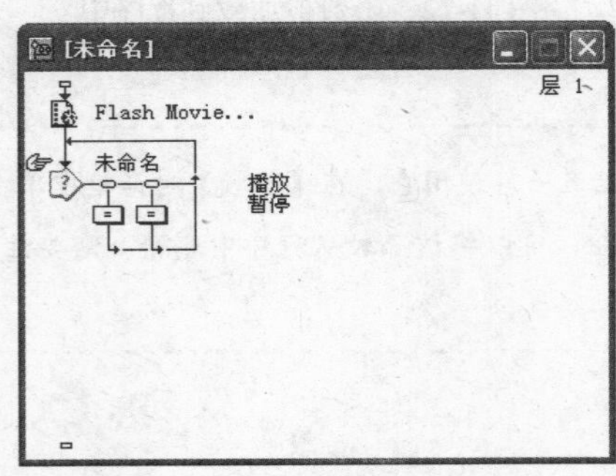

图 11-13 程序设计窗口

图 11-14 控制 Flash 动画播放

(5) 单击工具栏上的【运行】按钮，此时 Flash 动画将自动播放。单击【暂停】按钮，Flash 动画将暂停；单击【播放】按钮，Flash 动画将播放，如图 11-14 所示。

11.3　Authorware 语言简介

除了使用函数和变量来控制程序外，经常需要用到运算符、表达式和语句。

11.3.1　运算符的优先级

运算符是执行某项操作的标识符。例如：乘法运算符(*)是将其两端的数值进行乘法运算；连接运算符(^)是将其两端的字符串连接成为一个新的字符串。

1. 运算符的类型

在 Authorware 中，运算符共分赋值运算符、关系运算符、算术运算符、逻辑运算符和连接运算符 5 种类型。这 5 种运算符的含义和作用如表 11-1 所示。

表 11-1　Authorware 中的运算符

运算符类型	运 算 符	含　义	运 算 结 果
赋值运算符	:=	将运算符右边的值赋予左边的变量	运算符右边的值
关系运算符	=	判断运算符两边的值是否相等	TRUE 或 FALSE
	<>	判断运算符两边的值是否不相等	
	<	判断运算符左边的值是否小于右边的值	
	>	判断运算符左边的值是否大于右边的值	
	<=	判断运算符左边的值是否不大于右边的值	
	>=	判断运算符左边的值是否不小于右边的值	
算术运算符	+	将运算符两边的值相加	某一数值
	-	用运算符左边的数值减去右边的数值	
	*	将运算符两边的值相乘	
	/	用运算符左边的数值除以右边的数值	
	**	幂运算符，将该运算符右边的数值作为指数	
逻辑运算符	~	逻辑非	TRUE 或 FALSE
	&	逻辑或	
	|	逻辑与	
连接运算符	^	将两个字符串连接为一个字符串	字符串

在使用这些运算符时，要注意以下几点。

- 当一个字符串的值赋给一个变量时，必须为字符串加上双引号，否则 Authorware 会将该字符串当作变量名来处理。
- 对于一个只有关系运算符的表达式来说，当该表达式成立时，其值为逻辑值。逻辑值有两种情况：TRUE 和 FALSE。
- 如果要在屏幕上显示表达式的值，则必须在【显示】图标的演示窗口中插入表达式。该表达式必须用花括号括起来，否则 Authorware 会将表达式当作正文对象来显示。

逻辑运算符的运算规则如表 11-2 所示。

表 11-2　逻辑运算符的运算规则

运算对象		运算结果		
A	B	~A	A&B	A|B
TRUE	TRUE	FALSE	TRUE	TRUE
TRUE	FALSE	FALSE	TRUE	FALSE
FALSE	TRUE	TRUE	TRUE	FALSE
FALSE	FALSE	TRUE	FALSE	FALSE

2. 运算符的优先级

当一个表达式有多个运算符时，Authorware 并非按照运算符在表达式中的顺序从左至右执行，而是按照运算符的优先级来决定运算的顺序。例如，在计算表达式“A+B*C**2”的值时，Authorware 首先计算“C**2”的值，再将该值乘以 B，将得到的值加上 A，就是表达式的值。这样的运算顺序是由运算符的优先级“**”＞“*”＞“＋”决定的。

Authorware 中所有运算符的优先级如表 11-3 所示。

表 11-3　Authorware 中的运算符优先级

优先级	运算符
1	()
2	~、+(正号)、-(负号)
3	**
4	*、/
5	+、-
6	^
7	<、=、>、<>、>=、<=
8	&、|
9	:=

优先级中的 1 代表最高的优先级，9 代表最低的优先级。

11.3.2　表达式的使用

表达式是由运算符、常量、变量和函数组成的语句，是程序的基本组成部分。表达式用于执行某种特殊的操作或执行某个运算的过程。

Authorware 中的表达式共有赋值表达式、关系表达式、逻辑表达式、算术表达式、字符串表达式和混合表达式 6 种类型。

1. 赋值表达式

赋值表达式是指含有赋值运算符的表达式，该运算符的含义是将运算符右边的值赋给运算符左边的变量。例如：表达式 Movable@"Circle":=TRUE 为赋值表达式，它将逻辑变量 TRUE 赋给系统变量 Movable，产生的结果是将 Circle 图标中的对象设置为可移动，最终用户可以通过鼠标在演示窗口中移动这些对象。

2. 关系表达式

关系表达式是指表达式中只含有关系运算符，关系表达式的值为逻辑型的 0 和 1。例如：表达式 2<4 和 5>=3 都是关系表达式，其运算结果分别为 1 和 0。

在使用关系表达式时应注意以下几点。

- 参加关系运算的对象可以是数值型(如 23 和 3)、字符型(如"A"和"B")或逻辑型(TRUE 和 FALSE)。
- 关系运算的结果只有两个，0 或者 1。1 代表逻辑值【真】，表示关系表达式成立；0 代表逻辑值【假】，表示关系表达式不成立。
- 逻辑常数 TRUE 和 FALSE 的显示值分别为 1 和 0。参加关系运算时，也是用 1 和 0 进行运算。

3. 逻辑表达式

逻辑表达式是指表达式中只含有逻辑运算符，逻辑表达式的值为逻辑型。例如：表达式 Switch:=status1&status2 为逻辑表达式，如果变量 status1 和 status2 的值为 TRUE 时，则 Switch 的值为 TRUE，其他情况下 Switch 的值都为 FALSE。

在使用逻辑表达式时应注意以下几点。

- 【~】运算的含义是，取运算对象的相反逻辑值。Authorware 将 0 视为【假】，将非 0 的数值均视为【真】。
- 【&】运算的含义是，两个运算对象中只要有 1 个为【真】，其结果就为【真】。只有两个对象都为【假】时，其结果才为【假】。
- 【|】运算的含义是，只有两个对象都为【真】时其结果才为【真】。只要有一个为【假】，其结果就为【假】。
- 逻辑表达式的结果通常是 1 或 0，但【&】运算的结果有其特殊之处，即当表达式的结果为【真】时，取运算符右边的运算对象的值，如 1&2 的值为 2。

4. 算术表达式

算术表达式是指表达式中只含有算术运算符，算术表达式的值为数值型。例如：23-4**2/4为算术表达式，根据运算符的优先级，该表达式的运算结果应为19。

5. 字符串表达式

字符串表达式是指表达式中只含有字符串的运算符，字符串表达式的值为字符型。例如："com"^"puter"是字符串表达式，其运算结果为computer。

6. 混合表达式

混合表达式是指含有两种或两种以上运算符的表达式。例如，表达式 Result:= "com"^"puter"为混合表达式，该表达式中包含了一个赋值运算符和一个连接运算符，结果是将值 computer 赋予变量 Result。

11.4 语句

Authorware 对程序语句的格式要求比较少，较接近日常用语，易于理解。常用的程序语句有两种，即条件语句和循环语句。条件语句使程序在不同条件下执行不同的操作，而循环语句用于重复执行相同的操作。

11.4.1 条件语句

条件语句的格式为：

```
if 条件1 then
  操作1
else
  操作2
end if
```

或者：

```
if 条件1 then
  操作1
else if 条件2
  操作2
else
  操作3
end if
```

在第一种条件语句格式中，程序首先判断【条件 1】是否为 TRUE，如果满足条件，则执行【操作 1】，否则执行【操作 2】。在第二种条件语句格式中，程序首先判断【条件 1】是否为 TRUE，如果是，则执行【操作 1】，否则判断【条件 2】是否为【TRUE】。如果是，则执行【操作 2】，否则执行【操作 3】。

11.4.2　循环语句

循环语句共有 3 种类型：Repeat With 类型、Repeat With In 类型和 Repeat While 类型。

1. Repeat With 类型

语句格式：
```
Repeat With 循环变量:=起始值 [down] to 终止值
操作
end repeat
```

说明：循环变量从起始值开始每次加 1，直到终止值时停止循环语句序列的执行，退出循环。循环语句的执行次数等于终止值减去起始值加 1。如果添加 down，则循环变量每次减 1。

【例 11-4】Repeat With 的实例，该实例执行的结果是累加出数字 1 到 10 的和，并且将其放到变量 s 中。每执行一次 s:=s+i 时，变量 i 自动加 1，直到加到 11 时为止，退出循环。

程序如下：
```
s:=0
repeat with i:=1 to 10
  s:=s+i
end repeat
```

2. Repeat With In 类型

语句格式：
```
Repeat With 循环变量 In 列表
操作
end repeat
```

说明：循环变量依次执行列表中的数值，直到列表中的值都执行完毕之后，停止循环语句序列的执行，退出循环。循环语句的执行次数等于列表中数值的个数。

【例 11-5】Repeat With In 的实例，该实例同【例 11-4】执行的结果相同。

程序如下：
```
s:=0
repeat with i in [1,2,3,4,5,6,7,8,9,10]
  s:=s+i
end repeat
```

3. Repeat While 类型

语句格式：
```
Repeat While 条件
操作
```

```
            end repeat
```

说明：当条件为真时，执行循环语句序列，直到条件为假时，停止循环语句序列的执行，退出循环。

【例 11-6】Repeat With In 的实例，该实例也同【例 11-4】执行的结果相同。

程序如下：

```
s:=0
i:=1
repeat with i<=10
s:=s+i
i:=i+1
end repeat
```

11.5 上机练习

通过本章的学习，对 Authorware 7 的函数、变量、表达式以及语句有了最基本的认识。本小节介绍使用语句制作圆的径向渐变以及结合自定义变量、函数和循环语句绘制图形。

11.5.1 制作圆的径向渐变

结合循环语句、条件语句并结合有关函数和变量，制作一个圆的径向渐变。

(1) 新建一个文件，设置演示窗口属性为【根据变量】。

(2) 添加一个【计算】图标到程序设计窗口中，重命名为【圆的渐变】。双击图标，在脚本编辑窗口中输入如图 11-15 所示的循环语句、函数和变量内容。

(3) 单击工具栏上的【运行】按钮，可以看到演示窗口的效果如图 11-16 所示。

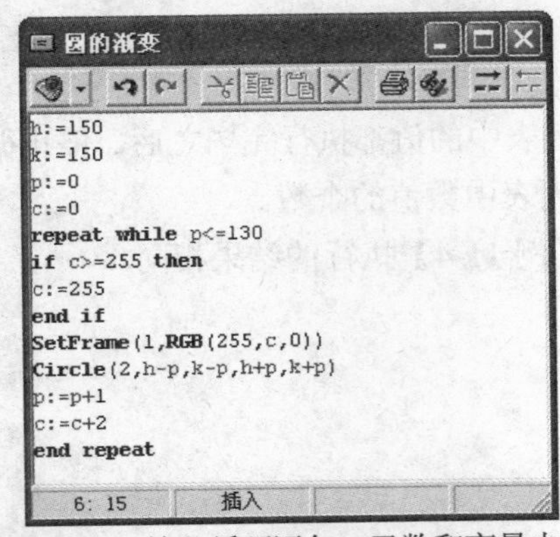

图 11-15　输入循环语句、函数和变量内容

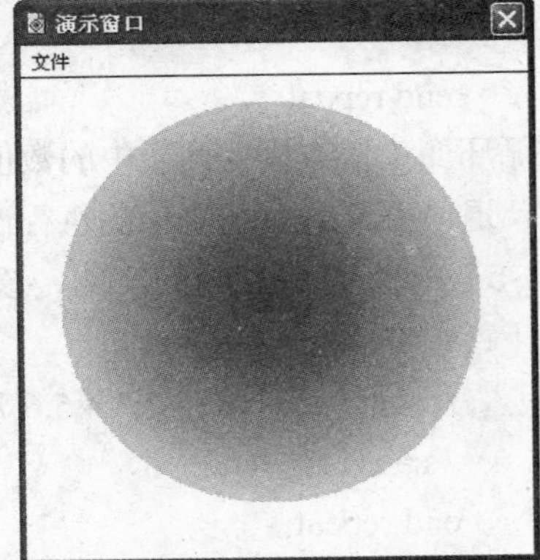

图 11-16　程序运行效果

提示

在【计算】图标的脚本编辑窗口的内容中：h、k、p、c 均为自定义变量。h 表示图形最左端的坐标点；k 表示图形最上端的坐标点；p 表示圆的直径；c 表示颜色。语句 repeat while p<=130 至最后的 end repeat 是循环语句。在上述的循环语句中，包含一个有关颜色的条件语句、一个 SetFrame 函数和一个 Circle 函数。

(4) 选择【文件】|【另存为】命令，保存文件。

11.5.2　绘制网格图形

结合有关函数和变量，绘制网格图形。

(1) 新建一个文件，拖动一个【计算】图标到程序设计窗口中，重命名为【绘制图形】。

(2) 双击【计算】图标，打开脚本编辑窗口，输入如图 11-17 所示的函数和变量内容。

提示

在输入的内容中，变量 h、k 用来确定图形中心点的横坐标和纵坐标；变量 angle 和 r 分别表示角度初始值和图形半径的长度。函数 BOX(2,h-2,k-2,h+2,k+2)用来绘制圆心；函数 Circle(2,h-r-2,k-r-2,h+r+2,k+r+2)用来绘制以 r 的值为半径的圆；函数 SetFrame 用来设置图形的颜色；函数 Line(1,x1,y1,x2,y2) 用来绘制两个坐标点间的直线。0.8*Pi 表示两个点的间隔弧长所对的圆心角的弧度数。

(3) 单击工具栏上的【运行】按钮，程序运行效果如图 11-18 所示。

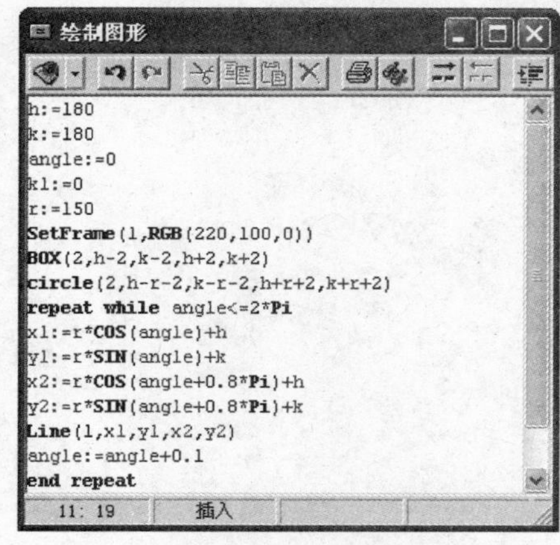

图 11-17　在脚本编辑窗口中输入内容

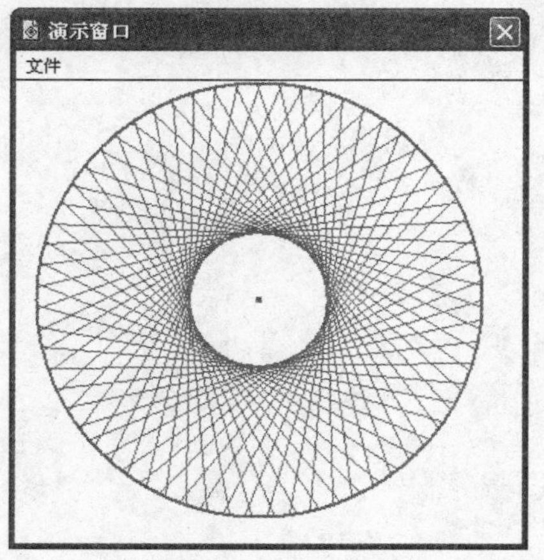

图 11-18　程序运行效果

(4) 选择【文件】|【另存为】命令，保存文件。

11.6 习题

1. Authorware 7 中的常用变量可以分为哪 3 种？

2. Authorware 对程序语句的格式要求比较少，较接近日常用语，易于理解。常用的程序语句有哪两种？

3. 表达式是程序的基本组成部分，它是由哪些元素组成的语句？

4. 循环语句的结束条件是什么？

5. 在 Authorware 中，运算符共分哪 5 种类型？

6. 字符型变量用于存储字符串，一个字符型变量可以容纳字符数为多少？

7. 绘制一个方形图形，使得其边宽为 2，边框颜色为黑色，图形填充颜色为蓝色。

8. 试用函数绘制如图 11-19 所示的六瓣花图案。提示：六瓣花就是几个 2/3Pi 弧度的圆弧经过位移后组合起来的。

图 11-19　绘制的六瓣花效果

第12章 使用库、模块和知识对象

学习目标

在多媒体程序的创建过程中，经常会多次使用同一内容。为避免重复的设计工作，Authorware 提供了库和模块的功能。利用库，可以重复使用一个单独的设计图标和该图标中所包含的内容；利用模块，可以重复使用流程线上的某一段逻辑结构，包括多个设计图标和这些图标之间的逻辑关系。本章将介绍如何创建和使用库和模块，并对常用的知识对象做详细介绍。

本章重点

- 库的概述
- 使用模块
- 知识对象

12.1 库的概述

简单来说，库是各种设计图标的合集，是存放各种设计图标的仓库，它是一种高效的媒体管理工具。一般情况下，可以把经常使用的设计图标存放在媒体库内，在应用时共享其中的内容。这样做不仅可以节省大量的磁盘存储空间，而且也避免了设计者的重复工作，加快主程序的执行速度。

12.1.1 媒体库

在媒体库中，可以存放【显示】图标、【交互】图标、【计算】图标、【数字电影】图标和【声音】图标。要使用其中的图标，只需将它们从媒体库窗口拖动到程序流程线上即可，拖动到流程线上的图标名称将以斜体字显示。这时，在库中更新设计图标的内容之后，与该设计图标链接的、所有应用在程序中的图标也将自动得到修改。值得注意的是，一个多媒体程序可以与多个库相链接。对于内容复杂、结构庞大的程序来说，可以将它们的文本、图形、声音和数字电影文件分别存放于不同的库中。

与外部媒体文件不同，一个库可以包含多种媒体内容，并且每个库图标可以保持自己的图标属性。对库图标打包之后，将使发布课件的程序变得容易、简单。但是，打包后的库图标不能进行编辑和修改。

1. 创建媒体库

库文件的新建过程与创建其他文件类似，选择【文件】|【新建】|【库】命令，Authorware 7 将会打开一个库文件窗口。新建库文件窗口默认标题是【未命名】。

新建库文件后，可以拖动【图标】面板或者程序设计窗口中的图标到库文件窗口，如图 12-1 所示。但要注意的是只有【显示】图标、【交互】图标、【声音】图标、【数字电影】图标和【计算】图标可以在库中创建，如果拖入其他非法图标，就会看到如图 12-2 所示的错误提示窗口。

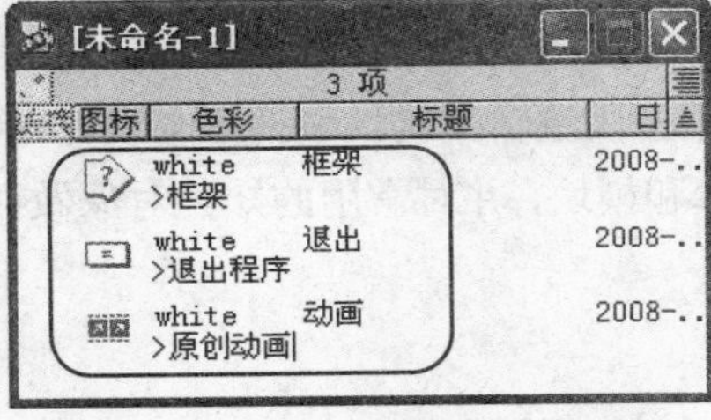

图 12-1　新建库文件

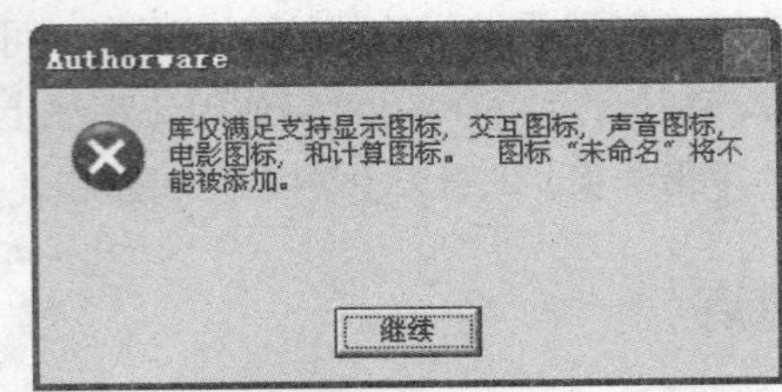

图 12-2　错误提示窗口

库文件中可以拖入多个合法的设计图标，但是如果程序流程线上某个设计图标已经在库文件中存在，则不能将其再次拖入库文件中，因为它是一个作为链接的图标，而并非实际存在的。否则，Authorware 会弹出错误提示信息。

2. 媒体库窗口

可以在新建库文件窗口中放置所需要的设计图标，如图 12-1 所示。

从图 12-1 中可以看出，在库窗口的右侧有一个收缩扩展按钮，单击该按钮后，将切换库图标的扩展与收缩状态。扩展状态的库图标将显示注释信息，收缩状态的库图标将隐藏注释信息，如图 12-3 所示。在收缩扩展按钮的下方，还有一个排序按钮，它决定着库图标是升序还是降序排列。在默认情况下，Authorware 将按照升序排列库图标。

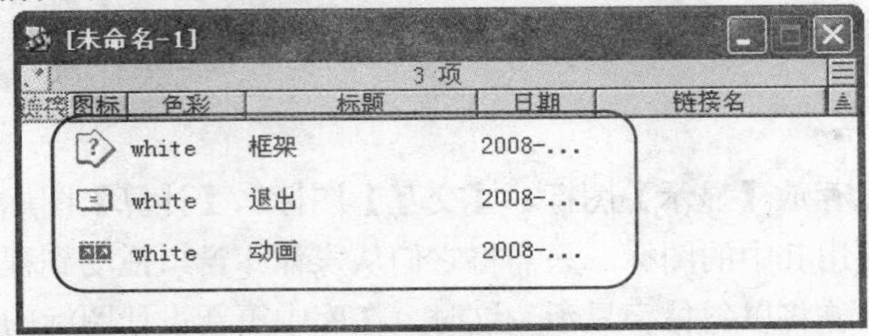

图 12-3　隐藏注释信息

库窗口中包括【链接】标签、【图标】标签、【色彩】标签、【标题】标签、【日期】标签和【链接名】标签 6 个标签。单击不同的标签，库窗口中的图标也将以不同顺序进行排列。Authorware 在默认情况下是按照【标题】标签来排列图标的。这 6 个标签的具体作用如下。

- 【链接】标签：用来显示当前库图标是否与当前程序发生链接。如果两者之间保持链接关系，那么将显示链接标记，否则，此列内容将为空。
- 【图标】标签：用来显示当前库图标的类型，在升序排列的情况下，该列从上至下排列依次为【显示】图标、【交互】图标、【计算】图标、【数字电影】图标和【声音】图标；在降序的情况下，排列的次序相反。
- 【标题】标签：用来显示当前库图标的名称，单击该标签时，将按照图标的名称对库图标进行排序。在升序的情况下，对于以字母命名的库图标，将按照从 a 到 z 的顺序排列。
- 【日期】标签：用来显示当前库图标最后一次被修改的时间。在升序情况下，单击该标签，系统将会按照修改时间的先后顺序排列各图标。
- 【链接名】标签：用来显示当前库图标的链接名称，库图标的名称与链接名可以不同，但由于两者保持链接关系，因此修改库图标的名称仍然能影响流程线上链接图标的内容。

12.1.2　编辑和管理媒体库

创建媒体库之后，就可以对库中的图标进行编辑和管理，具体操作如下所述。

1. 复制、剪切和粘贴库中的图标

对库中的设计图标可以进行复制、剪切和粘贴操作，其方法与在程序设计窗口中执行同样操作的方法相同。

2. 修改库设计图标

创建媒体库后，还可以对库中图标的内容进行修改，其方法与在程序设计窗口中编辑图标的方法相同。例如，双击【显示】图标，即可对其中的文本或图形进行修改。但在进行修改时需要注意以下 3 点。

- 如果修改了库中图标的内容，Authorware 自动将这种变化反映到设计窗口中与之有链接关系的图标上(【计算】图标除外)。
- 如果向【计算】图标中添加了新的自定义变量或者外部函数，这些新的变量和函数将位于库文件中。在将该【计算】图标拖动到程序文件中时，Authorware 将自动在程序中创建变量或者导入函数。
- 如果修改了库中图标的属性，这种变化将不会反映到设计窗口中与之有链接关系的图标上。

3. 查看图标内容

要查看库中设计图标的内容，直接在该图标上右击即可。如果图标中的内容为图像，会在打开的一个小窗口中显示其内容，如图 12-4 所示。

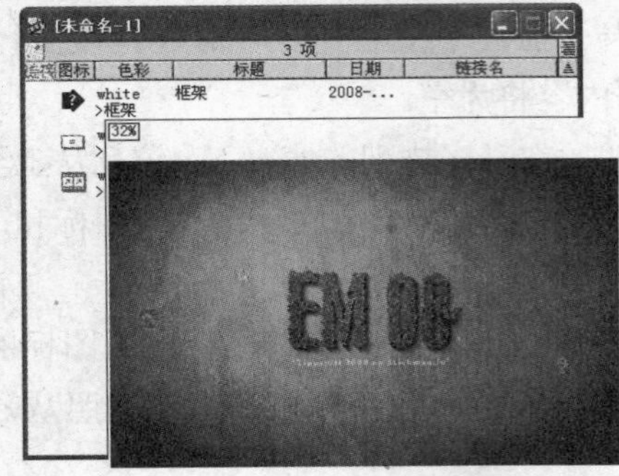

图 12-4　显示库中图标的内容

提示

如果图标中的内容是一段音乐或者数字电影，则将播放相应文件。在任意位置处单击，将关闭内容的显示。

4. 为库中的图标添加注释

为便于理解图标中的内容，可以添加图标注释，在库设计图标名称下方的>符号后输入注释文字即可。

5. 删除库中的图标

删除库中不需要的设计图标时，选中该图标，然后按 Del 键即可。如果要删除的设计图标已经与程序文件建立了链接关系，那么当按下 Del 键后，Authorware 将打开一个对话框，提示该项操作将会破坏现有的链接关系，并且询问是否继续执行该项步骤。

6. 重命名库中的图标

对库中的图标重命名主要是指对【链接名】的重命名，双击媒体库窗口中【链接名】列下的某个图标的名称，此时该设计图标的名称将处于可编辑状态，重新输入新名称即可。在重命名库中的设计图标时需要注意以下两点。

- 只有当库中的图标与程序文件之间存在链接关系时，其链接名才有效。
- 重命名之后将会打开提示对话框。如果单击【重新链接】按钮，将重新建立所有的链接；如果单击【断开】按钮，程序中所有与该图标存在链接关系的图标都会失去链接关系；如果单击【取消】按钮，则放弃该重命名的操作。

7. 使用媒体库中的图标

如果需要在程序中的其他地方使用媒体库中的图标，可选择【文件】|【打开】|【库】命令，然后从媒体库中选择相应的图标，直接将其拖动到程序流程线上的相应位置即可。

8. 更新流程线上的图标属性

当对媒体库中的图标属性进行修改后，不会反映到流程线上与之有链接关系的图标中，但

Authorware 提供了更新流程线上图标属性的方法。

9. 链接关系的修复

如果操作失误，程序设计窗口中的图标与库中图标之间的链接关系可能会被破坏，出现这种情况的原因主要有以下 3 种。

- 原来链接的库被删除或者改变了存储位置。
- 在媒体库窗口中删除了具有链接关系的图标。
- 修改链接名时没有及时更新。

当程序设计窗口中的图标与库中图标之间的链接关系被破坏时，可以将库中的图标拖动到流程线上相应的图标上，重新建立两者间的链接关系。如果该流程线上有多个图标与库中同一个图标存在链接关系，那么系统将会打开一个信息框，询问是否修复所有图标的链接关系，还是仅仅修复指定图标的链接关系，这时可以根据需要进行选择。

12.2 模块

模块(也称做模型或模板)与知识对象和库有相似的地方，其中知识对象将在下一节中进行介绍。模块和知识对象一样，都要保存为模块文件.a7d，并且它们都是某些具有特殊功能的逻辑流程。和库相比，模块可以存储 Authorware 的所有图标。在使用模块文件时，Authorware 将把模块中的图标完全复制到流程线上，而不是像使用库文件时只是建立一种链接关系。

12.2.1 创建模块

在创建模块之前，除了要考虑模块的复杂性外，还要考虑模块的作用域和大小。在创建模块之前，必须考虑以下两点，否则创建的模块将不能起到其应有的作用。

- 避免模块太大：如果创建的模块太大或结构太复杂，以至于要花数小时的时间来修改粘贴到新位置的模块的设计图标，这就完全违背了使用模块的方便性和灵活性原则。
- 避免模块太小：如果模块太小，创建它如同拖动一个设计图标到流程线上一样简单，这时就完全没有必要创建它。

【例 12-1】在流程线上同时选中多个设计图标，创建一个模块。

(1) 新建一个文件，创建如图 12-5 所示的程序设计窗口。

(2) 拖动鼠标选取要组成模块的设计图标，选择【文件】|【存为模板】命令，打开【保存在模板】对话框，系统将会自动选择保存在知识对象文件夹中。

(3) 在【保存在模板】对话框中右击鼠标，在弹出的快捷菜单中选择【新建】|【文件夹】命令，创建一个专门用于保存模块的文件夹，如【我的模块】，然后双击该文件夹，将所选图标保存在该文件夹中，如图 12-6 所示。

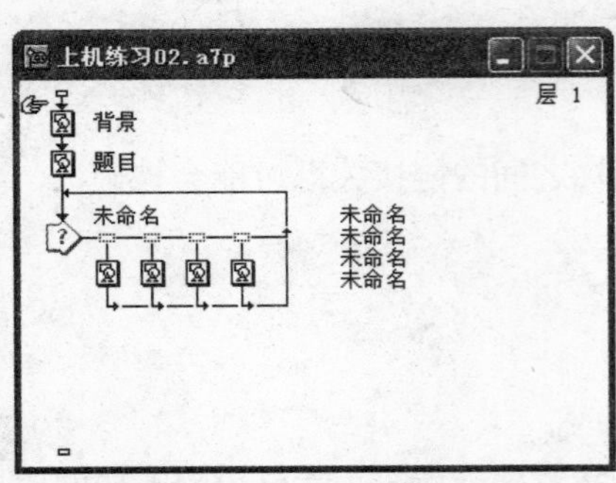

图 12-5　程序设计窗口

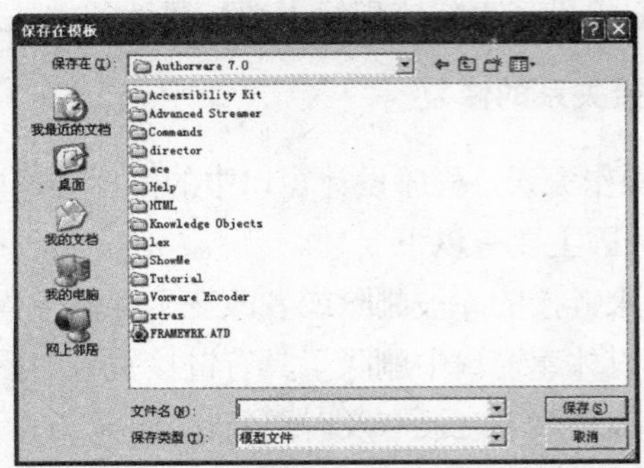

图 12-6　【保存在模板】对话框

(4) 在【文件名】文本框中输入文件名称“模块 1”，在【保存类型】下拉列表框中选择【模型文件】选项，单击【保存】按钮将该模块保存。

知识点

模块不仅可以保存媒体内容，还可以保存程序中的某一个结构，它为复制程序片段提供了可能。简单来说，模块就是将程序流程线上的设计图标保存起来，以备将来开发之用。它可以是一个单独的设计图标，也可以是多个设计图标的组合。

12.2.2 使用模块

将模块文件保存到知识对象文件夹下之后，就可以在【知识对象】面板中找到它们。在该面板的【分类】下拉列表框中单击创建的【我的模板】选项，然后选择要使用的模块拖动到流程线上即可。单击工具栏上的【知识对象】按钮，打开【知识对象】面板，单击该面板上的【刷新】按钮，此时在【分类】下拉列表框中可以看到刚刚创建的模板文件夹，如图 12-7 所示。在【分类】下拉列表框中选择【我的模板】选项，保存的【诗歌模板】模块出现在下面的列表框中，如图 12-8 所示。在【知识对象】面板中拖动该模块到程序设计窗口中，该模块中所包含的图标内容全部复制到程序设计窗口中。

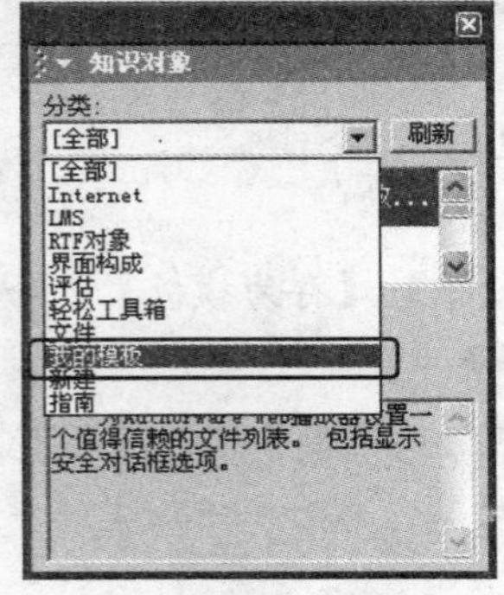

图 12-7　【知识对象】面板

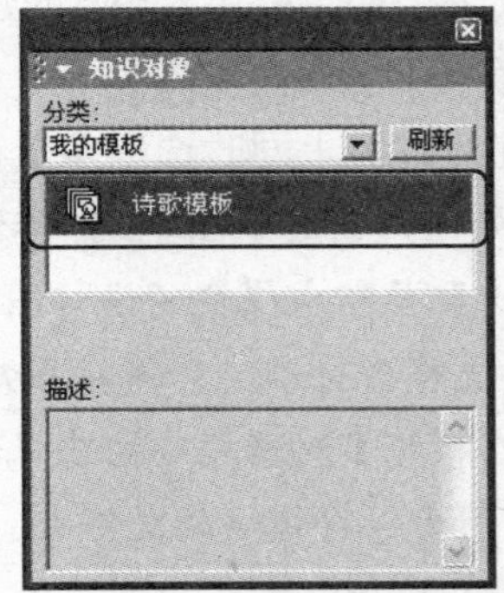

图 12-8　选择保存的模板

计算机基础与实训教材系列

提示

如果在【退出】分支图标前添加一个【显示】图标，不会影响到【知识对象】面板中的对应模块。

12.2.3　转换模块

Authorware 7 出现后，多媒体制作上面临着新旧版本的交替。对于那些习惯使用较低版本的用户来说，Macromedia 公司同样为他们留下了余地。Authorware 7 中提供了程序转换功能和模块转换功能，它能够将低版本的程序及模块转化为最新的版本。例如，用 Authorware 7 打开一个 Authorware 6 的应用程序后，系统将会打开一个对话框，要求用户将其转化为. a7p 的应用程序。

选择【文件】|【转换模板】命令，打开【转换模板】对话框，如图 12-9 所示，在其中选择所需转换的模块，然后单击【打开】按钮即可进行转换。

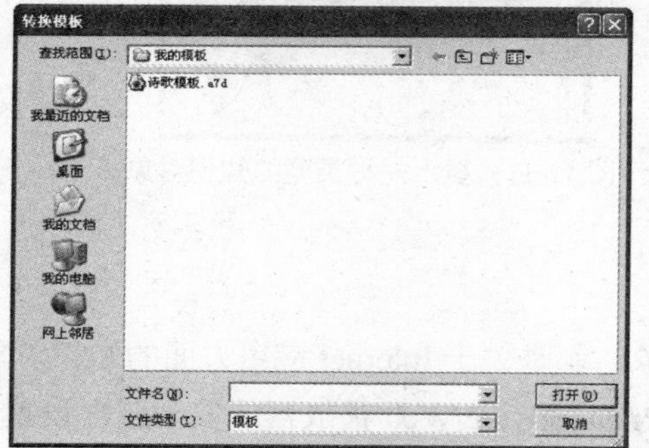

图 12-9　【转换模板】对话框

提示

如果用户使用的是 Authorware 较低的版本(如 5.0、4.0、3.5)中的模块，Authorware 同样能将其转换为新版本中的模块。

12.3　知识对象

知识对象是已经编写好的程序模块，它提供了交互和决策等功能。它和其他程序设计语言中的向导工具功能相似，在向导的提示下按步骤设计一些复杂的程序。Authorware 提供了大量的知识对象向导，除了可以方便地使用这些向导创建程序外，还可以自行创建一些新的知识对象。

12.3.1　创建知识对象

要创建知识对象，选择【文件】|【新建】|【方案】命令，打开【新建】对话框，如图 12-10

所示。可以在提供的 3 个选项中选择其中一个，然后单击【确定】按钮，此时将出现知识对象创建向导，只需要根据向导的提示，一步一步往下设置，就可以创建一个知识对象模型了。

12.3.2 知识对象的分类

单击工具栏上的 KO 按钮，打开【知识对象】面板。在该面板的【分类】下拉列表框中提供了 9 种类型的知识对象，如图 12-11 所示。下面将简单介绍几种常用的知识对象。

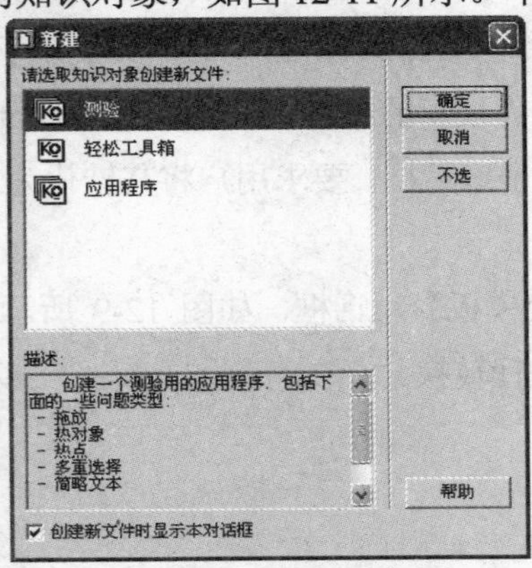

图 12-10 【新建】对话框

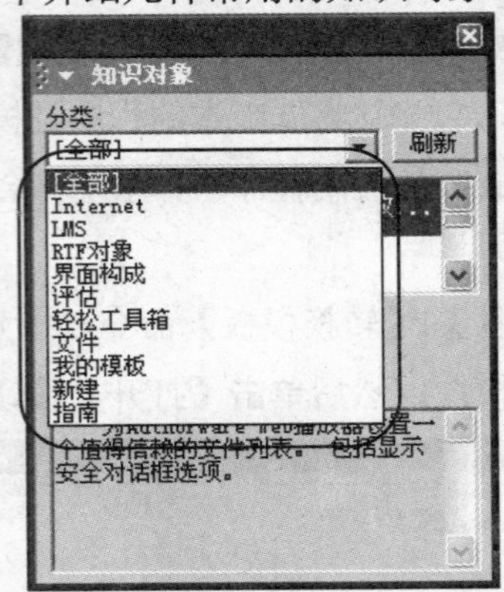

图 12-11 显示 9 种类型的知识对象

1. Internet 类知识对象

Internet 类型的知识对象共有以下 3 个知识对象，都是关于 Internet 应用方面的知识对象。

- Authorware Web 播放器安全性：用于设置 Authorware Web 播放器的安全属性设置。
- 发送 Email：用于设置一个标准的电子邮件发送程序。
- 运行默认浏览器：使用系统默认的浏览器来浏览用户指定的 URL 地址，或者执行指定的.exe 程序文件。

2. 评估类知识对象

评估类型的知识对象用于创建各种测试程序，配合评价系统和计分类型知识对象工作。

- 单选问题：用于创建具有唯一正确答案类型的知识对象。
- 得分：用于创建实现测试成绩的记录和统计。
- 登录：用于创建测试登录过程和测试题成绩的存储方式。
- 多重选择问题：用于创建带有多项选择类型的知识对象。
- 简答题：用于创建在一个空白文本框中对问题进行简短回答的测试题。
- 热点问题：用于建立鉴别和探索类型问题的知识对象。它要求在演示窗口中单击特定的区域以识别对象。
- 热对象问题：用于建立鉴别和探索类型问题的知识对象。它要求在演示窗口中单击对象以进行识别。

◎ 拖放问题：用于创建通过拖放来练习匹配和排序操作的测试题。
◎ 真/假问题：用于创建判断类型的测试题，它是单选问题的特殊类型。

3. 界面构成类知识对象

界面构成类型的知识对象可以创建多种交互设计界面，使用户与多媒体程序的交互更加有效。

◎ 保存文件时对话框：保存文件时将打开对话框，以询问文件名称和保存类型等。
◎ 窗口控制：显示命令行形式的 Windows 控件。
◎ 窗口控制——获取属性：获取 Windows 控件的属性值。
◎ 窗口控制——设置属性：设置 Windows 控件的属性值。
◎ 打开文件时对话框：打开文件时将打开对话框，以询问要打开的文件名。
◎ 电影控制：显示视频和声音文件的播放、暂停、停止、倒退和快进控制。
◎ 复选框：在多媒体程序中显示复选框。
◎ 滑动条：在多媒体程序中显示水平或垂直方向的活动控制条。
◎ 浏览文件夹对话框：浏览文件时打开的对话框，以供用户选择要浏览文件的路径。
◎ 设置窗口标题：改变演示窗口标题栏中的文本。
◎ 收音机式按钮：即单选按钮，在多媒体程序中显示单选按钮。
◎ 消息框：在作品中显示 Windows 风格的消息框。
◎ 移动指针：控制鼠标指针在演示窗口中的位置。

4. 文件类知识对象

文件类型的知识对象可以设置有关文件的属性，它包括以下几个知识对象。

◎ 查找 CD 驱动器：查找运行多媒体程序的计算机光盘驱动器。
◎ 读取 INI 值：用于从 Windows 的配置设置文件中读取配置设置的信息。
◎ 复制文件：用于创建文件的复制功能，将指定文件复制到指定文件夹中。
◎ 设置文件属性：用于设置外部文件的系统属性，例如将文件设置为只读、隐藏等。
◎ 添加——移除字体资源：用于向系统中添加 TrueType 字体资源。使用这种知识对象，可以在程序运行之前将程序中用到的 TrueType 字体加载到用户系统中，以使程序中的文本对象能够正常显示。程序运行完毕后，将自动从用户系统中卸载该字体。
◎ 跳到指定的 Authorware 文件：从当前程序跳转到其他指定的 Authorware 文件。
◎ 写入 INI 值：用于从 Windows 的配置设置文件中写入配置设置的信息。

5. 新建类知识对象

新建类型的知识对象用于创建各种测验程序、各种工具向导和各种应用程序框架。它包括【测验】、【轻松工具箱】和【应用程序】3 种类型。

◎ 测验：创建用于测验的程序框架。

◎ 轻松工具箱：提供简单实用的工具包。利用该知识对象提供的向导，用户可以选择运行工具包指南或者带有简单框架的新文件。

◎ 应用程序：用于创建训练、演示的程序框架。

12.3.3 使用知识对象

知识对象以可视化的方式组织程序。使用知识对象时，用户可以轻松快速地按照它的提示步骤创建程序。下面将通过几个常用的知识对象来帮助用户更好地掌握知识对象的使用方法。

1. 创建测试题

可以根据实际需要使用知识对象来创建测试题，如创建单项选择题、多项选择题、判断题、填空题等。

【例 12-2】使用【测验】知识对象创建一个选择题测验程序。

(1) 选择【文件】|【新建】|【文件】命令，打开【新建】对话框，选择【测验】选项，然后单击【确定】按钮，打开程序设计窗口和向导窗口，如图 12-12 所示。

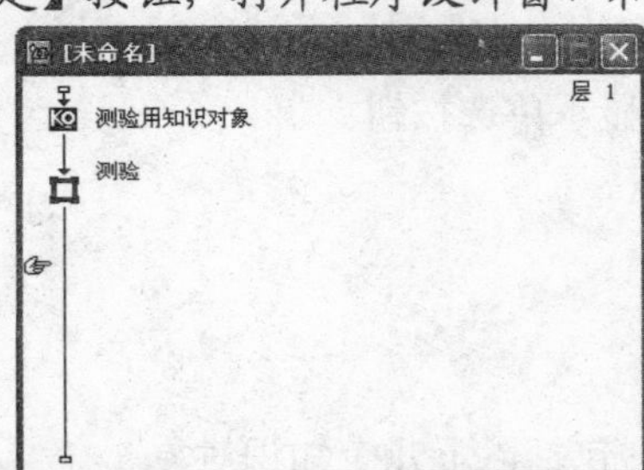

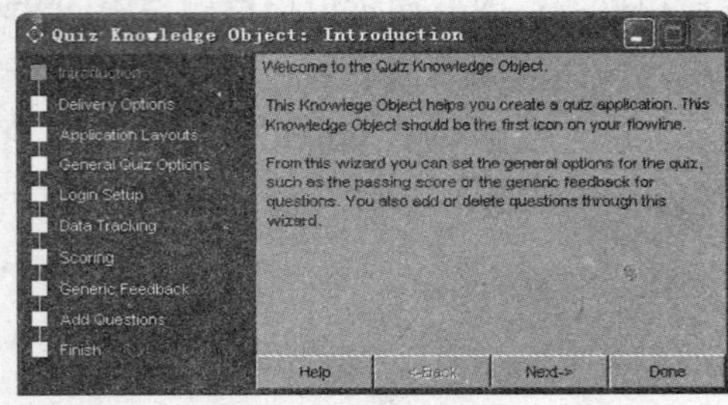

图 12-12 使用【测验】知识对象创建程序

(2) 在【测验】知识对象的向导窗口中单击 Next 按钮，打开【传输选项】(Delivery Options)对话框，在该对话框中选中 640×480 单选按钮，设置屏幕尺寸，单击下方文本框右侧的 ... 按钮，选择文件存储的位置，如图 12-13 所示。

(3) 单击 Next 按钮，打开【应用程序布局】(Application Layouts)对话框，在对话框的 Select a layout 列表框中选中 simple 选项，设置程序的布局，如图 12-14 所示。

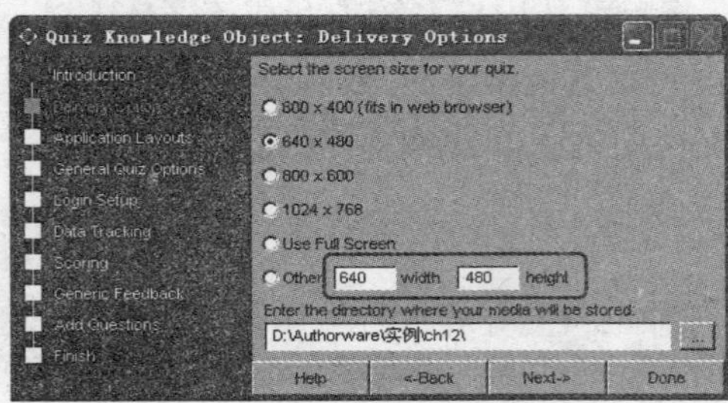

图 12-13 设置屏幕尺寸

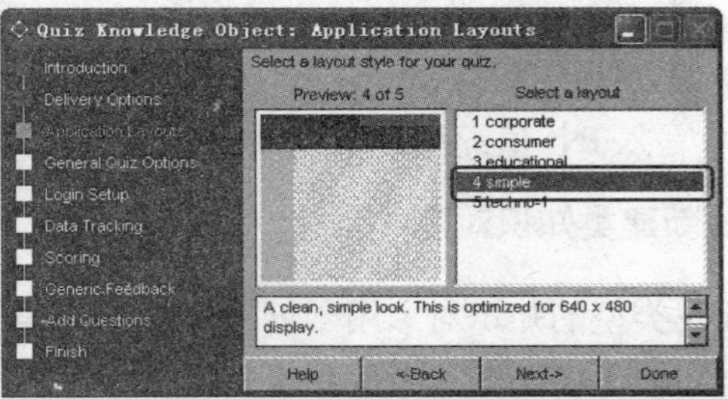

图 12-14 设置程序的布局

(4) 单击 Next 按钮，系统将打开【一般问题选项】(Gerneral Quiz Options)对话框。在 Default number of tries 文本框中输入 1，仅允选择 1 次。在 Number of questions to ask 文本框中输入测验问题的总数量，可以使用系统默认值 All questions，如图 12-15 所示。

(5) 单击 Next 按钮，打开【注册设置】(Login Setup)对话框，并在对话框中进行设置，如图 12-16 所示。选中 Show login screen at start 复选框，设置在程序运行开始时显示注册窗口。选中 Limit user to tries before qutting 复选框，并在其中间的文本框中输入数字以控制用户输入的重试次数。

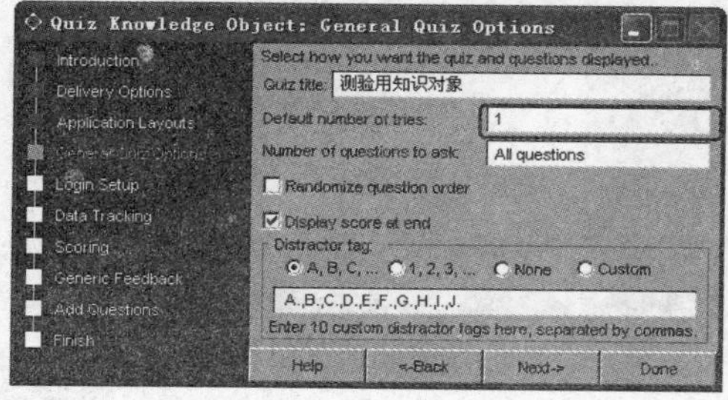

图 12-15　设置测验的一般选项

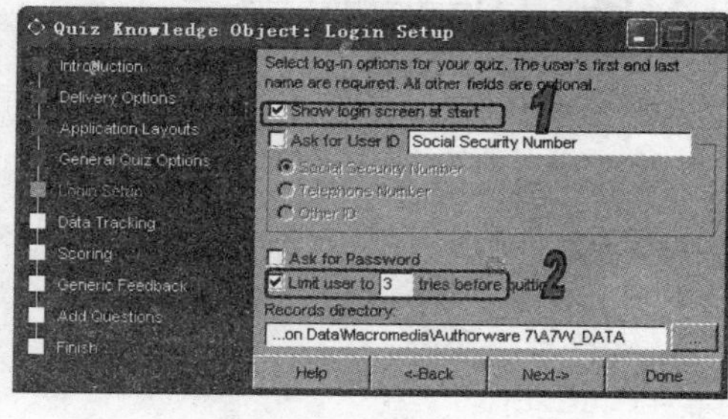

图 12-16　设置用户登录

知识点

可以根据需要选中 Ask for User ID 复选框，系统将会询问用户相应编号，可以在其下方选择社会保障号、电话号或其他编号。也可以选中 Ask for Password 复选框，要求用户在答题前输入密码。

(6) 单击 Next 按钮，打开【数据跟踪】(Data Tracking)对话框，选择 Text File(文本文件)、ODBC database（数据库）或 AICC Compliant LMS 方式保存，如图 12-17 所示。

(7) 单击 Next 按钮，打开如图 12-18 所示的【记分】(Scoring)对话框，该对话框设置如下。

- 在 Judging 选项区域中选择 Judge user response immediately 单选按钮，设置系统在用户选择答案后立即判断对错。如果选择 Display Check Answer button 单选按钮，则系统将在选项前显示对号或错号标记。
- 选中 User must answer question to continue 复选框，则在正确回答了该问题之后才能继续下一个问题。
- 选中 Show feedback after question is judged 复选框，则系统在判断正误之后显示反馈信息。
- 在 Passing score(0-100)%文本框中输入一个数值，则只有当用户回答的正确率达到该数值的百分比时，用户才可通过本次测验。

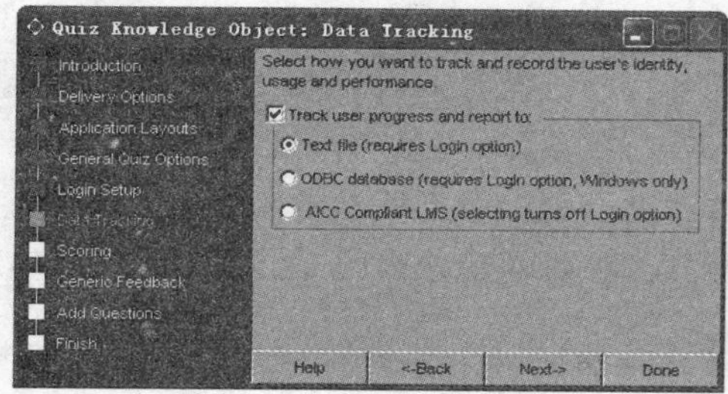

图 12-17　设置测验的跟踪方式

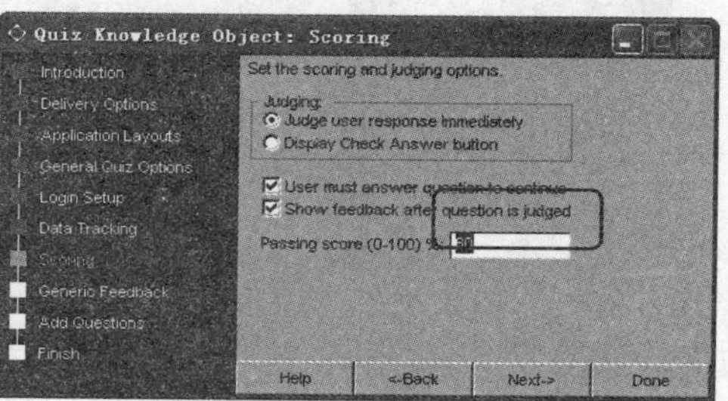

图 12-18　设计记分方式

计算机基础与实训教材系列

(8) 单击 Next 按钮，打开【反馈信息】(Generic Feedback)对话框。单击 Add Feedback 按钮，然后在上方的文本框中输入信息“回答正确！”，如图 12-19 所示。

(9) 单击 Next 按钮，打开【添加问题】(Add Question)对话框。在该对话框中单击 5 次 True/False 按钮，添加 5 道是非判断题。分别重命名，如图 12-20 所示。

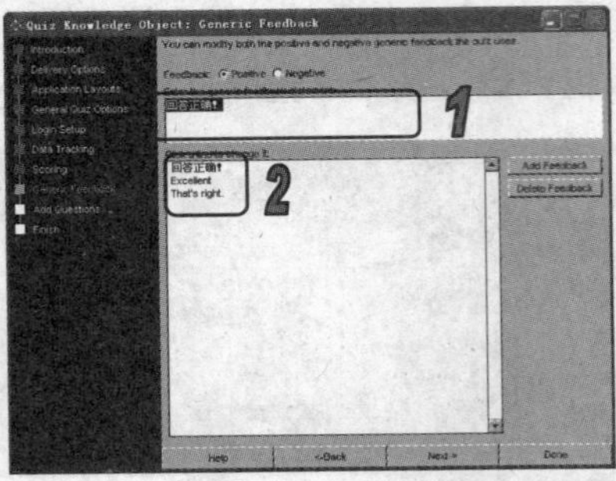

图 12-19　设置反馈信息

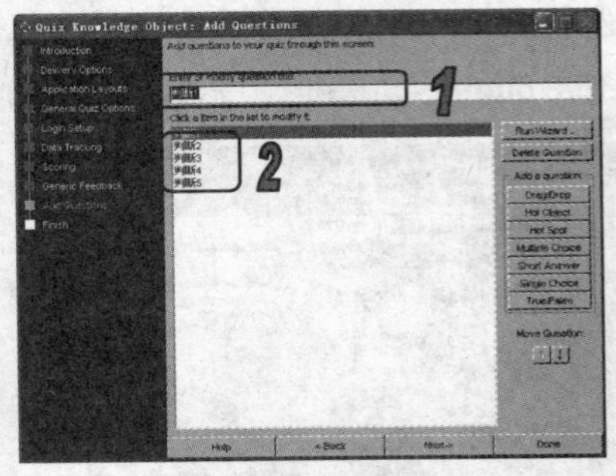

图 12-20　设置是非判断题

(10) 选中【判断 1】选项，单击 Run Wizard ... 按钮，打开【设置问题】(Setup Question)对话框，在该对话框中给出了问题的示例。

(11) 在 Preview Window 列表框中单击显示文本，这时在上方的 Edit Window 文本框中将显示当前的题目，用户可以在该文本框中输入需要判断的题目。设置判断正误后提示的方法和题目的设置方法相同，只需要选中相应选项后在 Edit Window 文本框中编辑即可。设置的【设置问题】对话框如图 12-21 所示。

(12) 设置完毕后，单击 Done 按钮，向导将返回到 Add Question 对话框。参照步骤(10)和(11)，设置其他 4 道是非判断题。

(13) 当所有问题创建完毕后，单击 Done 按钮，返回程序设计窗口，如图 12-22 所示。

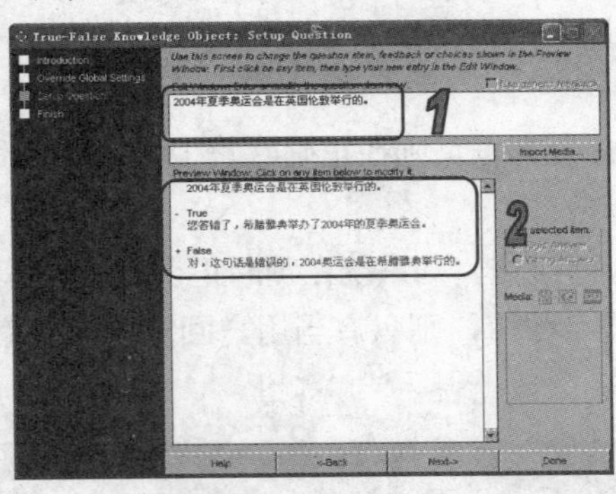

图 12-21　设置【设置问题】对话框

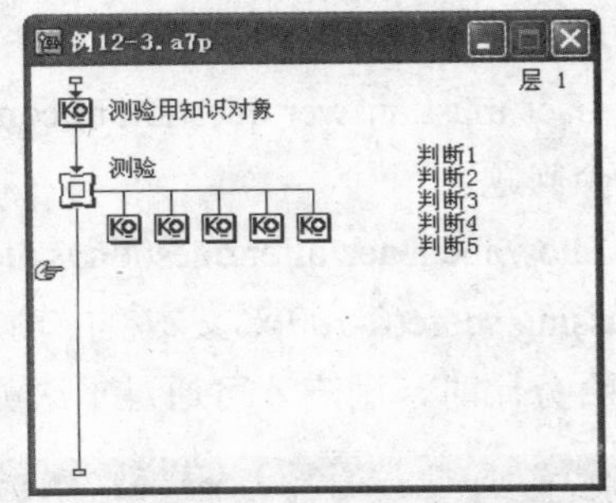

图 12-22　程序设计窗口

(14) 运行工具栏上的【运行】按钮，运行程序。在第一个画面中可以输入用户登录信息，然后单击 Sign-on 按钮，如图 12-23 左图所示，打开题目，选择答案，如图 12-23 右图所示的是选择正确答案后的效果。

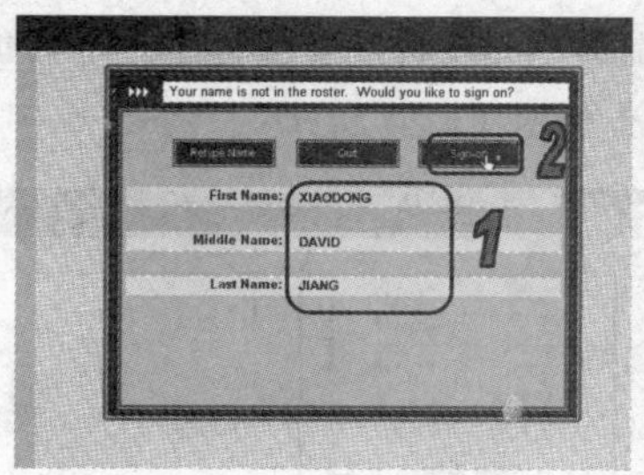

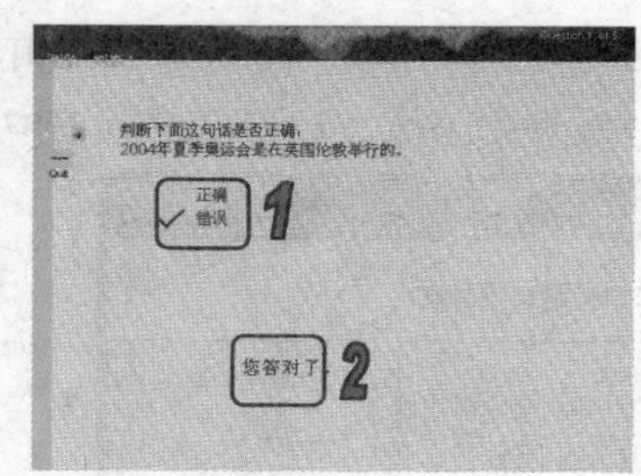

图 12-23　程序运行效果

2. 创建下拉菜单

可以根据实际需要创建具有个性特色的下拉菜单，如在演示窗口中创建【视图】菜单，其中包括【页面】、【页眉和页脚】、【任务窗格】命令等。

【例 12-3】创建 Windows 应用程序窗口标题和标准下拉菜单。

(1) 新建一个文件，单击工具栏上的【帮助】按钮，在打开的【知识对象】面板的【分类】下拉列表框中选择【界面构成】选项，在下方的列表框中选择【设置窗口标题】选项，拖动到程序设计窗口中，如图 12-24 所示。

(2) 将【设置窗口标题】知识对象拖动到流程线上后，系统将弹出如图 12-25 所示的向导窗口，单击 Next 按钮。

图 12-24　程序设计窗口

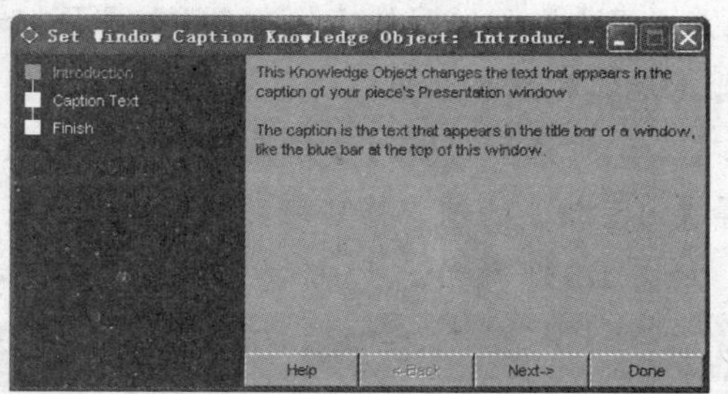

图 12-25　向导窗口

(3) 打开 Caption Text 对话框，可以在文本框中输入文本内容“程序设置”，作为该窗口的标题，如图 12-26 所示，然后单击 Done 按钮。

(4) 拖动一个【交互】图标到程序设计窗口中，拖动 6 个【群组】图标到【交互】图标右侧，设置它们的响应类型为【下拉菜单】，分别重命名，如图 12-27 所示。

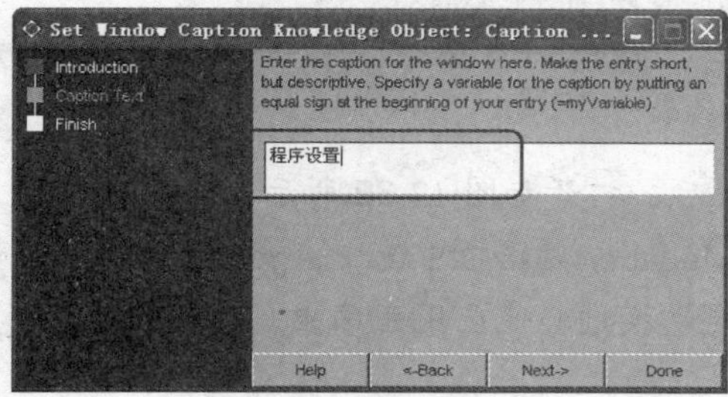

图 12-26　输入窗口标题

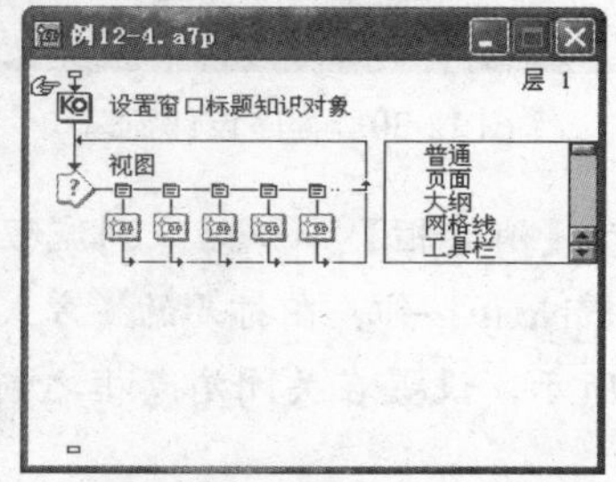

图 12-27　添加并重命名图标

(5) 在【大纲】和【页眉和页脚】群组图标前各添加一个【群组】图标，并将它们命名为【-】，如图 12-28 所示，作为分隔线。运行程序，窗口显示如图 12-29 所示。

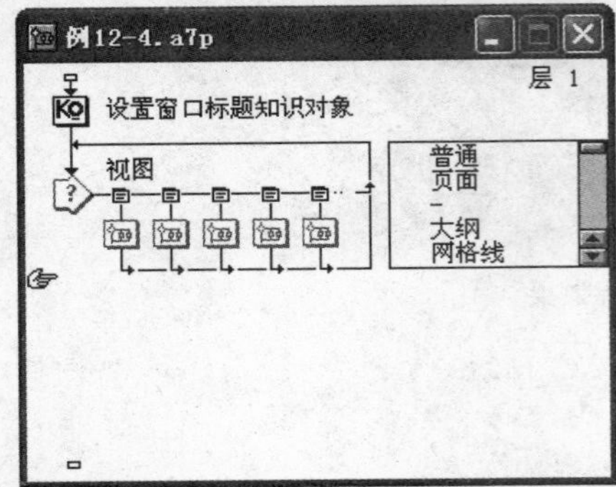

图 12-28　添加分隔线

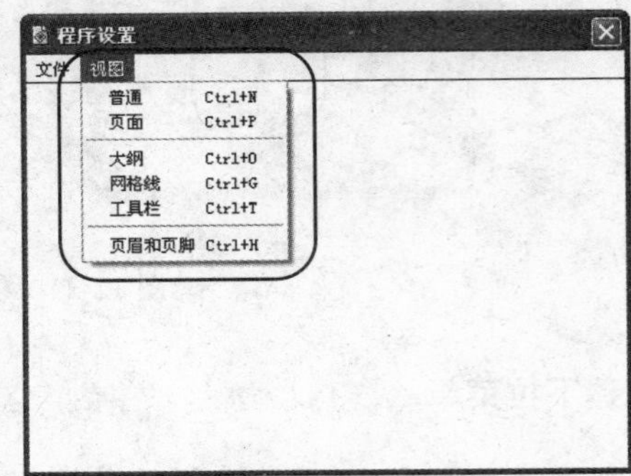

图 12-29　界面效果

3. 创建 Windows 消息框

可以根据不同的用途创建各类消息框，设置消息框中的警告语言、警告标记图案等。

【例 12-4】使用知识对象创建 Windows 消息框。

(1) 新建一个文件，在程序设计窗口中添加并重命名图标，效果如图 12-30 所示。

(2) 在【图像】显示图标的演示窗口中导入图像。

(3) 双击【退出】群组图标，打开【群组】图标程序设计窗口。单击工具栏上的【帮助】按钮KO，打开【知识对象】面板。

(4) 在【知识对象】面板的【分类】下拉列表框中选择【界面构成】选项，然后在下方的列表框中选择【消息框】选项，将它拖动到程序设计窗口中。然后拖动一个【计算】图标到程序设计窗口中，如图 12-31 所示。

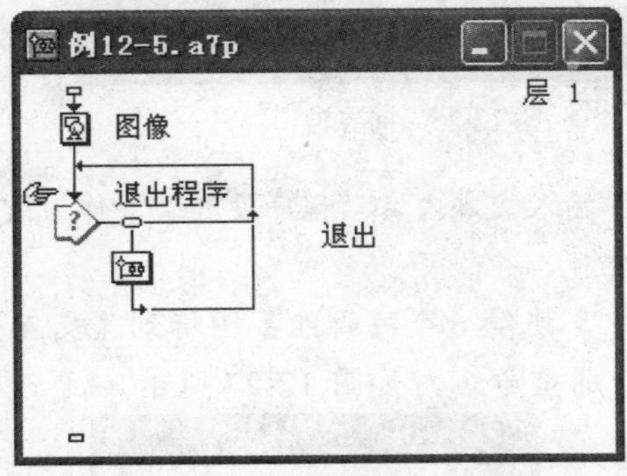

图 12-30　程序设计窗口

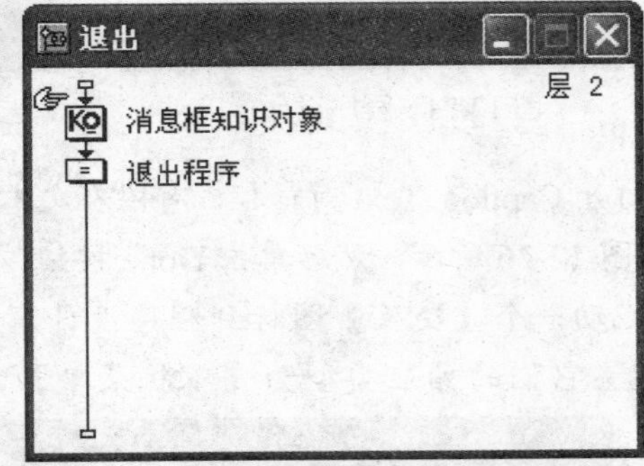

图 12-31　【群组】图标程序设计窗口

(5) 拖动【消息框】知识对象到流程线之后，打开如图 12-32 所示的向导窗口。

(6) 单击 Next 按钮，在打开的【方式】(Modality)对话框中选中 Application Modal 单选按钮，如图 12-33 所示，设置在关闭消息框之前不能切换到其他应用程序中。

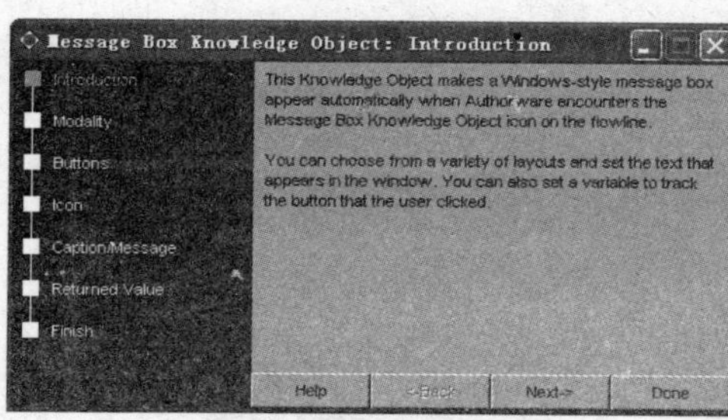

图 12-32　向导窗口

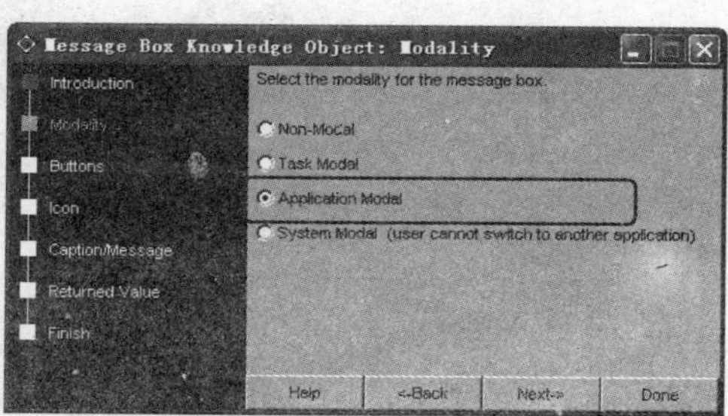

图 12-33　选择消息框的形状

(7) 单击 Next 按钮，在【按钮】(Buttons)对话框中设置消息框中出现的按钮，以及默认选择的按钮。选中 Ok，Cancel 单选按钮，然后在 Default button 选项区域中选中 OK 单选按钮，如图 12-34 所示。

(8) 单击 Next 按钮，在【图标】(Icon)对话框中设置将出现在消息框中的警告标记，选中 Question 单选按钮，如图 12-35 所示，表示显示该单选按钮左侧的警告标记。

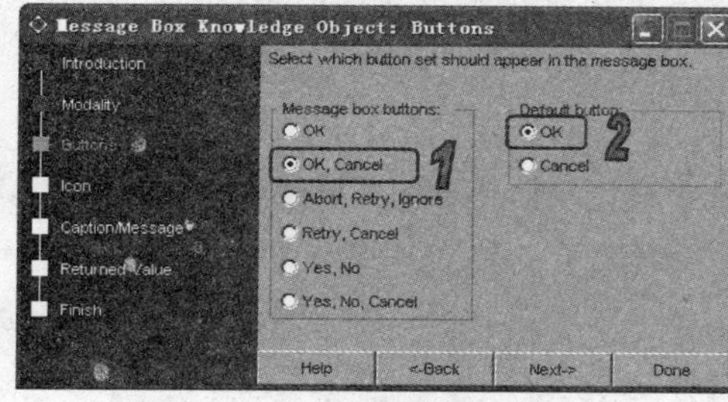

图 12-34　设置消息框中的按钮

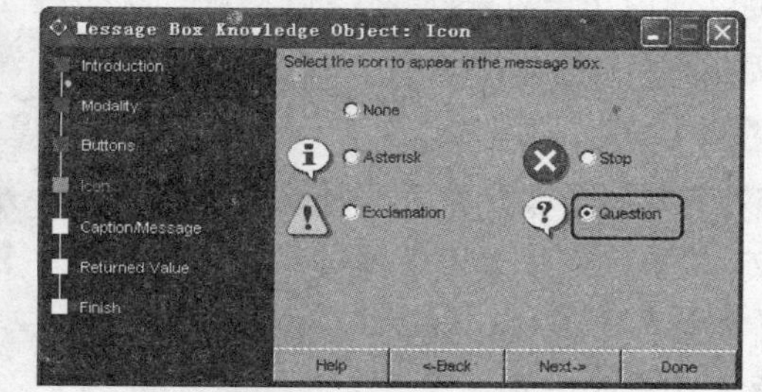

图 12-35　设置警示标志

(9) 单击 Next 按钮，打开【标题和内容】(Caption/Message)对话框，分别输入消息框的标题和消息框中的内容，如图 12-36 所示。

(10) 单击 Next 按钮，打开【返回变量】(Returned Value)对话框，设置返回变量，用来保存在消息框中所进行的选择，选择默认的返回变量 wzMBReturnedValue，如图 12-37 所示。

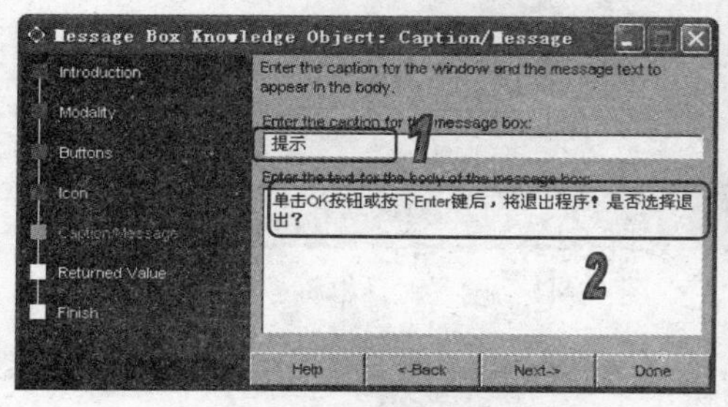

图 12-36　设置消息框的标题和内容

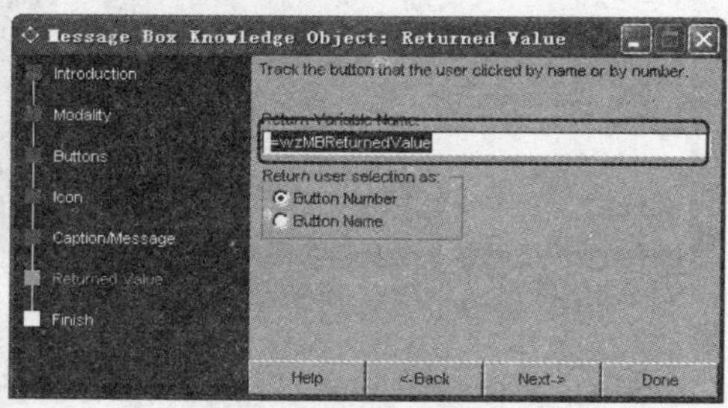

图 12-37　设置消息框的返回变量

(11) 单击 Next 按钮，打开【完成】(Finish)对话框，单击 Preview Results 按钮，预览该消息框的效果。单击 Done 按钮，关闭知识对象向导窗口。

(12) 双击【退出程序】计算图标，在其脚本编辑窗口中输入如图 12-38 所示的命令。

(13) 上述设置完成后，运行程序。当用户单击【退出】按钮时，将会看到如图 12-39 所示的

画面。单击【确定】按钮，退出程序；单击【取消】按钮，继续运行程序。

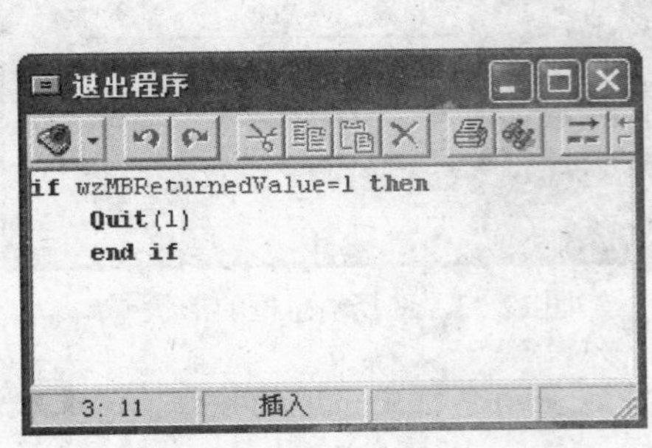

图 12-38　输入命令

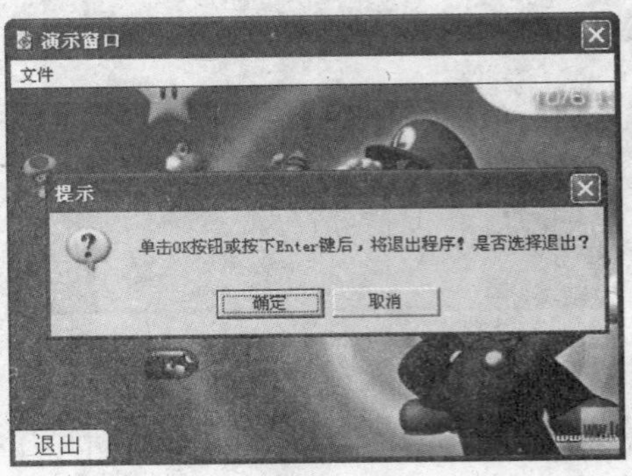

图 12-39　程序运行效果

4. 浏览文件时对话框

可以使用知识对象创建【浏览文件时对话框】，当浏览某个文件夹后，系统都将提示刚才浏览文件的路径。

【例 12-5】使用知识对象创建一个能够浏览文件夹的程序。

(1) 新建一个文件，在程序设计窗口中添加并重命名图标，如图 12-40 所示。

(2) 单击工具栏上的【帮助】按钮，打开【知识对象】面板。在【分类】下拉列表框中选择【界面构成】选项，然后在下方的下拉列表框中选择【浏览文件时对话框】选项，将它拖动到【交互】图标的右侧，设置交互类型为【下拉菜单】。

(3) 拖动知识对象到程序设计窗口中后，在打开的向导窗口中单击 Next 按钮。将打开如图 12-41 所示的对话框，在 Dialog title 文本框中输入标题文本。

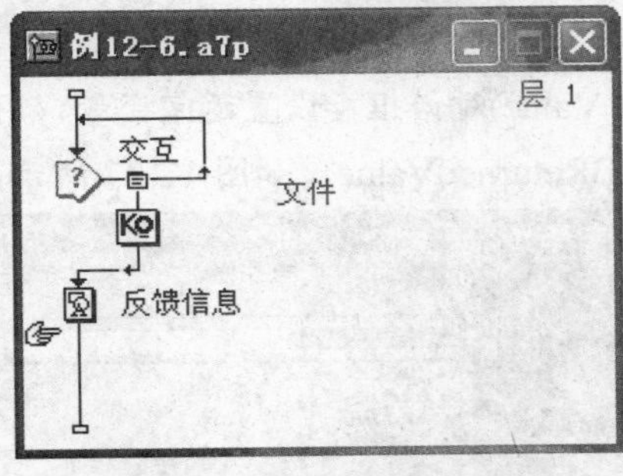

图 12-40　程序设计窗口

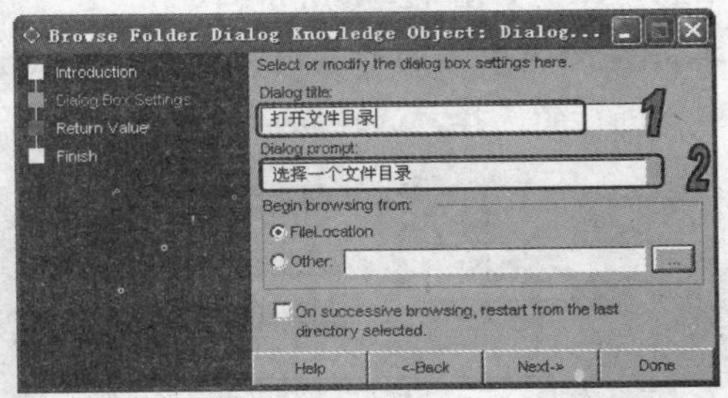

图 12-41　设置对话框标题

(4) 单击 Next 按钮，打开如图 12-42 所示的对话框，该对话框用来设置查找和返回的变量，这里使用默认设置即可。

(5) 单击 Next 按钮，系统将打开一个信息提示框，确定是否创建新变量。

(6) 单击【是】按钮，打开对话框，单击 Done 按钮完成知识对象的创建。

(7) 双击【知识对象】图标上方的响应类型符号，打开【属性】面板，在【分支】下拉列表框中选择【退出】选项。

(8) 双击【反馈信息】显示图标，在该图标演示窗口中输入如图 12-43 所示的文本内容。

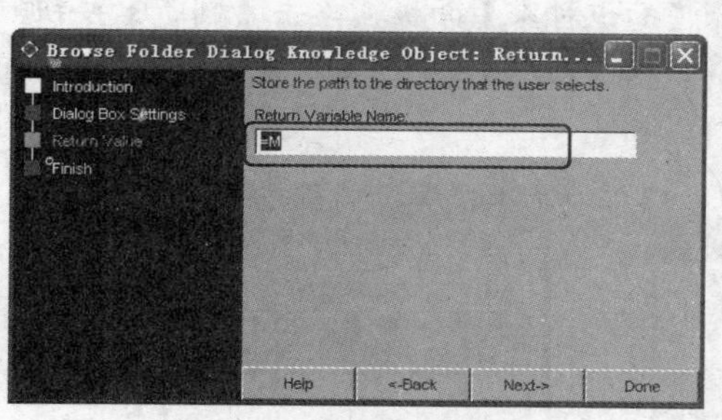

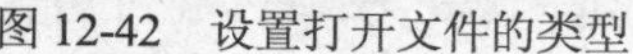

图 12-42　设置打开文件的类型

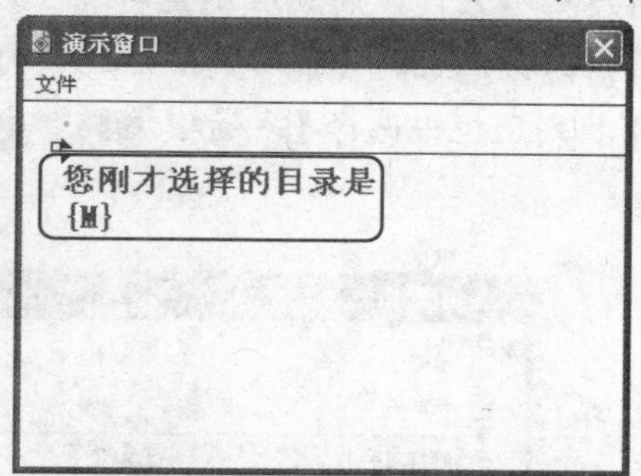

图 12-43　设置【显示】图标内容

(9) 单击工具栏上的【运行】按钮，运行程序。选择【交互】|【文件】命令，在打开的对话框中选择文件，单击【确定】按钮，系统将返回文件所在的路径，如图 12-44 所示。

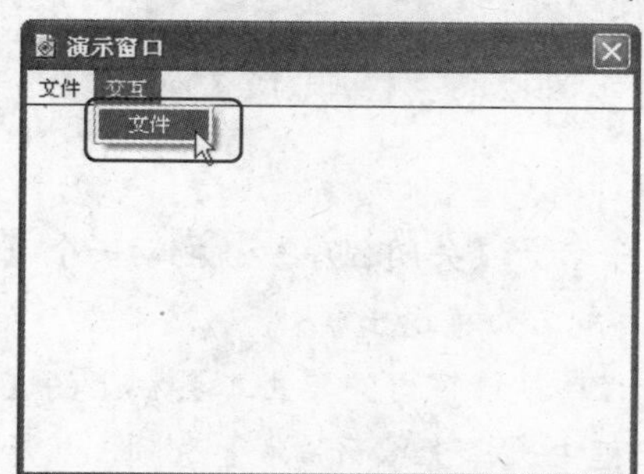

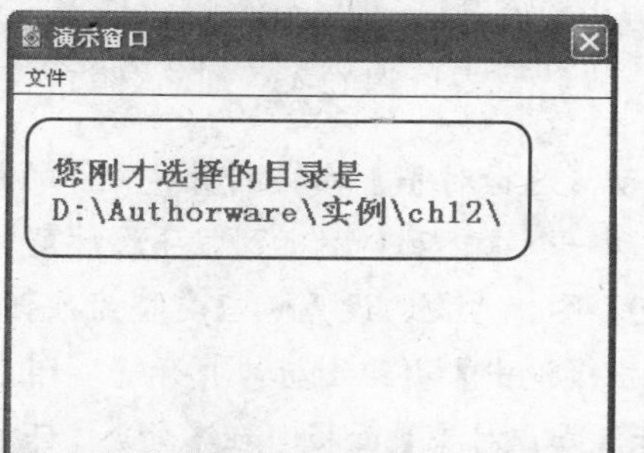

图 12-44　程序运行效果

计算机　基础与实训教材系列

12.4　上机练习

本章的上机练习主要介绍了创建和应用模块，然后创建知识对象，实现不同的程序效果。对于本章中的其他内容，例如库文件的创建和操作、模块的转换等，可以根据相应章节的内容进行练习。

12.4.1　应用创建的模块

打开一个文件，选中文件中需要保存为模块的图标，应用保存的模块，创建知识对象，实现不同的效果。

(1) 打开 9.3.2 节中创建的文件，程序设计窗口如图 12-45 所示。

(2) 选中除【交互】图标以及【交互】图标右侧的【计算】图标外的所有图标，然后选择【文件】|【存为模板】命令，打开【保存在模板】对话框，选择保存的模块路径，单击【保存】按钮，保存模块。

(3) 新建一个文件，设置演示窗口属性为【根据变量】。

(4) 单击工具栏上的【帮助】按钮，打开【知识对象】面板，单击【刷新】按钮，然后在【分类】下拉列表框中选择【我的模块】选项，在下面的列表框中显示了保存的模块，如图 12-46 所示。

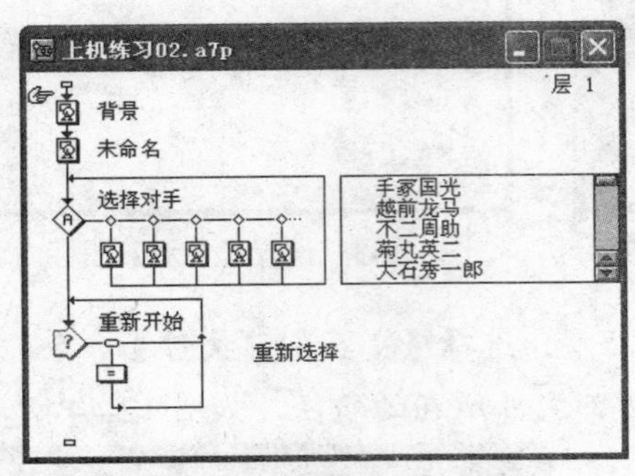

图 12-45 打开文件

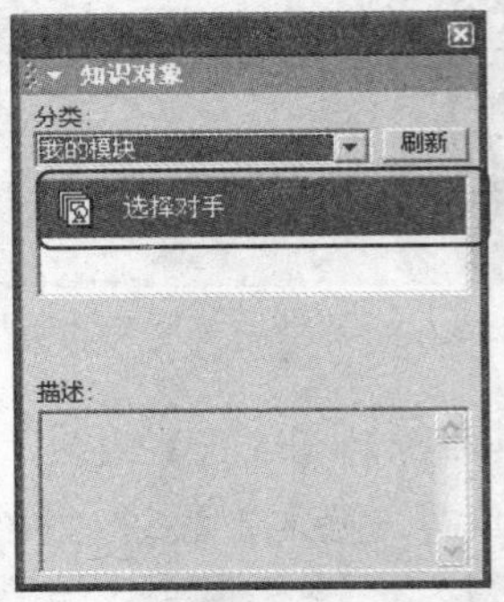

图 12-46 【知识对象】面板

(5) 拖动【选择对手】模块到新建文件的程序设计窗口中。

(6) 拖动一个【交互】图标到程序设计窗口中，命名为【关闭程序】。拖动一个【群组】图标到【交互】图标右侧，设置响应类型为按钮响应，命名为【退出】。

(7) 双击【退出】群组图标，打开【群组】图标程序设计窗口。单击工具栏上的【帮助】按钮，打开【知识对象】面板。在【分类】下拉列表框中选择【界面构成】选项，然后在下方的列表框中选择【消息框】选项，将它拖动到程序设计窗口中。然后拖动一个【计算】图标到程序设计窗口中。

(8) 拖动【消息框】知识对象到流程线之后，打开创建知识对象向导面板。

(9) 参照【例 12-5】，设置创建知识对象向导面板中各个对话框，创建知识对象。

(10) 双击【计算】图标，打开脚本编写窗口，输入如图 12-47 所示的命令。

(11) 单击工具栏上的【运行】按钮，运行程序，程序运行效果如图 12-48 所示。

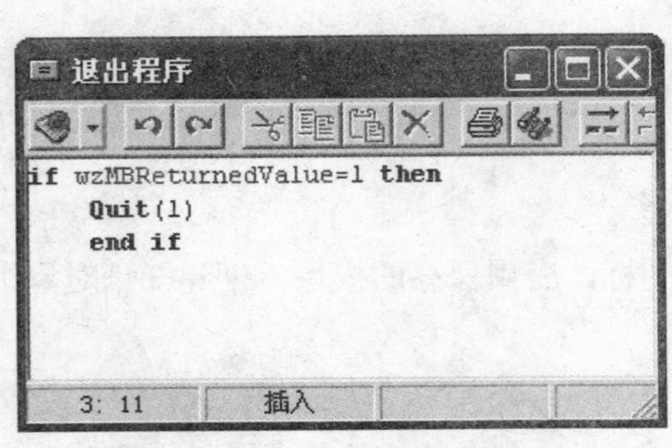

图 12-47 输入命令

图 12-48 程序运行效果

12.4.2　创建单项选择题

新建一个文件，创建【收音机式按钮】知识对象，创建单项选择题。

(1) 新建一个文件，单击【帮助】按钮，打开【知识对象】面板。

(2) 在【知识对象】面板的【分类】下拉列表框中选择【界面构成】选项，在下面的列表框中拖动【收音机式按钮】选项到程序设计窗口中，系统会打开如图 12-49 所示的对话框。

(3) 单击 Next 按钮，打开如图 12-50 所示的对话框，在文本框中输入单选选项内容，然后单击 Add Button 按钮，添加单选选项，继续输入选项内容。

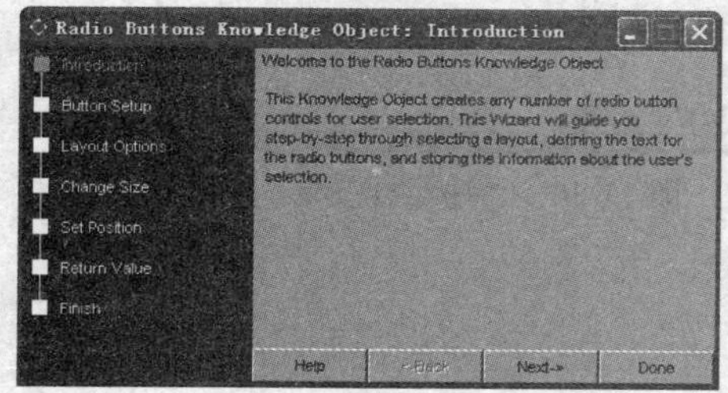

图 12-49　创建收音机式按钮知识对象对话框

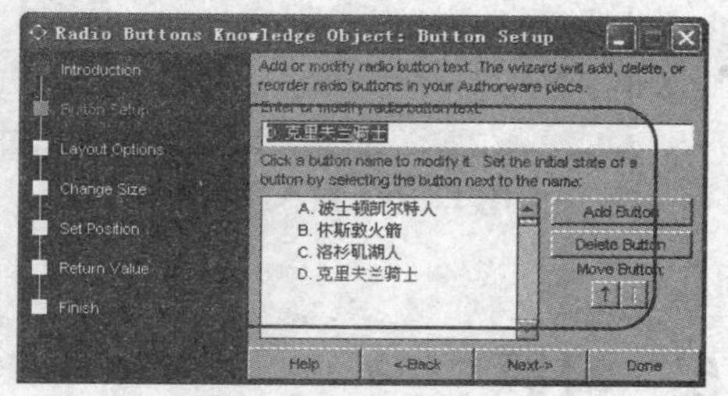

图 12-50　设置单项选择按钮

(4) 单击 Next 按钮，打开如图 12-51 所示的对话框，选择创建的单项选择按钮样式，选中第 1 个单选按钮。单击 Next 按钮，打开如图 12-52 所示的对话框，在该对话框中可以设置单项选择按钮的大小，使用默认大小即可。

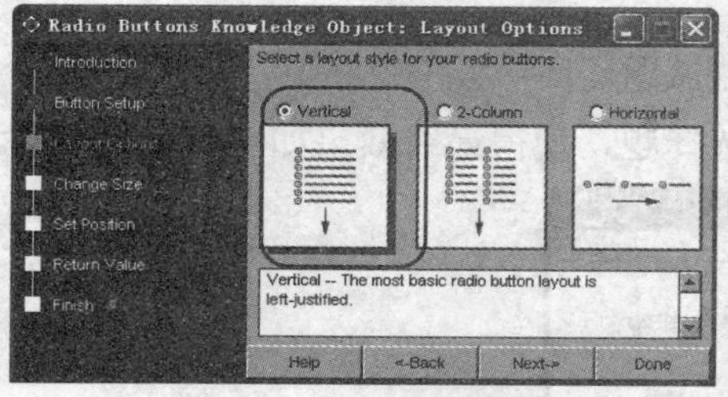

图 12-51　设置单项选择按钮样式

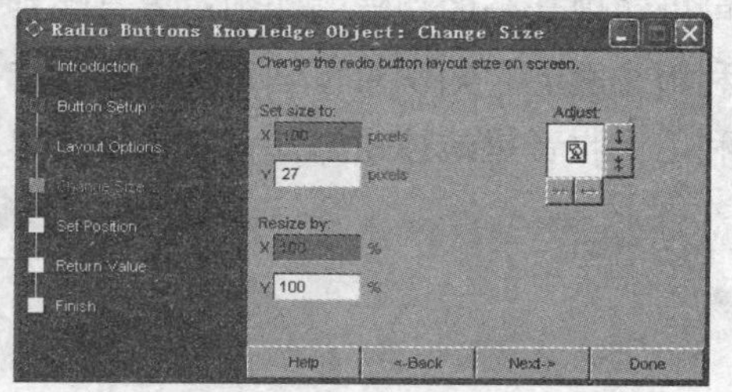

图 12-52　设置单项选择按钮大小

(5) 单击 Next 按钮，打开如图 12-53 所示的对话框，在该对话框中可以输入变量，使用默认的设置即可。单击 Next 按钮，打开如图 12-54 所示的对话框，单击 Done 按钮，完成创建收音机式按钮知识对象的操作。

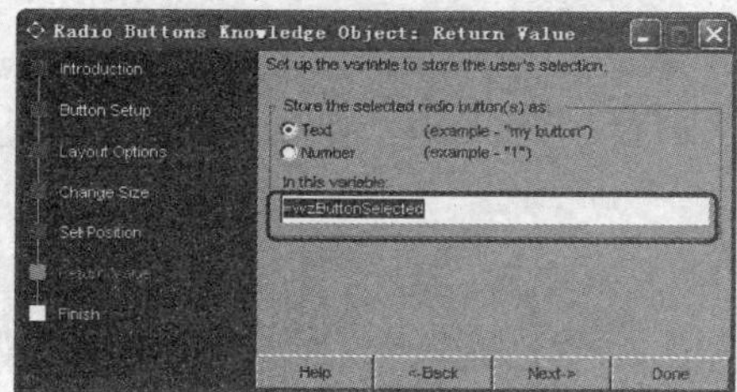

图 12-53　设置变量

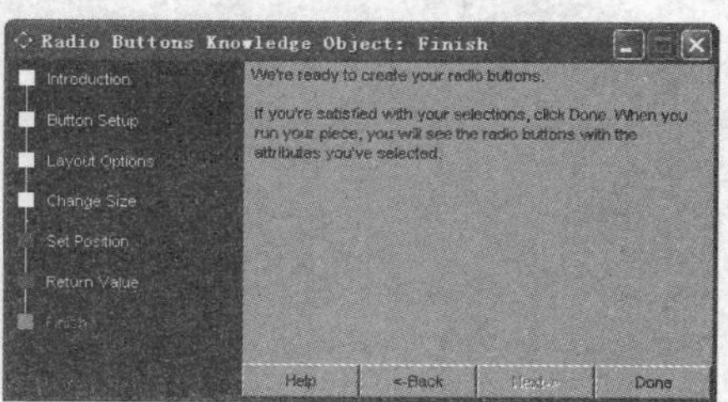

图 12-54　完成知识对象创建

(6) 在程序设计窗口中添加一个【显示】图标，使用文本工具，在演示窗口中输入如图 12-55 所示的文本内容，并设置文本属性。

(7) 单击工具栏上的【运行】按钮，运行程序，效果如图 12-56 所示。完成操作后，用户可以结合之前介绍的交互控制内容，设置选择正确选项以及错误选项后的显示画面。

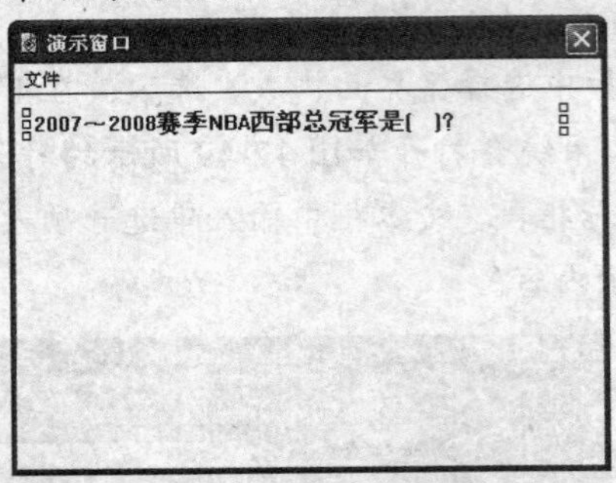

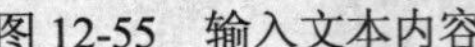

图 12-55　输入文本内容

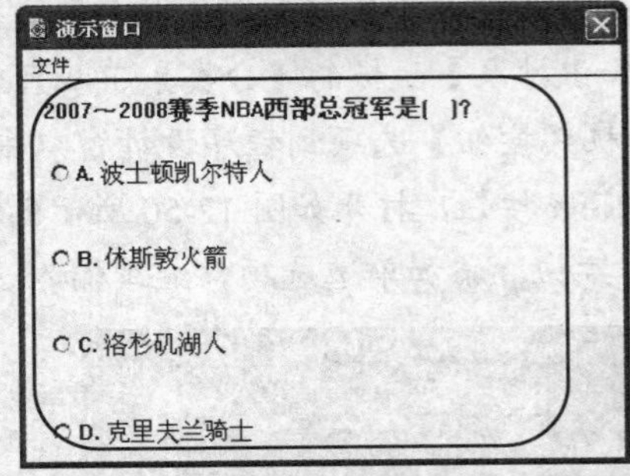

图 12-56　程序运行效果

12.5　习题

1. 媒体库窗口中可以存放哪些图标？
2. 要在多媒体程序中创建一个标准的电子邮件发送程序，应该使用哪种知识对象？
3. 要在多媒体程序中创建用于测验的程序框架，应该使用哪种知识对象？
4. 可以实现计分的功能的知识对象是哪种？
5. 利用【测验】知识对象创建一个多项选择测试题。
6. 利用【收音机式按钮】知识对象创建单项选择题，使得最终效果如图 12-57 所示。

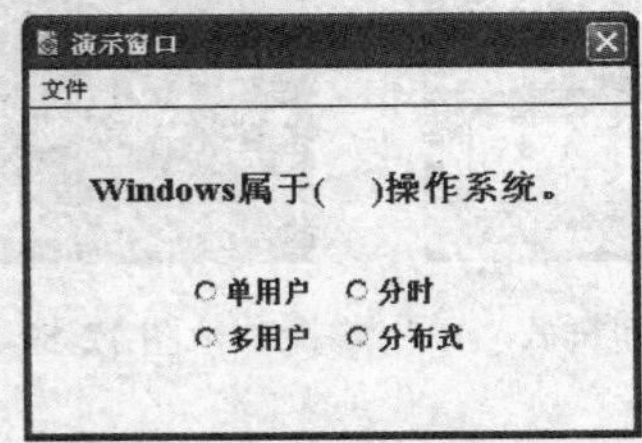

图 12-57　创建单选按钮

第13章 程序的调试、打包和发布

学习目标

使用 Authorware 制作多媒体程序时，经常需要在程序设计的过程中对程序进行调试，以排除其中隐藏的错误。如果要让用户能够使用多媒体程序，但又不能修改其源程序，就需要对程序进行打包和发布。

本章重点

- ⊙ 程序的调试
- ⊙ 程序的打包
- ⊙ 程序的发布

13.1 程序的调试

程序的调试工作并不是只在程序设计结束后才进行的，而是在程序设计的过程中就要经常执行的任务，因此，程序的调试是程序设计中的重要环节。在程序的调试过程中，调试人员需要模拟用户的各种状态，输入不同的内容和动作来测试程序是否具有灵活性、便利性。如果用户对程序的使用方法非常模糊，甚至由于某些误操作而导致整个软件系统的崩溃，这些都标志着该应用程序的失败。所以，在创建多媒体程序的过程中，要全面地调试各程序模块实现的功能。

13.1.1 程序调试的常用方法

Authorware 7 提供了 2 种常用的调试方法，即使用标志旗和使用控制面板。

1. 使用标志旗调试程序

通常情况下，当程序设计完毕后，单击工具栏上的【运行】 按钮，系统将从该程序的起始位置运行该程序，直到演示完程序上最后一个设计图标或者遇到 Quit()函数为止。但是，如果只想调试整个程序中的一部分，就要使用【图标】面板上的标志旗。

标志旗分为开始标志旗和结束标志旗两种，它们位于【图标】面板的下方。在使用标志旗的过程中，需要注意以下几点。

- 标志旗只能用于程序的设计和调试过程。在对程序打包时，系统将忽略标志旗的存在。
- 在一个程序中最多只能使用一个开始标志旗和一个结束标志旗。也就是说，一旦标志旗被拖动到流程线上，【图标】面板上的标志旗将消失。
- 开始标志旗和结束标志旗不需要成对使用。当流程线上只有开始标志旗时，单击工具栏上的【运行】按钮，程序将从开始标志旗的位置向下执行，直到流程线上的最后一个设计图标或者遇到 Quit()函数为止；当流程线上只有结束标志旗时，单击工具栏上的【运行】按钮，程序将从流程线的第一个设计图标开始向下执行，直到结束标志旗所在的位置为止。
- 如果程序中包含开始标志旗，但又需要调试整个程序，可以选择【调试】|【重新开始】命令。
- 如果要将标志旗从流程线上移出，可将标志旗直接拖动回【图标】面板，或者在【图标】面板中放置标志旗的位置上单击鼠标。
- 由于一些程序在起始位置会设置变量，所以从流程线上的开始标志旗处开始调试程序时，可能会出现意想不到的错误。这时可以复制程序起始位置的初始化设置到开始标志旗的下方，当程序调试完毕后将其删除。

【例 13-1】在流程线上添加【开始】和【结束】标志旗，使用它们来调试程序。

(1) 打开一个需要进行程序调试的文件，文件程序设计窗口如图 13-1 所示。

(2) 从【图标】面板中分别拖动【开始】标志旗和【结束】标志旗到要进行调试的程序的起始位置和结束位置处，如图 13-2 所示。

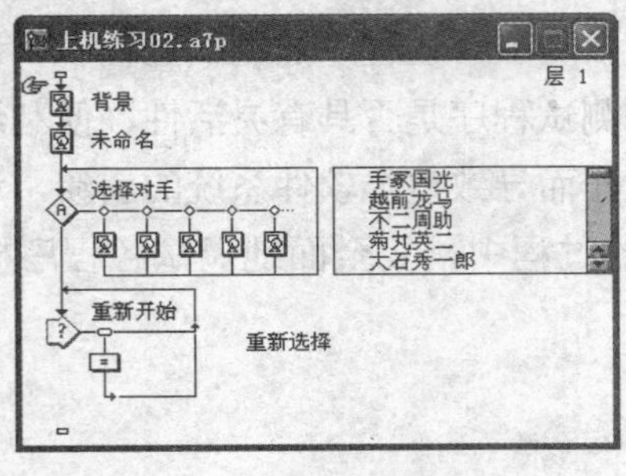

图 13-1　程序设计窗口

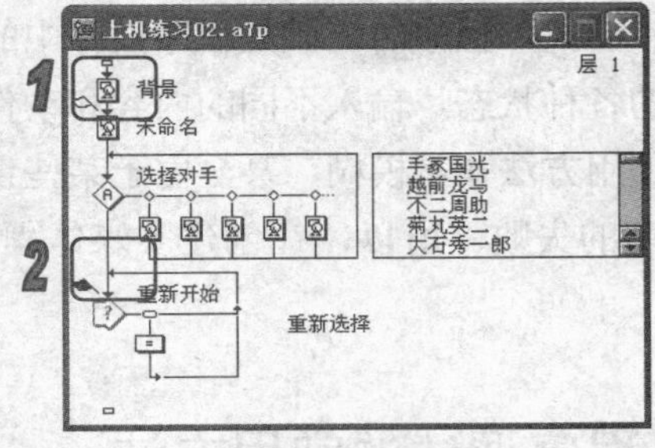

图 13-2　在流程线上添加标志旗

(3) 在程序设计窗口中添加开始标志旗后，工具栏上的【运行】按钮将变为【从标志旗开始执行】按钮，单击该按钮，即可从开始标志旗处运行程序。程序调试过程如图 13-3 所示。

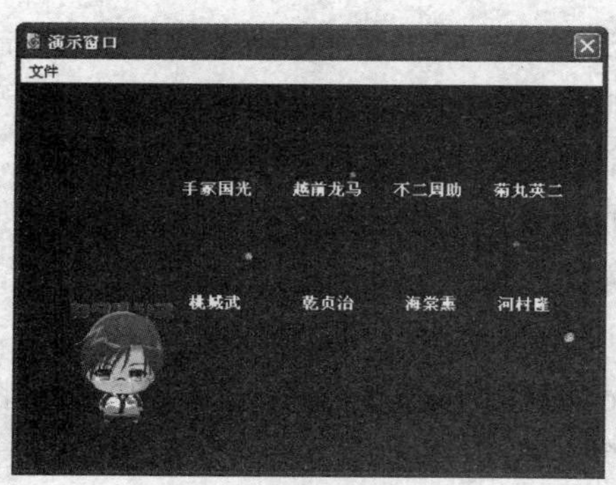

图 13-3　程序调试

提示

如果发现程序中有错误，可以返回到设计窗口中对程序进行修改。修改完毕后，再次对该段程序进行调试即可。如果还存在错误，则应再次返回到设计窗口中修改，直到没有错误为止。

2. 使用【控制面板】面板调试程序

【控制面板】面板可以控制程序的显示，并对程序运行过程中的变量的值进行跟踪，当程序中含有多个导航图标或交互图标时，【控制面板】面板就显得十分重要。

显示【控制面板】面板时，可以选择【窗口】|【控制面板】命令，或者直接单击工具栏上的【控制面板】按钮，打开的【控制面板】面板如图 13-4 所示，该面板中各按钮的具体作用如下。

- 【运行】按钮：单击该按钮，系统将从程序的开始处重新运行该程序。
- 【复位】按钮：单击该按钮，系统将清理控制面板并重新设定跟踪，等待进一步的命令。如果流程线上没有插入开始标志旗，那么该按钮将从流程线的起点开始跟踪。
- 【停止】按钮：单击该按钮将结束程序的运行。
- 【暂停】按钮：单击该按钮将暂停程序的运行。
- 【播放】按钮：单击该按钮，程序将从开始位置或暂停位置重新开始运行。
- 【显示跟踪】按钮：单击该按钮可显示或隐藏跟踪窗口，如图 13-5 所示。

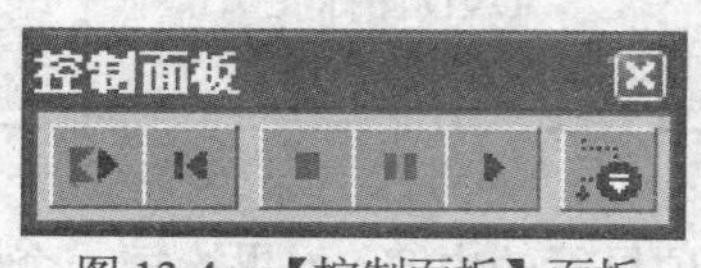

图 13-4　【控制面板】面板

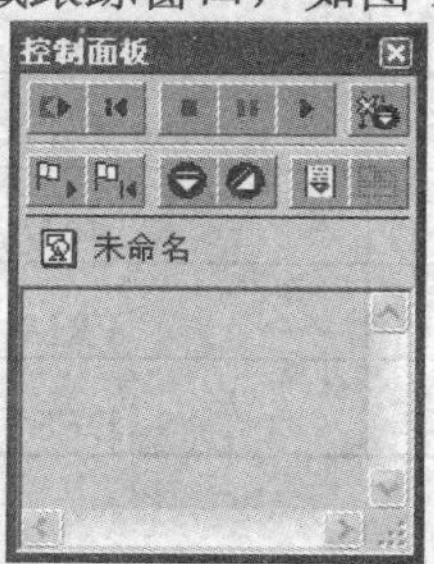

图 13-5　跟踪窗口

跟踪窗口是和【控制面板】面板连在一起的组合窗口。可以使用鼠标拖动该窗口的标题栏，将其移动到屏幕上的任何位置，也可以任意改变该窗口的大小。跟踪窗口中包括 6 个功能按钮，这些按钮的具体作用如下。

- 【从标志旗开始执行】按钮：如果在流程线上放置了开始标志旗，那么单击该按钮后，系统将从标志旗处开始执行。

- 【初始化到标志旗处】按钮：如果在流程线上放置了开始标志旗，那么单击该按钮后，系统将从开始标志旗位置重新设置跟踪并等待进一步的命令。
- 【向后执行一步】按钮：每单击一次该按钮，将执行程序中的下一个图标。如果遇到了群组图标或分支结构，那么程序在执行其中的设计图标时并不暂停。该按钮提供了一种速度较快但较为粗略的单步跟踪方式。
- 【向前执行一步】按钮：每单击一次该按钮，将执行程序中的下一个图标。如果遇到了群组图标或分支结构时，Authorware 仍将采取单步方式执行其中的设计图标。该按钮提供了一种速度快但更为精确的跟踪方式。
- 【打开跟踪方式】按钮：单击该按钮，可以显示或者关闭跟踪信息。
- 【显示看不见的对象】按钮：单击该按钮，可以显示屏幕上没有显示出来的内容，例如目标区域、热区域等。

打开跟踪窗口调试程序之后，在跟踪窗口中可以看到程序中包含的信息，主要包括流程线上的级、图标类型和图标名称 3 个部分。

- 流程线上的级：指跟踪窗口中每一行的第一项显示的数字。1 表示主流程线上的图标级别，2 表示第二层设计窗口中的流程线上的图标级别，依次类推。如果某一群组图标位于主流程线上，那么该群组图标的级别为 1，而群组图标流程线中的图标级别则为 2。
- 图标类型：指跟踪窗口中每一行的第二项显示设计图标类型的缩写。各图标类型的缩写形式如表 13-1 所示。

表 13-1　图标类型的缩写方式

图 标 类 型	缩　写	图 标 类 型	缩　写
显示图标	DIS	交互图标	INT
移动图标	MTN	计算图标	CLC
擦除图标	ERS	群组图标	MAP
等待图标	WAT	数字电影图标	MOV
导航图标	NAV	声音图标	SND
框架图标	FRM	DVD 图标	VDO
判断图标	DES		

- 图标名称：指跟踪窗口中每一行的第三项显示的内容。如果给每一个图标取一个合适的名称，那么就可以很方便地根据跟踪窗口中的图标名称查找到产生错误的位置。

13.1.2　程序调试的常用技巧

对于庞大的多媒体程序，用户掌握一定的调试技巧，就能够更加方便快捷地进行程序的

调试。

1. 使用快捷键

在调试程序的过程中，熟练使用快捷键可以帮助用户提高调试程序的效率。

- Ctrl+J 快捷键：该快捷键能够在程序窗口和演示窗口间快速切换。
- Ctrl+I 快捷键：在程序运行过程中，如果发现某个【显示】图标或者【移动】图标有错误，按下此快捷键即可定位到该图标。
- Ctrl+P 快捷键：按下该快捷键可以使程序暂停，以便调整窗口中各对象的相对位置。调整完毕后再次按下此快捷键，程序将继续向下运行。

2. 判断问题存在的范围

在进行程序调试时，可以将整个程序分成若干个小的程序段，然后对这些小的程序段依次进行调试。在调试过程中需要注意以下几点。

- 如果某程序段中包含一个交互按钮，在调试程序时，当单击该按钮之前程序运行正常，仅仅在单击该按钮后才出现了异常情况，那么问题一般都出在交互响应中，此时应该在包含该按钮的交互响应结构中查找问题。
- 如果程序运行到判断分支结构时出现了异常，那么就应该首先检查用于控制分支路径的变量的值。
- 如果一个【显示】图标中的内容没有正常显示，则可以在流程线上查找到该【显示】图标，然后在该【显示】图标下方添加一个【等待】图标，用来暂停程序。当再次运行到该程序段时，以观察程序能否执行到该图标，以及执行到该图标时的状态。

3. 检查图标的属性

在程序进行调试运行时，经常需要检查设计图标的属性以确定对该属性的设置是否正确。例如，当一个【显示】图标中的内容无法正常显示，则应该检查该【显示】图标的层属性设置是否正确，对其重新设置后再次运行该程序调试。

4. 检查程序中的函数和变量

如果程序段中含有变量和函数，则在调试运行该程序时要考虑到程序中的变量和函数可能存在错误。检查程序中的变量和函数要注意以下几点。

- 在检查变量和函数时，首先要检查程序中使用的变量和函数是否存在拼写错误，对于函数还需要检查其参数的个数和数据类型是否正确。
- 如果变量和函数不存在拼写错误，则可以使用【显示】图标在演示窗口中动态地显示该函数或变量的值。

5. 一般原则

在调试程序的过程中，遵循一定的原则可以帮助用户更快地寻找出程序中的错误。

- ◉ 修改错误要按照从大到小的原则进行。程序中存在的影响程序运行的重大错误应最先修改，然后再修改程序中存在的小错误。
- ◉ 修改错误要按照少量多次的原则进行。修改错误时不能贪多求快，如果希望经过一次调整就将程序中的所有错误都改正过来，这样不仅容易使程序产生新的错误，而且也浪费了时间。

13.2 程序的打包

使用 Authorware 制作的多媒体程序一般都是经过打包的。程序打包是指将多媒体程序的源程序转换为可发布的格式。多媒体程序在打包以后可以脱离 Authorware 程序而在 Windows 环境下独立运行。在 Windows 系统中，用来运行 Authorware 打包程序的是 runa7w32.exe，用户可以在 Authorware 程序的文件夹中找到这个程序。

13.2.1 程序打包注意事项

在打包的过程中有很多问题需要注意，否则就会影响程序的执行效果，下面列出在打包过程中应该注意的事项。

- ◉ 规范各种外部文件的位置。如果一个程序文件的容量过大，就会影响程序执行的速度，所以通常需要将这些文件作为外部文件发布。将程序中不同类型的外部文件放在不同的目录下，以便管理。例如，图片放在 Image 文件夹中，声音放在 WAV 文件夹中，视频放在 AVI 文件夹中等。
- ◉ 外部扩展函数设置。Authorware 本身提供了丰富的系统函数，基本能满足程序设计的需要，但用户也可能会调用一些自定义函数来实现相应的功能。用户可以将这些外部函数存放在同一个目录里，并设置好搜索路径，最后还应将文件复制到打包文件的同一目录下。
- ◉ 字体设置。如果程序中需要使用系统提供的字库之外的字体时，要先确认最终用户机器上是否有这种字体。否则，就要将这些文字转化为图片，这样才能保证最终用户看到理想的效果。
- ◉ 合理处理媒体文件。图片和声音占用的空间较大，为了不影响程序运行的速度，应该在不影响最终效果的情况下对它们进行压缩，如将 AVI 动画文件转换成 GIF 动画文件、将 WAV 声音文件转换成 VOX 或 MP3 声音文件、将 TIF 或 BMP 图像文件转换成 JPG 图像文件等。
- ◉ 调用外部动画文件。在多媒体程序中，常常会包含 AVI 或 FLC 等动画文件，在 Authorware 中，这些文件是被当做外部文件存储的，不能像图片文件、声音文件那样嵌入到最终打包的 EXE 文件内部。最简单的办法是将动画文件与最后的打包文件放在

同一目录下，这样虽然目录结构看起来乱一些，但却能解决问题。另一个办法是在源程序文件打包前为动画文件指定搜索路径：选择【修改】|【文件】|【属性】命令，打开文件属性面板，在【交互作用】选项卡的【搜索路径】文本框中输入指定的路径。

- 特效及外部动画的驱动。应用程序中往往会包含各种转换特效，如 AVI、FLC、MOV、MPEG 等格式的外部动画文件。源程序打包后，在 Authorware 目录下运行时，一切正常，但复制到目标目录后运行时，则会提示指定的转换特效不能使用。这是因为 Authorware 需要外部驱动程序才能实现特效转换及动画文件的运行，而且这些外部驱动程序应与打包程序文件放在同一目录下。解决这个问题的方法是将实现各种特效的 Xtras 文件夹及 a7vfw32.xmo、a7mpeg32.xmo、a7qt32.xmo 三个动画驱动程序文件同时复制到打包文件的同一目录下。
- 检查外部链接文件。如果在多媒体程序的制作过程中使用了外部链接，应通过选择【窗口】|【外部媒体浏览器】命令检查链接的外部文件的正确性，如果有断开的链接，则需要及时修复。
- 在打包的过程中，除了要注意以上几点事项外，在打包之前还应调试程序的正确性和完整性，给图标取合适的名称等，只有这样才可以成功打包一个程序。

13.2.2　打包媒体库

对一个程序进行打包时，如果该程序中含有媒体库，则必须对库进行打包。在对媒体库进行打包操作时，既可以将其和多媒体程序一起打包，也可以将其单独打包。当对媒体库单独进行打包时，要将已打包的库文件保存到多媒体程序的文件夹中，以保证在运行多媒体程序时，程序能自动找到库文件。单独打包媒体库的优点是能够减小可执行文件的大小。在 Authorware 中打开媒体库后，选择【文件】|【发布】|【打包】命令，打开【打包库】对话框。利用该对话框，如图 13-6 所示，可以对库进行打包。

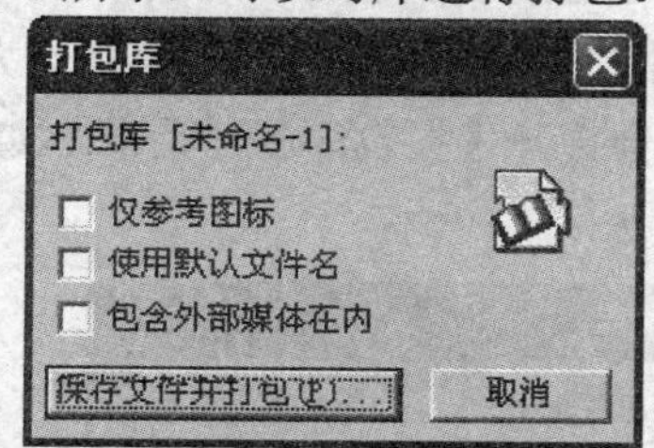

图 13-6　【打包库】对话框

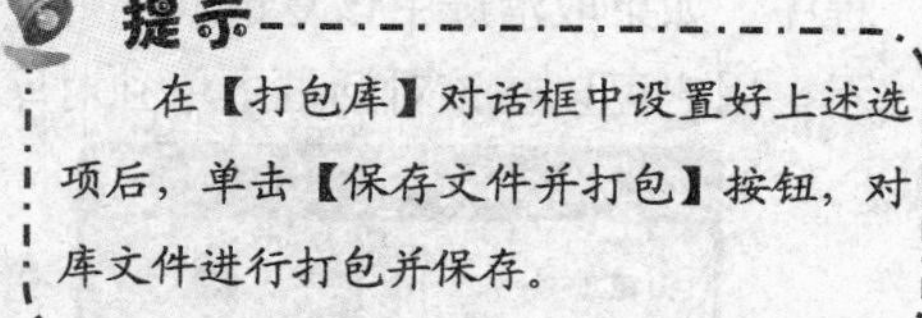

在【打包库】对话框中设置好上述选项后，单击【保存文件并打包】按钮，对库文件进行打包并保存。

【打包库】对话框中 3 个复选框的具体作用如下。

- 【仅参考图标】复选框：打包时只将与程序有链接关系的图标打包。
- 【使用默认文件名】复选框：打包时使用库的文件名作为打包库文件的文件名，其扩展名为.a7e，同时打包后的文件将保存在库所在的文件夹中。如果取消选择该复选框，则在打包时系统会打开【保存为】对话框，要求用户指定打包库文件的文件名和存储路径。

- 【包含外部媒体在内】复选框：创建媒体库时，有些素材是直接导入库中，而另一些是以链接的形式导入到库中。如果选择该复选框，则那些以链接的形式导入到库中的文件(不包括数字化电影和 Internet 上的文件)也一并进行打包。否则，打包时将不包括这些文件。

13.2.3 打包程序

程序文件的打包同库文件打包的操作程序基本相同，在没有打开媒体库的情况下，选择【文件】|【发布】|【打包】命令，打开【打包文件】对话框，如图 13-7 所示。在该对话框中，可以对程序文件进行打包。

【打包文件】对话框中各选项具体作用如下。

- 【打包文件】下拉列表框：该下拉列表框中包含两个选项，即【无需 Runtime】选项和【应用平台 Windows XP.NT 和 98 不同】选项。如果选择前者，则打包后生成的文件扩展名为.a7r，运行时需要 runa7w32 文件支持，程序发布时要附带这个文件；如果选择后者，则打包后生成的文件可以在 Windows XP/NT/98 下独立运行。
- 【运行时重组无效的连接】复选框：在对库或文件进行编辑时，可能会由于某种原因中断程序和库之间的链接。在这种情况下，如果图标和链接名称没有改变，那么选中该复选框并进行打包时，程序将自动修复中断的链接。如果取消选中该复选框，则打包以后的程序在运行时将不执行中断链接的内容。
- 【打包时包含全部内部库】复选框：选中该复选框，程序在进行打包时会将与程序链接的所有库都进行打包，而不再对库进行单独打包，发布程序时也不需要附带打包库文件。采用这种方法打包程序，可使多媒体程序的发布更为简单，程序运行的性能也有所提高。其缺点是增大可执行程序的容量，因此这种方法只适用于容量不大的多媒体程序。如果取消选中该复选框，则打包时系统会打开【打包库】对话框，如图 13-8 所示，用户可以在该对话框中单独对库进行打包。

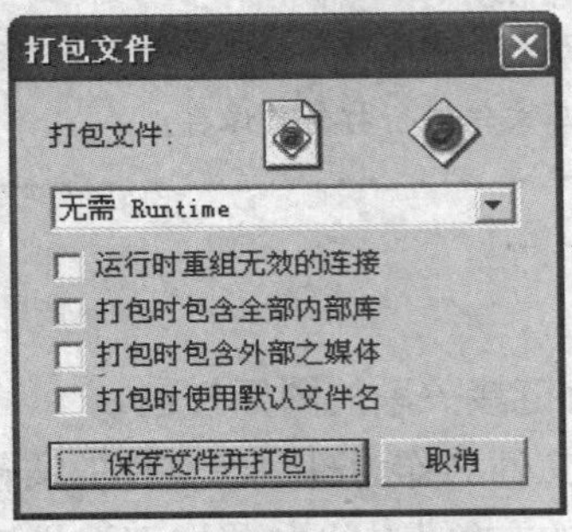

图 13-7 【打包文件】对话框

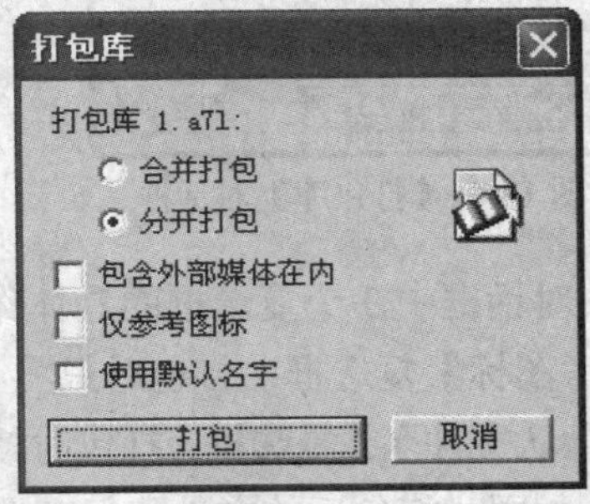

图 13-8 【打包库】对话框

◉ 【打包时包含外部之媒体】复选框：选中该复选框，程序在进行打包时会将链接到程序的素材文件(不包括数字化电影和 Internet 上的文件)作为程序内容的一部分进行打包，作品发布时将不需要附带素材文件。采用这种方法打包程序，虽然可使程序的发布更为简单，但也会增大程序的容量，因此这种方法同样只适用于容量不大的多媒体程序。

◉ 【打包时使用默认文件名】复选框：选中该复选框，则将使用源程序名作为打包文件的文件名，并将打包文件存储在源程序所在的文件夹中。

【例 13-2】打开一个含有媒体库的文件，对程序进行打包。

(1) 打开一个文件，选择【文件】|【发布】|【打包】命令，在打开的【打包文件】对话框中设置各选项，如图 13-9 所示。

(2) 单击【保存文件并打包】按钮，此时系统将打开【打包文件为】对话框，在该对话框中输入文件名和选择存储的路径，如图 13-10 所示。

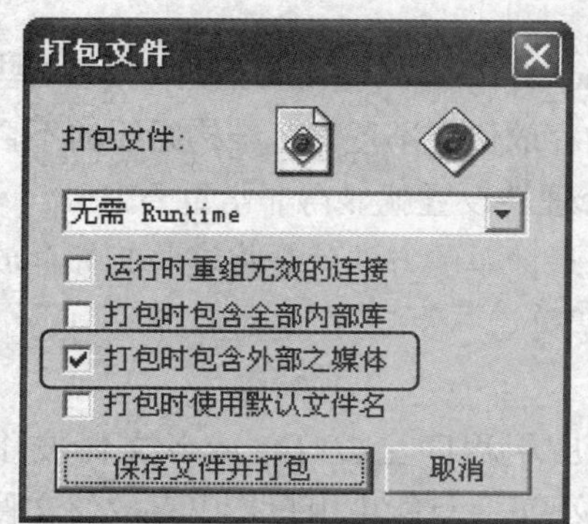

图 13-9　设置【打包文件】对话框

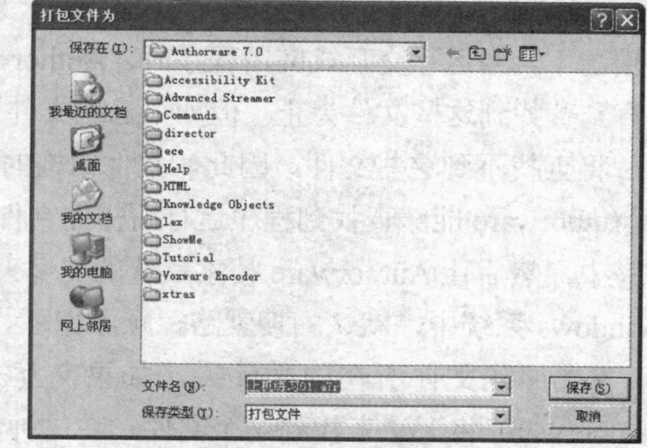

图 13-10　设置文件名和保存路径

(3) 在对话框中单击【保存】按钮，打开【打包库】对话框，设置该对话框中的各选项，如图 13-11 所示。

(4) 单击【打包】按钮，此时系统将打开【打包】对话框，单击【打包】按钮，对库进行打包。

(5) 库打包结束后，系统就会按照设置的参数对程序进行打包，结果如图 13-12 所示。

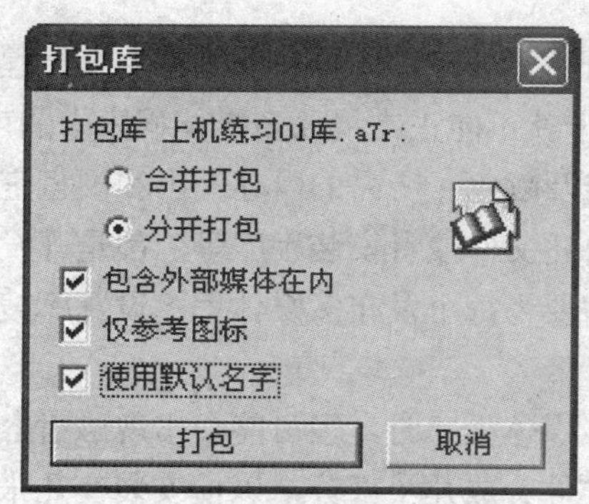

图 13-11　设置【打包库】对话框

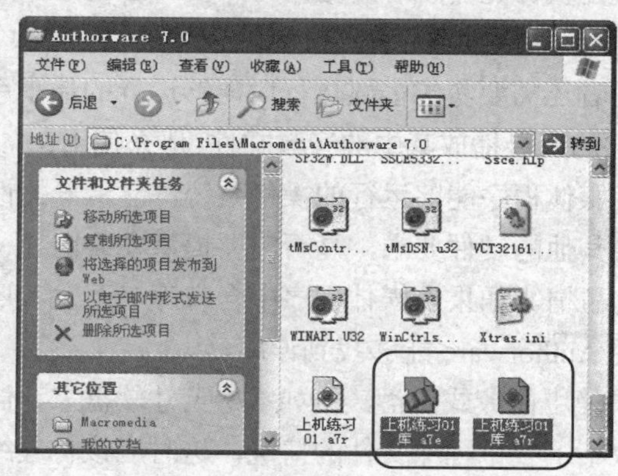

图 13-12　程序打包的文件

13.3 程序的发布

Authorware 7 提供了一键发布功能。使用该功能，整个程序的发布过程将无需用户进行参与，只需一步操作就可以保存程序并将程序发布到 Web、CD-ROM、本地硬盘或网络上。

13.3.1 发布须知

在发布程序之前，需要考虑准备发布文件的保存路径、程序的发布路径以及发布程序时所要用到的外部支持文件等。

1. 指定文件的存放路径

一般情况下，当运行交互式应用程序时，Authorware 将按照一定的顺序搜索保存这些文件的路径，直到查找到这些文件为止。但如果这些文件的存放位置不正确，结构组织的不合理，Authorware 将查找不到这些文件。因此，文件结构的合理性设置就显得非常重要。

要使 Authorware 能够查找到程序运行所需的文件，最简单的方法就是将这些文件存放到默认的文件夹中，然后让 Authorware 搜索默认的文件夹即可。

在 Windows 系统中，默认的搜索路径顺序如下。

- 第一次加载文件所在的文件夹。如果交互式应用程序已被打包或者文件被移动，Authorware 将无法查找到这个文件。在这种情况下，只能由用户指出存放该文件的正确位置。
- 放交互式应用程序的文件夹。
- 某个文件夹中含有 Authorware 7.exe 或 Authorware 应用程序文件，并且当前正在运行这两个应用程序中的一个时，Authorware 就会搜索这个文件夹。

2. 程序的发布途径

通过磁盘、光盘或者网络，可以发布自己的作品，发布的方式一般取决于多媒体程序文件的大小。

开发者还需要考虑多媒体程序能够运行的最小系统资源要求。如果开发者将多媒体程序设计为16位的声卡播放其中的音频文件，那么使用8位声卡就不能正常播放多媒体程序中的声音。另外，多媒体程序能够运行的操作系统，显示器的性能及颜色，所需的内存大小和硬盘空间，是否需要其他的硬件要求，是否需要提供安装向导、自述文件或者安装程序等，都是开发者需要考虑的事情。如果多媒体程序中含有库，开发者还需要为每个发布多媒体程序设置库搜索路径，以便 Authorware 能够找到该库。

如果使用便捷式磁盘，例如 3.5 英寸软盘来存储多媒体程序时，很可能会出现磁盘容量过小，存放不下整个程序文件的情况，这时应该将最终文件分成几个部分，以便安装在几张磁盘上。在这种情况下，开发者应提供一个程序安装软件，便于最终用户将多张磁盘上的程序合并

后安装到计算机中。光盘的存储容量非常大，一张光盘可以存储 650MB 以上的数据，而且现在几乎所有的个人计算机上都配有光盘驱动器，因此使用光盘发布程序是一个较好的选择。

如果使用网络发布多媒体程序，通过局域网、企业网或者互联网来发布多媒体程序，更能为最终用户所接受。通过网络，开发者可以方便地将自己的多媒体程序展示到网络用户面前，从而也可以很方便地获取所需要的程序。

3. 发布需要的外部支持文件

一个典型的多媒体程序不仅包含 Authorware 程序，而且还包含 Authorware 程序可能使用的外部文件。为了使最终用户能够正常运行程序，开发者需要将这些外部文件连同打包文件一起提供给最终用户。

确定作品中哪些文件需要打包，取决于多媒体程序组件和它运行的平台。其中，除了包括 Authorware 程序外，还包括以下文件。

- Runa7w32.exe 文件。
- 每种多媒体类型都需要使用的 Xtras 文件。Authorware 要求包括 Xtras 文件以处理任何格式的图形或声音文件。例如，如果使用 GIF 格式，则必须包括相应的 GIF MIX Xtras 文件。
- 链接文件。例如，链接的图形。外部声音和 Director、QuickTime 2.0 for Windows 或 Video for Windows 数字电影等。
- Authorware 驱动器和用作组件的系统级驱动器文件。例如，QuickTime 2.0 for Windows 或 Video for Windows 等。
- 字体文件。程序的开发者必须确保多媒体程序中的字体适用于最终用户的计算机，否则就需要对字体进行处理。
- 用于对已压缩的打包文件进行解压缩和安装的程序。
- 多媒体程序要使用的外部软件模块。例如，Xtras、ActiveX 控件、UCDs 和 DLLs。

13.3.2　发布前的设置

在进行一键分布之前，必须首先进行发布前的设置。经过了初次设置后，被设置的属性将会被保存下来，如果以后要采用系统的设置进行发布，在发布时直接选择【文件】|【发布】|【一键发布】命令即可。如果要采用不同的设置进行发布，可以对已有的设置进行修改。

选择【文件】|【发布】|【发布设置】命令，打开【一键发布】对话框。在该对话框中，包括【格式】、【打包】、【用于 Web 播放器】、【Web 页】、【文件】5 个选项卡。

1. 【格式】选项卡

单击【格式】标签，打开【格式】选项卡，如图 13-13 所示。该对话框用于设置文件的发布格式。在该选项卡中可以将当前文件的发布形式设置为 CD-ROM、局域网和本地硬盘。该选项卡中，各选项参数的具体作用如下。

◎【指针或库】下拉列表框：默认显示的是当前程序的路径。单击其右侧的...按钮，可以选择其他要发布的程序或库文件。

◎【打包为】复选框：选中该复选框，则允许采用 CD-ROM、局域网或本地硬盘进行发布。单击文本框右侧的...按钮，打开【打包文件为】对话框，如图 13-14 所示。在该对话框中可以重新设置打包文件的名称和存储路径。

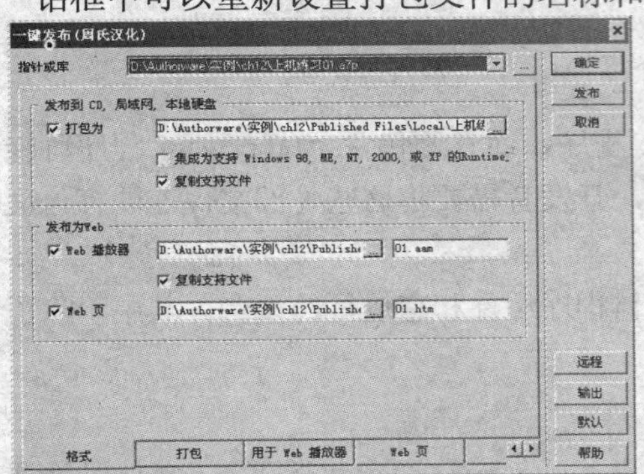

图 13-13 【格式】选项卡

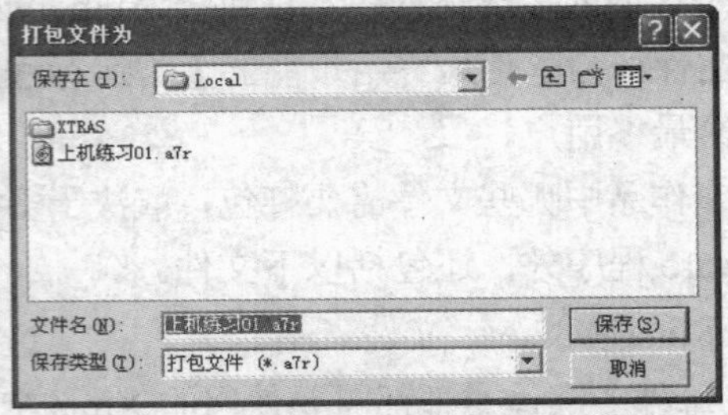

图 13-14 【打包文件为】对话框

◎【集成为支持 Windows 98，Me，NT，2000，或 XP 的 Runtime】复选框：选中该复选框，将使用 runa7w32.exe 程序打包一个程序，并将创建一个完全自运行的应用程序，扩展名为.exe。如果取消选中该复选框，则必须使用 runa7w32.exe 才能打开此打包生成的文件。

◎【复制支持文件】复选框：选中该复选框，可以在发布程序的过程中将所有的支持文件一同打包。一般情况下，必须选中该复选框。

◎【发布为 Web】选项组：该选项组用于对 Web 的发布形式进行设置。

◎【Web 播放器】复选框：选中该复选框，程序将生成可以被 Web 播放器调用的 AAM 文件。AAM 文件是映像文件，如果最终需要播放该文件，则计算机中必须安装 Web 播放器软件。

◎【复制支持文件】复选框：选中该复选框，程序将自动把所有的支持文件复制到映像文件中。

◎【Web 页】复选框：选中该复选框，打包时将生成一个 HTML 的网页文件，扩展名为.htm。使用 Web 浏览器即可浏览该文件。

2. 【打包】选项卡

单击【打包】标签，打开【打包】选项卡，如图 13-15 所示。该选项卡中只包含一个【打包选项】选项组，主要用于设置打包属性。

在【打包选项】选项组中的各个复选框的含义如下。

◎【打包所有库在内】复选框：选中该复选框，表示对程序中涉及的媒体库一起进行打包处理。如果用户不将媒体库包含在程序的打包文件中，则必须将媒体库单独进行打包。

- 【打包外部媒体在内】复选框：选中该复选框，则将外部的链接转换为对媒体库的链接，外部媒体将被复制到媒体库中。这种方式将改善程序在 Web 上的运行性能。
- 【仅引用图标】复选框：选中该复选框，表示将仅对被媒体库引用的图标进行打包。
- 【重组在 Runtime 断开的链接】：选中该复选框，表示在程序运行期间将解决程序和媒体之间的链接丢失问题。

3. 【用于 Web 播放器】选项卡

单击【用于 Web 播放器】标签，打开【用于 Web 播放器】选项卡，如图 13-16 所示。在该选项卡中，可以为程序在互联网上运行进行打包设置。在该对话框中，各参数选项的具体作用如下。

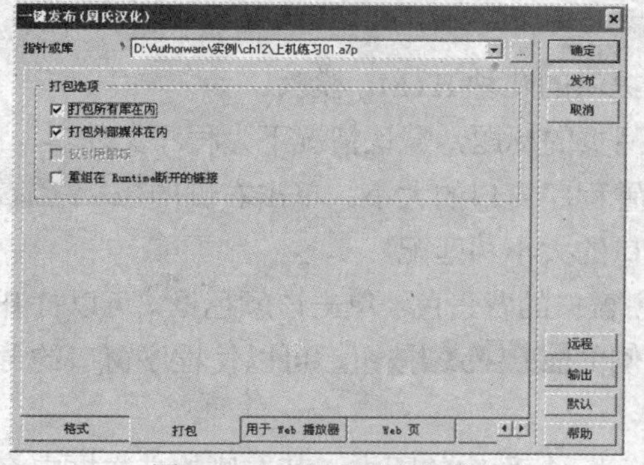

图 13-15　【打包】选项卡

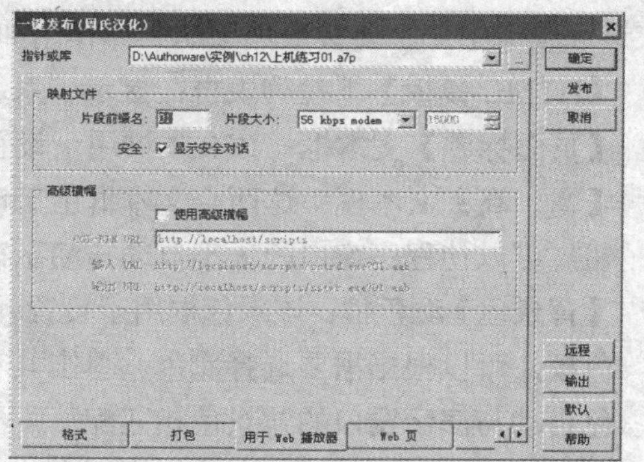

图 13-16　【用于 Web 播放器】选项卡

- 【片段前缀名】文本框：该文本框用于设置分段文件名的前缀，最多可以输入 4 个字符。
- 【片段大小】下拉列表框：该下拉列表框用于根据网络链接设备设置分段文件的大小。在该下拉列表框中提供了如图 13-17 所示的 8 种网络链接设备，如果在其中选择 Custom(自定义)选项，则其后面的文本框将变为可输入状态，在其中可以自定义分段文件的大小，设置的值以字节为单位。
- 【显示安全对话】复选框：如果用户需要在信任模式下运行程序，则应该选中该复选框。
- 【使用高级横幅】复选框：选中该复选框，表示在下载的过程中将采用 Authorware 高级流式技术，它可以大幅度地提高网络程序的下载效率，能够通过跟踪和记录用户最常用的内容智能地预测和下载程序片段，提高程序的运行效率。
- CGI-BIN URL 文本框：该文本框显示的是支持知识流的网络服务器的地址。只有在选中【使用高级横幅】复选框的情况下才可以在该文本框中输入网址。
- 【输入 URL】文本框：显示 Web 播放器用于预测片段下载时的概率文件的位置。
- 【输出 URL】文本框：显示下载程序生成的概率文件的位置。

4. 【Web 页】选项卡

单击【Web 页】标签，打开【Web 页】选项卡，如图 13-18 所示。首先必须在【格式】选项卡中选择了【Web 页】复选框时才能被激活，它主要用于设置打包生成的 Web 页面。

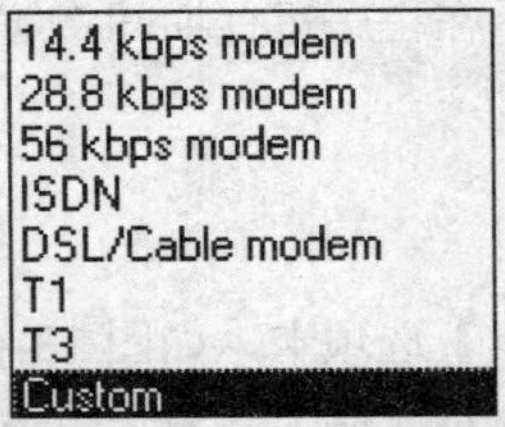

14.4 kbps modem
28.8 kbps modem
56 kbps modem
ISDN
DSL/Cable modem
T1
T3
Custom

图 13-17　8 种网络链接设备

一键发布（网氏汉化）
指针或库
确定
发布
取消
模板
HTML 模板:
模板描述:
页面标题:
上机练习01
回放
宽:
高:
匹配块
背景色:
调色板:
远程
输出
默认
帮助
格式
打包
Web 页

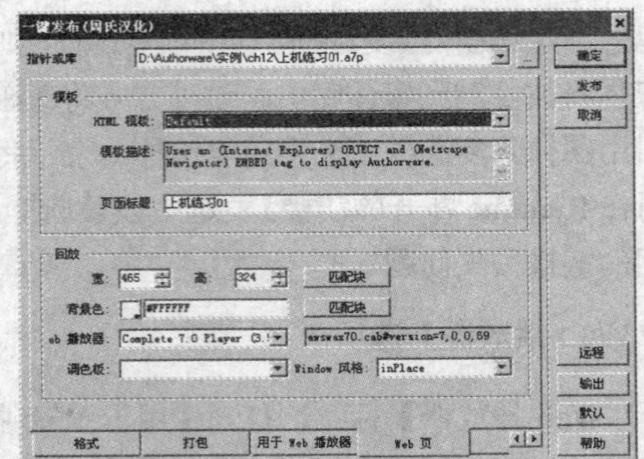

图 13-18　【Web 页】选项卡

在该选项卡中，主要参数选项的具体作用如下。

- 【HTML 模板】下拉列表框：显示了系统提供的几种 HTML 模板。
- 【页面标题】文本框：该文本框用于设置网页的标题，默认情况下为程序文件名。
- 【宽、高】文本框：这两个文本框用于设置程序窗口的大小。单击右侧的匹配块按钮，可以使程序窗口的大小自动与演示窗口的大小相匹配。
- 【背景色】颜色框：该颜色框用于设置程序窗口的背景色。单击该颜色框，可以打开调色板，可以根据需要选择颜色。单击其右侧的匹配块按钮，可以使程序窗口的背景色自动与演示窗口的背景色相匹配。
- 【Web 播放器】下拉列表框：用于选择使用运行程序的版本，其右侧的文本框中将显示已选择版本的版本号。
- 【调色板】下拉列表框：用于选择调色板。如果选择【前景】选项，则表示将加载 Authorware 程序中使用的调色板；如果选择【背景】选项，则表示将加载 Web 浏览器的调色板。
- 【Windows 风格】下拉列表框：用于选择程序窗口的摆放形式。如果选择 inplace 选项，则程序窗口将嵌入网页之中；如果选择 ontop 选项，则程序窗口将浮动于网页之上；如果选择 ontopminimize 选项，则程序窗口将浮动与网页之上，并使得浏览器窗口最小化，在退出程序时再将浏览器窗口还原。

5. 【文件】选项卡

单击【文件】标签，打开【文件】选项卡，如图 13-19 所示。该选项卡主要用于对将要发布的文件进行管理。

在该选项卡中，各参数选项的具体作用如下。

- 【发布文件】列表框：该列表框中列出了将要发布的文件。该列表框分为 3 列：源、目的和描述。对于将要发布的文件，其前面将显示【√】选中标记，在选中标记和源文件名称之间的是文件链接标记。当链接关系正常时，将用一个蓝色的链接图标表示，反之，红色的链接图标表示该链接中缺少相应的源文件。

- 【加入文件】按钮：单击该按钮，用于向发布列表中添加未列出的、将与源程序同时进行发布的文件。这些文件一般包括 Flash、Active 控件、QuickTime 数字化电影等特殊内容的支持文件。
- 【查找文件】按钮：单击该按钮，打开【查找支持文件】对话框，如图 13-20 所示。在该对话框中进行必要的设置后单击 OK 按钮，Authorware 将按照所设置的要求自动查找需要的文件，并显示在列表框中。

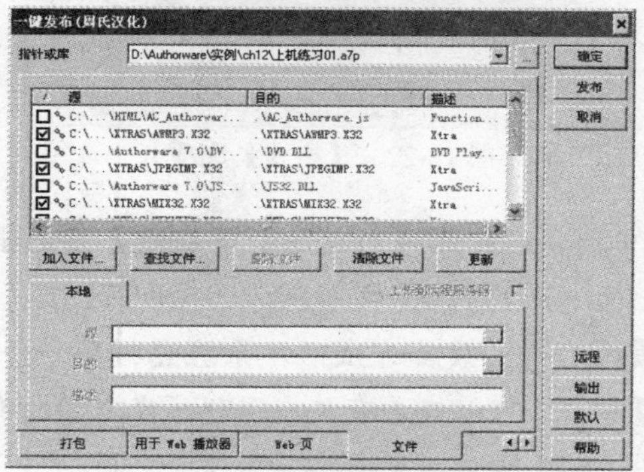

图 13-19　【文件】选项卡

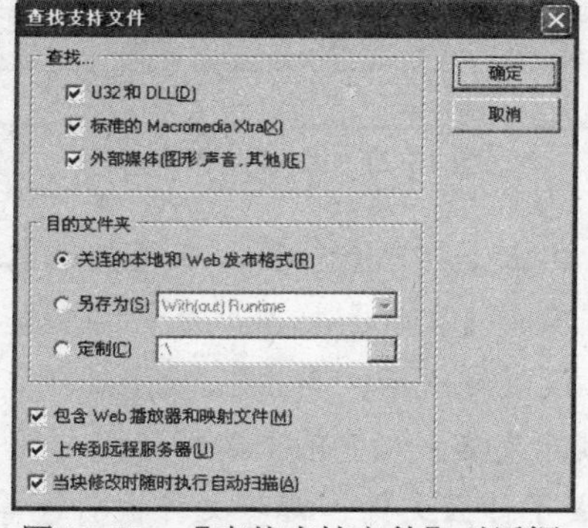

图 13-20　【查找支持文件】对话框

- 【删除文件】按钮：在发布文件列表框中选中要删除的文件，单击该按钮，可以将该文件删除。
- 【清除文件】按钮：单击该按钮，将清除发布列表框中的所有文件。
- 【更新】按钮：单击该按钮，系统将重新扫描所有移动了的文件和存储的链接关系，从而刷新发布文件列表。
- 【本地】选项区域：该选项区域用于对发布列表中特定文件的发布设置进行修改。在进行修改之前，必须在发布文件列表框中选中一个要发布的文件，此时该选项区域中的内容才变为可用状态。需要注意的是，程序打包生成的.a7r、.exe、.aam 和.htm 文件的设置不允许在此修改。

13.3.3　一键发布

完成了发布前的各项准备工作后，就可以发布程序了。下面以一个实例来介绍程序发布时的基本步骤。

【例 13-3】打开一个文件，将它发布为可执行的 EXE 文件。

(1) 选择【文件】|【打开】命令，打开一个文件，文件的程序设计窗口如图 13-21 所示。

(2) 选择【文件】|【发布】|【发布设置】命令，打开【一键发布】对话框，单击【格式】标签，在【格式】选项卡中的设置如图 13-22 所示。

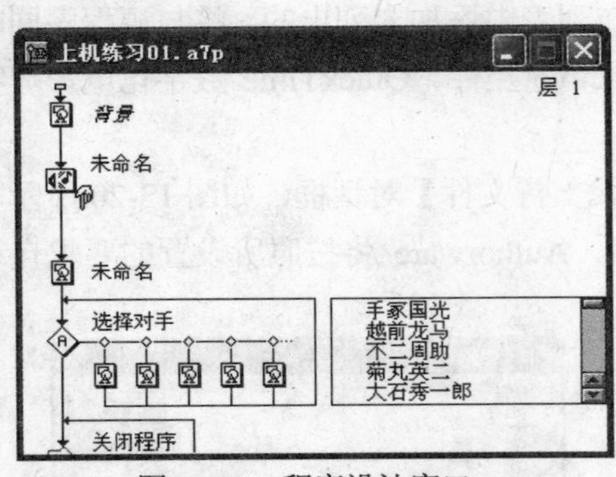

图 13-21 程序设计窗口

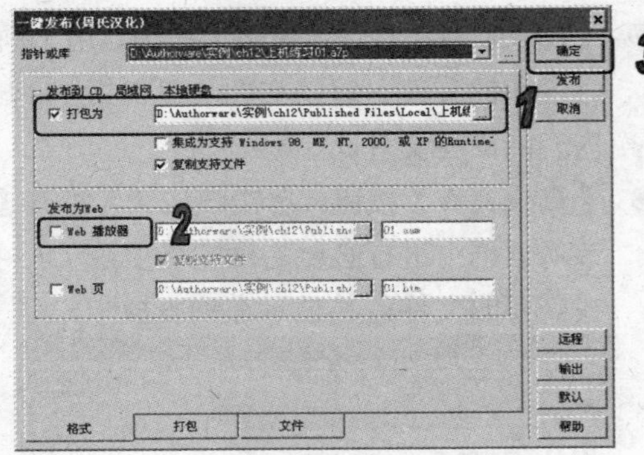

图 13-22 【格式】选项卡

(3) 单击【打包】标签，在【打包】选项卡中取消选中的【打包所有库在内】复选框。

(4) 单击【文件】标签，查看需要发布的文件，一般情况下使用默认选择即可。

(5) 设置完成后，单击 发布 按钮，即可发布程序。发布完成后，系统会打开一个信息提示框，提示发布成功。单击该对话框中的【细节】按钮，可以查看有关应用程序发布的所有信息，包括生成了什么文件，哪些文件被打包等，如图 13-23 所示。

(6) 单击【确定】按钮，关闭该对话框。就可以在发布路径的文件夹中查看发布的文件，如图 13-24 所示。

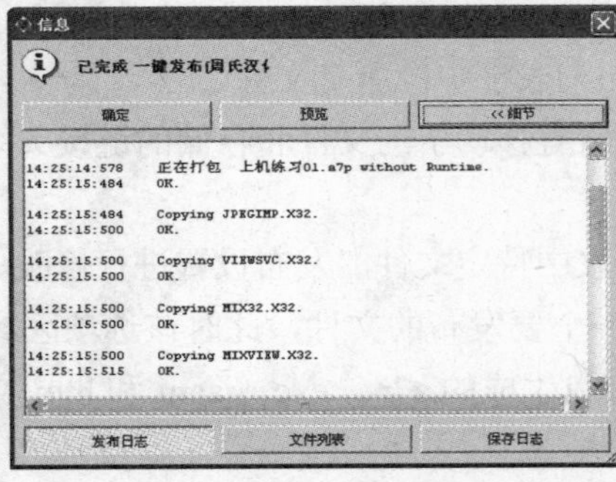

图 13-23 发布应用程序的所有相关细节

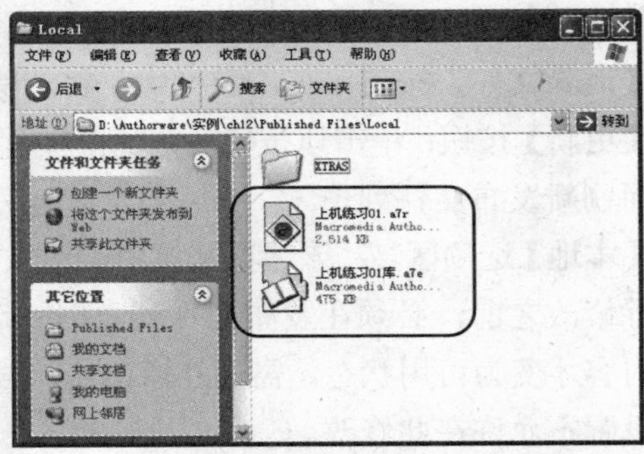

图 13-24 查看发布的文件

(7) 整个程序发布完毕，双击文件，即可运行发布的文件。

13.4 习题

1. 调试程序的常用方法有哪两种？

2. Authorware 多媒体应用程序发布最方便快捷的方式是什么？

3. 发布一个自己创作的 Authorware 程序，要求该程序中包含库文件，并将库文件单独打包，最后将程序发布为可执行的 EXE 文件。

第14章 Authorware 综合实例应用

学习目标

通过前面章节的学习，介绍了 Authorware 7 强大的多媒体制作功能，而且能够单独使用各种设计图标创建简单的程序。接下来，可以发挥自己的想象空间，结合设计图标、知识对象和媒体库来制作生动有趣的多媒体程序。本章将介绍多个综合实例，帮助用户更清晰地理解各个图标的功能以及函数和变量的使用方法。

本章重点

- 加强对 Authorware 的认识
- 使用函数创建随鼠标移动动画
- 使用命令创建模拟打字效果
- 综合应用图标创建多媒体教学课件

14.1 使用鼠标控制对象移动

新建一个文件，在程序设计窗口中添加【显示】图标和【计算】图标，实现使用鼠标控制对象移动，并且显示对象移动后的坐标位置，如图 14-1 所示。

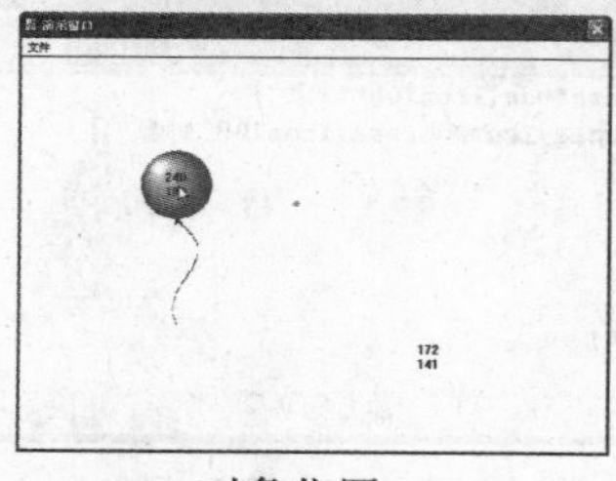

对象位置

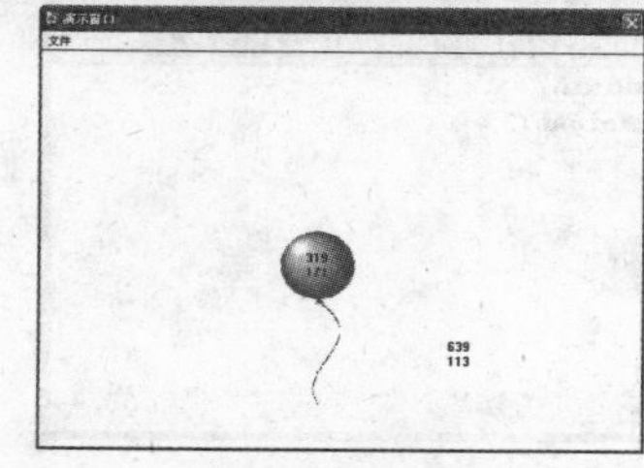

移动后对象位置

图 14-1 程序运行效果

(1) 新建一个文件，右击文件，在弹出的快捷菜单中选择【属性】命令，打开【属性】面板，设置演示窗口大小为 640 × 480 像素大小，如图 14-2 所示。

图 14-2　文件的【属性】面板

(2) 在程序设计窗口中添加一个【显示】图标，命名为【显示坐标】。双击图标，打开演示窗口，使用【文本】工具，在演示窗口右下角位置输入如图 14-3 所示的文本内容。

(3) 继续添加一个【显示】图标，命名为【对象】。双击图标，打开演示窗口，选择【文件】|【导入】|【导入媒体】命令，导入一副气球图像到演示窗口中。

(4) 使用【文本】工具，在导入的气球图像中输入如图 14-4 所示的内容。

图 14-3　输入文本内容

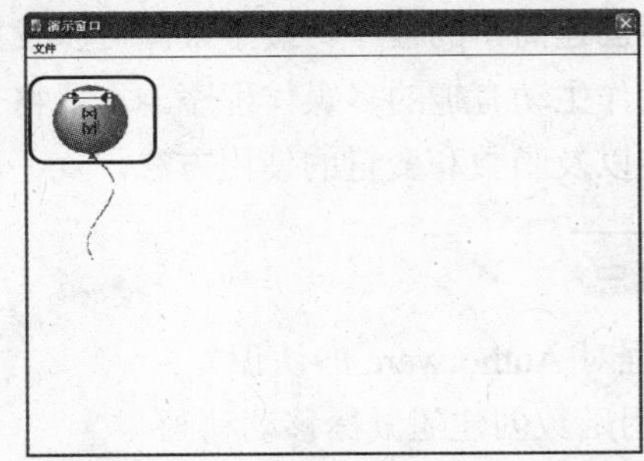

图 14-4　在气球图像中输入文本内容

(5) 右击【对象】显示图标，在弹出的快捷菜单中选择【计算】命令，打开脚本编辑窗口，输入如图 14-5 所示的命令，该段命令用于设置【对象】显示图标中的内容在程序运行时所在演示窗口的初始位置，在这里将对象设置为演示窗口的正中心。

(6) 添加一个【计算】图标，双击图标，打开脚本编辑窗口，输入如图 14-6 所示的命令。这段命令是用来显示【对象】显示图标中坐标显示的位置。

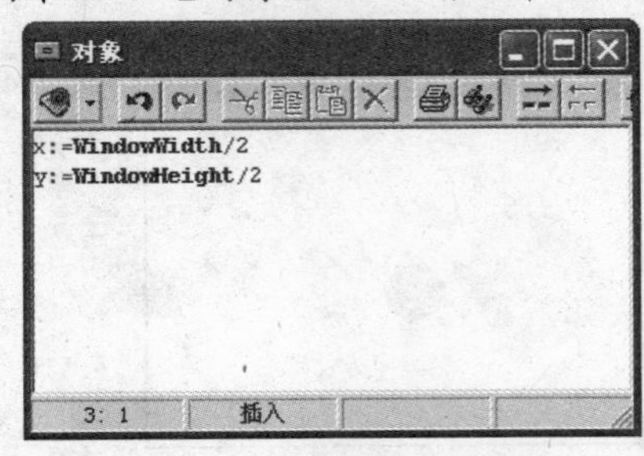

图 14-5　设置对象初始显示位置

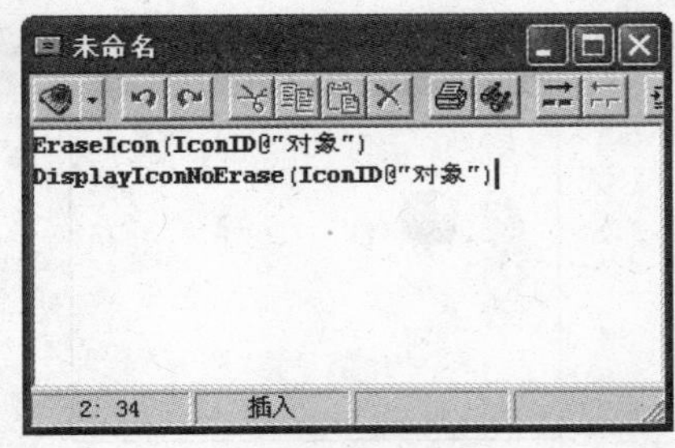

图 14-6　输入命令

(7) 在程序设计窗口中添加一个【交互】图标，然后拖动一个【群组】图标到【交互】图标

右侧，设置响应类型为条件响应。

(8) 双击【群组】图标，打开【群组】图标程序设计窗口，添加一个【计算】图标到程序设计窗口中，双击图标，打开脚本编辑窗口，输入如下命令。

```
x:=ClickX
y:=ClickY
```

(9) 双击【群组】图标上方的响应符号，打开【属性】面板，在【条件】文本框中输入 Mousedown，在【自动】下拉列表框中选择【为真】选项，如图 14-7 所示。

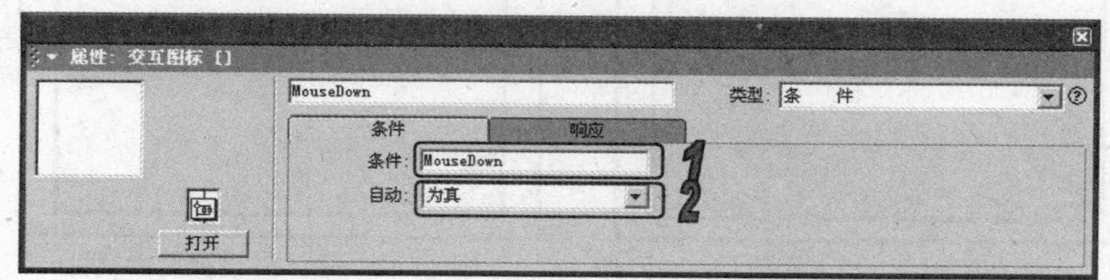

图 14-7　设置条件响应【属性】面板

(10) 双击【交互】图标，使用【文本】工具，输入文本内容{key}，然后设置文本模式为透明，不显示该文本。

(11) 单击工具栏上的【运行】按钮，运行程序，程序运行效果如图 14-1 所示。

(12) 选择【文件】|【保存】命令，保存文件。

14.2　制作模拟打字效果

新建一个文件，通过简单的脚本命令，制作模拟打字效果，程序运行效果如图 14-8 所示。

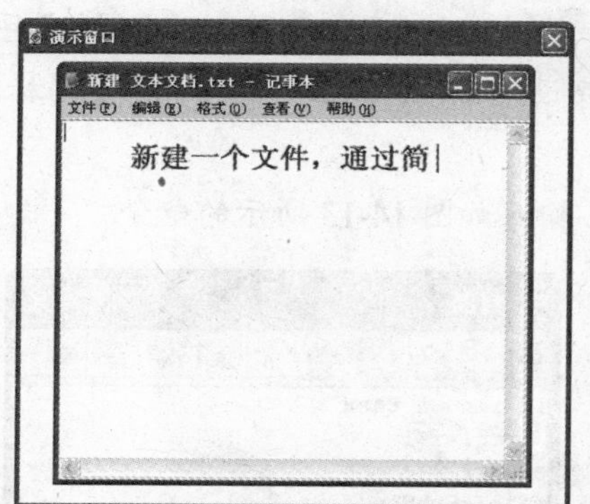

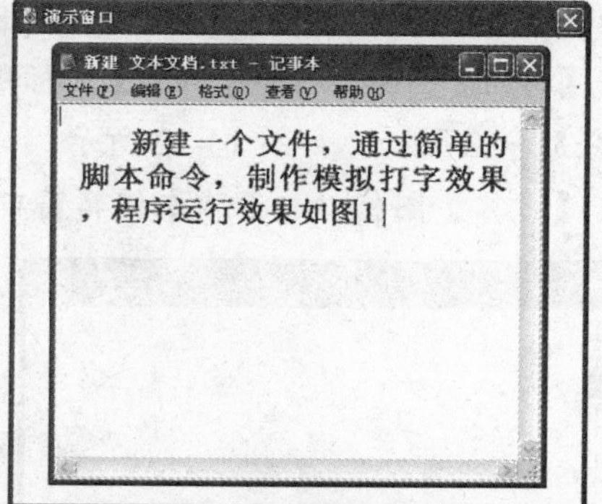

图 14-8　程序运行效果

(1) 新建一个文件，打开文件的【属性】面板，设置演示窗口为【根据变量】。

(2) 在程序设计窗口中添加一个【显示】图标，命名为【文档窗口】。双击图标，打开演示窗口，导入如图 14-9 所示的图像。

(3) 继续添加一个【显示】图标，命名为【文本内容】。双击图标，打开演示窗口，使用【文本】工具，输入文本内容{file}。

(4) 选中输入的文本内容，设置文本字体为宋体，大小为 18 号字体，字体样式为加粗，字体颜色为蓝色，如图 14-10 所示。

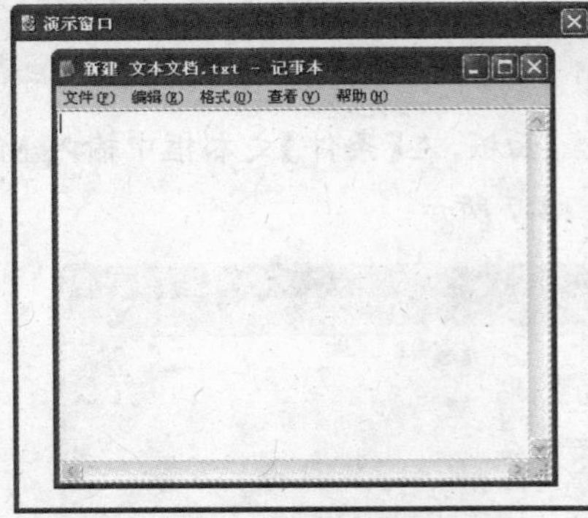

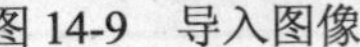
图 14-9 导入图像

图 14-10 输入并设置文本属性

(5) 右击【文本内容】显示图标，在弹出的快捷菜单中选择【计算】命令，打开脚本编辑窗口。输入如图 14-11 所示的命令。

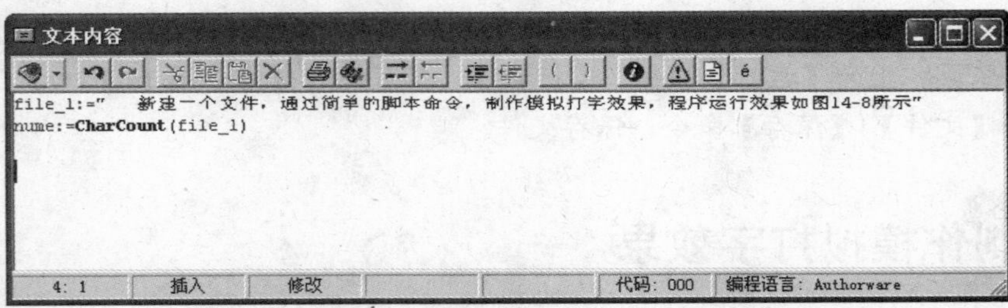

图 14-11 输入命令

(6) 添加一个【判断】图标到程序设计窗口中，拖动一个【群组】图标到【判断】图标的右侧。

(7) 双击【群组】图标，打开【群组】图标程序设计窗口，添加一个【计算】图标和一个【等待】图标，分别命名图标，如图 14-12 所示。

(8) 双击【计算】图标，打开脚本编辑窗口，输入如图 14-13 所示的命令。

图 14-12 添加并命名图标

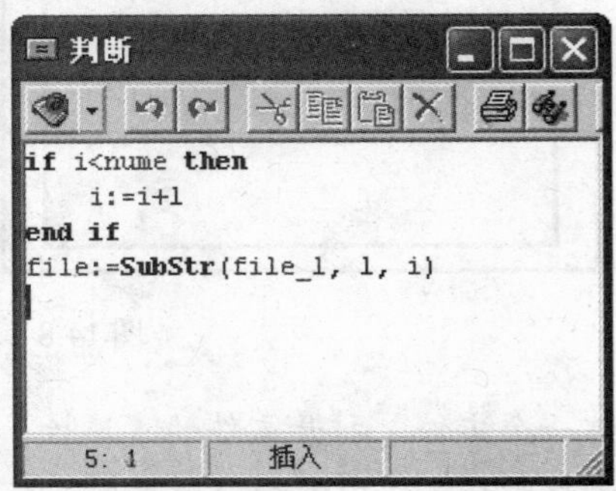

图 14-13 输入命令

(9) 双击【间隔】计算图标，打开【属性】面板，取消所有复选框中的选项，然后在【时限】文本框中输入数值 0.2，如图 14-14 所示。

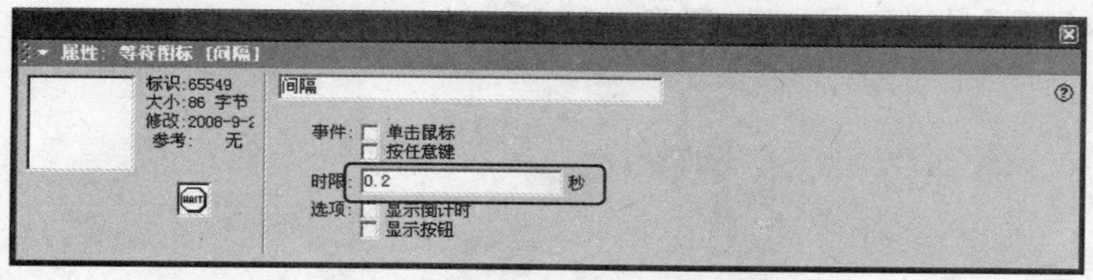

图 14-14 【计算】图标的【属性】面板

(10) 双击【判断】图标，打开【属性】面板，在【重复】下拉列表框中选择【直到判断为真】选项，然后在下面的文本框中输入 i=name，在【分支】下拉列表框中选择【顺序分支路径】选项，如图 14-15 所示。

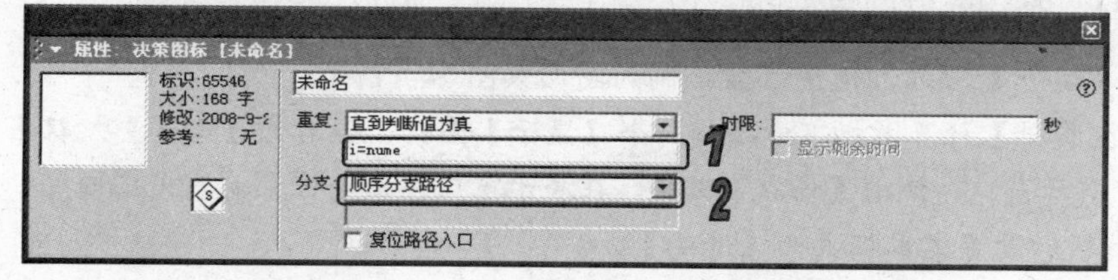

图 14-15 【判断】图标的【属性】面板

(11) 单击工具栏上的【运行】按钮，运行程序，程序运行效果如图 14-8 所示。

(12) 选择【文件】|【保存】命令，保存文件。

14.3 制作解析几何说明程序

新建一个文件，结合函数绘制图形，使用【交互】、【判断】、【计算】等图标，制作一个解析几何说明程序，程序运行效果如图 14-16 所示。

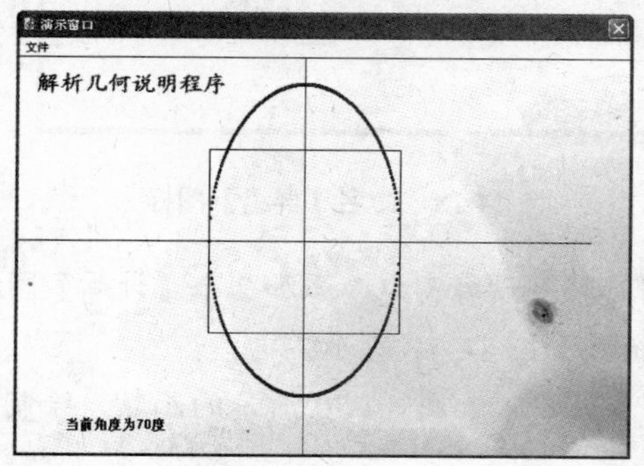

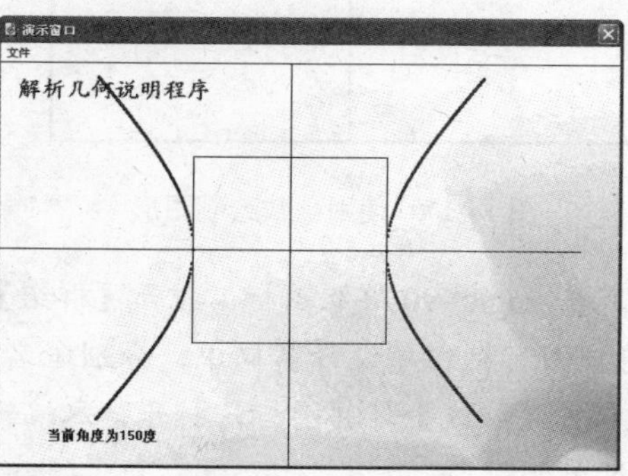

图 14-16 程序运行效果

(1) 新建一个文件，设置演示窗口大小为【根据变量】。

(2) 添加一个【计算】图标到程序设计窗口中，命名为【坐标轴】。双击图标，打开脚本编写窗口。输入如下函数。

```
angle:=0
h:=300
k:=200

Line(1,h,k-300,h,k+300)
Line(1,h-300,k,h+300,k)
Line(1,h-100,k-100,h+100,k-100)
Line(1,h-100,k+100,h+100,k+100)
Line(1,h-100,k-100,h-100,k+100)
Line(1,h+100,k-100,h+100,k+100)
```


(3) 单击【运行】按钮，使用函数绘制的图形如图 14-17 所示。

(4) 在【坐标轴】计算图标下方添加一个【显示】图标，命名为【角度】。双击【角度】显示图标，打开演示窗口，使用【文本】工具，在演示窗口左下角位置输入文本内容“当前角度为{angle}度”，然后设置文本模式为【透明】。

(5) 在【角度】显示图标下方添加一个【交互】图标，拖动 3 个【群组】图标到【交互】图标的右侧。

(6)设置交互响应类型为条件响应，分别命名【群组】图标，如图 14-18 所示。

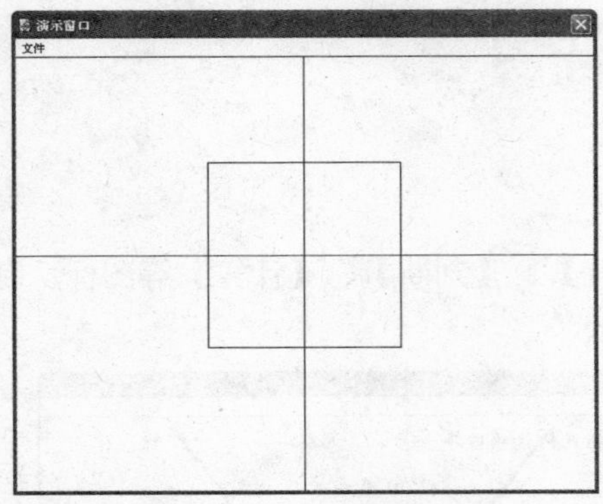

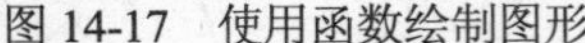

图 14-17　使用函数绘制图形

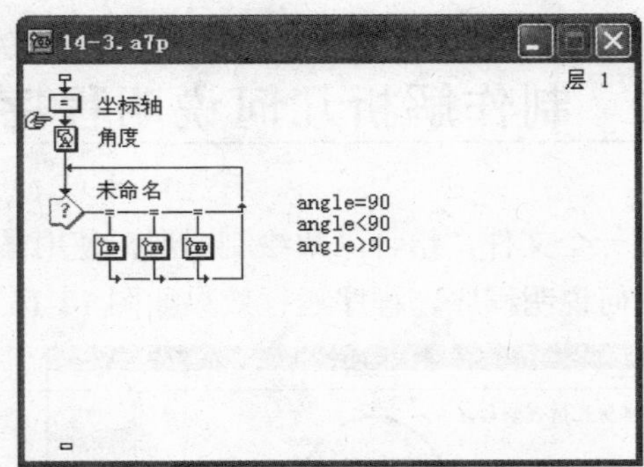

图 14-18　命名【群组】图标

(7) 双击 angle=90 群组图标，打开【群组】图标程序设计窗口，添加 2 个【计算】图标和一个【等待】图标到程序设计窗口中，分别命名图标，如图 14-19 所示。

(8) 双击【画线】计算图标，打开脚本编辑窗口，输入如图 14-20 所示的函数。绘制当角度等于 90 度时的线条。

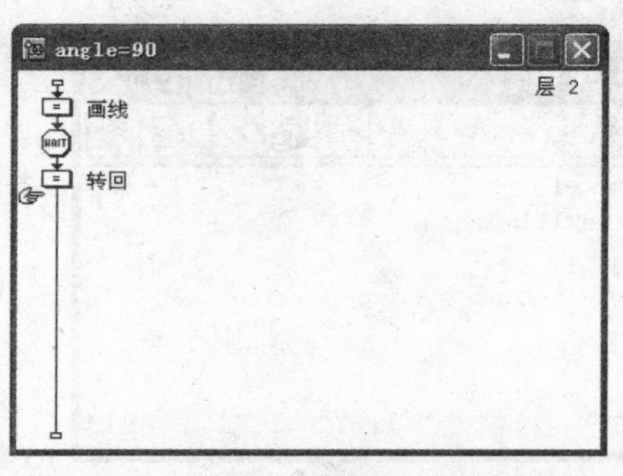

图 14-19　【群组】图标程序设计窗口

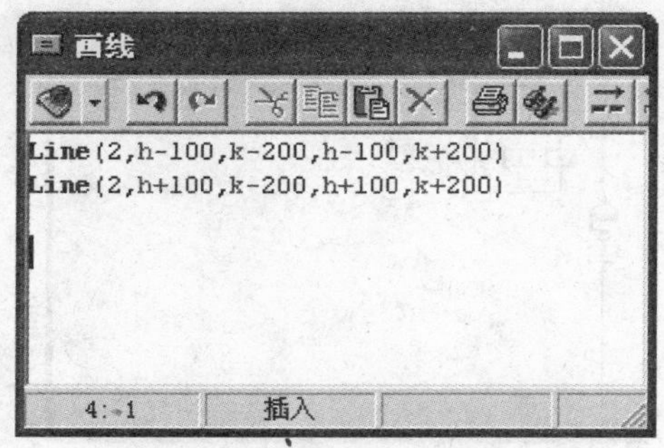

图 14-20　输入函数

(9) 设置【等待】图标的属性为【单击鼠标】，如图 14-21 所示。

图 14-21　设置【等待】图标的属性

(10) 双击【转回】计算图标，在打开的脚本编辑窗口中输入如下语句。当角度等于 90 度时，程序执行的操作。

```
if angle=90 then
angle:=angle+10
GoTo(IconID@"角度转换")
end if
```

(11) 关闭 angle=90 群组图标程序设计窗口，打开 angle>90 群组图标的程序设计窗口，添加一个【判断】图标、一个【等待】图标和一个【计算】图标到程序设计窗口中，然后拖动两个【计算】图标到【判断】图标的右侧，分别命名图标，程序设计窗口中的效果如图 14-22 所示。

(12) 双击【画线】计算图标，打开脚本编辑窗口，输入如下函数和表达式。

```
y:=SQRT((1-(x/100)**2)/COS(jiaodu))*100+k
Circle(2,h+x-2,y-2,h+x+2,y+2)
y:=-SQRT((1-(x/100)**2)/COS(jiaodu))*100+k
Circle(2,h+x-2,y-2,h+x+2,y+2)
y1:=SQRT((1-(x1/100)**2)/COS(jiaodu))*100+k
Circle(2,h+x1-2,y1-2,h+x1+2,y1+2)
y1:=-SQRT((1-(x1/100)**2)/COS(jiaodu))*100+k
Circle(2,h+x1-2,y1-2,h+x1+2,y1+2)
```

(13) 双击【频率】计算图标，打开脚本编辑窗口，输入如图 14-23 所示的表达式。

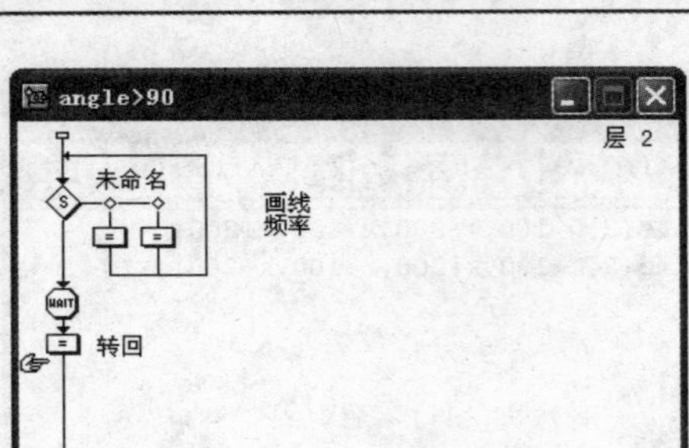

图 14-22 angle>90 群组图标程序设计窗口

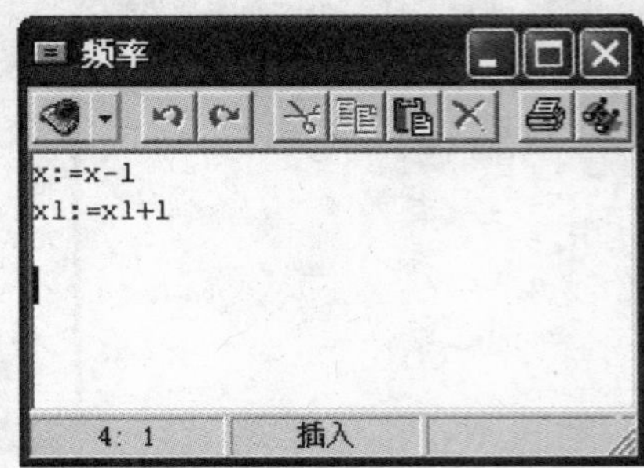

图 14-23 输入函数

(14) 双击【画线】图标上方的判断符号，打开【属性】面板，在【擦除内容】下拉列表框中选择【不擦除】选项，如图 14-24 所示。

图 14-24 设置擦除内容选项

(15) 双击【等待】图标，打开【属性】面板，选中【单击鼠标】复选框，取消其他选中的选项。

(16) 双击【转回】计算图标，打开脚本编辑窗口，输入如下语句。当角度值等于或小于 180 度时，程序执行的操作。

```
if angle<=180 then
angle:=angle+10
GoTo(IconID@"角度转换")
end if
Quit()
```

(17) 选中 angle>90 群组图标的程序设计窗口中所有的图标，按 Ctrl+C 键，复制图标，打开 angle<90 群组图标的程序设计窗口，按 Ctrl+V 键，粘贴图标。

(18) 双击【画线】计算图标，输入如下函数和表达式。

```
y:=SQRT((1-(x/100)**2)/COS(jiaodu))*100+k
Circle(2,x+h-2,y-2,x+h+2,y+2)
y:=-SQRT((1-(x/100)**2)/COS(jiaodu))*100+k
Circle(2,x+h-2,y-2,x+h+2,y+2)
```

(19) 双击【频率】计算图标，输入表达式 x:=x+1。

(20) 双击【转回】计算图标，在打开的脚本编辑窗口中输入如下语句。

```
if angle<=180 then
angle:=angle+10
GoTo(IconID@"角度转换")
end if
Quit()
```

(21) 返回主程序设计窗口，双击【交互】图标右侧的【群组】图标上方的响应符号，打开条件响应【属性】面板，设置【自动】选项为【为真】。

(22)在【坐标轴】计算图标和【角度】显示图标中间添加一个【计算】图标，命名为【角度转换】。

(23) 双击【角度转换】计算图标，打开脚本编辑窗口，输入如下表达式。

```
jiaodu:=Pi*angle/180
x:=-100
x1:=100
```

(24) 在主程序设计窗口最顶部添加一个【显示】图标，命名为【背景】。双击图标，打开演示窗口，使用【文本】工具输入文本内容“解析几何说明程序”，设置文本合适属性。选择【文件】|【导入】|【导入媒体】命令，导入一幅背景图像。

(25) 单击工具栏上的【运行】按钮，运行程序，程序运行效果如图 14-16 所示。

(26) 选择【文件】|【保存】命令，保存文件。

14.4　蒸腾作用课件

新建一个文件，结合各个图标，插入变量函数等内容，制作一个关于蒸腾作用介绍的多媒体课件，程序运行效果如图 14-25 所示。

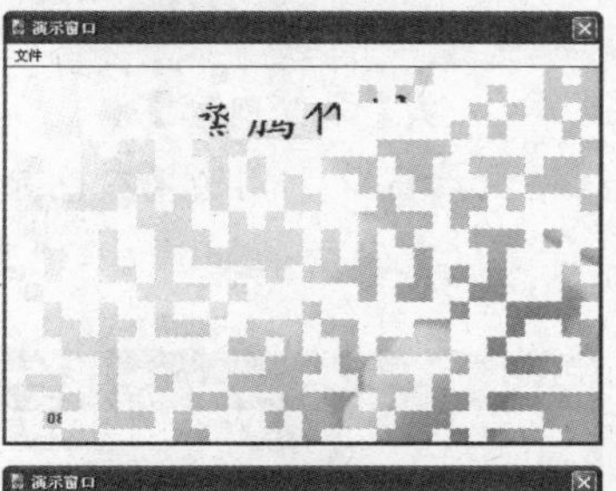

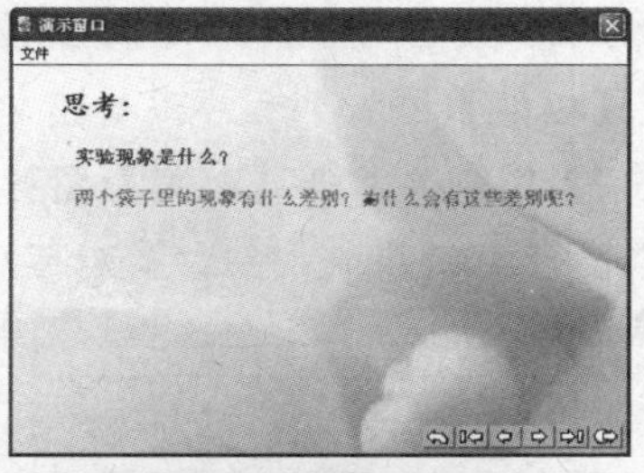

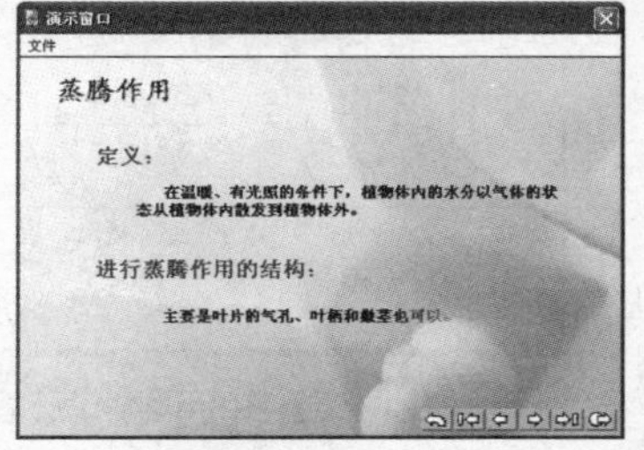

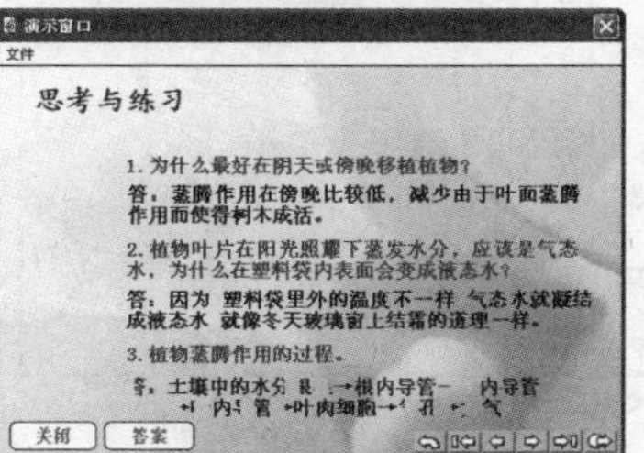

图 14-25　程序运行效果

(1) 新建一个文件，设置演示窗口大小为 512×384 像素。

(2) 添加一个【显示】图标，命名为【开头】，双击图标，打开演示窗口。导入一幅背景图像到演示窗口中，然后使用【文本】工具，输入如图 14-26 所示的文本内容，设置文本属性。

(3) 在演示窗口左下角位置，使用【文本】工具输入变量{Fulltime}，设置文本属性，效果如图 14-27 所示。

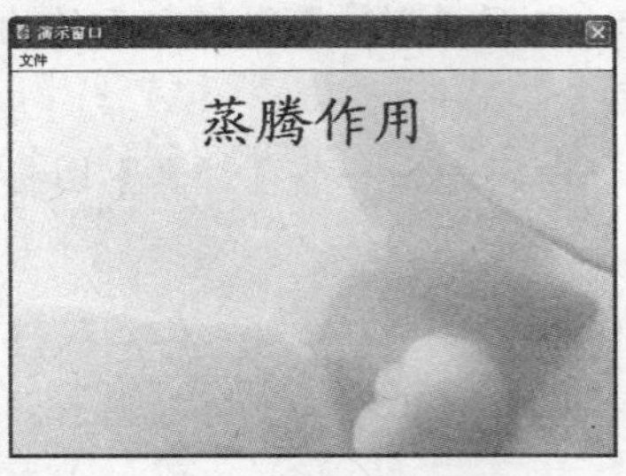

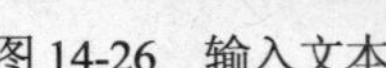
图 14-26 输入文本

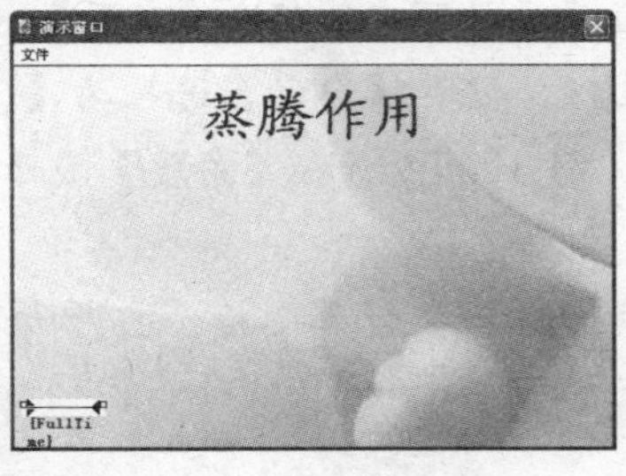

图 14-27 输入变量

(4) 添加一个【等待】图标，命名为【单击进入】，设置图标属性为单击鼠标继续并且显示等待按钮。

(5) 打开文件【属性】面板，单击【交互作用】标签，打开【交互作用】选项卡。设置等待按钮的按钮样式，然后在【标签】文本框中输入“单击进入”，如图 14-28 所示。

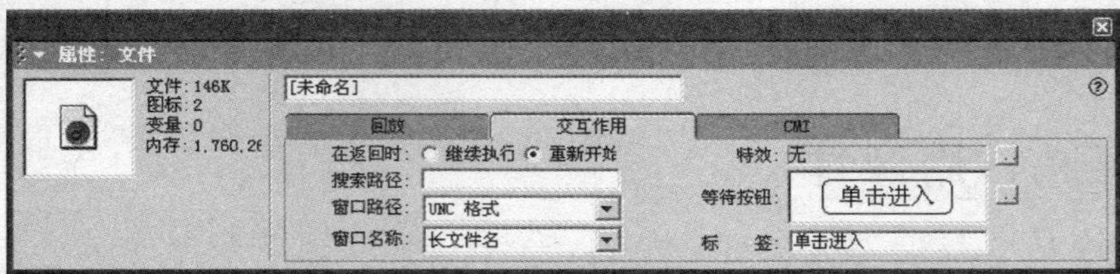

图 14-28 设置文件【属性】面板

(6) 拖动等待按钮到如图 14-29 所示的位置。

(7) 添加一个【框架】图标到程序设计窗口中，命名为【课件内容】。

(8) 双击【框架】图标，打开【框架】图标的程序设计窗口，删除【灰色导航面板】显示图标，删除一些不需要使用的导航按钮，最后程序设计窗口中的效果如图 14-30 所示。

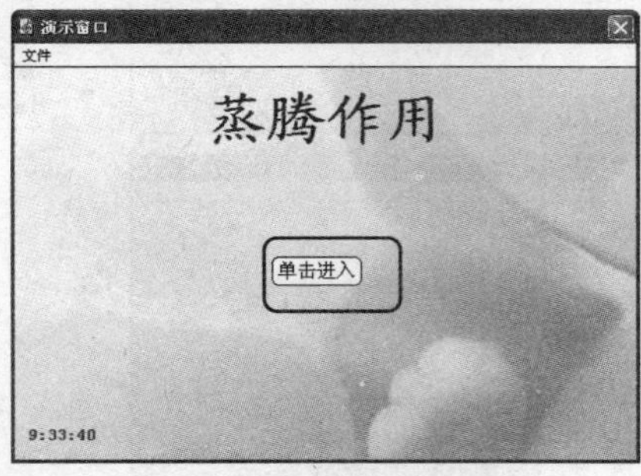

图 14-29 拖动等待按钮

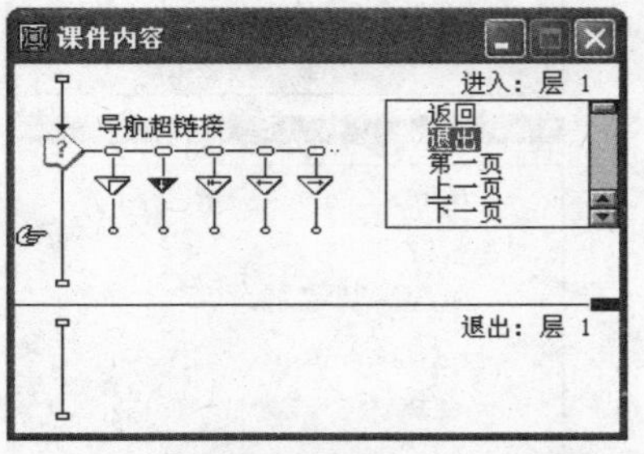

图 14-30 【框架】图标程序设计窗口

(9) 拖动导航按钮到演示窗口的右下角位置，如图 14-31 所示。

(10) 拖动一个【显示】图标到【框架】图标的右侧，命名为【实验题】，双击图标，打开演示窗口，在演示窗口中的设计如图 14-32 所示。

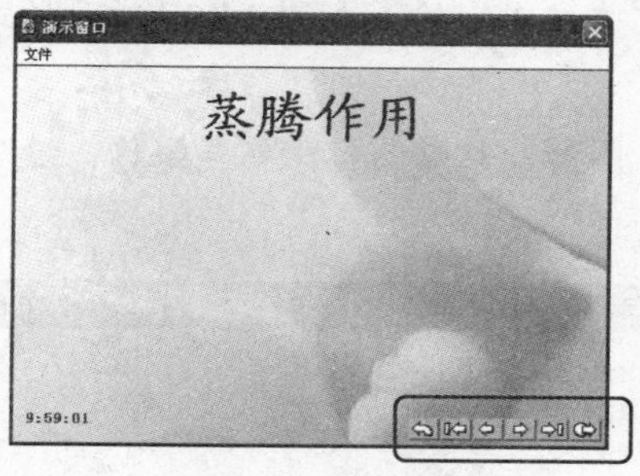

图 14-31 拖动导航按钮

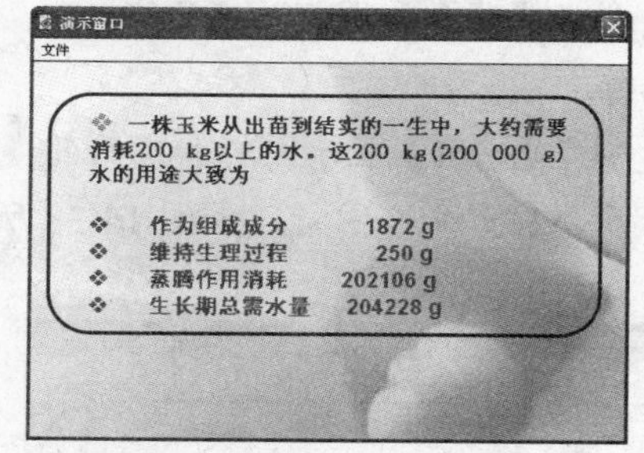

图 14-32 【实验题】显示图标演示窗口效果

(11) 拖动一个【显示】图标到【框架】图标右侧，命名为【实验图】，双击图标，打开演示窗口，在演示窗口中的设计如图 14-33 所示。

(12) 拖动一个【群组】图标到【框架】图标的右侧，命名为【思考】。

(13) 双击【思考】群组图标，打开【群组】图标程序设计窗口，添加一个【显示】图标和一个【等待】图标，分别命名图标，如图 14-34 所示。

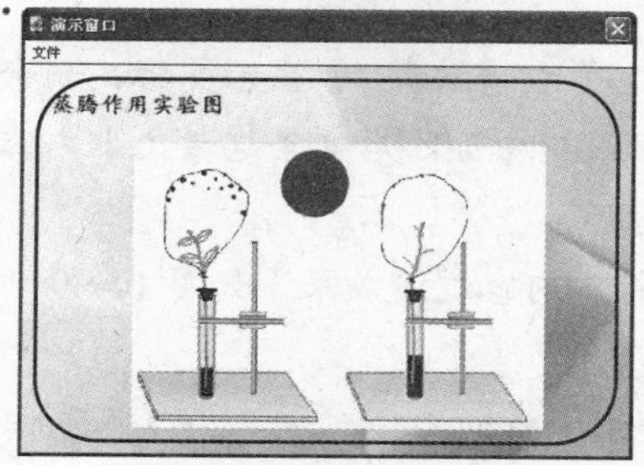

图 14-33 【实验图】显示图标演示窗口效果

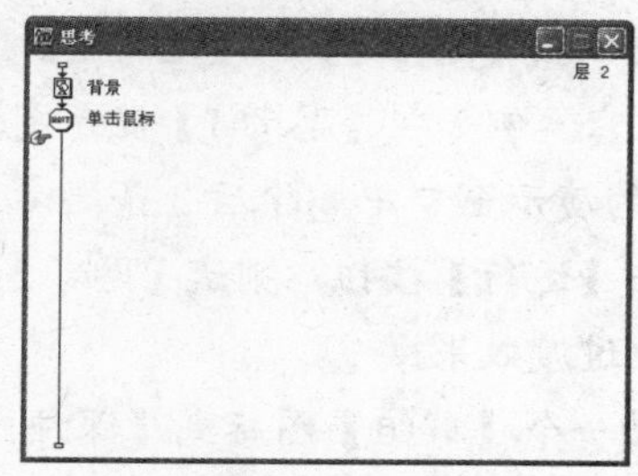

图 14-34 添加并命名图标

(14) 双击【背景】图标，打开演示窗口，设置演示窗口效果如图 14-35 所示。

(15) 右击【背景】图标，打开【属性】面板，单击【特效】文本框右侧的 按钮，打开【特效方式】对话框，在【分类】列表框中选择【内部】选项，然后在【特效】列表框中选择【逐渐涂层方式】选项，在【周期】文本框中输入数值 1，如图 14-36 所示。

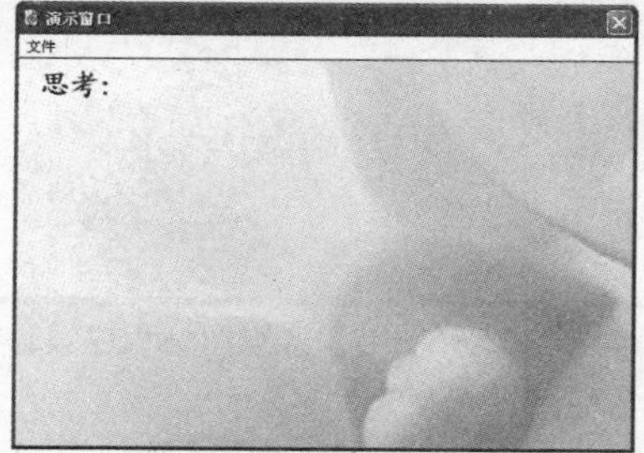

图 14-35 【背景】图标演示窗口效果

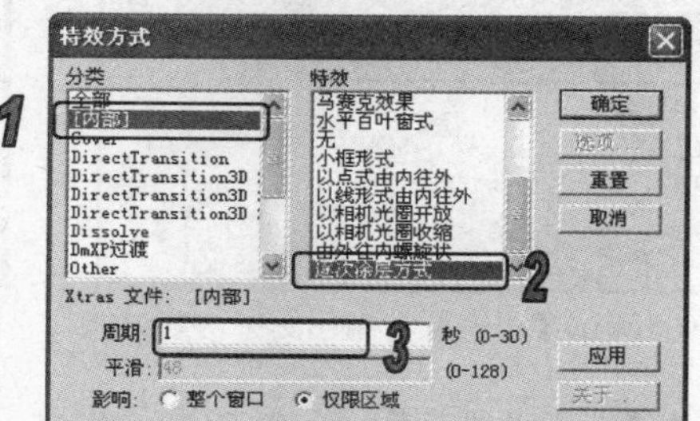

图 14-36 【特效方式】对话框

(16) 设置【单击鼠标】等待图标的属性为【单击鼠标】。

(17) 选中【背景】显示图标和【单击鼠标】等待图标，按 Ctrl+C 键，复制图标，然后按 Ctll+V 键，粘贴图标。

(18) 重命名【背景】图标为【思考 1】，使用文本工具，输入如图 14-37 所示的文本内容，设置文本属性。

(19) 复制【思考 1】显示图标和下面的【等待】图标，粘贴图标，重复操作，继续复制并粘贴 3 组图标，分别重命名图标，如图 14-38 所示。

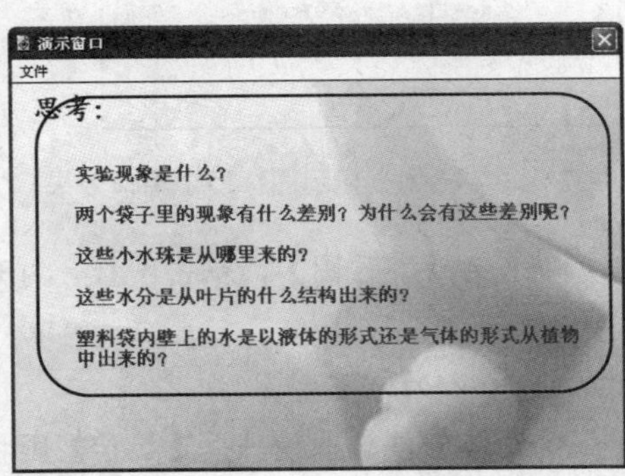

图 14-37 【思考 1】显示图标演示窗口效果

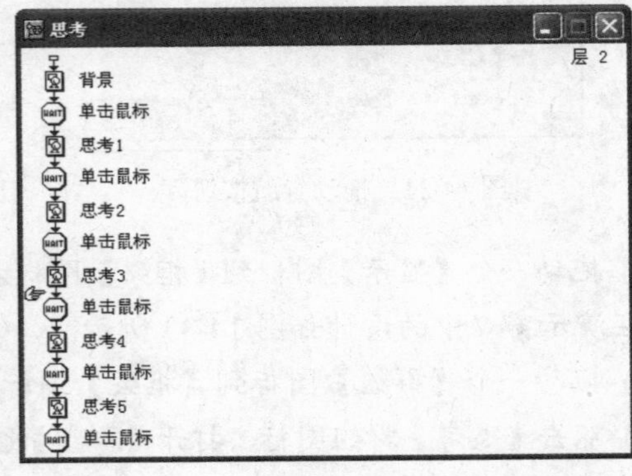

图 14-38 复制并粘贴图标

(20) 分别双击【思考 1】、【思考 2】、【思考 3】和【思考 4】显示图标，删除演示窗口中的部分文本内容。例如在【思考 1】显示图标的演示窗口中删除后 4 条思考文本内容、在【思考 2】显示图标的演示窗口中删除后 3 条思考文本内容。

(21) 单击【运行】按钮，测试【思考】群组图标中内容过渡效果，如图 14-39 所示，也可以自己选择其他过渡效果。

(22) 拖动一个【群组】图标到【课件内容】框架图标的右侧，命名为【蒸腾作用】。

(23) 双击【群组】图标，打开【群组】图标程序设计窗口，添加一个【显示】图标、两个【等待】图标和两个【群组】图标到程序设计窗口中，如图 14-40 所示。

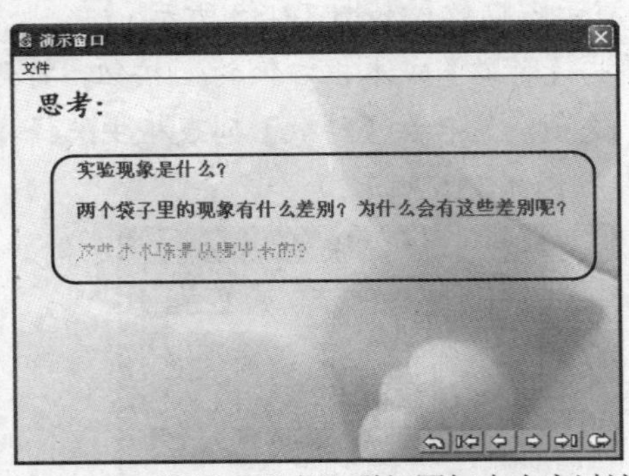

图 14-39 测试【思考】群组图标中内容过渡

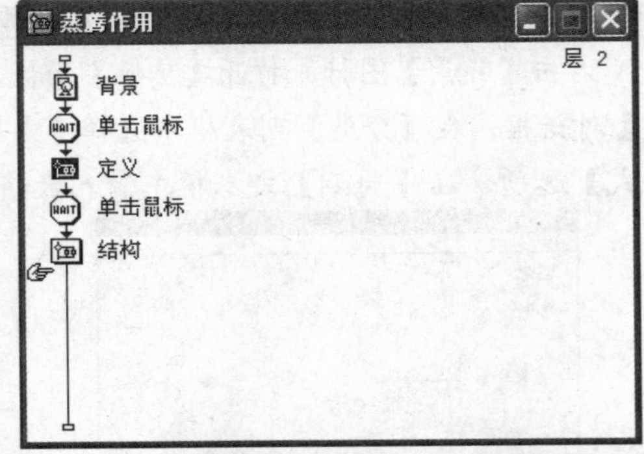

图 14-40 【蒸腾作用】群组图标程序设计窗口

(24) 双击【背景】显示图标，打开演示窗口，在演示窗口中的设计如图 14-41 所示。双击【等

待】图标，设置其属性为【单击鼠标】。

(25) 双击【定义】群组图标，打开【群组】图标程序设计窗口，在程序设计窗口中添加两个【显示】图标和一个【等待】图标，分别命名【显示】图标为【定义】和【定义内容】。双击【等待】图标，设置其属性为【单击鼠标】。

(26) 双击【定义】显示图标，打开演示窗口，在该演示窗口中的设计效果如图 14-42 所示。对于演示窗口中不需要擦除的内容，可以复制先前已经设计的内容，包括文本、图像等。

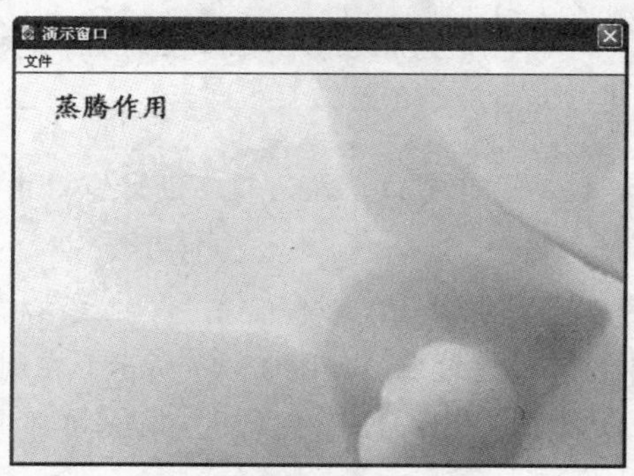

图 14-41　【背景】图标演示窗口设计效果

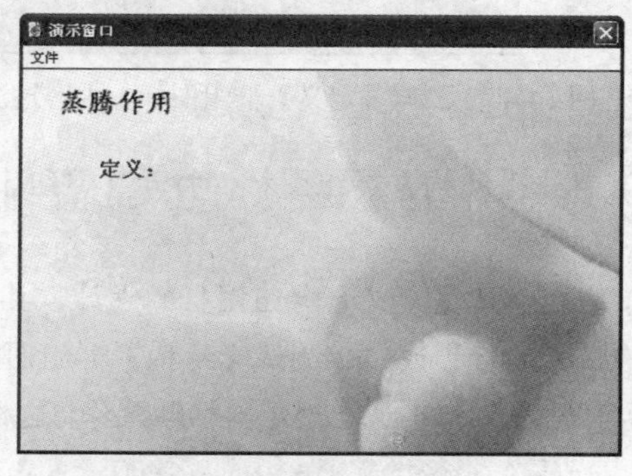

图 14-42　【定义】显示图标演示窗口设计效果

(27) 双击【定义内容】显示图标，打开演示窗口，在演示窗口中的设计如图 14-43 所示。

(28) 右击【定义】显示图标，在弹出的快捷菜单中选择【属性】命令，打开【属性】面板。单击【特效】文本框右侧的 按钮，打开【特效方式】对话框，在【分类】列表框中选择【淡入淡出】选项，在【特效】列表框中选择【向右】选项，然后在【周期】文本框中输入数值 2，如图 14-44 所示。

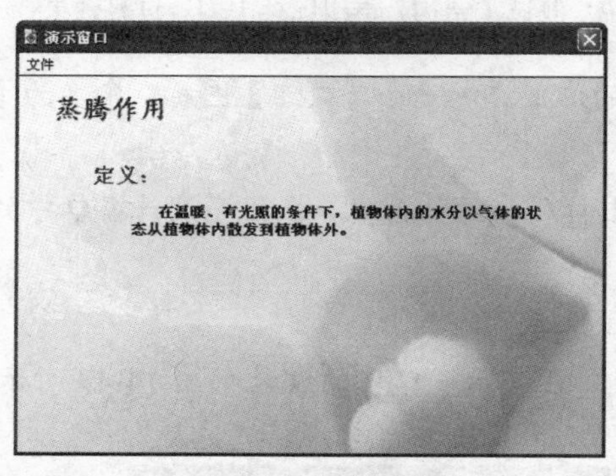

图 14-43　【定义内容】显示图标演示窗口效果

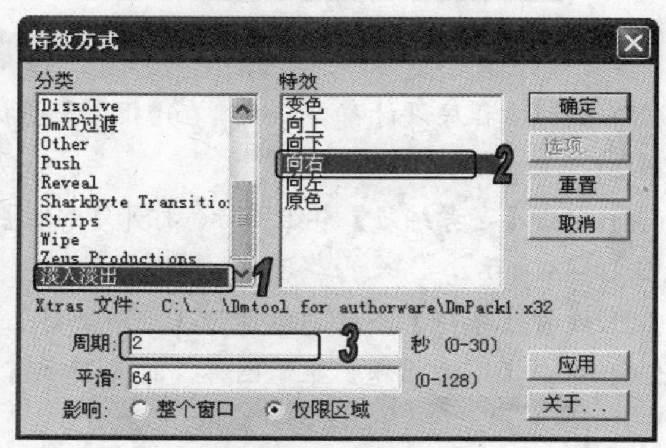

图 14-44　【特效方式】对话框

(29) 参照步骤(28)，设置【定义内容】显示图标的特效方式为【向右】，设置【周期】为 1 秒。

(30) 单击【运行】按钮，测试【定义】群组图标中内容过渡效果，如图 14-45 所示。

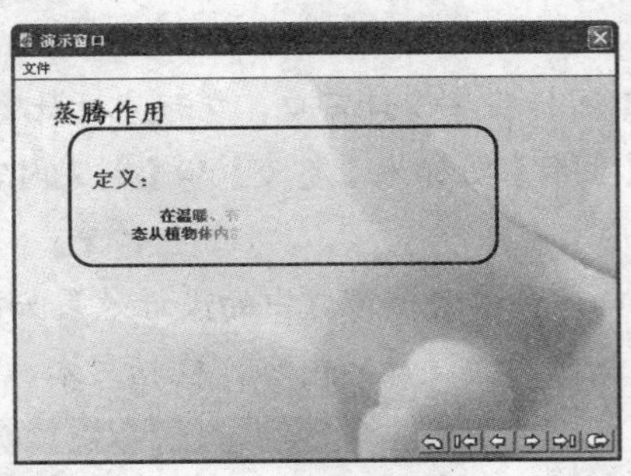

图 14-45　测试【定义】群组图标中内容过渡效果

提示

在制作步骤比较多且较复杂的多媒体程序时，当制作完成一部分内容后，进行适当的测试操作，可以及时发现存在的问题，省去了在今后检测时产生的麻烦。经常保存文件也是一种良好的习惯，可以避免系统意外关闭产生的文件丢失。

(31) 双击【结构】群组图标，打开【群组】图标程序设计窗口，在该程序设计窗口中的效果如图 14-46 所示。

(32) 可以参考【定义】群组图标的设计，具体可以参照步骤(25)~步骤(29)，设计【结构】群组图标。单击【运行】按钮，测试【结构】群组图标中内容过渡效果，如图 14-47 所示。在制作过程中，重复出现的内容可以进行复制粘贴操作，这样既可以节省制作时间，同时也可以对齐重复内容。

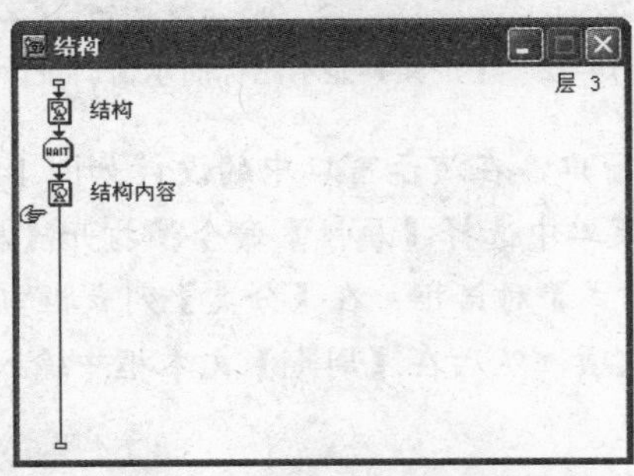

图 14-46　【结构】群组图标程序设计窗口

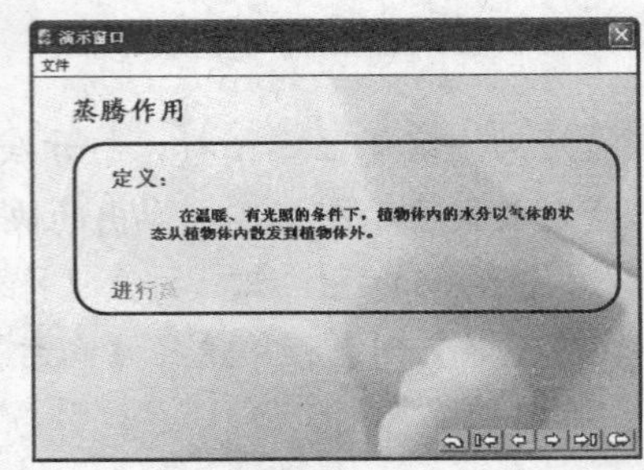

图 14-47　测试【结构】群组图标中内容过渡效果

(33) 返回主程序设计窗口，继续在【框架】图标的右侧添加一个【群组】图标，命名为【思考练习】。

(34) 双击【思考练习】群组图标，打开【群组】图标程序设计窗口，在程序设计窗口中的效果如图 14-48 所示。

(35) 设置【等待】图标的属性为【单击鼠标】。

(36) 双击【思考问题】显示图标，打开演示窗口，在演示窗口中的设计如图 14-49 所示。

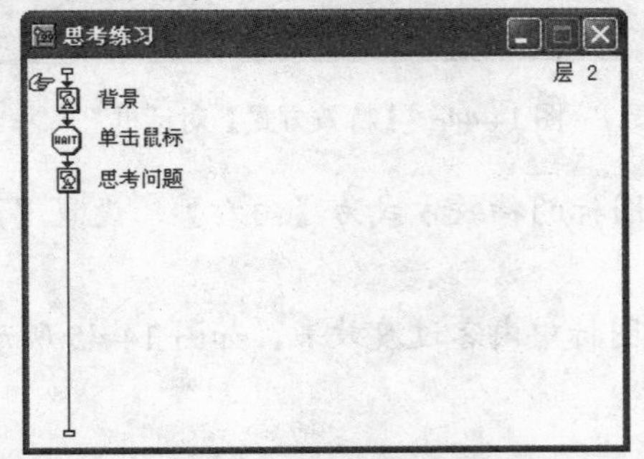

图 14-48　【思考练习】群组图标程序设计窗口

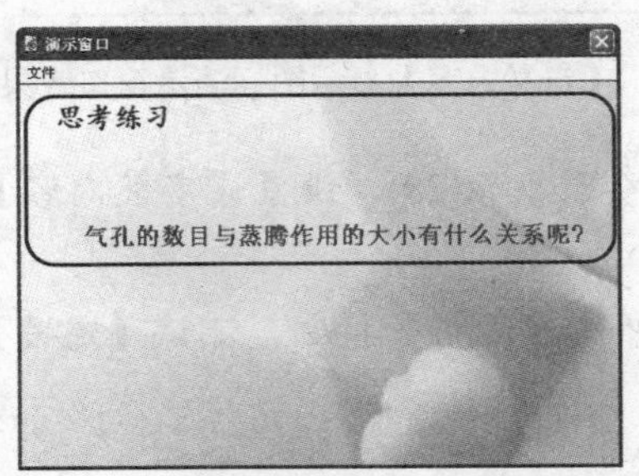

图 14-49　【思考问题】显示图标演示窗口

(37) 参照步骤(28)，设置【思考问题】显示图标的特效为【激光展示 1】，在【特效方式】对话框中的设置如图 14-50 所示。

(38) 单击【运行】按钮，测试【思考练习】群组图标运行效果，如图 14-51 所示。

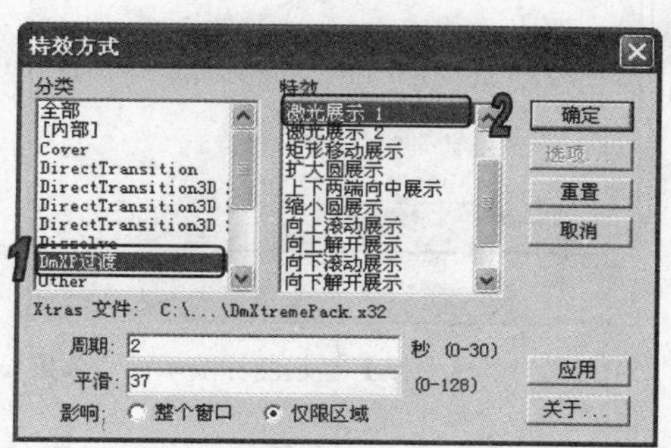

图 14-50　【特效方式】对话框

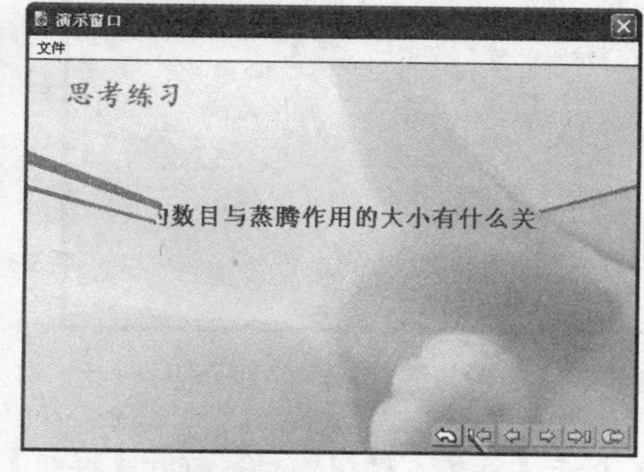

图 14-51　测试【思考练习】群组图标运行效果

(39) 返回主程序设计窗口，在【框架】图标的右侧添加一个【群组】图标，命名图标为【分布规律】。

(40) 双击【分布规律】群组图标，打开该图标程序设计窗口，在程序设计窗口中的效果如图 14-52 所示。

(41) 参照【思考练习】、【蒸腾作用】和【思考】群组图标，设计【分布规律】群组图标的演示窗口以及过渡效果。

(42) 单击【运行】按钮，测试【分布规律】群组图标运行效果，如图 14-53 所示。

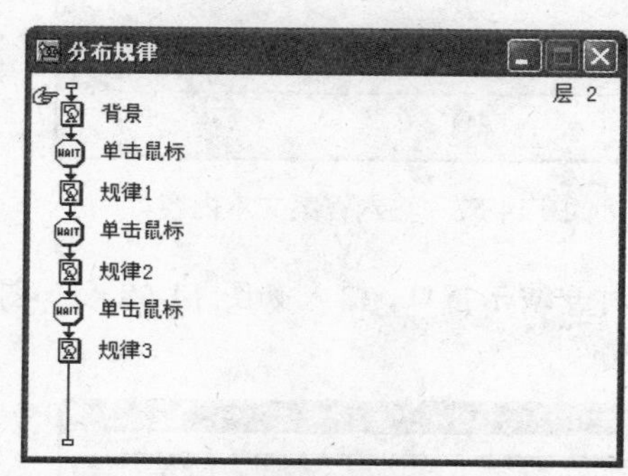

图 14-52　【分布规律】群组图标程序设计窗口

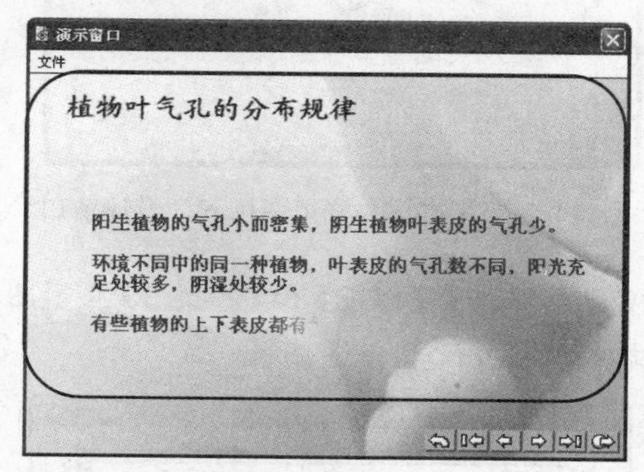

图 14-53　测试【分布规律】群组图标运行效果

(43) 返回主程序设计窗口，继续添加一个【群组】图标到程序设计窗口中，命名为【思考与练习】。

(44) 双击【思考与练习】群组图标，打开【群组】图标程序设计窗口，添加一个【显示】图标和一个【交互】图标。

(45) 在【交互】图标的右侧添加一个【群组】图标和一个【计算】图标，设置图标相应类型为按钮响应，分别命名图标，如图 14-54 所示。

(46) 双击【背景】显示图标，打开演示窗口，使用【文本】工具，在演示窗口中的输入如图

14-55 所示的文本内容并设置文本属性。

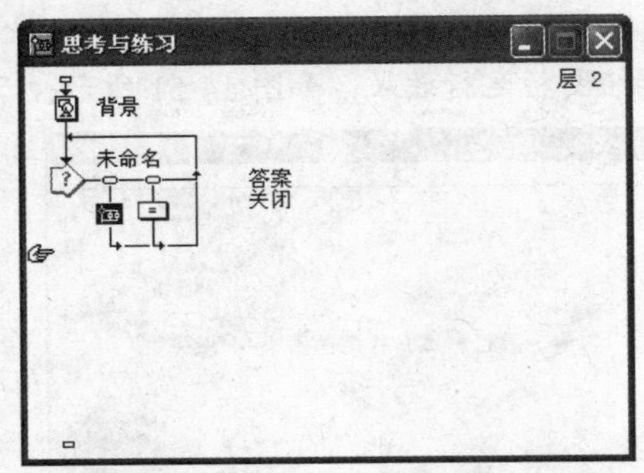

图 14-54 【思考与练习】群组图标程序设计窗口

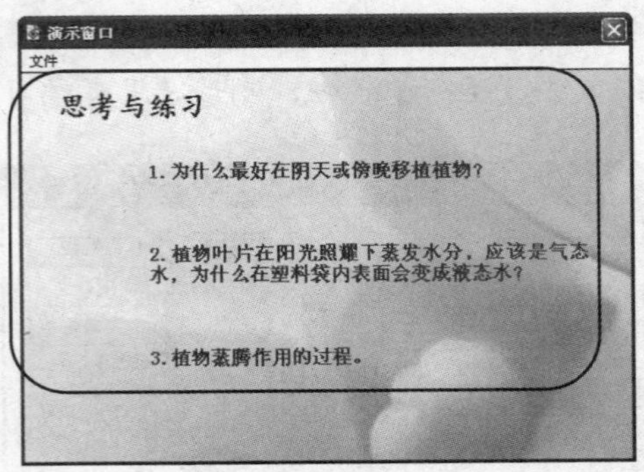

图 14-55 【背景】显示图标演示窗口效果

(47) 双击【答案】群组图标，打开【群组】图标程序设计窗口，在程序设计窗口中的效果如图 14-56 所示。

(48) 双击【答案 1】显示图标，使用【文本】工具，在演示窗口合适位置输入响应的答案文本内容并设置文本合适属性，如图 14-57 所示。

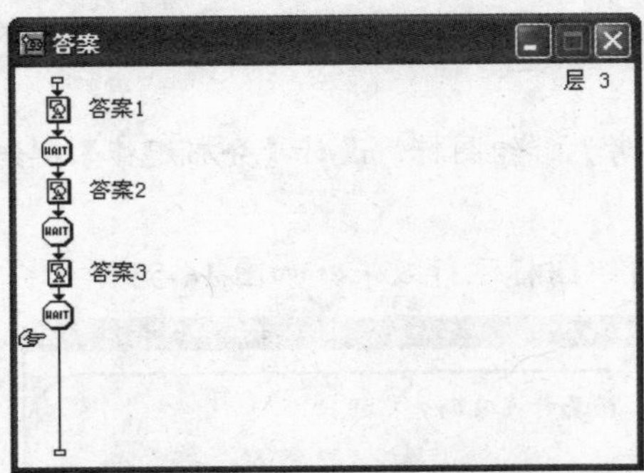

图 14-56 【答案】群组图标程序设计窗口

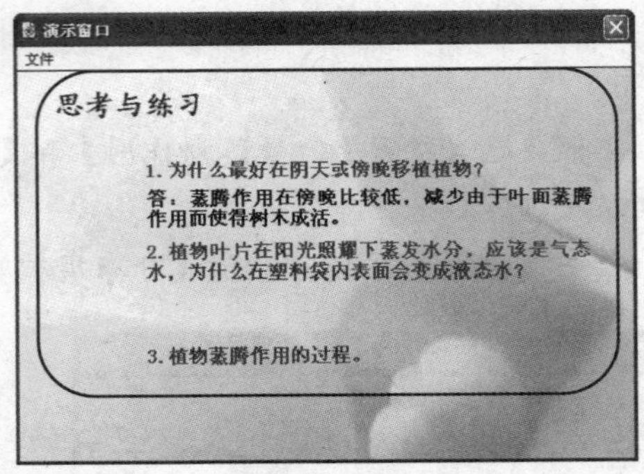

图 14-57 输入答案文本内容

(49) 分别双击【答案 2】和【答案 3】显示图标，打开演示窗口，输入如图 14-58 和如图 14-59 所示的文本内容并设置合适属性。

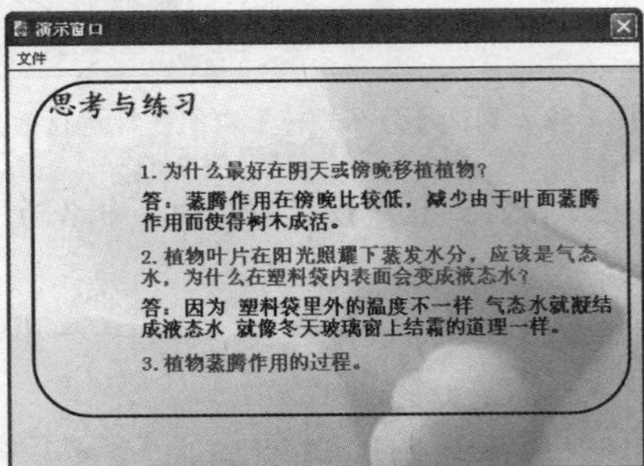

图 14-58 【答案 2】显示图标演示窗口效果

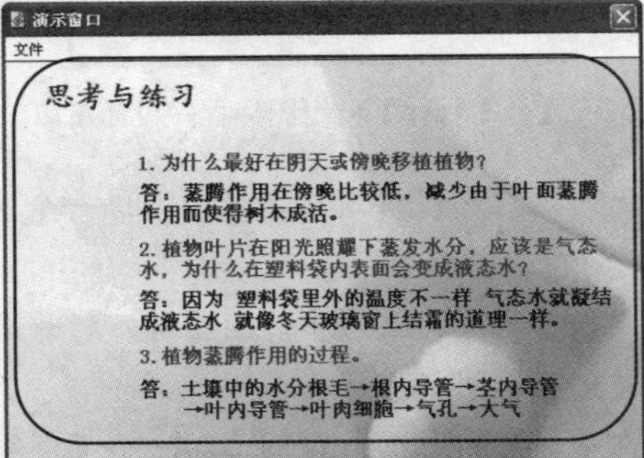

图 14-59 【答案 3】显示图标演示窗口效果

(50) 分别在 3 个【等待】图标的【属性】面板中的【时限】文本框中输入数值 1，取消其他所有选中的选项，如图 14-60 所示。

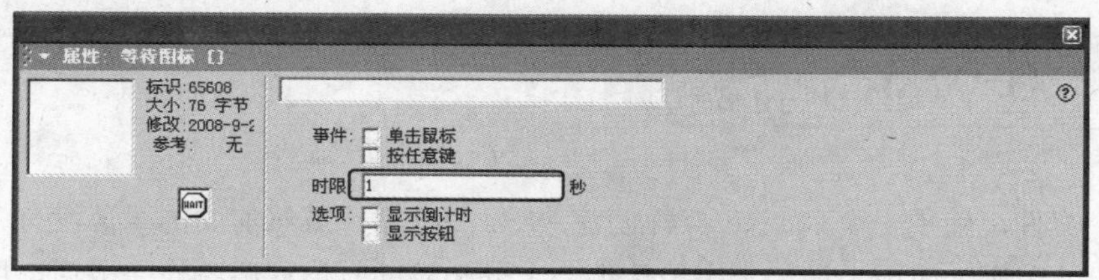

图 14-60　【等待】图标的【属性】

(51) 双击【关闭】计算图标，打开脚本编写窗口，输入命令 Quit(1)。

(52) 设置【答案 1】、【答案 2】和【答案 3】显示图标的特效方式为【马赛克效果】。

(53) 返回主程序设计窗口，分别双击响应图标上方的响应类型符号，打开【属性】面板，单击【按钮】按钮，打开【按钮】对话框，选择合适的按钮样式，如图 14-61 所示。

(54) 单击【属性】面板中【鼠标】选项右侧的按钮，打开【鼠标指针】对话框，选择合适的鼠标指针，如图 14-62 所示。

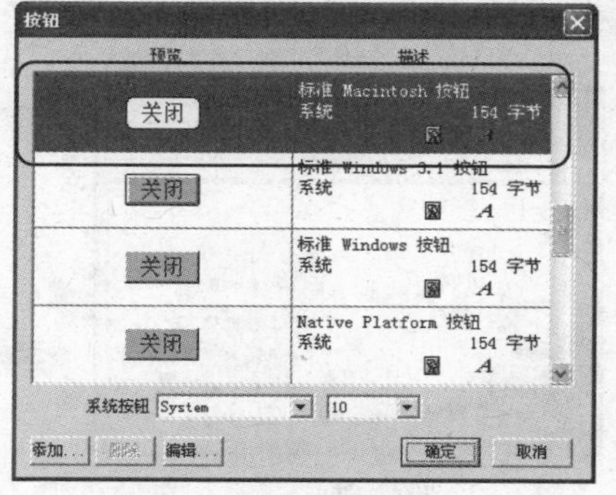

图 14-61　【按钮】对话框

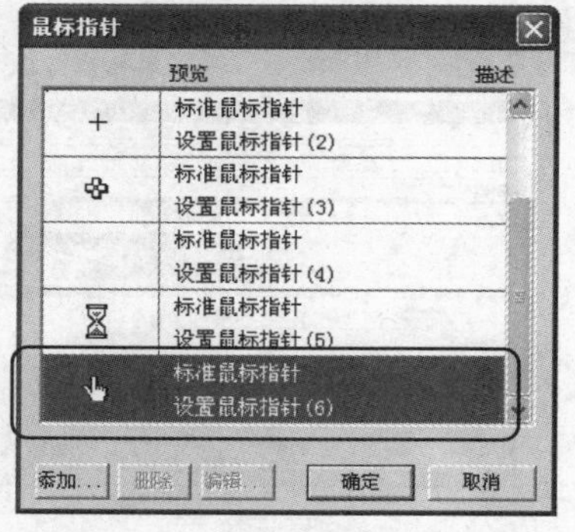

图 14-62　【鼠标指针】对话框

(55) 双击【交互】图标，拖动【答案】和【关闭】按钮到如图 14-63 所示的位置。

(56) 单击【运行】按钮，测试【思考与练习】群组图标程序运行效果，如图 14-64 所示。当单击【答案】按钮后，程序将每个一秒钟显示相应的答案。

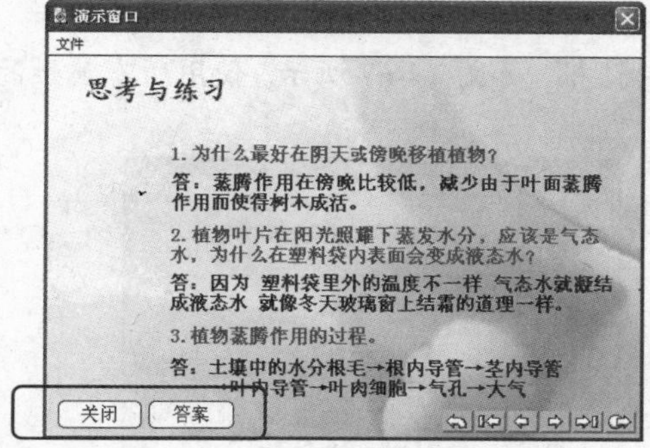

图 14-63　拖动【答案】和【关闭】按钮

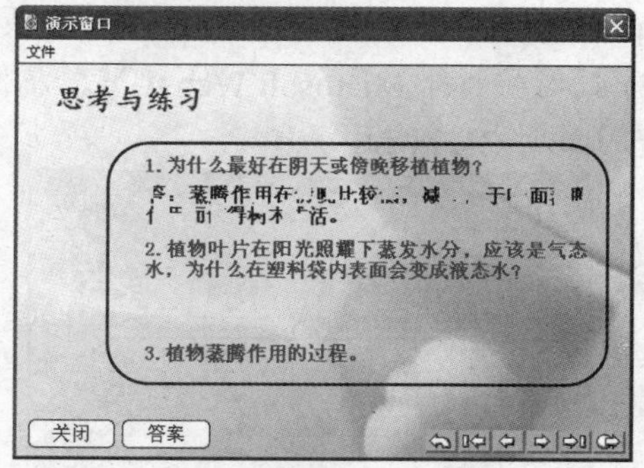

图 14-64　测试【思考与练习】群组图标程序运行效果

(57) 单击【运行】按钮，运行程序，程序运行效果如图 14-25 所示。

(58) 选择【文件】|【另存为】命令，保存文件。

14.5 个性 Web 浏览器

新建一个文件，使用一个 Active 控件创建 Web 浏览器，虽然前面的章节没有介绍控件的具体功能，但是在实际应用中调用常用控件也是十分必要的。该程序制作完成后，用户在地址栏中输入 Web 地址，同样可以实现浏览网页的功能，如图 14-65 所示。

输入域名地址

单击 Enter 键打开网页

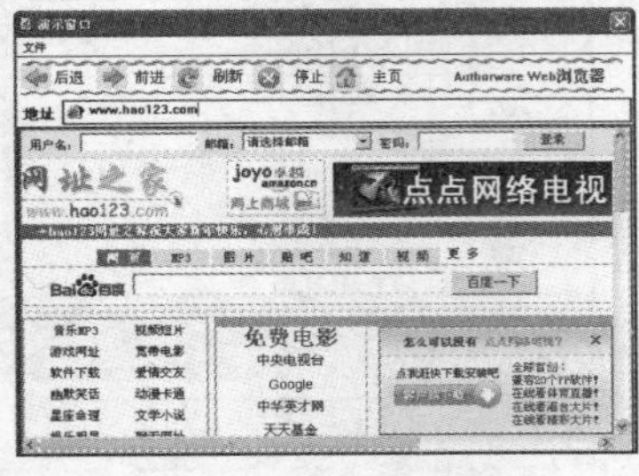

显示主页

跳转到上一页

图 14-65　程序运行效果

(1) 新建一个文件，设置演示窗口大小为 640×480 像素。

(2) 选择【插入】|【控件】| Active…命令，打开 Select ActiveX Control 对话框，在 Control Description 列表框中选择 Microsoft Web 选项，如图 14-66 所示，单击 OK 按钮。

(3) 此时将打开 Microsoft Web 浏览器属性设置对话框，如图 14-67 所示。使用所有属性的默认设置，单击 OK 按钮。

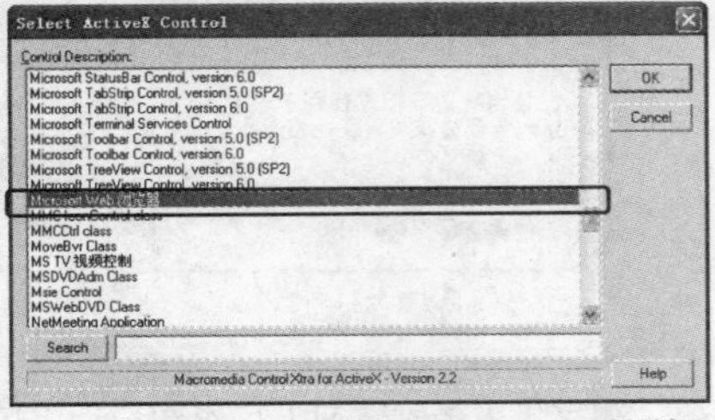

图 14-66　Select ActiveX Control 对话框

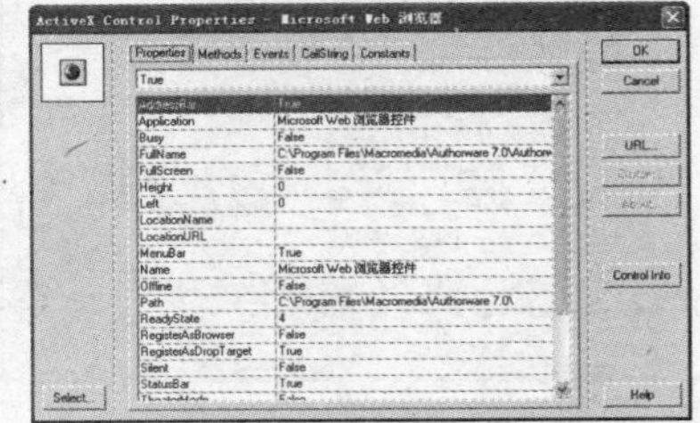

图 14-67　Microsoft Web 浏览器属性设置对话框

(4) 此时在程序设计窗口中会显示一个 Active X…图标，如图 14-68 所示。

(5) 在程序设计窗口中上添加一个【显示】图标，将图标命名为【背景】。双击图标，打开演示窗口，在演示窗口中的设置如图 14-69 所示。

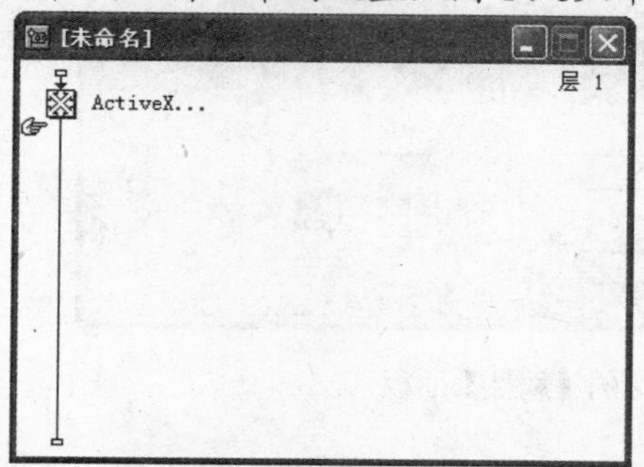

图 14-68　显示 Active X…图标

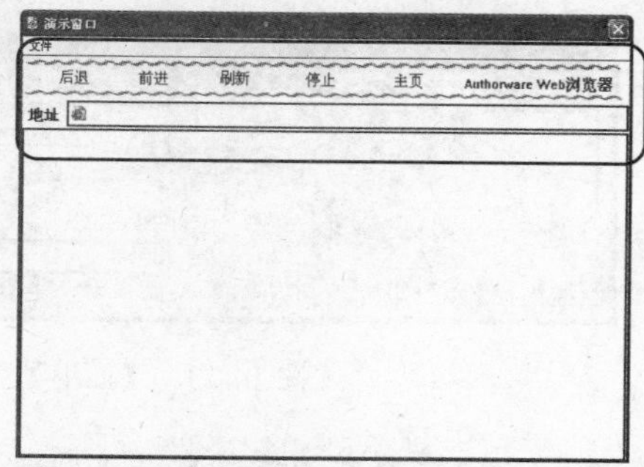

图 14-69　设置【背景】图标演示窗口

(6) 将指针放置在【背景】显示图标的下方，选择【插入】|【媒体】|Animated GIF Asset 命令，打开【Animated GIF Asset 属性】对话框，如图 14-70 所示。

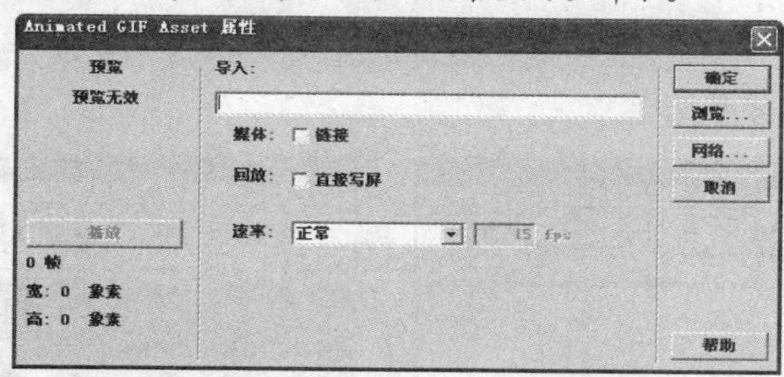

图 14-70　【Animated GIF Asset 属性】对话框

(7) 单击【浏览】按钮，打开【打开 animated GIF 文件】对话框，选择 goforward 图像，如图 14-71 所示，单击【打开】按钮，添加到【Animated GIF Asset 属性】对话框中。

(8) 参照步骤(6)和步骤(7)，继续导入【前进】、【刷新】、【停止】和【主页】4 个工具按钮的 GIF 图像，此时程序设计窗口中会显示添加的 5 个 Animated GIF...图标，分别重命名这些图标，如图 14-72 所示。

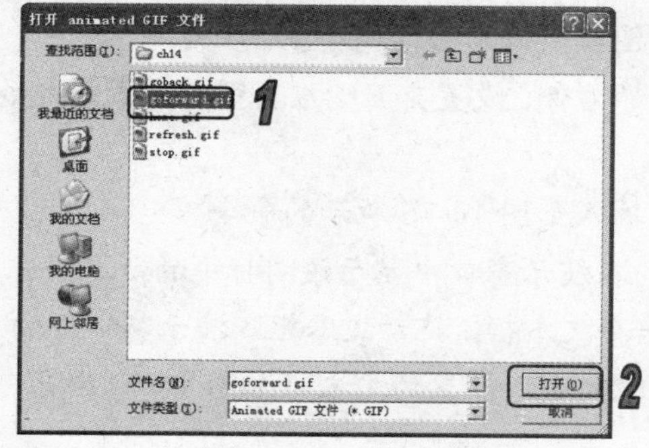

图 14-71　【打开 animated GIF 文件】对话框

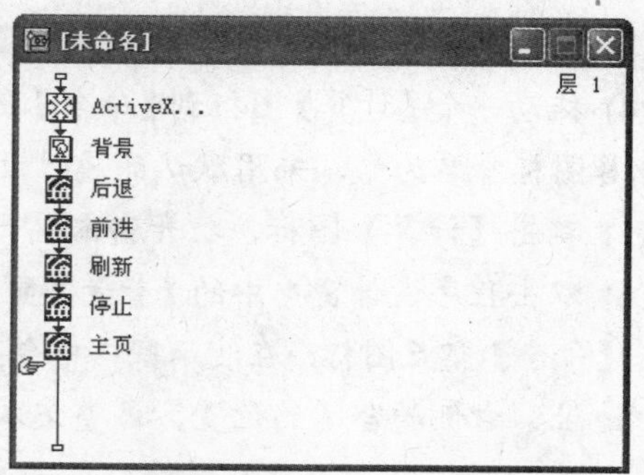

图 14-72　重命名 Animated GIF...图标

(9) 双击程序设计窗口中的【后退】图标，打开【属性】面板，单击【显示】标签，打开【显示】选项卡，在【模式】下拉列表框中选择【透明】选项，将它的显示模式属性设置为透明，如图 14-73 所示。

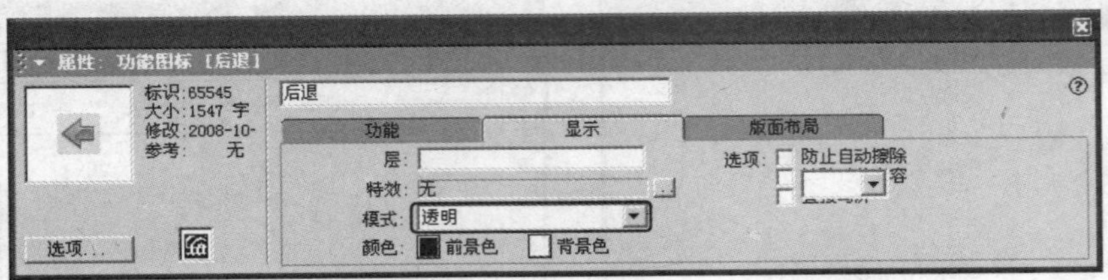

图 14-73 【后退】图标的【属性】面板

(10) 参照步骤(9)，设置【前进】、【刷新】、【停止】和【主页】图标属性的显示模式属性为【透明】。

(11) 单击工具栏上的【运行】按钮，运行程序，将导入的 5 个 GIF 图像拖动到演示窗口的合适位置，如图 14-74 所示。

(12) 双击程序设计窗口中的 ActiveX…图标，这时 Web 控件变成可调整状态，将它调整到如图 14-75 所示的大小和位置。

图 14-74 在演示窗口中调整 GIF 动画的位置

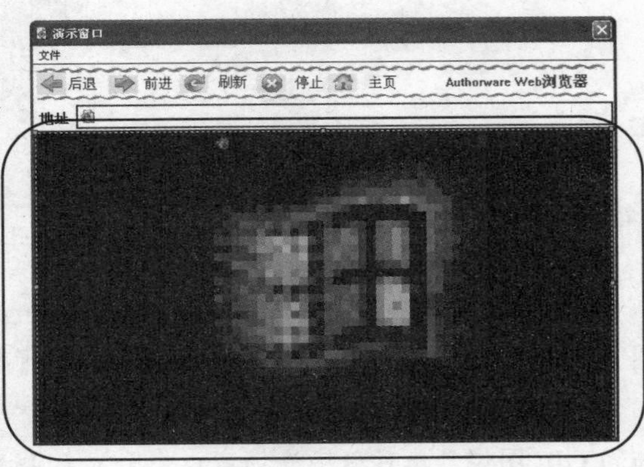

图 14-75 调整 Active 控件的大小和位置

(13) 在程序设计窗口中继续添加一个【交互】图标，命名为【命令】。

(14) 拖动一个【计算】图标到【命令】交互图标的右侧，设置交互响应类型为文本输入响应。将该计算图标命名为* ，采用默认的属性设置。

(15) 双击【计算】图标，打开脚本编辑窗口，输入如图 14-76 所示的命令。

(16) 双击程序设计窗口中的【背景】显示图标，在演示窗口中显示该图标中的所有内容，然后双击【命令】交互图标，在演示窗口中会显示出一个文本框，拖动文本框到演示窗口中的文本内容“地址”右侧的合适的位置，调整文本框的合适大小，设置的文本框如图 14-77 所示。

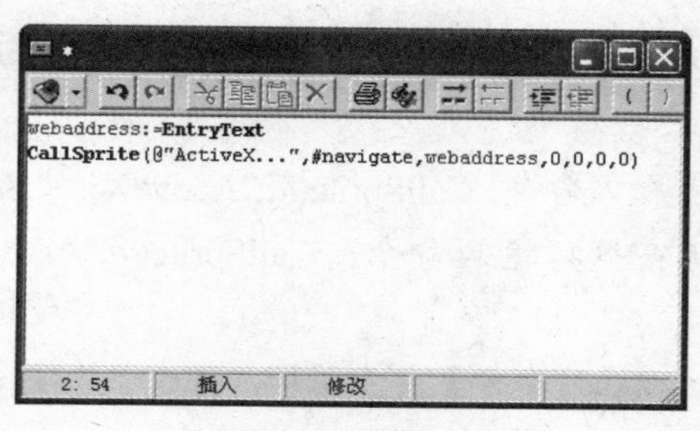

图 14-76 输入命令

图 14-77 调整文本框的位置和大小

(17) 继续拖动 5 个【计算】图标到交互图标的右侧，设置它们的交互响应类型为热区域响应，分别命名图标，程序设计窗口中的效果如图 14-78 所示。

(18) 双击【后退】计算图标上方的交互响应类型按钮，打开响应类型的【属性】面板，单击【热区域】标签，打开【热区域】选项卡，单击【鼠标】选项右侧的...按钮，打开【鼠标指针】对话框，选择手型鼠标指针类型，如图 14-79 所示。

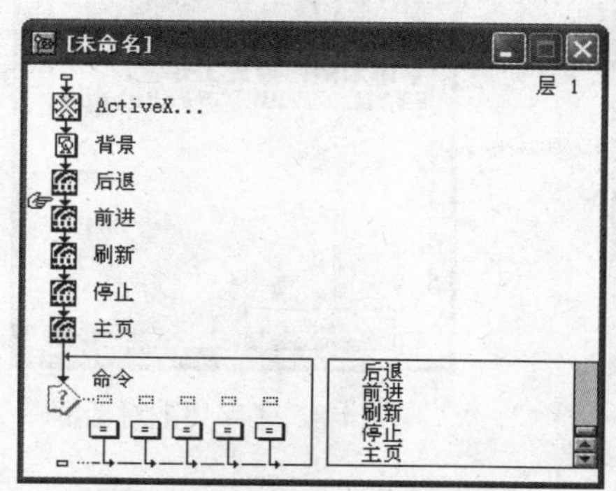

图 14-78 程序设计窗口中的效果

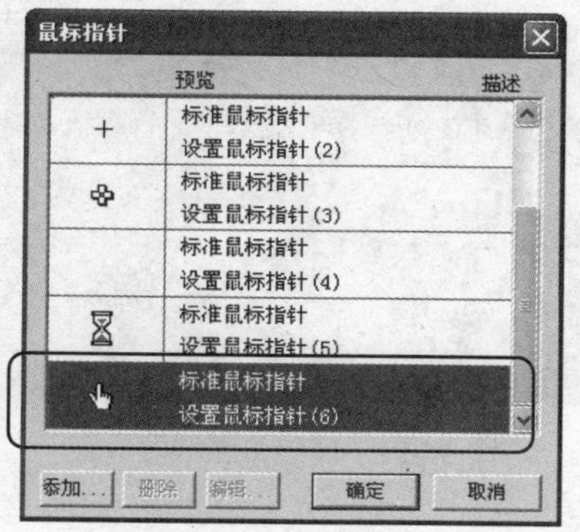

图 14-79 【鼠标指针】对话框

(19) 在【匹配】下拉列表框中选择【单击】选项，如图 14-80 所示。

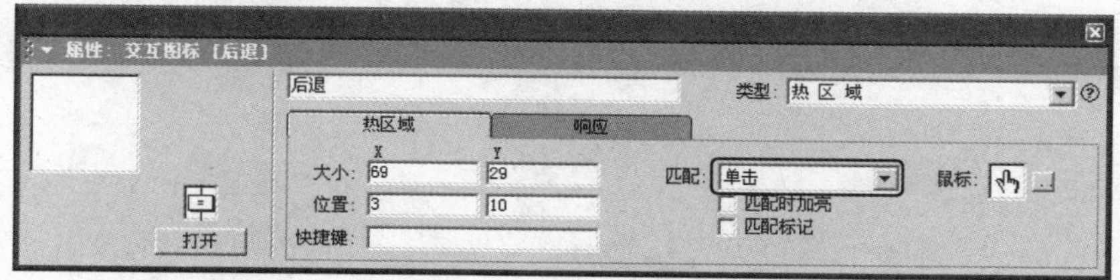

图 14-80 选择【单击】选项

(20) 双击【后退】计算图标，打开脚本编辑窗口，在脚本编辑窗口中输入命令：CallSprite(@"ActiveX…",#goforward)。

(21) 参照步骤(18)和步骤(19)，设置另外 4 个【计算】图标的【匹配】属性为【单击】，并设置鼠标指针为【手形】指针。

计算机 基础与实训教材系列

(22) 双击【前进】计算图标，打开脚本编辑窗口，输入命令：CallSprite(@"ActiveX…",#goback)、

(23) 双击【刷新】计算图标，打开脚本编辑窗口，输入命令：CallSprite(@"ActiveX…",#refresh)、

(24) 双击【停止】计算图标，打开脚本编辑窗口，输入命令：CallSprite(@"ActiveX… ",#stop)。

(25) 双击【主页】计算图标，打开脚本编辑窗口，输入命令：CallSprite(@"ActiveX…",#gohome)。

(26) 单击工具栏上的【运行】按钮，运行程序，双击【命令】交互图标，将5个热区域矩形框拖动到如图14-81所示的位置。

(27) 双击文本框，选择文本框，然后选择【文本】|【字体】|【其他】命令，打开【字体】对话框，在【字体】下拉列表中选择【黑体】选项，如图14-82所示。

(28) 此时整个程序设计完毕，选择【文件】|【另存为】命令，保存文件。

(29) 单击工具栏上的【运行】按钮，打开运行程序，程序运行效果如图14-65所示。

图14-81 调整热区域的位置

图14-82 【字体】对话框